KB123839

에이지리스

에이지리스

—

2021년 11월 10일 초판 1쇄 발행

—

지은이 앤드류 스틸
옮긴이 김성훈
펴낸이 김정수, 강준규
책임편집 유형일
마케팅 추영대
마케팅지원 배진경, 임혜솔, 송지유, 이영선

—

펴낸곳 (주)로크미디어
출판등록 2003년 3월 24일
주소 서울시 마포구 성암로 330 DMC첨단산업센터 318호
전화 02-3273-5135
팩스 02-3273-5134
편집 070-7863-0333
홈페이지 http://rokmedia.com
이메일 rokmedia@empas.com

—

ISBN 979-11-354-7069-1 (03470)
책값은 표지 뒷면에 적혀 있습니다.

—

브론스테인은 로크미디어의 과학, 건강 도서 브랜드입니다.
잘못 만들어진 책은 구입하신 서점에서 교환해 드립니다.

노화를 치유하는 과학 혁명이 온다!

에이지리스

앤드류 스틸 지음 | **김성훈** 옮김

BRONSTEIN

저자 소개

About the author

앤드류 스틸 Andrew Steele

앤드류 스틸은 과학자이자 전업 과학 작가 및 과학 커뮤니케이터로 활동하고 있다. 옥스퍼드대학교에서 물리학 전공으로 우등 졸업했으며, 동 대학에서 물리학 박사 학위를 취득한 후에 노화야말로 우리 시대의 가장 중요한 과학적 도전이라 판단하고 컴퓨터 생물학으로 전공 분야를 바꿨다. 그는 프랜시스 크릭 연구소Francis Crick Institute에서 연구하며 머신러닝을 이용해 DNA를 해독하고, 환자의 진료 기록을 이용해 심장마비를 예측하는 방법을 연구했다. 2012년 과학 커뮤니케이터 경연대회 페임랩에서 우승할 만큼 뛰어난 과학 커뮤니케이터인 앤드류 스틸은 과학 축제, 학교, 극장에 이르기까지 다양한 장소에서 대중에게 과학을 알리는 일을 하고 있다. 그는 BBC 토크쇼 더 원 쇼The One Show, 사이언스 채널 다큐멘터리 모건 프리먼의 스루 디 웜홀Through the Wormhole에 출연했으며, 미국, 영국, 프랑스, 캐나다, 스웨덴, 이탈리아 6개국의 대형 방송사가 공동 제작하는 과학 다큐멘터리 임파서블 엔지니어링Impossible Engineering에서 전문가로 고정 출연하고 있다. 그는 과학 연구에 사용되는 비용을 대중에게 올바르게 알려서 더 나은 연구 환경을 만들고자 노력하는 사이언시오그램 운동의 공동 창립자이기도 하다.

역자 소개

About the translator

김성훈

치과 의사의 길을 걷다가 번역의 길로 방향을 튼 엉뚱한 번역가. 중학생 시절부터 과학에 대해 궁금증이 생길 때마다 틈틈이 적어 온 과학 노트가 지금까지도 보물 1호이며, 번역으로 과학의 매력을 더 많은 사람과 나누기를 꿈꾼다. 현재 바른번역 소속 번역가로 활동하고 있다. 《운명의 과학》, 《나를 나답게 만드는 것들》, 《아인슈타인의 주사위와 슈뢰딩거의 고양이》, 《세상을 움직이는 수학개념 100》 등을 우리말로 옮겼으며, 《늙어감의 기술》로 제36회 한국과학기술도서상 번역상을 받았다.

서문 *Introduction*

주름투성이에 이빨도 하나 없이 육중한 몸으로 느릿느릿 걸음을 옮기는 모습을 언뜻 보아서는 이 거대한 갈라파고스땅거북Galápagos tortoise이 어디를 봐서 우리에게 우아하게 나이 드는 법을 가르쳐 줄 수 있다는 말인지 이해가 되지 않는다. 이 땅거북은 외딴 갈라파고스 제도에 사는 동물이다. 갈라파고스 제도는 화산섬으로 이루어진 태평양의 군도로 '땅거북'을 의미하는 스페인어 갈라파고galápago에서 이름을 따왔다. 이 굼뜬 파충류는 몸무게가 400킬로그램을 넘어가고 이파리와 지의류를 먹으며 성체로 자라는 데만 수십 년이 걸린다.

갈라파고스 제도는 찰스 다윈Charles Darwin이 1835년에 이 섬을 방문해서 이 제도의 독특한 동식물군에 영감을 받아 자연선택에 의한 진화론을 창안한 후로 세상에 이름을 알리게 됐다. 이 거대한 땅거북은 다윈을 반긴 여러 특이한 생물종 중 하나였고, 그는 영국으로 돌아갈 때 이곳에서 몇 가지 표본을 가져가 연구를 계속 이어갔다. 그렇게 채집된 땅거북 중 하나인 해리엇Harriet은 가장 오래 산 갈라파고스땅거북으로 기록을 갱신하다가 마침내 2006년에 175세라는 고령의 나이에 심장마비로 쓰러지고 말았다. 다윈보다 한 세기 넘게 더 살다가 세상을 떠난 것이다.

하지만 노화의 생물학과 관련해서 가장 흥미로운 부분은 이 땅거북의 수명이 아니다. 이 땅거북이 장수하는 것은 특별한 생물학적 능력 덕분이 아니라 삶의 속도가 느린 덕분이라고 주장할 수도 있다. 절반의 밝기로 타오르는 촛불은 두 배로 오래 탈 수 있는 법이니까 말이다. 수명보다 훨씬 흥미로운 부분은 갈라파고스땅거북이 몇몇 다른 땅거북tortoise과 바다거북turtle, 일부 어류, 양서류, 그리고 몇몇 신기한 동물들과 마찬가지로 '미미한 노쇠negligible senescence'를 보인다는 점이다. 미미한 노쇠란 나이가 들어도 미미한 정도의 능력만 손실되는 것을 말한다.[1] 미미한 노쇠를 보이는 동물들은 나이가 들어도 운동 능력이나 감각 능력에서 별다른 장애가 나타나지 않고, 생식능력에서도 노화로 인한 기능 저하가 보이지 않는다. 해리엇은 170살이 되어서도 빅토리아 여왕의 통치가 한창이었던 30살 때 못지않게 정정했다. 물론 정정하다고 해서 날렵했다는 의미는 아니다. 거북이는 결국 거북이니까.

인간은 이런 행운을 타고나지 못했다. 인간은 나이가 들면서 피부에 주름이 잡히고, 노쇠해지고, 병에 걸릴 위험도 높아진다. 시간의 흐름에 따른 사망 위험의 변화를 보면 우리가 갈수록 노쇠해진다는 사실이 피부에 와닿는다. 미미한 노쇠 현상만을 보이는 땅거북은 나이가 들어도 사망 위험이 거의 일정하게 유지된다. 이 땅거북은 성체가 되어서도 매년 사망 확률이 대략 1, 2퍼센트 정도다. 반면 인간은 사망 위험이 8년마다 두 배로 높아진다.[2] 처음에는 사망 위험이 그리 높지 않아서 만 30세에는 그해에 사망할 확률이 1/1000 미만이다. 하지만 어떤 수치를 계속 두 배로 늘려 가다 보면 처음에는 작은 값으로 시작했더라도 결국에는 기하급수적으로 커진다. 만 65세가 되면 그해에 사망할 위험은 1퍼센트다. 그리고 만 80세에는 5퍼센트. 그리고 만 90세까지 살아남은 사람은 6명당 1명꼴로 91번째 생일을 맞이하지 못하게 된다. 식은땀 나는 소리다. 만 105세 정도부터는 이런 위험 증가세가 멈춘다는 증거가 있다. 기술적으로 말해서 이렇게 오래 장수한 사람들은 노화가 정지할지도 모른다는 소리다. 하지만 그 즈음이면 사망 확률이 이미 50퍼센트 정도로 높아져 있기 때문에 그런 증가세가 조금만 더 일찍 멈추었다면 얼마나 좋았을까 하는 아쉬움이 생길 만도 하다.

우리는 상대적으로 긴 세월에 걸쳐 건강을 누리며 산다. 그래서 50에서 60년 정도는 사망 위험이나 질병과 장애 발생 위험이 낮게 유지되다가 노년에는 그 위험이 가파르게 상승한다. 우리 모두는 나이가 들기 마련이고, 나이가 들면 경험과 지혜가 쌓인다. 우리는 나이가 들어도 우아하고 품위 있게 나이 들기를 열망한다. 생명이 탄생한 순간부터 노화는 삶의 자연스러운 일부였다. 따라서 '노화'라는 단어에는 다양한 함축적 의미가 따라오며 그 의미들이 모두 부정적이지만은 않다. 하지만 생물학적 관점에서 보면 노화에 대한 가장 단순한 최고의 정의는 시간의 흐름에 따라 사망과 고통이 기하급수적으로 늘어나는 것이라 할 수 있다.

이런 생물학적 정의를 적용하면 땅거북은 노화가 일어나지 않는다. 이들은 말 그대로 늙지 않는다. 그렇다면 미미한 노쇠는 곧 '생물학적 영생'을 의미하는데 어떻게 땅거북은 나이를 먹어도 늙지 않을까? 그리고 과학의 도움을 빌리면 우리도 늙지 않을 수 있을까?

현대과학의 발전, 특히 지난 20년 동안에 이루어진 발전 덕분에 노화를 더욱 잘 이해하게 됐고, 노화에 개입하는 능력에도 큰 발전이 있었다. 노화는 분자에서 세포, 기관, 전신에 이르기까지 모든 수준에서 우리의 생물학에 영향을 미친다. 나는 우리가 늙는 동안에 생물학적으로 무슨 일이 일어나는지, 그리고 그 과학적 함축에 대한 이해가 어떻게 보건의료를 완전히 탈바꿈시킬 수 있는지 보여 주고 싶다.

노화를 이해하는 것은 엄청난 의미를 담고 있다. 노화는 전 세계적으로 사망과 고통의 가장 큰 원인이기 때문이다. 노화를 사망의 원인이라 말하니까 어색하게 들리겠지만 노화를 생물학적 과정으로 바라보면 이 논리를 피해 갈 수 없다. 나이가 들면서 우리 몸은 백발, 주름, 길어지는 코와 귀 같은 표면적인 변화에서 노쇠, 기억력 저하, 치명적 질병 위험의 증가 등 삶을 바꾸어 놓는 변화에 이르기까지 익숙한 변화들이 축적되기 시작한다. 사망 위험이 그렇게 신속하게 증가하는 근본적 이유는 노화 관련 질병의 발생 가능성이 일시에 급속히 높아지기 때문이다. 어차피 모두 한 번은 죽는 것이니 죽음 자체는 괘념치 않는다 해도, 사망 위험이 높다는 것은 곧 장애와 질병으로 고통 받을 시간이 기다리고 있다는 말이기 때문에 그런 시간은 되도록 피하고 싶을 것이다.

1년씩 나이가 들 때마다 암, 심장질환, 뇌졸중, 치매, 그리고 여러 가지 끔찍한 병에 걸릴 위험은 가차 없이 높아진다. 의사와 과학자들은 질병에 걸릴 위험을 높이는 것들을 통틀어 '위험인자risk factor'라고 부른다. 위험인자에 해당하는 것으로는 흡연, 과체중, 운동 부족 등이 있다. 하지만 아무리 건강에 신경 쓰며 산들, 그저 나이가 드는 것만으로도 그 효과는 줄어 들 수밖에 없다. 사실 방금 언급했던 모든 질병에서 가장 큰 단일 위험인자는 나이가 드는 것이다. 80세인 사람은 30세인 사람보다 사망 위험이 60배나 높다. 그리고 암에 걸릴 위험은 30배, 심장질환이 생길 위험은 50배 높다.[3] 고혈압이 있으면 심장마비 위험이 2배로 높아진다. 반면 40세와 비교하면 80세에는 심장마비 위험이 10배로 높아진다.[4] 만 60세 미만에서는 치매가 대단히 드물지만 그 후로는 위험이 5년마다 2배로 높아진다. 사망 위험 증가 속도보다 훨씬 빠르다. 적어도 발병 위험이라는 관점에서만 보면 건전하게 살아가는 80세보다 과체중에 과음과 줄담배를 즐기는 30세가 더 낫다.

이렇게 발병 위험이 동시에 높아지면 그 결과로 질병에 대한 부담이 엄청나게 커진다. 만 65세가 된 사람들 중 절반이 두 가지 이상의 만성질환을 갖고 있다. 80세 노인은 평균 5가지 정도의 질병을 앓고 있고, 그래서 약도 거기에 맞춰 다양하게 복용하고 있다.[5] 이제

'고령으로 죽기die of old age'는 숙어로도 완전히 자리 잡은 말이지만 사실 순수하게 고령만으로 죽기는 불가능하다. 그보다는 이런저런 병에 걸려 악화되다가 결국 그중 하나가 목숨을 앗아갈 정도로 심각해져서 죽게 된다.

그리고 그다음으로, 그와는 다른 방식으로 병에 더 쉽게 걸리고, 일단 걸리면 더 심하게 앓게 되는 변화도 찾아온다. 예를 들어 나이가 들다 보면 면역계가 약해져 감염에 대한 저항력이 떨어진다. 그럼 젊은 시절이었다면 침대에 누워 일주일만 고생하고 툴툴 털고 일어났을 독감이 연금수령자로 살던 당신의 삶을 끝장 낼 수도 있다. 그와 마찬가지로 뼈가 부러진 경우도 젊은이라면 잠시 깁스를 하고 절뚝거리며 돌아다녀야 하는 성가신 일에 불과하겠지만, 노인의 경우라면 몇 주 동안 병실에 누워 지내다가 근육량이 심각하게 손실되어 그 후로는 원래의 삶으로 돌아가는 것이 어렵거나 불가능해질 수 있다.

마지막으로, 조용히 삶의 질을 갉아먹는 증상도 있다. 치매의 기준에 해당하지 않는 수준의 정신적 예리함 상실, 건망증, 불안증. 그리고 근력 감소에 덧붙여 류머티즘과 관절염 같은 질병으로 거동 능력이나 집안일을 혼자 처리할 수 있는 능력이 줄어드는 것. 그리고 발기부전에서 실금失禁에 이르기까지 여러 가지 민망하고 불편한 변화다. 구체적인 질병을 진단받은 것이 없더라도 나이가 들면서 이런 증상들이 쌓이다 보면 독립성, 자긍심, 삶의 즐거움, 사회에 이바지하는 능력이 무너지게 된다.

우리는 이 질병과 기능장애 목록에 올라와 있는 여러 항목들을 서로 별개의 것으로 여기는 데 익숙해져 있고, 따라서 의학적인 접근도 거기에 맞추어 기이한 형태로 이루어진다. 암과 심장질환에는 약물과 수술을, 감염 예방에는 백신을, 일상의 삶을 돕는 데는 지팡이와 사회복지서비스를 처방하는 것이다.

그 근본 원인인 노화 과정 자체는 완전히 무시되고 있다.

노화는 누구에게나 보편적으로 일어나기 때문에 막대한 결과를 낳는다. 노화는 독립성과 삶의 질은 저하시키고 질병과 사망의 위험은 극적으로 높여 개인의 삶을 송두리째 바꿔 놓는 효과를 갖고 있다. 이런 개인적 효과에 수십억 명의 인구수를 곱한다고 생각해 보라. 그 효과는 늙고 병약한 사람에 국한되지 않는다. 대부분의 사람이 인생의 어느 시점에 가서는 나이 든 친구나 가족을 돌보아야 할 입장에 서게 된다. 노화의 효과는 사회 전체로 퍼져 나가 모든 이들의 삶에 영향을 미친다.

매일 전 세계적으로 150,000명 정도의 사람이 죽는다. 그중 100,000명 이상이 노화로 사망한다.[6] 전체 사망 중 전 세계적으로는 2/3 이상, 그리고 부유한 국가에서는 90퍼센트 이상이 노화로 인한 것이다. 건강이 악화되는 동안 수천만 명의 사람이 몇 년 혹은 몇 십 년에 걸쳐 고통을 받는다. 이것은 전례가 없는 규모의 자연재해다. 성공을 확신할 수 없더라도 즉각적으로 대규모 국제 구호활동이 시작되어야 한다. 만약 기존에는 노화가 존재하지 않던 문명에서 이런 증상을 가진 질병이 갑자기 생겨났다면 그 질병을 치료하기 위해 난리가 났을 것이다.

하지만 노화가 보편적이라는 것은 노화가 기정사실이라는 의미이기도 하다. 불가피한 부분이라 눈에 들어오지 않는 것이다. 나이 든 친구나 가족이 생기면 우리는 개개인의 비극을 목격하고, 그들을 괴롭히는 구체적인 질병의 무서움을 이해하게 된다. 하지만 집단적으로 보면 사회는 노화 자체에 대해 무심하다. 죽음과 고통이 전 세계적으로 완만하게 유행하고 있지만 사람들은 눈치채지 못하고 그냥 넘어간다. 규모가 너무 방대해서 한눈에 들어오지 않기 때문이다.

우리 인간은 지금 당장의 것만 강조하고 먼 미래는 고려하지 않는 다양한 인지편향에 시달린다. 대부분의 사람은 연금을 충분히 저축해 두지 않아서 식이 요법이나 운동 요법을 처방받아도 제대로 지키기가 어렵다. 인간은 또한 낙관적인 성향을 타고났다. 우리는 희끗희끗한 머리로 은퇴해서 새로운 취미를 배우거나 손자들과 노는 모습을 상상하지 정맥주사를 꽂고, 오줌주머니를 차고 병실에 누워 있는 모습을 상상하지는 않는다. 조사해 보면 우리는 암이나 심장마비의 존재를 부정하지 않는다. 다만 그런 일이 자기에게 일어나리라고 믿는 사람이 별로 없을 뿐이다.[7] 우리는 또한 기존의 경험을 바탕으로 추론하는 성향이 있다. 다행히도 대부분의 사람은 나이가 들기 전에는 여러 가지 만성질환을 동시에 경험하지 않는다. 우리는 은퇴 후의 삶을 그릴 때 그저 할 일이 별로 없어서 병에 걸린다고는 상상하지 않는다.

우리는 노화가 다른 사람에게 일어나는 경우에도 그 결과를 볼 수 없게 차단되어 있다. 제일 늙고 병든 사람들은 병원이나 요양원에 숨어 있다시피 해서 사람들의 눈에 보이지 않는다. 우리 어릴 적에 할머니, 할아버지는 보통 주름 많고 친절한 사람으로 기억에 남을 뿐 건강에 어떤 문제가 있었는지는 알지 못한다. 어른이 되어 사회에 갓 발을 딛고 젊은 가족을 꾸린 경우에도 나이 든 친구나 가족을 돌보는 일에 직접 참여하는 경우는 드물다. 보통은 부모님이 조부모님을 돌보거나, 아니면 조부모님들끼리 서로를 돌보는 경우가 많다. 그래서 우리는 보통 부모님이나 자신의 배우자가 돌봄이 필요해지는 순간이 올 때까지는 노화의 전체적인 그림을 보지 못하고, 그때가 되면 이미 자신도 늙기 시작한다. 이것은 대략적으로 일반화한 그림이라서 실상은 가족마다 다양하게 나타나겠지만 통계를 통해서도 입증이 되고 있다. 미국의 한 조사에 따르면 65세 이상의 사람을 돌보는 사람들도 평균 나이가 63세였다.[8] 우리는 노화의 참의미와 직면하지 않아도 40세, 50세, 잘하면 60세까지는 무사히 넘길 수 있다. 그래서 노화가 진정으로 의미하는 바를 외면하기가 더 쉬워진다.

10년, 20년, 50년 후의 삶이 어떤 모습일까 생각해 본다면 자기는 운이 좋은 것이라 생각하며 불안을 달랠 수 있다. 얄궂게도 노화는 그래도 운 좋게 잘사는 나라에 살게 된 덕분에 겪는 저주다. 장수하지 않았다면 애초에 노화는 문제가 되지도 않을 것이다. 아무래도 아이 때 말라리아로 죽는 것보다는 오래 살아서 심장마비로 죽는 것이 낫지 않겠나? 당연히 낫다. 그리고 말라리아 같은 질병으로 인한 사망은 상당 부분 예방이 가능한 죽음이기 때문에 그로 인한 사망이 계속되고 있다는 사실은 우리를 도덕적으로 부끄럽게 한다. 하지만 전 세계 3/4 이상 국가에서 노화와 관련된 질병으로 인한 사망이 다

른 사망 원인을 앞지르고 있다는 것 역시 씁쓸한 뉴스다.[9]

2019년에 전 세계 기대수명은 72.6년이었고, 지금도 계속 늘어나고 있다. 이런 사실을 아는 사람보다는 모르는 사람이 더 많다. 개인의 운명에 대해서는 낙관적 태도를 갖고 있음에도 불구하고 설문조사를 해 보면 대부분은 세상의 상황에 비관적이어서 기대수명을 실제보다 10년, 심지어 20년까지 낮추어 생각한다.[10] 출생률과 사망률이 높은 개발도상국을 상상하는 것이다. 학교에서 배운 내용이 그렇다 보니 어쩔 수 없다. 하지만 사실 부라는 측면은 몰라도 기대수명이라는 측면에서 만큼은 대부분의 국가가 선진국 수준에 접근하고 있다. 이것은 놀라운 진보이고, 분명 축하할 만한 일이다. 우리는 여러 가지 치명적인 감염성 질병을 물리쳤고, 전 세계적으로 삶의 질과 양을 개선했다. 하지만 그 반대급부로 70세를 넘기면서 노화의 효과를 충분히 느낄 수 있는 나이가 되고 있다. 노화 관련 질병이 전 세계적으로 사망과 고통의 가장 큰 원인인 이유를 이런 식으로도 이해할 수 있다.

발전이 계속 이어지고 전 세계 인구의 나이가 많아지면서 노화의 위기도 눈덩이처럼 불어나고 있다. 이것이 지금 당장은 전 세계를 위협하고 있지 않지만 수십 년 안으로 그렇게 될 것이 분명하다. 그렇다면 우리가 할 수 있는 것은 무엇일까?

고맙게도 그 해답은 생물학에 있다. 그 모든 것은 과학의 역사를 뒤바꿔 놓은 돌파구[11]와 함께 1930년대에 시작했다. 당시 영양학이라는 새로운 학문 분야에 대한 관심이 싹트고 있었고, 연구자들은 음식이 성장과 수명에 미치는 영향에 대해 궁금증을 품기 시작했다. 과학자들은 쥐를 세 집단으로 나누어 1번 집단은 좋아하는 것을 맘껏 먹게 두고, 나머지 두 집단은 훨씬 검소한 식단으로 유지했다. 하지만 이들 또한 필요한 영양분은 부족함 없이 모두 얻을 수 있도록 세심하게 관리했다. 먹이를 줄인 쥐들은 1번 집단의 쥐들보다 체구가 작았지만 실험이 진행될수록 먹이 제한에 영향을 받은 것이 체구만이 아님이 분명해졌다. 좋아하는 것을 맘껏 먹은 쥐들은 하나둘씩 늙어서 죽은 반면 소식하는 쥐들은 계속 살아남았다. 그리고 이 배고픈 쥐들은 잘 먹다 죽은 1번 집단 쥐들을 따라 죽을 힘도 없어서 털이 하얗게 새고, 여기저기 암 덩어리가 자라난 상태에서 마지못해 산 것이 아니었다. 칼로리 섭취를 제한한 쥐들은 건강하고 젊게 더 오래 살았다. 마치 덜 먹은 것이 노화 과정 자체를 늦춘 것처럼 보였다.

결국 이것은 요행도, 실험상의 오류도 아닌 것으로 밝혀졌다. 그 후로 생명의 계통수를 따라 온갖 생명체를 가지고 식이제한 실험을 해 보았는데 놀라울 정도로 일관된 결과가 나왔다. 단세포 효모(제빵과 맥주 양조에 사용하는 곰팡이), 지렁이, 파리, 어류, 생쥐, 개, 그 외 많은 동물들이 정상적인 양보다 먹이를 현저히 줄이면 더 건강하게 오래 살았다. 이들은 더 활발했고 암에서 심장 문제에(적어도 심장이 있는 생명체에서는) 이르기까지 노화로 인한 병으로 받는 고통도 덜했다. 식이제한을 받은 쥐는 정상적인 먹이를 섭취한 쥐보다 털도 윤기가 더 흘렀다. 물론 먹이를 지나치게 줄이면 기아로 이어졌지만 적당한 한계만 지키면 배고픈 쥐가 맘껏 먹은 같은 종의 다른 구성원들보다 훨씬 건강하게 오래 살았다. 이 연구 결과는 아주 놀라운 사실을 보여 주었다. 노화는 엄격하게 정해진 변경 불가능한 생물학적 필연이 아니라는 것이다. 설마 싶을 정도로 간단한 처치만으로도 동물계 전반에 걸쳐서 노화와 관련된 거의 모든 것의 속도를 동시에 늦출 수 있는 것이다.

인류 역사 전반에서 자연의 변함없는 속성이라 여겼던 것이 그저 먹는 양만 줄였을 뿐인데 변한 것이다. 더군다나 어떤 면에서 보면 노화는 하나로 응집되어 있는 과정으로 보인다. 이런 극단적인 식생활이 노화와 관련된 질병을 하나만 예방하는 것이 아니라 모두 한꺼번에 예방하면서 그와 동시에 노쇠와 죽음도 늦추어 주기 때문이다. 노화의 개별 요소들만이 아니라 노화 자체의 속도를 늦추거나 심지어 역전시킬 수 있는 약을 상상하는 것이 불가능하지 않다는 의미다. 이 분야가 제대로 된 이름을 갖기까지는 그 후로 수십 년이 걸렸지만 이것이 바로 노화의 생물학을 연구하는 생물노인학 biogerontology의 탄생이었다.

지금에 와서 보면 노화가 적어도 어느 정도는 응집된 과정이라는 것이 처음부터 당연한 일이었다. 각자 자기만의 복잡한 원인을 갖고 있는 다양한 질병군이 우리를 동시에 엄습한다는 사실을 과학은 놓치고 있었다. 심장질환의 동맥경화, 치매로 죽어 가는 뇌세포, 통제를 벗어난 암세포, 이런 것들은 공통점이 별로 없어 보인다. 그런데 어째서 이것들이 모두 한꺼번에 일어나는 것일까? 장수하는 배고픈 쥐에서 이 질병들이 모두 함께 뒤로 늦춰지는 것을 목격하지 않았더라면 이 모든 것이 그저 잔인한 우연으로 보였을 수도 있다. 모든 질병이 동시에 늦춰진다는 사실은 놀라울 정도로 정확하게 시간을 맞추어 이 끔찍한 질병을 우리 몸에 퍼뜨리는 시계가 물밑에서 돌아가고 있음을 암시한다.

노화가 유연하게 조절 가능한 과정이라면 수십억 명의 목숨을 구하고 삶의 질을 끌어올리는 것이 가능해진다. 항노화의학anti-ageing medicine의 목표는 식이제한을 했던 많은 동물종에서 나타난 결과, 즉 질병 없이 건강하게 오래 사는 것을 사람에서도 재현하는 것이다. 질병이나 장애 없이 건강하게 사는 수명을 건강수명healthspan이라고 한다.

식이제한은 시작에 불과하다. 최초의 연구 결과가 1935년에 발표되었을 때만 해도 우리는 DNA의 구조조차 모르고 있었다. 사실 그 당시는 DNA가 유전의 매개물질이 맞는지도 확신하지 못하고 있었다. 요즘에는 몇 시간이면 한 유기체의 전체 DNA 염기서열을 읽을 수 있다. 한 세기 전만 해도 판타지 소설 같은 이야기로 들렸을 법한 다양한 생물학 도구와 기술 덕분에 생명의 작동 방식에 관한 이해가 폭발적으로 증가했다. 다른 모든 과학과 마찬가지로 노화 생물학에 관한 현대적 이해도 앞선 연구자들의 어깨 위에 올라선 연구자들로부터 나왔다. 그리고 노화에 대한 연구는 생태학에서 실험실 생물학에 이르기까지 온갖 분야에서 진행되고 있다.

화려한 출연진으로 구성된 지구 위 다양한 생명에서 영감을 얻을 수 있다.[12] 이 생명체들은 노화 속도가 놀라울 정도로 제각각이다. 생물학적 영생에 통달한 미미한 노쇠를 보이는 땅거북은 이미 만나 보았다. 노화는 보편적인 현상으로 보이는데 어떻게 이런 생명이 진화할 수 있었을까? 우리와 더 가까운 친척인 포유류에 국한해서 생각해 봐도 일부 운이 나쁜 설치류의 수명은 몇 개월에 불과한 반면, 고래는 몇 백 년에 이를 정도로 수명이 길다. 어떻게 이런 다양한 수명이 진화할 수 있었으며, 이 생명체들은 잘 늙는 방법에 대해 우리에게 어떤 묘수를 가르쳐 줄 수 있을까?

그리고 실험실을 통해 알게 된 내용도 있다. 우리는 작은 선충nematode에서 아주 중요한 연구 결과를 이끌어 냈다. 유전자 하나, 사실은 DNA의 글자 하나만 바꿔 줬을 뿐인데 선충의 수명이 10배나 늘어난 것이다. 우리와 생리학적으로 훨씬 가까운 동물에서도 성공을 거두었다. 수십 가지 서로 다른 처치를 통해 생쥐 노화 과정의 일상적인 개선이 가능해진 것이다. 우리는 노화 속도를 늦추거나 시곗바늘을 되돌릴 수 있는 약을 발견했고, 그중 일부는 이미 환자들에게 시도하고 있는 중이다.

이런 관찰과 증거들이 노화가 치료 가능해지는 미래에 대한 기대를 키우고 있다. 이런 미래가 그리 멀지 않을지도 모른다. 지난 일이십 년 동안 우리는 마침내 노화의 본질이 무엇인지 자신 있게 말할 수 있게 됐다. 일단 무언가의 본질을 알고 나면 그것을 표적으로 삼아 본격적인 연구를 시작할 수 있다.

현재 우리는 노화가 단일 과정이 아니라 나이 든 유기체를 젊은 유기체와 다르게 만드는 생물학적 변화들의 묶음이라 생각하고 있다. 이 현상은 유전자와 분자에서 시작해서 세포 그리고 우리 몸 내부의 전체 시스템에 이르기까지 모든 부분에 영향을 미쳐 통증을 야기하고 노인의 시력, 주름살, 질병을 악화시킨다. 이제 우리는 이런 변화를 목록으로 정리해서 그 각각의 과정을 늦추거나 역전시킬 치료를 상상해 볼 수 있는 단계에 와 있다.

노화 과정을 치료한다는 개념은 그림의 떡처럼 허황된 이론에 머물러 있는 생물학이 아니다. 현재 전 세계 실험실과 병원에서 이런 개념에 대해 검증이 이루어지고 있다. 그런 현상 중 하나가 우리 몸에 노화세포senescent cell가 축적되는 것이다. 젊은 시절에는 거의 없다가 시간이 흐르면서 축적되는 노화세포는 여러 노화 관련 질병과 관련이 있다. 2011년에 생쥐에서 이 세포들을 제거했더니 여러 질병이 늦춰지고 수명이 연장되는 것으로 밝혀졌다.[13] 2018년에는 이런 세포를 파괴하는 약이 인간을 대상으로 임상실험 중이었다.[14]

항노화의학의 꿈은 늙으면서 생기는 장애의 근본 원인을 밝혀내어 그 진행 속도를 늦추거나 아예 거꾸로 되돌리는 치료법을 만드는 것이다. 이런 치료법은 수많은 질병을 한꺼번에 다룰 수 있고, 일시적 처방이 아니라 병에 걸릴 가능성을 줄이고 주름살이나 탈모 같은 일상적 증상도 동시에 해결해 주는 예방적 치료가 될 것이다. 요즘처럼 환자들이 늙고 병 들 때까지 기다렸다가 치료를 시작하는 것이 아니라 선제적으로 치료해서 사람이 애초에 병에 걸리고 노쇠해지지 않게 막아 주는 것이다.

개개의 질병이 아니라 노화 자체를 치료하게 되면 세상이 바뀌게 된다. 현대 의학 중 다수는 증상의 치료를 목표로 하거나, 여러 질병의 근본 원인으로부터 몇 단계 떨어져 있는 요인을 치료 대상으로 삼는다. 예를 들면 누군가 고혈압이 있으면(많은 사람이 고혈압을 갖고 있고 특히 나이가 들면 더 많아진다) 혈압을 낮추는 약을 처방해 줄 때가 많다. 흔히 사용되는 혈압약 중 상당수는 동맥 주변 근육의 긴장을 풀어 줌으로써 혈관을 넓혀 혈액이 더 자유롭게 흐르게 만드는 방식으로 작동한다. 이것으로는 동맥벽의 경화나 동맥벽 내부가 막히는 것을 처리하지 못한다. 사실 이것이 혈압이 높아지는 진짜 원인인데 말이다. 이런 치료가 무용지물이라는 의미는 아니다. 이런 약을 쓰면 혈압이 낮아지고 그 결과로 환자들은 더 오래 살 수 있다. 하지만 이런 약물들은 부차적인 해결책일 뿐 궁극의 완치가 될 수는 없다.

노화 자체를 치료하는 약이라면 혈관벽을 다시 젊게 만들어 혈압을 젊고 안전한 수치로 되돌려 장기간 유지해 줄 수 있다. 그리고 이 약은 노화의 생리학과 관련된 다른 면도 함께 개선해 줄 것이다. 혈관 벽을 경화시킨 것과 동일한 생물학적 과정이 관절염에서 주름살까지 다른 문제 뒤에도 도사리고 있다. 근본 원인을 고치면 많은 문제를 한 번에 고칠 수 있다. 그뿐이 아니다. 고혈압을 정말 제대로 조절할 수 있게 되면 신장질환에서 치매에 이르기까지 다른 문제가 생길 가능성도 줄일 수 있다. 이런 병은 오랜 세월 지속된 고혈압으로 야기되기 때문이다. 우리가 나이가 들면서 장애와 질병에 취약해지는 이유는 분자, 세포, 기관, 몸 전체에서 일어나는 변화들 때문이다. 그런 변화를 찾아내서 치료하는 법을 알아내면 말년의 건강 악화를 늦출 수 있다.

질병을 따로따로 치료하는 방식으로도 지금까지 큰 성공을 누려왔지만 이런 접근 방식으로는 기대수명을 늘리지 못한다. 심지어는 단일 질병의 완치에 이론적으로나 가능할 완벽한 성공을 거둔다 해도 그것이 건강에 미치는 영향은 설마 싶을 정도로 작다. 인구 통계학자들은 수학 모형을 이용해 특정 질병이 완전히 사라지는 상황을 시뮬레이션해 기대수명과 전체 질병부담disease burden에 생기는 변화를 관찰할 수 있다. 이것을 계산해 보면 현재 사망 원인 1위인 암[15]을 완벽히 완치한다 해도 늘어나는 기대 수명은 3년이 채 못 된다.[16] 사망률 2위인 심장질환도 그와 비슷하게 기여 효과가 미미해서 기껏해야 2년 정도다. 이런 일이 일어나는 이유는 간단하다. 암이나 심장질병으로 쓰러지지 않는다 해도 몇 달 후 혹은 몇 년 후에 당신의 목숨을 앗아가려고 대기 중인 다른 질병이 얼마든지 있기 때문이다. 그리고 암과 심장질환을 비롯해 노화의 결과로 생기는 다른 질병들을 모두 완치한다고 해도 우리가 현재 질병으로 취급하지 않는 노쇠, 건망증, 독립성 상실의 결과는 어찌 할 도리가 없다. 반면 노화의 기저에 깔린 근본 원인을 해결하는 의학은 질병의 위험과 노화에 따르는 다른 증상들을 모두 줄일 수 있다.

이것은 항생제 이후로 의학 역사상 가장 위대한 혁명이 될 것이다. 페니실린은 단일 약품임에도 광범위한 질병의 치료에 사용할 수 있다. 노화 치료도 마찬가지가 될 것이다. 다만 노화 치료제는 세균 같은 외부의 위협을 물리치는 대신 시간의 흐름에 따른 우리 몸 내부의 퇴화 현상을 치료의 표적으로 삼게 된다.

우리 시대에는 노화를 완치할 수 없더라도 노화 연구에 대한 투자는 미래 세대를 위한 투자가 된다. 일단 새로운 약이나 치료법을 한 번 발명하고 나면 지구상의 모든 사람, 그리고 앞으로 태어날 모든 사람이 그 혜택을 대대로 이어 받을 수 있다. 암, 심장질환, 뇌졸중, 알츠하이머병, 감염성 질환, 노쇠, 실금 그리고 그 외 수많은 질병들은 그중 한 가지만 치료법에 진척이 있어도 축하를 받을 일인데, 이런 것들을 한꺼번에 모두 늦추거나, 더 나아가 완전히 물리칠 수 있게 될 것이다. 노화의 완치는 우리 세대가 남겨 줄 유산이 될 수 있다. 그러면 앞으로 태어날 모든 세대가 그 혜택을 보게 된다. 노화를 치료의 대상으로 인정하는 데 필요한 과학적, 문화적 변화를 시작하는 것이 우리의 가장 중요한 일일지도 모른다.

이것은 우리 개개인, 우리 친구와 가족, 그리고 사회와 인류 전체에게 심오하고도 광범위한 파급력을 미칠 것이다. 그리고 이익이 비용을 훨씬 앞지를 것이다.[17] 노화를 치료한다고 하면 많은 사람이 처음에는 경계하거나 심지어 적대적인 반응을 보인다. 길어진 수명이 인구증가와 환경에 어떤 결과를 낳을지, 노화 치료로 돈 많고 권력 있는 자들만 덕을 보는 것은 아닌지, 독재자가 영원히 살면서 끝없이 전체주의를 강요하는 것은 아닌지 등, 그로 인한 사회적 문제가 걱정이 되는 것도 당연하다. 하지만 질문을 뒤집어서 간단한 가상의 상황을 상정해 보면 거의 모든 반대의견을 반박할 수 있다. 만약 우리가 노화가 존재하지 않는 사회에 살고 있었다면 과연 이런 사회적 문제들을 해결하겠다고 노화를 발명했을까?

노화를 발명해서 수십억 명을 고통과 죽음으로 몰아넣는 것이 기후변화나 전 세계적인 자원 남용의 문제에 대한 현실적인 해답이 될 수 있을까? 분명 우리는 그런 야만적인 수단에 기대기 전에 우리가 지구에 집단적으로 남기는 흔적을 줄일 다른 방법을 찾으려 했을 것이다. 마찬가지로 전체주의 폭군의 통치를 끝내기 위해 노화를 끌어들이는 것은 CIA의 가장 정신 나간 암살 계획보다도 황당한 계획이 될 것이다. 이런 식으로 뒤집어 생각해 보면 그 해답은 분명하다. 아무리 심각한 문제가 있다 해도 노화는 도덕적으로 용납할 수 있는 해결책이 아니다. 그럼 그 역도 옳다는 의미다. 다른 문제를 피하기 위해 노화를 지금 그대로 놔두자는 주장은 노화 자체가 인류에게 부과하는 부담을 생각하면 한참 어긋난 주장이다.

노화를 물리치기 위해 마땅히 노력해야 한다는 결론이 이상하게 느껴진다면 그것은 원래 있던 익숙한 것에서 편안함을 느끼는 성향 때문이 아닐까 싶다. 우리는 말 그대로 평생에 걸쳐 노화를 서서히 받아들이고, 수명이 길어진다고 하면 디스토피아적인 공상과학 소설을 상상할 때가 많다. 현 상황에 안주하려는 속성 때문에 우리는 노화 완치를 찬성하는 주장이 얼마나 강력한지 보지 못한다. 노화가 존재하지 않는 사회에서 노화의 발명에 반대하는 주장만큼이나 강력한 주장인데도 말이다.

노화를 치료하자는 주장을 도덕적으로 뒷받침하는 조로증progeria이라는 질병군이 있다. 'progeria'는 이른 나이에 늙는다는 의미의 그리스어에서 나온 말이다. 이 질병에 걸린 사람은 노화가 가속되는 증상을 경험한다. 이 환자들은 한참 이른 나이부터 벌써 늙어 보여서, 가장 심각한 형태에서는 이른 아동기에 벌써 피부가 얇아지고 머리가 희끗희끗해진다. 휴킨슨-길포드 조로증Hutchinson-Gilford progeria을 안고 태어난 사람은 기대수명이 13년 정도에 불과하고 보통 10대에서는 좀처럼 찾아보기 힘든 문제인 심장질환으로 사망한다.[18] 그와 관련된 또 다른 질병인 워너 증후군Werner syndrome에서는 20대와 30대에 백내장과 골다공증이 생기고 평균 54세에 심장마비나 암으로 사망하게 된다.[19] 이런 질병은 노화를 하나의 질병으로 취급하고 치료해야 한다는 주장을 뒷받침하는 가장 확실한 근거일지도 모르겠다. 이런 현상들이 이른 나이에 나타난다고 해서 병이라는 이름이 붙는다면, 현재 이런 변화가 우리가 말하는 소위 '정상적인 나이'에 생긴다고 해서 뭐가 다르다는 것인가?

나는 우리가 부끄러움 없이 당당하게 노화 완치를 목표로 삼아야 한다고 당신을 설득하고 싶다. 내가 '완치'라는 말을 쓰는 이유는 머지않아 어느 날 갑자기 이런 일이 일어나리라고 생각하기 때문이 아니라, 처음에는 거슬리게 들릴 수 있는 개념을 익숙한 개념으로 만들고 싶기 때문이다. 최초의 노화 치료는 우리의 건강수명을 살짝 늘려 주고, 어쩌면 수명 자체도 늘려 줄 수 있을지 모른다. 좋은 일이다. 하지만 거기서 멈춰서는 안 된다. 우리는 사망, 장애, 노쇠, 질병의 위험이 태어난 지 얼마나 오래 되었는가에 좌우되지 않는 미미한 노쇠 상태를 목적으로 해야 한다. 그러면 우리의 연령은 우리가 살아갈 날을 정의하는 숫자가 아니게 되며, 개인과 사회 모두 늙지 않게 될 것이다. 이것이야말로 진정한 노화 완치의 모습이고, 우리가 인류라는 종으로서 추구할 수 있고, 또 마땅히 추구해야 할 목표다.

노화를 완치한다고 해서 영원히 산다는 의미는 아니지만 고통이 크게 경감될 것이다. 그 부수적인 효과로 수명이 늘어나는 것이다. 암, 당뇨병, 에이즈를 완치했을 때와 마찬가지로 말이다. 우리는 이런 병들의 완치를 목표로 삼는 것을 부끄러워하지 않는다. 우리가 실제로 노화를 완치한다면 그것은 갈라파고스땅거북처럼 연령이 몇 살이 되더라도 사망 위험이 일정하게 유지된다는 의미다. 그래도 여전히 감염이나 교통사고로 죽을 수 있다. 당분간은 불사영생이 그저 바람으로 그칠 수밖에 없다는 소리다. (하지만 길어진 수명으로 인해 우리가 이런 예방 가능한 질병에 의한 사망을 줄이는 데 더 선제적으로 나서게 되기를 바란다.) 노화의 완치는 인간으로서 살아간다는 것의 의미를 바꾸어 놓을 테지만 그와 동시에 이것은 현대 의학의 목표가 자연스럽게 확장된 것일 뿐이다.

우리는 정말 흥미진진한 시대를 살고 있다. 방금 전에 잠깐 언급했던 늙은 노쇠세포의 제거가 실험실 실험에서 완전히 새로운 치료 패러다임으로 바뀌는 데 10년이 채 걸리지 않았다. 실험동물에서 노화 속도를 줄여 주는 것으로 밝혀진 다른 많은 아이디어들도 머지않아 같은 길을 걷게 될 것이다. 무엇이 될지는 알 수 없지만, 이 책을 읽고 있는 사람들도 대부분 진정한 항노화 치료를 받을 수 있을 정도로 오래 살 수 있을 것이다.

말 그대로 수십억 명의 목숨이 달려 있다. 그리고 생물노인학이야말로 그 목숨들을 구할 수 있는 과학이다.

차례

Contents

2부 — 노화의 치료

3부 더 오래 살기

해묵은 문제

An age-old problem

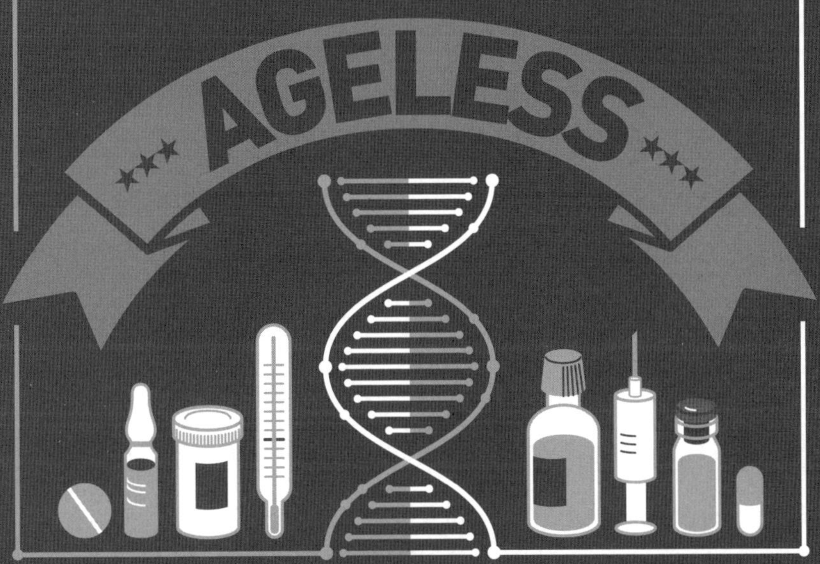

1부

1장 노화의 시대

The age of ageing

25,000년 전으로 되돌아가 보자. 따뜻한 늦봄의 어느 오후 현재의 프랑스 남부에 해당하는 지역에서 당신은 야영지에서 조금 떨어진 곳에서 장작을 모으고 있다. 남자들은 사슴이나 들소 같은 사냥감을 찾아 창을 들고 사냥하러 나가고 없다. 당신과 동료 유목민들은 현대 인류와 생김새는 아주 비슷하지만 삶은 아주 다르다. 그 삶을 갑자기 끝장 낼 수 있는 위협이 주변에 상존한다는 것도 아주 큰 차이점이다.

당신은 스물여덟 살이 되었으니 선사시대 여성치고는 꽤 잘 버티고 있는 셈이다. 이곳은 어디나 위험이 널려 있다. 아주 살짝 긁히기만 해도 감염으로 죽을 수 있다. 사고를 당하거나 짐승의 공격을 받아 갑작스러운 죽음을 맞이할 수도 있다. 아니면 굶주림에 눈이 뒤집힌 다른 선사시대 인간과 싸움이 나서 죽을 수도 있다. 하지만 가장 슬픈 일은 당신이 낳은 다섯 명의 아이 중 벌써 둘이 죽었다는 사실이다. 하나는 심한 열병에 걸려 태어나고 얼마 안 되어 죽었다. 다른 한 명은 만 세 살에 죽었는데 땅에 묻은 지 한 달도 안 됐다. 선사시대는 살기 위험한 곳이고, 죽음은 때를 가리지 않고 찾아왔다. 죽음의 원인조차 불분명할 때가 많았다. 당시는 세균이나 선천성 기형 같은 것을 이해하지 못했고 어쩌면 당신은 그 상황을 어떻게든 이해하기 위해 복수심에 불타는 변덕스러운 신이나 정령을 탓하고 있을지도 모르겠다.

선사시대 사람들이 정확히 얼마나 오래 살았는지 지금에 와서 파악하기는 쉽지 않다. 특히 선사시대라는 정의 자체가 문자 기록을 남기기 전 시대인 것도 큰 이유다. 당시는 출생신고서도 없었고 보험회사가 정리해 놓은 자세한 사망률표mortality table 같은 것도 없었다. 하지만 몇몇 고고학 유적지에서 나온 뼈와 현대 수렵채집인 사회들로부터 추측한 내용을 종합해 보면 몇 가지 아이디어를 얻을 수 있다. 그리고 그 값은 당신이 예상했던 것보다 좋기도 하고, 나쁘기도 하다.

먼저 나쁜 소식을 알아보면 기대수명은 빈약해서 30년에서 35년 사이 정도였다.[1] 통계적으로 보면 이 책을 읽고 있는 사람 중 이미 저세상에 갔을 사람이 많다는 얘기다. 하지만 기대수명은 보여 주는 것도 많지만 숨기는 것도 많은 수치다. 이 값은 평균값이기 때문에 통계의 함정이 곳곳에 도사린다. 선사시대의 기대수명이 놀라울 정도로 낮았던 가장 큰 이유는 유아와 아동의 사망률이 소름 끼칠 정도로 높았기 때문이다. 생후 첫해에 발생한 감염으로 수많은 아기와 아동들이 쓰러졌다. 아마도 이때 만 15세까지 살아남을 확률은 60퍼센트 정도밖에 안 됐을 것이다. 동전던지기보다 간신히 더 나은 수준이다. 어린 나이에 이렇게 사망률이 높다 보니 사망 평균 나이를 엄청나게 깎아 먹는다.

하지만 여차저차 동전던지기의 확률을 뚫고 10대 후반까지 살아남는다면 그때부터 35년이나 40년 정도는 더 살아서 50대까지는 무난히 살아남으리라고 기대할 수 있다. 이 기대여명remaining life expectancy 자체도 평균값이기 때문에 일부 고대 인류는 60대나 70대까지도 살았을 가능성이 높다. 이 정도면 현대에서도 '노년'이라 부르기 시작할 나이다. 기대수명이 35년에 불과했다는 내용은 끔직한 아동 사망률을 가리고 있어서 제일 오래 살았던 초기 인류의 수명이 얼마나 됐는지 제대로 가늠하지 못하게 만든다. 인간의 수명이라는 복잡한 현상을 하나의 수치로 요약한다는 것은 이렇듯 쉽지 않다.

이것은 수만 년 동안 변함이 없던 이야기다. 오랜 세월 동안 눈가가 젖어 들 정도로 높았던 아동 사망률이 전체적인 기대수명을 갉아먹었다. 성인으로 성장하는 데 성공한 사람들은 대부분 살 만큼 살았지만 특별히 오래 살지는 않았다. 오랜 세월 동안 죽음은 인간의 삶 어디서나 나타나는 특성이었고, 경고 없이 빠르게 찾아올 때도 많았다. 감염성 질환, 부상 혹은 불운의 변덕스러운 손아귀를 피한 사람들은 지금이라면 노화 과정으로 여길 이해하기 힘든 기능 쇠퇴 상태를 맞이하게 됐다. 체력, 예민한 감각, 정신적 예리함이 잡아먹을 것이냐 잡아먹힐 것이냐를 가르는 세상에서 차츰 신체 기능을 상실해 간다.

선사시대 사람들을 원시적이었다고 생각하기 쉽지만 그들의 뇌는 사실상 우리의 뇌와 아주 비슷했다. 지속적으로 이루어지던 이 무의미한 기능 상실이 결국 타격을 입혔을 것이다. 우리로서는 추측만 할 수 있을 뿐이지만 인간 혹은 인간 이전 선조의 유해들이 함께 모여 발견되는 장소가 있는 것으로 보아 죽은 시신을 의도적으로 처리했던 일종의 관습이 존재했었음을 추측할 수 있다. 장례의식이 정확히 언제 발생했는지를 두고 논란이 이어지고 있다. 물론 이런 장례의식의 대다수는 그 오랜 세월을 버틸 수 있는 흔적을 남기지 않았을 것이다. 하지만 이런 유적지들이 겉보기처럼 정말 장례의식의 흔적이 맞는다면 장례 행동은 우리 종인 호모 사피엔스*Homo sapiens*가 출현하기 전, 우리의 호미닌hominin 선조들이 지구 위를 걸어 다니며 늙어 가던 수만 년, 심지어는 수십만 년 전으로 거슬러 올라간다. 역사기록시대로 넘어오면 우리가 죽음에 집착했다는 사실이 확연히 드러난다. 점점 호화스러운 구조물들이 만들어지다가 고대 이집트의 피라미드에서는 삶과 죽음을 중심으로 더 풍성해진 신화가 기술공학적으로 정점을 찍었다.

이런 것을 보면 최초의 철학자들 중에 노화와 죽음에 대해 사색한 사람이 있었다는 것이 놀랍지 않다.[2] 고대 그리스에서 소크라테스와 에피쿠로스는 죽음에 대해 걱정하지 않았다. 죽음이란 꿈을 꾸지 않는 영원한 잠과 비슷하다고 믿었기 때문이다. 플라톤도 비슷하게 낙관적인 태도를 가졌지만 그 이유는 달랐다. 그는 육신이 존재를 멈춘 후에도 불멸의 영혼은 계속 존재하리라 믿었다. 아리스토텔레스는 죽음에 관심이 많았고, 기원전 350년경에는 노화에 대한 과학적 설명을 진지하게 시도했다.[3] 죽음을 진지하게 설명하려 한 최초의 시도라 할 수 있다. 그의 핵심 논지는 노화란 인간과 동물이 메말라 가는 과정이라는 것이었다. 이 책의 뒤에서 그의 이야기가 더는 나오지 않는 것을 보면 알겠지만 슬프게도 그의 이론은 세월의 역경을 이기지 못해서 자세한 내용이 전해지지 않았다.

철학 학파, 종교, 제국이 흥하고 망하는 과정에서도 수천 년 동안 수명에서만큼은 놀라울 정도로 변화가 없었다. 산업화된 잉글랜드에서 일자리를 찾아 1800년에 런던으로 이사한 가족의 이야기는 유랑 생활을 하던 선조들의 이야기와 놀라울 정도로 비슷할 것이다. 적어도 통계적으로는 말이다. 정확한 사망 원인은 꽤 차이가 있었다. 사냥하다가 생기는 사고는 줄고, 공장 사고가 많아졌다. 그리고 소규모 유랑 집단에 비해 인구가 밀집된 도시 중심부에서는 감염성 질환이 훨씬 다양하게 일어났다. 하지만 그 결과는 비슷해서 출생율도 높고 사망률도 높았다. 이 시기에 와서는 마침내 참고할 만한 실질적인 자료가 등장한다. 가장 오래된 기록이 남아 있는 두 국가는 영국과 스웨덴인데 양쪽 기록 모두 19세기 초에 전체적인 기대수명이 대략 40년 전후였음을 보여 준다.[4]

본격적인 1800년대로 들어가면서 마침내 상황이 변화하기 시작한다. 1830년에서 1850년 사이에 기대수명 그래프가 천천히 우상향 곡선을 그리기 시작한다. 주어진 역사적 시간에서 인구집단 건강의 최신 상태를 대변한다고 볼 수 있는 세계의 선도 국가를 뽑아서 살펴보면 눈에 확 들어오는 그림이 등장한다. 1840년 이후로 전 세계 최대기대수명이 마치 시계처럼 정확하게 매년 3개월씩 늘어난 것이다.[5] 더 좋은 점은 이런 경향이 약해질 기미가 보이지 않는다는 점이다. 미래를 예측하는 일은 언제나 힘들지만 거의 2세기에 가깝게 이어진 이런 경향을 미래로 확장해서 생각해 볼 수 있다. 그럼 당신이 중년이나 그보다 어린 경우라면 1년을 살아남을 때마다 사망 예상 날짜가 몇 달씩 뒤로 물러나는 셈이 된다.* 다르게 표현하면 하루를 살아남을 때마다 수명이 6시간씩 추가된다는 셈이다. 그렇다면 하룻밤 꿀잠을 자는 시간이 낭비되는 시간이 아니다. 기대수명의 증가로 그 시간을 대부분 돌려받을 테니까 말이다.

이 놀라운 효과가 계속 누적되면서 이제는 평균 수명이 1800년대 초반보다 2배로 늘어났다. 40년 정도이던 기대수명이 오늘날의 선진국에서는 80년 이상으로 늘어난 것이다. 이 비약적인 수명 연장은 너무 익숙해진 부분이라 어렵지 않게 그럴듯한 이야기로 풀어 낼 수 있다. 그럼 잠시 시간을 내어 이 무미건조한 수치들을 당신의 삶에 대입해 생각해 보자. 통계적으로 볼 때 1800년에 40세라면 죽었을 가능성이 높다. 하지만 요즘의 40세는 지금까지 살아 온 날만큼 살아 갈 날이 남아 있는 것이다. 1800년대의 20세 청년의 어머니가 살아 있을 확률보다 오늘날 20세 청년의 할머니가 살아 있을 확률이 더 높다.[6] 우리 종이 존재해 온 모든 시간의 0.1퍼센트에 불과한 불

---

* 여기서는 일부러 좀 모호하게 말하고 있다. 기대수명이란 것은 개인이 아니라 인구집단에게 적용되는 개념이기 때문이다. 하지만 당신이 이미 금연을 하고 있다면 어쨌거나 기대수명 면에서 전체 인구보다 앞서 나가고 있는 것이고, 전체 인구 기대수명이 올라가는 것이 참고가 되어 줄 수 있다.

과 2세기 만에 우리는 이미 인간으로 존재한다는 것의 의미를 새로이 정의했다(사실 2배로 늘려 놓았다). 이제는 가족이 다세대로 구성되기 때문에 나도 살아서 다세대로 구성된 가족과 함께 살게 될 것이라는 가정하에 장기적 계획을 수립해 볼 수 있다. 예전에는 은퇴라고 하면 그 나이까지 살아남은 소수의 사람이 악화된 건강 속에 근근이 몇 년 더 버티다 세상을 뜨는 그림이었지만 요즘은 아니다. 오늘날 태어나는 아기들은 인류 역사상 처음으로 대다수가 늙은 나이까지 살 수 있는 기회를 갖게 될 것이다.

기대수명이 거의 직선에 가깝게 늘어나는 그래프를 보면 눈이 의심스러워질 정도다. 이런 개선은 거의 무작위로 뒤엉켜 일어나는 문화적 변화, 공공의료정책, 과학적/의학적 돌파구가 뒷받침되어야 가능하기 때문이다. 그런데도 매년 3개월씩 수명이 증가하고 있다. 연이은 단계를 통해 일어난 이 혁명은 아주 다른 여러 가지 현상들이 이끌었다. 첫 출발은 인류의 가장 오랜 적을 길들이는 데서 시작했다. 바로 감염성 질환이다.

코로나 팬데믹을 보면서 자연의 힘에 비하면 우리의 힘이 얼마나 초라한지 알게 돼 겸손해진다. 코로나 바이러스의 위기는 우리가 잊고 있던 것을 까발려 보여 주었다. 치료제나 백신이 없을 때 감염성 질환이 우리에게 요구하는 희생이 얼마나 큰지 말이다. 그럼에도 당신이 코로나바이러스감염증-19로 사망할 위험은 과거에 감염으로 발생했던 위험에 비하면 아주 낮다. 인류의 역사 전체를 들여다보면 세균, 바이러스, 기타 미생물 때문에 쓰러진 사람이 다른 원인으로 쓰러진 사람보다도 많을 것이다. 최악의 경우를 상정하더라도 코로나바이러스에 의한 피해가 1918년 독감 팬데믹의 피해를 넘어설 가능성은 크지 않다. 그 당시 2년 동안 독감 바이러스에 의해 사망한 사람의 숫자는 5000만 명에서 1억 명 사이이다.[7] 이는 당시 세계 전체 인구의 5퍼센트에 해당하는 수치로, 그에 앞서 일어났던 제1차 세계대전 동안 4년에 걸쳐 무기로 인해 사망한 2000만 명도 여기에 비하면 초라해 보인다. 우리의 진짜 적은 서로가 아님을 인류는 명심해야 할 것이다.

하지만 1800년대를 거치는 동안 불결한 마을과 도시들을 재정비하고, 개방형 하수관을 폐쇄형으로 대체하고, 공공의료개혁이 뿌리를 내리면서 감염성 질환이 줄기 시작했다. 과학과 의학이 실전에 뛰어들었다. 처음에는 백신, 이어서 세균설germ theory이 등장하여 감염을 일으키는 것이 나쁜 공기나 불운이 아니라 눈에 보이지 않는 작은 생명체임을 입증했다. 그 후로 백신은 지구에서 천연두를 몰아냈고(놀랍게도 근래인 1977년의 일이었지만), 소아마비도 박멸해 가고 있는 중이다. 그리고 예전에는 아동기의 걱정거리였던 디프테리아와 백일해도 찾아보기 힘들어져 이제는 옛날이야기가 되었다. 비료와 농업 기계화의 발전으로 인구 전체의 영양공급이 개선되어 아동과 어른 모두 더 건강해졌고, 그 덕에 감염을 포함해 여러 가지 사망원인을 물리칠 수 있게 됐다. 그와 동시에 교육과 경제 성장이라는 쌍둥이 엔진이 수백만의 사람들을 가난의 굴레에서 꺼내 준 덕에 식량과 위생의 개선이 함께 이루어졌다. 건강의 개선과 길어진 수명도 건강 산업 급성장이라는 선순환 고리를 통해 경제에 활력을 불어넣었다.

1850년에는 출생 시 기대수명이 차트에서 1위를 차지한 노르웨이에서도 45년 정도였다. 하지만 1950년이 되자 노르웨이 사람들의 기대 수명은 70년을 넘어섰다[8](노르웨이인들은 기대수명 1위라는 왕관을 뉴질랜드에 빼앗겼다가 거의 한 세기만에 되찾았다). 이 발전은 청년기와 중년기의 개선 덕분이었다(감염성 질환은 아동기에 특히 많이 발생하지만 성인에서도 많다). 그리고 감염성 질환의 감소로 전체 기대수명이 극적으로 늘어났다.

노년기에서의 기대수명 개선이 마침내 전체 기대수명의 바늘을 움직이기 시작한 것은 지난 70년 동안의 일이었다. 이는 주로 의료와 건강관리 서비스 그리고 건강한 생활방식에서의 큰 발전 덕분이었다. 자동제세동기automatic defibrillator, 스텐트, 종합병원의 관상동맥 집중치료실, 관상동맥우회로이식술 등 현대의학의 다른 필수 치료법들을 살펴보면 이 중 1950년대에 나와 있던 것이 전혀 없음을 알 수 있다. 흉부를 압박해서 멈춘 심장을 다시 뛰게 만드는 심폐소생술CPR은 요즘 텔레비전 드라마에서 단골로 나오는 장면이지만 이때는 아직 발명조차 되지 않은 상태였다. 콜레스테롤 수치를 낮춰서 심장질환의 발생 가능성을 원천적으로 줄여 주는 스타틴statin 같은 예방약도 나와 있지 않았었다. 지금까지의 이야기들도 모두 심장병에 국한된 이야기다. 약물, 장치, 수술 기법 등을 통해 전 연령에 걸쳐 수많은 질병이 개선되었지만 그 효과는 노인들의 생존 가능성을 높이는 데 특히나 중요한 기여를 했다. 감염성 질환이 크게 준 오늘날의 상황에서 노년에 찾아오는 가장 치명적인 건강 문제는 심장질환이나 암 같은 것들이기 때문이다.

생활방식의 개선 중에서 가장 중요한 부분은 흡연의 감소였다. 단일 산업, 그것도 담배라는 단일 상품이 반세기에 걸쳐 기대 수명 통계에 그늘을 드리우고 있었다는 것이 정말 충격이다. 1950년에 영국 남성은 80퍼센트, 여성은 거의 절반이 담배를 피웠다.[9] 이런 장기 흡연 세대의 출연으로 인구 전체에 걸쳐 흡연 관련 질병이 늘었고, 흡연이 질병과 사망을 야기하기까지는 시간이 걸리기 때문에 몇십 년 후인 1980년대와 1990년대에 가서 흡연 관련 질병과 사망이 최고조에 이르렀다. 이 당시 선진국에서 모든 사망의 1/6(그리고 남성 사망에서는 무려 25퍼센트) 정도가 담배로 인한 것이었다.[10] 전체적으로 보면 20세기에는 흡연으로 인한 사망자가 1억 명 정도로 추산된다.[11] 흡연율은 정점을 찍은 후로 절반 이하로 낮아졌고 지금도 계속 낮아지고 있다. 그리고 현재 그 영향이 기대수명 통계에 반영되고 있다.

이 모든 것이 누적되어 미친 영향이 전 세계 기대수명 표에 나타난다. 2019년에 기대수명이 제일 긴 국가는 일본이었다. 일본 국민은 평균 84.5세까지 산다. 그 뒤를 바짝 쫓는 다른 국가들도 많다. 전 세계 기대수명 순위에서 톱 30에 해당하는 국가들은 모두 기대수명이 80년을 넘었다.

수명만 늘어난 것이 아니라 건강수명도 늘고 있다. 1991년에서 2011년 사이에 영국에서의 변화를 살펴본 연구에서는 65세의 기대수명이 약 4년 정도 늘었고 인지장애 없이 보내는 햇수도 늘었다.[12] 그리고 설문조사에서 사람들에게 자신의 건강에 점수를 매기게 하면 건강하게 보내는 햇수가 역시 비슷한 수치만큼 늘었다. 아주 나이가 많은 노년층에서의 건강 개선이 가장 두드러지다. 85세 이상 미국인 중 장애인으로 분류되는 사람의 비율이 1982년에서 2005년 사이에 1/3이 줄었다.[13] 한편 같은 기간 동안에 시설에 들어가서 지내는 사람의 비율은 27퍼센트에서 16퍼센트로 거의 절반으로 줄었다. 건강과 장애를 어떤 방식으로 측정하는지에 따라 건강이 좋지 못한 상태에서 보내는 인생의 비율이 줄거나, 대략 비슷하게 유지되는 것으로 나오는데 둘 다 좋은 소식인 것만은 틀림없다.

이런 데이터에서 딱 한 가지 아쉽게도 심각한 장애의 비율은 떨어지고 있지만, 아프고 불편하지만 아주 심한 경우만 아니면 도움 없이도 일상생활은 가능한 관절염 같은 소소한 장애의 비율은 증가하는 것으로 보인다.[14] 이런 장애가 실제로 증가하고 있기보다는 질병과 장애를 진단하고 기록하는 방식이 개선돼 그런 것일 수도 있다. 질병의 초기 발견은 복잡한 효과를 나타낸다. 한편으로는 통계에서 젊은 나이에 병에 걸리는 사람이 더 많아지는 것으로 보이지만, 다른 한편으로는 더 이른 시기에 의학적, 사회적으로 보살필 수 있어서 삶의 질이 개선되고 수명이 연장된다. 국가 간의 건강수명에도 차이가 크다. 하지만 건강수명은 절대수명보다 확실히 정의가 어렵고 무엇이 이런 차이를 만드는가에 대해서는 논란의 여지가 있다.

이런 상황이 단서나 미묘한 뉘앙스와 연관됐다는 점에서 완전히 자유롭지는 못하지만, 기존에는 의학이 기껏해야 노쇠해진 상태로 근근이 연명하게 해 줄 뿐이라는 고정관념이 있었다. 그에 비하면 긍정적인 부분이 훨씬 많다. 그리고 순수하게 이론적으로 생각해 보면 죽을 때는 죽는 이유가 있다. 어딘가 아파서 죽게 된다는 의미다.

그리고 그 역도 참이다. 심장질환이나 치매처럼 심각한 장애를 일으키는 질병은 생명에 치명적으로 작용한다. 장애를 뒤로 늦추지 않고도 수명을 크게 연장할 수 있다고 하면 그게 정말 이상한 일이기 때문에 대체적으로 그런 경우는 드물다고 생각하는 것이 옳다.

지금까지는 부유한 나라에 초점을 맞춘 얘기였다. 부유하지 않은 나라는 어떨까? 적어도 1950년 이후로는 좋은 상황이다. 저소득 국가와 중간소득 국가들도 역사적으로 운 좋게 먼저 치고 나갔던 국가들을 빠른 속도로 따라잡고 있다. 개발도상국에서도 1950년부터는 기대수명이 급속히 증가한다는 이야기가 주를 이루고 있다. 인도의 기대수명은 1950년에 36년에서 오늘날에는 69년으로 거의 2배 증가했다. 그 결과 지난 세기 동안 건강 불평등이 극적으로 줄었다. 1950년만 해도 부유국과 빈곤국 사이에는 현저한 차이가 존재했다. 기대수명이 인도는 36년이었던 반면, 노르웨이는 72년이었다. 오늘날 인도는 기대수명 상위권 국가들보다 10년에서 15년 정도밖에 뒤처지지 않는다. 전체적으로 보면 전 세계 인구 중 90퍼센트가 현재 기대수명이 65년 이상인 국가에서 살고 있고, 기대수명이 60년을 넘는 국가가 99퍼센트다. 물론 우리에게는 낮은 기대수명에 갇혀 있는 국가의 사람들을 도울 도덕적 의무가 있지만 다행히 불과 50년 전과 달리 이제는 그런 경우가 전 세계의 절반에 해당하는 이야기가 아니라 예외적인 상황이 됐다. 지난 2세기 동안 이루어진 발전의 결과로 전 세계 인구 대다수가 앞에서 말한 길을 따라갔다.

이제 우리는 자신의 성공으로 인해 오히려 피해자로 전락하는 인류 역사상 유례가 없는 처지에 놓였다. 병을 일으키는 미생물을 궤멸시키고, 공공의료가 향상되고, 생활방식이 건강해지고, 현대의학이 발전하고, 교육과 부가 증대되면서 우리는 새로운 재앙과 직면하게 됐다. 바로 노화다. 세계 어느 곳에 살고 있든 당신은 아주 오래 살아 노쇠, 독립성 상실, 노화와 관련된 질병을 경험할 가능성이 대단히 높다. 지금은 노화의 시대다.

노화의 시대는 살기에 참 이상한 시대지만 우리 모두 그 시대에 살고 있기 때문에 오히려 이해하기가 쉽지 않다. 대부분의 사람이 잘 정의된 구조 안에서 비슷한 삶을 살기 때문에 지금의 삶이 불과 한 세기 전과 얼마나 극적인 차이가 나는지 잘 드러나지 않는다. 비극적인 사고나 질병 때문에 단명하는 사람도 없지 않지만 예외일 뿐이다. 대부분의 사람은 교육, 직장생활, 은퇴라는 우리가 이미 익숙해진 전형적인 3단계의 삶을 누린다.

이러한 삶의 구조는 인생의 길이와 형태에 맞춰져 있다. 꼭 오늘날만이 아니라 가까운 미래에도 그럴 것이다. 삶의 첫 20년은 교육을 받으며 보낸다. 학습 기간이 이렇게 잡힌 이유는 학습과 발달에 필요한 최적의 기간을 냉정하게 분석해 보았기 때문이 아니라 어서 다음 단계로 넘어가서 일을 시작해야 하기 때문이다. 그 후로 40년에서 50년 동안은 열심히 돈을 번다. 자기가 당장 쓰기 위한 것도 있지만, 세금을 내고, 어린 자식과 나이 든 가족을 부양하고, 자신의 노년을 위한 돈도 모아야 하기 때문이다. 경력도 이런 구조를 반영해서 40대나 50대가 될 때까지는 지위가 꾸준히 올라가다가 그 후로는 서서히 내려온다. 이 시기의 지속기간과 특성 역시 분석을 통해 최적화된 것이 아니라 역사적 우연에 의해 결정된 것이다. 20세기 전반에 건강이 나빠지기 시작하는 나이에 맞추어 은퇴 연령을 정했기 때문이다.

요즘 사람들은 지금처럼 3단계로 나뉜 인생 단계가 실제보다 아주 오래 전부터 이어져 왔을 거라 생각하기 쉽다. 하지만 50년 전만 해도 은퇴 생활을 누릴 만큼 건강하게 오래 살아남은 사람이 훨씬 적었다. 1960년과 2020년 사이에 전 세계적으로 기대수명이 늘고 출산율이 떨어진 덕분에 전 세계 만 65세 이상 인구가 전체 인구보다 극적으로 빨리 늘고 있다. 그 숫자가 1억 5000만 명에서 7억 명으로 거의 5배 증가했고, 2050년이면 15억 명으로 다시 2배 증가할 것으로 예상된다. 전 세계 인구에서 6명당 1명꼴로 만 65세 이상 인구가 차지하게 된다는 의미다.[15] 더 고령층을 살펴볼수록 인구 증가 속도는 더 빨라진다. 100세 이상 인구의 숫자는 1960년에 2만 명에서 오늘날에는 50만 명으로 늘어났고, 2050년에는 300만 명에 도달할 것으로 추정된다.[16] 한 세기도 안 돼서 100배 이상의 변화가 생긴 것이다. 그리고 기대수명과 마찬가지로 인구고령화population aging는 부유한 선진국보다 개발도상국에서 더 빨리 일어나고 있다.[17] 프랑스, 미국, 영국은 만 60세 이상 인구 비율이 7퍼센트에서 14퍼센트로 2배 증가하는 데 각 115년, 69년, 45년이 걸렸다. 브라질의 추정치를 보면 이 같은 증가가 불과 25년 만에 일어날 것으로 보인다. 빈곤국은 다가오는 노령화의 쓰나미에 적응할 시간이 더 부족해지리라는 것을 의미한다.

우리가 신속히 행동에 나서지 않는다면 이 노화의 시대는 사회적, 경제적으로 극적인 영향을 미칠 것이다. 연금이 이를 잘 보여 주는 사례다. 영국에서는 국가연금이 최초로 1909년에 만 70세 이상의 사람들에게 지급되었고, 1925년에는 정책을 개편해 연금 수령 나이를 65세로 낮추었다. 1948년에는 국가연금을 보편 지급제로 전환하면서 그와 함께 여성의 연금 수령 나이를 60세로 낮추었다. 그리고 2010년까지 여성의 연금 수령 나이가 변하지 않다가 그 후로 평등법에 맞추어 남성과 여성을 평등하게 만들기 위해 여성의 연금 수령 나이를 점진적으로 높였다. 2018년 12월에는 마침내 남성의 연금 수령 나이가 높아졌다. 남성이 국가연금을 수령하기 시작하는 나이가 거의 한 세기 동안 일정하게 유지되어 왔다는 의미다.[18] 그 기간 동안 영국의 기대수명은 23년이나 늘었다. 기대수명이 늘어나는 동안에도 연이어 들어선 정부들이 방관하는 바람에 국가연금 정책이 거의 변하지 않아 현재는 정부의 가장 큰 지출 항목 중 하나가 되었다는 사실이 놀랍다. 간단히 말해서 앞으로는 길어진 은퇴생활에 돈을 대기 위해 더 오래 일해야 할 것이다.

우리는 운이 좋아서 수십 년에 걸친 경제 성장과 인구 성장으로 아직까지는 연금의 위기가 찾아오지 않았지만 아무런 행동도 하지 않는다면 위기가 다가올 것이다. 그다지 조명을 받지는 않고 있지만 이 소식은 긍정적으로 해석할 수 있는 여지가 있다. 건강하게 더 오래 살게 된 덕분에 현재의 65세 사람들은 동년배의 옛날 사람들보다 일할 수 있는 능력이 더 크다는 점이다. 그래서 경제에 기여하고 은퇴생활을 위한 돈을 벌 시간이 더 많다. 그리고 은퇴생활 자체도 옛날보다 더 길어지고, 건강해지고, 부유해질 것이다. 1920년대에는 65세면 많이 늙은 나이였다. 절반이 갓 넘는 사람만 그 나이까지 살아남았기 때문에 당시 65세는 지금으로 치면 대략 88세에 해당한다. 은퇴 연령을 80세로 올리자고 하면 눈살을 찌푸릴 사람이 있겠지만 65세 위 어딘가에서 분명 타협점을 찾을 수 있을 것이다.

노화의 시대로 접어들면서 수명이 늘어난 만큼 현재의 인생 3단계 구조를 새로 구성할 필요도 커지고 있다. 평생 교육과 훈련이 점점 더 중요해질 것이다. 기대수명이 80년일 때 첫 20년 동안은 교육을 받고 마지막 20년은 은퇴생활을 누린다고 가정하면 40년 동안 경력생활을 이어 간다는 의미가 된다. 만약 같은 구조 안에서 100세까지 산다고 하면 경력생활이 절반 정도 길어진다. 그럼 한 가지 직업만으로 채우기에 60년은 너무 긴 시간이다. 그 정도 시간이면 있던 직업이 사라질 수 있고, 일이 지겨워질 수도 있다. 이제 50대는 경력의 막바지에 이르러 은퇴할 날까지 시간이나 보낼 나이가 아니다. 대신 몇 년 쉬면서 새로운 교육을 받고 새로운 일을 시작해 앞으로 남은 수십 년을 생산적으로 보낼 수 있는 나이다. 이제 경력생활이나 은퇴생활 모두 길어졌으니 수십 년 동안 바짝 일한 다음에 수십 년 내내 은퇴생활을 하는 것이 별로 내키지 않는다. 그보다는 인생의 시기를 달리하며 주기적으로 안식 기간을 두어 교육, 여행, 새로운 취미를 경험하는 쪽이 더 멋질 것 같다. 당장 지금만 봐도 인생 3단계 구조가 그다지 효율적인 구조는 아닌 듯싶다.[19] 수명이 점점 길어지는 상황에서는 더욱 그렇다.

노화의 시대에서 보이는 또 다른 특성은 노년층을 돌보는 데 들어가는 자원의 비율이 현저하게 높아진 것이다. 노년층은 여러 가지 병을 진단받아 약을 복용하기 때문에 미국과 영국의 보건의료 체계에서 80세 노인의 평균 의료비용은 30세의 평균 의료비용보다 5배 정도 많이 들어간다.[20] 이것은 우리 사회에서 노화가 내면화되고, 심지어 산업화되는 또 다른 방식이다. 종합병원, 요양원, 간호사, 의사, 행정가, 제약회사, 의료장비 제조업체 그리고 그 외 여러 주체들이 구성한 시스템이 우리 경제의 상당 부분을 빨아들이고 있다. 영국과 독일 같은 전형적인 부유국은 국내총생산GDP의 10퍼센트 정도를 보건의료에 지출하고,[21] 미국은 무려 17퍼센트나 지출한다. 여기에는 노화에 따른 만성질환이 크게 기여한다. 노인을 위한 장기 약물 투여와 돌봄의 필요가 커짐에 따라 이런 지출도 더 커질 수밖에 없다.

노화에 따른 질병을 치료하는 이런 직접 비용 말고 간접 비용도 존재한다. 예를 들면 만성질환으로 일을 포기하는 사람 혹은 만성질환이 있는 친구나 가족을 돌보기 위해 근무 시간을 줄이는 경우다. 이런 간접 비용은 잘 보이지 않고 정치적으로 무시되는 경우가 많지만 암과 치매 같은 질병에 따른 간접 비용은 직접 비용을 넘어설 때가 많다.[22] 총 비용은 엄청나다. 영국에서 이루어지는 무급 돌봄unpaid care(아이나 노인, 환자 등 돌봄이 필요한 사람에게 가족이나 친지 등이 보수를 받지 않고 제공하는 노동을 말한다—옮긴이)만 해도 전체 보건의료 예산과 맞먹는 가치를 가진 것으로 추정된다.[23] 이것 역시 결코 계획되었던 부분이 아니지만 정부가 공식적으로 대비하지 못한 부분을 사랑과 책임감으로 채우고 있는 것이다. 건강이 좋지 못해 지원이 필요한 노인들이 늘어남에 따라 배우자, 자녀, 이웃이 막대한 부담을 짊어지게 됐지만 우리는 그런 부분을 묵인하고 있다. 이런 비공식적 시스템은 이미 과도한 부하에 걸려 있고 앞으로는 더욱 그럴 것이다.

노화의 시대가 절정에 도달하면 이런 비용 부담의 지속가능성이 떨어지게 된다. 연금과 보건복지에 대해 유권자들과 솔직한 논의가 필요하지만 노화 과정 자체에 대한 의학적 치료법의 연구도 장기적 전략에 포함되어야 할 것이다.

1800년대가 시작된 후로 어떤 노화 치료법 없이도 인간의 기대수명이 2배로 늘어날 수 있었다는 것이 정말 놀랍다. 간접적으로 영향을 미친 부분들은 존재한다. 식생활 개선, 운동, 금연, 콜레스테롤 수치나 혈압을 낮추는 예방약이 노화 과정을 어느 정도 늦춰 주었다고 할 수 있다. 하지만 약국을 가 봐도, 병원을 가 봐도, 노화를 늦추거나 역전시키기 위해 설계된 약이나 치료법은 하나도 없다.

사실 미국 식품의약국Food and Drug Administration, FDA이나 유럽의약청European Medicines Agency 같은 규제기관들은 항노화 치료법이 실제로 존재한다고 해도 그런 약의 판매를 승인하지 않을 것이다. 약물은 특정 질병을 치료할 때만 승인 받을 수 있는데 노화는 질병이 아니라 자연스러운 과정이라 판단하기 때문이다. 이것이 노화 치료법 계발을 가로막는 극복 불가능한 장벽처럼 들릴 수 있지만 과학자들은 이 규칙을 뒤집는 과정을 밟고 있다. 이것이 어떻게 진행되고 있는지는 11장에서 다루겠다. 노화가 질병으로 인정받기 시작했다는 단서도 나오고 있다. 2018년에 세계보건기구World Health Organization, WHO에서는 국제질병분류International Classification of Diseases에 XT9T라는 '노화 관련ageing-related' 질병을 위한 새 코드를 추가했다.[24] 포함하자고 제안한 과학자들은 이것이 노화 치료법 개발을 위한 길을 닦아 주기를 바라고 있다.

여전히 노화를 피할 수 없는 인생의 현실이라 생각한다 해도 전 세계의 기대수명은 계속 높아질 가능성이 크다. 아직도 개선의 여지들이 남아 있다. 암과 심장질환을 조기에 발견해 더 나은 치료를 할 수 있으면 완치에 이르지는 못하더라도 몇 년 정도 수명을 연장시킬 수는 있다. 그리고 생활방식이 계속 개선되고 그와 함께 더 나은 의료서비스가 보편적으로 제공된다면 이 역시 몇 년 정도는 수명에 보탬이 될 것이다. 지금까지 대단히 복잡한 과정이 절묘하게 상호작용해서 놀라울 정도로 단순한 결과를 만들어 낸 것을 보면 매년 평균수명이 3개월씩 늘어나는 기존의 성향이 그대로 이어진다고 보는 편이 낫다. 이런 가정을 바탕으로 추정해 보면 현재의 입장에서 볼 때는 극적인 결과가 나온다. 한 세기 동안 기대수명이 25년 늘어나는 것이다. 그럼 전 세계적으로 2000년 이후 출생한 아기들은 대부분 80세 생일을 맞이하고, 운이 좋아 부유한 국가에 태어난 아기들은 100세 생일을 기념하게 된다는 의미다.[25]

인구통계학자들은 어떤 내재적 한계가 작동해 인간의 기대수명은 결국 이런 증가세를 멈추리라 주장하는 경우가 많다. 하지만 구체적인 근거가 제시된 바 없고, 과거에도 회의론자들의 주장은 거듭해서 틀린 것으로 입증되었다. 한 연구에서는 인간의 기대수명에 미치는 한계에 대한 14가지 예측을 검토해 보았는데, 한계에 대한 예측을 내놓았을 때 그 예측이 깨지기까지의 평균 시간이 5년에 불과했다고 꼬집었다.[26]

기대수명의 연장을 늦출 수 있는 몇 가지 방해요인도 존재한다. 그중 한 가지가 점점 심해지는 비만의 유행이다. 늘어나는 허리둘레가 이미 전 세계적으로 기대수명에 부정적 영향을 미치고 있다. 하지만 다행히 긍정적 변화가 더 컸기 때문에 지금까지는 그 영향이 비만의 영향을 훨씬 앞지를 수 있었다. 하지만 수명을 계속 늘리고 싶다면 식생활 개선, 그리고 운동을 일상에 더 쉽게 통합하는 노력이 우선되어야 한다. 공기오염(공기오염의 위험은 이제야 막 이해하기 시작했지만 그저 호흡계에만 영향을 미치지 않고 심혈관질환, 더 나아가 치매를 촉진함으로써 어느 정도까지는 노화에 영향을 미치는 것으로 보인다)에서 항생제 내성, 코로나바이러스(그 때문에 감염으로 사람이 죽어나가던 옛 시절로 부분적으로나마 돌아갈 수도 있다) 같은 질병의 등장에 이르기까지 다른 요인들도 미리 대처할 필요가 있다. 불평등도 존재한다. 모든 국가에서 기대수명이 늘어나거나 적어도 일정하게 유지되고 있다는 뉴스가 나오고는 있지만 일부 사회경제 집단이나 종교 집단은 지난 10년간 수명이 줄기도 했다. 하지만 떠오르는 위협들을 계속 막아 내면서 한계이득을 잘 활용하고, 이런 성공을 함께 공유한다면 2100년즈음 전 세계 대부분의 사람이 100세까지 살 기회를 얻으리라는 것이 불가능해 보이지 않는다.

최근에 있었던 기대수명의 역사는 인류 최고의 업적인지도 모른다. 그 어떤 과학적, 기술적 진보도 이렇게 근본적인 방식으로 수십억 명의 인류에게 더 나은 삶을 선사해 주었다고 말하기 힘들다.

노화라는 하나의 원인 때문에 경제, 제도, 인간의 고통과 사망에 이르기까지 온통 휘둘리는 시대를 살고 있으니 겸손한 마음이 들기도 하고 흥분되기도 한다. 이 근본 원인만 해결할 수 있다면 모든 것을 한 번에 해결할 수 있다는 의미이기도 하니까 말이다.

노화의 시대를 끝내기 위해서는 노화 과정의 본질을 이해해야 한다. 그래야 비로소 노화를 다룰 치료법을 생각할 수 있다. 그래서 다음 몇 장은 노화에 대해 살펴보며 그와 관련된 미신들을 타파해 보려고 한다. 마침내 과학은 노화의 요소들을 이해하기 시작했고, 놀랍게도 단 몇 가지 과정 때문에 우리 모두가 늙게 된다는 사실을 밝혀냈다. 이론가와 개척자 들이 하는 이상한 변두리 과학에 불과했던 노화 생물학이 어떤 돌파구를 거쳐 생물학의 주류 분야로 자리 잡았는지 살펴보자.

제일 좋은 출발점은 거의 보편적인 현상인 노화를 생물학에서 단 하나의 진정한 보편적 원리로 보는 진화를 통해 살펴보는 것이다.

2장 노화의 기원

On the origin of ageing

1835년에 다윈이 갈라파고스에 방문했을 때 그의 임무는 땅거북 채집보다 훨씬 광범위한 것이었다. 그는 비글호를 타고 여행을 하며 보낸 거의 5년 동안 다른 곳에서 그랬듯이 이 섬에 머무는 동안에도 그곳의 동식물군을 꼼꼼히 기록했다. 이러한 관찰이 과학의 역사에서 가장 위대한 발견 중 하나인 자연선택에 의한 진화론을 뒷받침하는 거대한 연구의 밑바탕이 되었다.

다윈은 갈라파고스 제도에 방문한 지 20년 후에 《종의 기원*On the Origin of Species*》에서 이 혁신적인 개념을 발표했다. 그가 제시한 위대한 통찰은 동물, 식물, 그리고 모든 형태의 생명은 '변화를 동반한 계승descent with modification'에 의해 환경에 최적화되어 있다는 것이었다

(다윈과 동시대 사람이었던 알프레드 러셀 월리스Alfred Russel Wallace도 독립적으로 이런 개념을 생각해 냈다). 새끼 동물은 무작위로 자기 부모와 차이점을 가지고 태어나고, 이런 차이 대부분은 부정적이거나 중립적으로 작용할 테지만, 그중에는 얼마 안 되지만 살아남는 데 도움이 되는 차이점도 있다. 그런 후손은 생존에 더 큰 성공을 거두어 번식하고 그 특성은 더 많은 후손에게 전달될 것이다. 그 후손들 역시 무작위로 조금씩 부모와 차이가 있어서, 어떤 후손은 부모보다 낫고, 어떤 후손은 부모보다 못할 것이다. 이런 과정이 여러 세대에 걸쳐 점진적으로 일어나다 보면 가장 잘 적응한 개체들이 다른 개체들보다 더 큰 성공을 거두게 된다. 이것이 소위 '적자생존survival of the fittest'이다.

이것을 잘 보여 주는 사례가 '다윈의 핀치'다. 이것은 갈라파고스 제도에서 발견되는 핀치라는 새 종류들을 묶어서 부르는 이름이다. 이 핀치 새들은 부리의 모양이 놀랍도록 다양하다. 다윈은 이 새들의 부리 모양은 다양하지만 아메리카 대륙에서 기원했음을 말해 주는 분명한 흔적을 모두 가졌다고 했다. 아메리카 대륙은 이 섬에서 가장 가까운 대륙이다. 서로 다른 장소에 사는 종들은 그럼에도 공통의 특성을 갖고 있었으며 이는 이들이 하나의 공동 선조로부터 유래했지만 새로운 환경에 적응하여 진화하였음을 암시했다. 다윈이 이곳을 방문한 후로 한 세기 동안 핀치에 대한 연구가 이루어졌고 마침내 이렇게 극단적인 분화가 일어난 이유가 밝혀졌다. 바로 먹이였다. 각 섬마다 새가 먹을 수 있는 먹이가 조금씩 달랐다. 그래서 큰 부리를 가진 핀치는 씨앗을 으스러뜨릴 수 있는 힘을 갖게 된 반면, 뾰족한 부리를 가진 핀치는 이파리 사이에 숨어 있는 곤충을 잡을 수 있었을 것이다. 첫 공동 선조의 부리는 크기가 한 가지였지만 후손 개체 간에 조금씩 차이가 생기면서 부리가 크거나 작은 핀치가 저마다의 환경에서 먹이를 확보하는 데 더 유리했고, 따라서 자신의 유전자를 후대에 더 잘 전할 수 있었다. 세대가 이어지면서, 자기네 섬에 있는 먹이에 최적화된 모양과 크기의 부리를 가진 핀치가 번창했고, 이것이 결국에는 오늘날처럼 놀라운 다양성으로 이어졌다.

과학계를 뒤흔든 다윈의 저작이 나오고 한 세기 후에 진화 생물학자 테오도시우스 도브잔스키Theodosius Dobzhansky는 '진화를 통하지 않고는 생물학의 그 무엇도 말이 되지 않는다Nothing in biology makes sense except in the light of evolution'라는 제목의 에세이를 발표했다. 이 제목은 다윈 이론의 보편성을 아주 명쾌하게 담고 있다. 과학자가 어디선가 생물학에 관한 사실을 발견했는데 그 내용이 진화론과 맞아떨어지지 않는다면 그에 대해 다시 생각해 보아야 할 것이다. 그러지 않으면 현대 과학 사상을 처음부터 재검토해서 생물학에서 가장 근본적인 법칙을 부정할 각오를 해야 한다. 이론적인 것이든 실질적인 것이든 진화의 증거가 너무도 많고, 현대 생물학에는 진화를 통해 설명해야만 말이 되는 내용이 너무 많기 때문에 뒤집으려면 엄청난 증거가 필요하다.

앞에서 보았듯이 노화는 우리 종이 출현할 때부터 인류를 악착같이 따라다닌 현상이다. 우리는 반려동물에서도 노화를 목격한다. 개도 나이가 들면 관절염에 걸려 던진 막대기를 물어 오는 일에 재미를 느끼지 않는다. 죽을 때가 멀지 않은 고양이는 백내장으로 눈이 뿌옇게 변한다. 반려동물 역시 노화에 굴복하고 만다. 가축도 마찬가지고, 연구 범위가 식물과 미생물 등 모든 생물계로 넓혀짐에 따라 노화가 거의 모든 곳에 퍼져 있음을 알게 됐다. 우리 같은 포유류에서 곤충, 식물, 심지어는 효모 같은 단세포생물에 이르기까지 노화는 거의 보편적으로 일어나는 퇴화 과정인 듯하다. 이것은 그리 놀랄 일도 아니다. 생물학에서 눈을 돌리면 기계도 시간의 흐름에 따라 낡다가 결국 고장이 나고, 건물도 무너지니까 말이다. 살아 있는 생물이라고 다를 이유가 무엇인가?

그런데 문제는 노화를 어떻게 진화로 설명할 것인가 하는 부분이다. 진화에서 가장 중요한 것이 적자생존이라면 노화라는 점진적 퇴화 과정이 적응 능력을 최적화화는 데 대체 무슨 도움이 된다는 말인가? 중요한 질문이 한 가지 더 있다. 노화가 왜 이토록 다양한가 하는 질문이다. 가장 수명이 짧은 성체 곤충은 하루살이의 일종으로 암컷이 우화羽化해서 짝을 짓고 알을 낳고 죽기까지 걸리는 시간이 5분도 안 된다. 가장 오래 사는 척추동물(우리처럼 등뼈가 있는 동물)은 그린란드 상어Greenland shark로, 가장 오래 산 것으로 알려진 암컷은 400세로 추정된다.[1] 어째서 생쥐는 몇 달을 살고, 침팬지는 수십 년을 살고, 일부 고래는 수백 년을 사는 것일까? 노화가 닳고 헤지는 과정이라면 어째서 동물들마다 시간의 척도가 그리도 다를까?

노화의 진화라는 말은 역설적으로 느껴진다. 하지만 다행히도 우리는 '진화에도 불구하고'가 아니라 '진화 덕분에' 노화를 이해할 수 있다. 이것을 이해하는 것은 그저 진화론에 대한 연습이나(이런 면이 개념적으로는 매력이 있지만) 겉으로 모순인 듯 보이는 두 가지 거대한 생물학 법칙을 화해시키는 것이(분명 그것도 중요하지만) 아니다. 이것은 노화가 무엇이고, 무엇이 아닌지, 그리고 따라서 노화를 치료하려면 어떻게 해야 하는지에 관한 통찰을 제공한다.

우리가 말하는 노화의 의미를 정의하고 시작할 필요가 있다. 노화의 생물학적 정의가 아니라 통계적 정의로 시작할 것이다. 노화란 시간의 흐름에 따라 사망 위험이 증가하는 것을 말한다. 동물, 식물, 기타 생명 형태가 나이 들수록 사망 위험이 높아지는 것을 노화라 말할 수 있다. 반면 갈라파고스땅거북처럼 사망 위험이 일정하게 유지되는 생명체는 노화하지 않는다. 이미 앞에서 인간의 사망 위험은 8년마다 2배로 늘어난다는 것을 보았다. 이것은 우리의 노화 속도를 통계적 관점에서 정의한 것이다. 이 정의를 이용하면 노화를 진화 수준에서 이해할 수 있다. 그럼 주름살에서 심장질환 위험에 이르기까지 모든 것이 그로부터 유도되어 나올 것이다.

때때로 사람들은 가장 기본적인 수준에서 시작하려고 생물학이 아니라 물리학을 들먹이기도 한다. 그 주장은 다음과 같다. "그건 그냥 열역학 제2법칙이잖아. 이 법칙에 따르면 엔트로피는 항상 증가하는 경향이 있다고." 바꿔 말하면 세상만물은 시간이 흐를수록 질서가 무너지며 허물어진다는 것이다. 아무리 좋은 것도 결국에는 반드시 엔트로피가 높아지면서 모든 것이 엉망이 되는 종말을 맞이한다. 그것이 증기기관이든 우주든 동물이든 말이다. 이 주장은 결함을 갖고 있다. 결정적인 단서를 빼먹고 있기 때문이다. 바로 열역학 제2법칙은 닫힌 계closed system에만 적용된다는 사실이다. 환경으로부터 고립되어 있는 경우라면 질서가 내리막길을 걷는 것을 미루는 것 말고는 할 수 있는 일이 없다. 하지만 고립된 계가 아니라면 주변으로부터 에너지를 들여와 그 에너지로 질서를 유지할 수 있다. 어렵게 들릴 수 있지만 사실 아주 단순한 얘기다. 동물은 먹어서 에너지를 얻을 수 있고, 식물은 햇빛을 영양분으로 만들 수 있다. 이 에너지를 온갖 생물학적, 생화학적 과정에 자유롭게 사용해서 해로운 요소를 재활용하든 제거하든 다른 것으로 대체하든 할 수 있다. 따라서 생명은 열역학적으로 반드시 노화에 속박될 이유가 없다.

동물은 단순한 열역학 법칙에 얽매이지 않기 때문에 놀라운 자기복구self-repair 능력을 진화시켰다. 예를 들면 도롱뇽은 다리 하나를 잃어도 재생할 수 있다. 굉장한 능력이지만 사실 현미경 수준에서 보면 당신을 포함해 모든 살아 있는 생명체 안에서는 눈에 잘 띄지 않아서 그렇지 마찬가지로 놀라운 현상들이 항상 바쁘게 일어난다. 세포, 세포구성요소, 세포를 구성하는 분자들이 손상을 입거나 망가지면 우리 몸은 거기서 발생한 폐기물을 제거하고 새로운 대체물을 만든다. 셀 수 없이 많은 분자기계들이 세포에서 쓰레기를 치우고 우리를 전체적으로 온전히 보존하면서 계속 복잡한 구조를 유지한다. 사람에서는 이런 과정이 고장 없이 수십 년간 이어진다. 에너지만 계속 공급되면 원칙적으로 시간이 흐른다고 이런 과정의 효능이 떨어질 이유가 없다. 어째서 진화는 자기복구 능력의 효과를 계속 높여 결함 없이 무기한으로 작동할 수 있는 수준으로 끌어올리지 않았을까?

최초의 노화 진화론을 처음으로 생각해 낸 사람은 아마도 알프레드 러셀 월리스였을 것이다.[2] 1865년에서 1870년 사이에 적은 쪽지에서 그는 제안했다. "영양을 소비하는 늙은 동물들은 그 후손들에게 피해를 준다." 먹이가 제한된 환경에서 늙은 동물들이 너무 많아져 자원을 소비한다면 그 후손들이 살아남기가 더 어려워질 것이다. 월리스는 이렇게 결론 내렸다. "따라서 자연선택을 통해 늙은 개체들을 솎아 낼 필요가 있다." 생물학적으로 유통기한이 있는 동물들은 자손들이 번성해 다시 자손을 낳을 수 있는 여지를 줄 수 있어 적응에 유리하다. 아우구스트 바이스만August Weismann이라는 생물학자도 기본적으로 그와 동일한 이론을 독립적으로 제시하면서 수명은 '종의 필요'의 의해 제한된다고 주장했다.

이 이론처럼 개체의 이익보다는 종의 이익을 우선시하는 이론들은 치명적인 결함을 가졌다. 요즘 용어로는 '집단선택group selection'을 바탕으로 하는 주장이다. 집단선택에서는 동물이 자신의 이기적 동기를 따르기보다 집단, 일반적으로는 종 전체의 이익에 도움이 되게 행동한다고 말한다. 이런 주장의 문제점은 집단선택이 필연적으로 불안정한 휴전 상태를 만든다는 것이다. 모든 개체가 종 전체의 이익을 위해 늙는 것을 기꺼이 받아들이기만 한다면 모두 승자가 된다. 하지만 수명이 조금 길어진 유전자를 가진 개체가 태어나는 순간 이 위태로운 균형은 파괴된다. 이 '이기적인' 개체는 이타주의자들과의 경쟁에서 유리한 위치에 선다. 다른 개체들은 자원을 양보하고 모두 죽지만, 이 이기적인 개체는 동족이 양보한 자원을 소비하며 더 오래 산다. 죽기 전에 자손을 하나 더 볼 수 있을 정도로만 오래 살 수 있다면 충분하다. 이렇게 더 많은 후손을 남기면 수명이 길어지는 유전자가 전체 개체군에서 조금 더 흔해지고, 결국에는 이 이기적인 유전자를 가진 동물들이 우세해진다. 세대를 거쳐 이런 과정이 반복되면 더 오래 사는 이기적인 유전자가 득세해 노화는 진화상의 장점을 잃는다. 개체의 수명 연장이 전체 개체군에 해롭게 작용한다고 해도 자연선택이 노화에는 불리하고, 개체의 수명 연장에는 유리하게 작용할 수밖에 없는 것이다.

이런 이유로 현대 진화생물학에서는 집단선택이 인기를 잃었다. 어떤 형질을 선택하든 이런 시나리오가 반드시 반복되기 때문이다. 이기적인 유전자가 거의 틀림없이 이기적인 개체를 만들고, 이런 개체들이 유전적으로 이타적인 다른 동족을 이용하다가 결국에는 득세한다.

요즘에는 종의 이익을 위한 숭고한 실용주의적 계산 따위는 들먹이지 않고 노화가 진화의 의도 때문이 아니라 자연선택의 방치 때문에 진화했다고 본다. 이런 진화의 실수는 사망의 위험이 감염성 질환, 포식자, 혹은 절벽에서 떨어지는 사고 등 동물 자체의 위험이 아닌 외부 위험에 좌우될 때 필연적으로 생길 수밖에 없는 결과다. 이런 이유로 인한 사망률을 '외인성 사망률extrinsic mortality'이라고 한다. 그와 달리 암처럼 동물의 몸에서 무언가 잘못되어 생기는 사망률은 '내인성 사망률intrinsic mortality'이라고 한다. 20세기 중반의 진화생물학자들은 외인성 사망률의 중요성을 깨닫고 노화의 진화에 대해 이해할 수 있는 현대적 기틀을 마련했다.

섬에서 사는 동물을 상상해 보자. 섬에서의 삶은 아주 위험하다. 포식자와 유행병 때문에 매년 10퍼센트 정도의 외인성 사망률이 나온다. 즉 매년 10퍼센트의 동물이 죽는다는 의미다. 이 동물이 첫 생일을 맞이할 확률은 90퍼센트, 두 번째 생일은 81퍼센트…… 하지만 10번 째 생일을 맞이할 확률은 35퍼센트에 불과하고, 50번째 생일을 맞이할 확률은 채 1퍼센트가 안 된다. 그보다 나이가 든 동물을 만날 가능성은 떨어지지만 이 시나리오에서는 진정한 노화가 존재하지 않는다. 우리가 정의한 노화는 시간에 따라 사망 위험이 증가하는 것인데 여기서는 사망 위험이 일정하게 10퍼센트로 유지된다. 이 동물은 태어난 지 얼마나 오래되었든지 간에 내인성 사망률이 0퍼센트다.

진화는 '적자생존'이라 불릴 때가 많지만 진화가 생존보다 더 신경 쓰는 것이 있다. 바로 번식이다. 생명체를 위한 진화의 버킷리스트에는 딱 한 가지 항목밖에 들어 있지 않다. 자손을 낳는 것이다. 자손을 낳을 확률을 높이는 돌연변이가 생기면 그 동물은 평균적으로 더 많은 자손을 낳고, 그 자손들 역시 번식에 도움이 될 돌연변이 유전자를 갖게 된다. 이렇게 세대가 이어지다 보면 이 동물들이 그 돌연변이가 없는 동물보다 더 많이 번식해서 점진적으로 개체군 안에서 우세해진다.

그럼 다시 그 위험한 섬으로 돌아가 보자. 그곳에서 이루어지는 번식을 생각해 보자. 그 동물이 평생 번식이 가능하다고 해도 번식의 대부분은 더 젊은 나이에 이루어질 것이다. 이유는 간단하다. 대부분의 동물이 나이가 많이 들기 전에 죽기 때문이다. 대부분의 번식이 젊은 시절에 이루어지기 때문에 나이 든 동물의 번식 가능성에 영향을 미치는 어떤 변화가 일어나더라도 별반 차이가 생기지 않는다. 50세에 아기를 만드는 능력이 2배로 커지는 변화가 일어나더라도 그 동물은 진화적으로 별로 유리해지지 않는다. 2배로 커진 그

능력을 쓸 만큼 오래 살아남을 가능성 자체가 높지 않기 때문이다. 반면 3세에 보너스로 새끼를 한 마리 더 낳은 동물은 3년 후에도 여전히 살아남아 번식을 하고 싶어 몸이 근질거릴 것이다. 따라서 이런 특성을 가지면 훨씬 많은 자손을 남기고 이것이 진화적으로 큰 장점이 된다.

번식 능력의 증가는 아주 다양한 방식으로 발현될 수 있다. 말 그대로 한 배로 새끼를 여러 마리 낳거나, 더 자주 낳는 방식으로 나타날 수 있고, 커진 부리 덕에 더 많은 먹이를 모아, 더 많은 자손을 키울 수 있는 방식으로 나타날 수 있고, 그냥 더 오래 살아서 자손을 낳을 기회가 늘어나는 방식으로 나타날 수도 있다. 어떤 방식을 선택하든 진화는 젊은 동물에서 이런 능력의 변화를 이끌고 최적화하는 데 집중한다. 그만큼 살아서 자신의 유전자를 다음 세대로 물려줄 수 있는 가능성이 높아지기 때문이다. 반면 나이가 많은 동물의 능력을 개선하는 것은 효과가 떨어진다. 그 나이까지 살아남기 어려우니 자신의 유전자를 전달할 가능성도 떨어지기 때문이다. 이것이 노화의 근본 원인이다. 진화가 나이 든 동물을 건강하게 유지하지 못하는 이유는 그때까지 살아서 자손을 볼 가능성이 낮기 때문이다. 이 모든 것이 노화를 끌어들이지 않고도 여전히 가능하다는 것을 명심하자. 여기서 나이 든 동물의 수가 적은 것은 노화 때문이 아니라 순전히 외인성 사망률 때문이다. 따라서 직관과 좀 어긋나기는 하지만 동물이 노화가 아닌 다른 이유로 죽을 위험이 노화의 진화를 주도하는 원동력인 셈이다.

그다음 질문은 이 진화적 방치가 실제로 어떻게 발현되느냐는 질문이다. 첫 번째 메커니즘은 돌연변이 축적 이론mutation accumulation theory으로 알려져 있다. 돌연변이는 유전 암호에 생기는 변화다. 한 동물을 만들고 유지하는 데 필요한 사용설명서를 제공하는 DNA에 변화가 생기는 것이다. 우리는 모두 돌연변이다. 당신의 DNA는 아버지와 어머니로부터 물려받은 DNA가 50 대 50으로 섞여 있지만 우리 각자는 엄마의 DNA에도, 아빠의 DNA에도 없는 50에서 100개 정도의 변이를 가진다.[3] 이 변이들은 대부분 아무런 영향도 없다. 이런 변이는 생존 가능성에 아무 차이를 만들지 않는 DNA에 속한다. 하지만 몇몇 변이는 생존에 긍정적 혹은 부정적으로 작용할 것이다. 긍정적인 변이는 생존이나 번식의 가능성을 높일 것이고, 다음 세대로 더 높은 빈도로 전달될 가능성이 있다. 부정적 변이는 반대로 시간이 흐르면서 진화에 의해 걸러진다.

다시 노화와 돌연변이 축적 이론으로 돌아오자. 동물이 50세가 되면 저절로 죽게 만드는 돌연변이가 생겼다고 상상해 보자. 이것은 명백하게 불리한 속성이다. 하지만 아주 살짝 불리할 뿐이다. 이 돌연변이를 갖고 있는 동물 중 99퍼센트 이상이 그로 인한 영향을 결코 경험하지 못할 것이다. 그 영향을 경험할 기회가 생기기도 전에 죽기 때문이다. 따라서 이 돌연변이는 개체군 안에 그대로 남을 가능성이 높다. 그것이 생존에 유리하기 때문이 아니라 그런 늙은 나이에는 자연선택의 힘이 그 돌연변이를 쫓아낼 만큼 강하게 작용하지 않기 때문이다. 역으로 동물이 여전히 살아서 자손을 낳을 나이인 2세에 죽게 만드는 돌연변이가 생긴다면 진화는 즉각적으로 그 돌연변이를 제거할 것이다. 이런 돌연변이를 가진 동물은 그런 돌연변이가 없는 행운의 개체들과의 경쟁에서 밀려난다. 생식가능연령이 끝날 때까지는 자연선택의 힘이 막강하게 발휘되기 때문이다.

따라서 문제가 있는 돌연변이라고 해도 동물이 번식을 성공적으로 마쳤을 나이가 지나 영향을 미친다면 축적될 수 있다. 이 이론에 따르면 노화는 동물을 생존에 더 적합하게 만들기 때문에 진화한 것이 아니다. 다만 진화의 힘이 닿지 않아 걸러지지 않았을 뿐이다. 이것을 잘 보여 주는 교과서적인 사례가 있다. 헌팅턴병Huntington's disease이다. 사실 수리생물학자 J. B. S. 홀데인J. B. S. Haldane은 이 병에서 영감을 받아 자연선택의 힘이 애초에 나이가 들수록 약해진다는 아이디어를 떠올렸다.

헌팅턴병은 단일 유전자의 오류 때문에 생기는 뇌 질환으로, 보통 30에서 50세 사이에 증상이 생기고, 진단 후 15년에서 20년 안에 사망한다. 앞에서 보았듯이 선사시대 인류의 기대수명은 30년에서 35년 정도였기 때문에 적어도 진화적 관점에서 보면 40세에 헌팅턴병에 걸려 55세에 죽는 것이 별 문제가 되지 않는다. 선사시대의 야생 인류였다면 이미 아이를 몇 명 나았을 것이고, 남아 있는 생식가능 수명도 짧았을 것이다. 현대로 넘어와서도 헌팅턴병 환자가 질병으로 쓰러지기 전에 아이를 낳았을 가능성은 꽤 높다. 치명적인 질병임에도 헌팅턴병은 희귀하게나마 인구집단 속에 여전히 남아 있다.

헌팅턴병은 우연히 축적된 돌연변이의 효과를 확실하게 보여 주는 사례다. 헌틴텅병은 유전자 하나가 번식가능연령이 지난 후에 심각한 질병을 야기하는 경우다. 하지만 이런 치명적인 단일 유전자

질환이 명확한 사례를 보여 주지만, 정상적인 노화와 관련해서 더 큰 과제는 다른 많은 유전자가 단독 혹은 연합으로 작용해 생식가능연령 이후에 우리의 생존 가능성을 조금씩 잠식하는 누적 효과를 만드는 것을 설명하는 부분이다. 유전자 풀에는 치명적인 돌변연이들이 돌아다니고 있지만 그 돌연변이가 죽기 전에 먼저 번식할 수 있을 정도로 우리를 천천히 죽이기만 하면 진화는 신경 쓰지 않는다. 이 모든 것으로 미루어 볼 때 진화가 무시해 버린 이 불완전한 유전자들이 우리를 늙게 만드는 과정 뒤에 자리 잡고 있다고 할 수 있다.

하지만 노화가 순전히 우연에 의해 생긴 현상은 아니다. 진화는 생식가능연령 이후로는 당신의 행복에 무관심하지만, 거기서 그치지 않고 훨씬 더 잔인한 일도 기꺼이 한다. 진화는 당신의 번식을 늘릴 수만 있다면 당신의 미래 건강까지도 기꺼이 희생시킬 수 있다. 진화는 번식 성공률만 높일 수 있다면 말 그대로 무엇이든 희생시키려 들 것이다.* 일생 동안 더 많은 자손을 낳게 만들 수만 있다면 진화는 달리는 속도, 키, 모피 색깔, 그 무엇이라도 기꺼이 희생시킬 것이다. 속도가 빠르든 느리든 키가 크든 작든, 색깔이 어둡든 밝든 수명이 길든 짧든 그것이 전체적인 번식 성공률을 높여 주기만 한다면 진화는 그것을 취할 것이다.

* 사실 이것은 순환논리다. 우리는 수백만 세대를 거치며 살아남은 생명체들을 보고 있고, 우리가 그런 생명체를 볼 수 있는 이유는 그들이 살아남지 못한 생명체들보다 번식에 더 성공적이었기 때문이다. 우리는 마치 진화 자체가 의식을 가진 실체라도 되는 것처럼, 진화가 이것을 원하고, 이것을 희생시켜 저것과 맞바꾼다는 식으로 말하고 있고, 나도 이 책에서 염치 불구하고 그런 표현을 계속 쓸 테지만, 사실 '진화'는 번식 적합도가 높은 것이 번식을 잘한다는 동어반복적이고 수동적인 과정을 지칭하는 단어일 뿐이다.

그럼 진화는 죽음과 무슨 거래를 맺었기에 번식 성공률을 높이는 대가로 동물의 노화를 초래했을까? 그 해답은 유전자가 다중 인격을 갖고 있을 때가 많다는 점이다. 현대 유전학이 전하는 바에 따르면 유전자는 하나의 형질에 대한 암호만을 품고 있는 고립된 존재가 아니다. 유전자는 시간과 신체 부위를 달리하며 여러 기능을 하고, 복잡한 네트워크 속에서 상호작용한다. 누군가가 어떤 복잡한 특성을 두고 그것을 담당하는 유전자가 하나 있다는 등의 이야기를 하면 눈을 한번 흘겨 주자. 눈 색깔같이 단순하기 그지없는 형질조차도 여러 다양한 유전자의 통제 아래 놓여 있고, 이 유전자들 역시 여러 가지 기능을 갖고 있기 때문에 머리카락 색깔, 피부 색깔 등에서 역할을 한다. 그리고 아마 우리가 아직 밝히지 못한 방식으로 다른 과정에서도 조용히 부업을 하고 있을 것이다. 단일 유전자가 다양한 기능을 갖고 있는 것을 생물학에서는 '다면발현pleiotropy'이라고 한다.

그래서 노화의 진화에 대한 두 번째 개념은 '적대적 다면발현antagonistic pleiotropy'이라고 한다.[4] 이는 다양한 효과를 가진 유전자들이 함께 공모해서 이른 나이에 번식할 수 있게 돕지만, 그 동물이 나이가 들어서는 문제를 일으킨다는 개념이다. 가상의 섬에 살고 있는 동물에게 30살이 넘으면 죽을 위험이 높아지지만 1년 더 빨리 성적으로 성숙하게 만들어 주는 돌연변이가 생겼다고 상상해 보자. 이 돌연변이를 보유한 동물은 그러지 못한 동물에 비해 숫자가 급속도로 많아질 것이다. 30살 이후로는 몇 퍼센트밖에 살아남지 못한다는 불이익이 있긴 하지만 어린 개체 중 대부분이 살아 있는 시기에 번식 가능 기간이 1년 더 늘어난다는 이득에 비하면 그 정도의 불이익은 문제가 되지 않는다.

따라서 삶의 말년에 부정적인 효과가 나타나는 돌연변이는 돌연변이 축적 이론에서처럼 우연에 의해 축적이 될 수도 있지만, 만약 그런 돌연변이가 전체 번식에는 긍정적인 효과를 나타낸다면 자연은 그런 돌연변이를 적극적으로 선택한다. 젊은 시절에 생리적으로 더 훌륭한 몸을 가질 수 있다면 80대의 인생을 몇 년이나 포기할 수 있겠는가? 진화는 이 질문에 고민 없이 답을 내놓을 것이다. 진화의 입장에서는 젊음의 어리석음과 노년의 지혜 같은 것을 저울질하며 시적으로 고민하고 자시고 할 것 없이 무조건 번식 성공률을 극대화할 수 있는 방향으로 밀어붙이면 그만이다.

하지만 이 적대적 다면발현 유전자들의 행동은 조금 추상적이다. 어째서 성적 성숙에 빨리 도달하는 것이 더 이른 사망이라는 결과를 낳는다는 말인가? 상황에 더 구체적으로 접근하면 세 번째이자 마지막인 노화의 진화론인 '일회용 체세포 이론disposable soma theory'이 등장한다.[5] 이 이론은 어떤 특성이라도 그 진화를 설명할 때 도움이 된다는 원리로부터 나온다. 일상생활에서와 마찬가지로 자연에서도 공짜 점심은 드물다. 우리가 노화에 대한 열역학적 주장을 어떻게 무너뜨렸는지 떠올려 보자. 동물과 식물은 주변 환경으로부터 에너지를 습득하고, 그 에너지를 이용해서 자신을 복구하고 유지한다. 물리학에 따르면 우리가 오랜 시간에 걸쳐 사냥을 하고 음식을 채집하면서 힘들게 모은 에너지의 일부를 시간의 약탈과 엔트로피를 물리치는 데 기꺼이 사용한다면 꼭 늙을 필요가 없다.

신화에서와 마찬가지로 생물학에서도 영생에는 항상 대가가 따른다. 생물학에서는 영생의 대가로 신체를 무한정 유지할 것을 요구한다. 유지에는 에너지가 필요하다. 포식자보다 빨리 달릴 수 있는 근육을 키우고, 질병을 막아 줄 면역계를 발달시키고, 더 빨리 성적으로 성숙해서 무엇인가에게 죽임을 당하기 전에 자손을 낳는 데 필요한 에너지 말이다.

일회용 체세포 이론에서는 제한된 에너지를 과제별로 할당한다는 개념을 번식과 노화에 적용한다. 체세포soma란 몸을 구성하는 세포를 지칭하는 생물학 용어로, 정자나 난자 같은 생식세포와 대비되는 개념이다. 이런 식으로 자신을 보면 좀 우울해지겠지만 진화적 입장에서 보면 당신이라는 존재는 그저 정자나 아기를 담고 다니는 그릇에 불과하다. 이것이 지금까지 이번 장의 핵심이다. 진화적 성공은 곧 번식의 성공과 같은 말이다. 당신의 자녀는 중요하지만, 당신의 몸 또는 체세포는 소모품이다. 즉 이 생식세포를 돌보는 일이 어마어마하게 중요하며 모든 생명은 생식세포를 최고의 상태로 유지하는 데 에너지를 사용한다는 의미다. 하지만 체세포 유지에 에너지를 대체 어느 정도까지 써야 하는지가 분명하지 않다. 앞에서 소개한 이론에서와 마찬가지로 진화는 당신이 자신의 유전자를 후대에 전달할 수 있을 정도로 오래 살아남을 수 있느냐는 것만 신경 쓴다.

동물이 쓸 수 있는 에너지의 양이 제한된 상황에서 과연 진화는 당신이 그 에너지를 어느 쪽에 쓰게 만들까? 노망이 날 때까지 새것 같은 몸을 유지하는 데 쓸까, 아니면 신속하게 번식을 준비하는 데 쓸까? 진화는 외인성 사망률의 수준에 따라 계산기를 두드려 볼 것이다. 외인성 사망률이 꽤 높게 나온다면 진화는 후자를 선호하는 경우가 많다. 그래서 당신이 자기보다 오래 살 자식을 남기고 당신의 일회용 몸뚱이는 나이가 들면 고장 나게 내버려 둔다(그것도 고장이 날 정도로 충분히 오래 살아남았을 때의 이야기다). 따라서 체세포의 유지에 태만해서 어릴 때는 더 빨리 자랄 수 있지만, 급하게 만들어 놓은 그 불완전한 몸이 나이가 들면 탈이 날 수밖에 없는 돌연변이를 이용하는 것이 적대적 다면발현의 한 가지 작동방식이다.

서로 다른 동물들의 믿기 어려울 정도로 다양한 수명과 번식 전략을 살펴보면 이런 이론들이 실제로 어떻게 작동하고 있는지 볼 수 있다. 노화의 진화와 외인성 사망률 사이의 긴밀한 상관관계를 고려하면 더 위험한 환경에서 사는 동물은 더 빨리 번식하고, 일단 번식을 하고 나면 더 빨리 노화가 진행되리라 예상할 수 있다. 두 포유류의 극단적인 수명 차이를 생각해 보면 이런 예상과 어떻게 맞아떨어지는지 살펴볼 수 있다. 생쥐와 고래다.

생쥐는 대단히 위험한 환경에서 살고, 두 가지 일에 많은 에너지를 소비해야 한다. 고양이의 날카로운 눈과 발톱을 피하는 일, 몸이 아파지거나 잡아먹히기 전에 신속하게 많은 자손을 낳는 일이다. 그럼 자신의 체세포들을 최적의 상태로 유지하는 데 사용할 에너지가 별로 남지 않는다는 의미가 된다. 이것은 우리가 알고 있는 부분과 맞아떨어진다. 생쥐는 한 배에 6~ 8마리의 새끼를 낳고, 한 달에 한 번씩 새끼를 낳을 수 있다.[6] 그리고 야생 상태에서 생쥐의 수명은 2년 미만이다. 온화한 실험실 환경에서는 3년에서 4년 정도 생존하다가 노화에 굴복하게 된다. 야생의 경우보다는 상당히 오래 살지만 사람에 비하면 여전히 20배에서 25배 정도 짧은 수명이다.

하지만 생쥐가 아니라 바다의 군주인 고래라면 자신을 위협하는 존재가 별로 없어서 긴장을 풀 수 있다. 성적 성숙도 더 차분하게 진행되고, 자손을 보는 일을 서두르지 않아도 된다. 그래서 축적된 돌연변이나, 젊을 때 도움이 되었던 유전자의 손에 죽어도 진화적으로 억울할 것이 없겠다 싶은 날짜를 뒤로 늦출 여유가 생긴다. 따라서 체세포 유지에 더 많은 에너지를 투자해도 생물학적으로 손해가 없다. 그래서 고래는 가장 장수하는 포유류 중 하나가 됐다. 장수 신기록은 북극고래bowhead whale가 갖고 있다. 야생에서 발견된 수컷 한 마리의 나이가 211세로 추정되었다.[7*] 북극고래는 20대가 될 때까지는 번식이 가능할 정도로 성숙하지 않고, 4~5년마다 한 번에 한 마리씩 새끼를 낳는다.

고래의 나이를 측정하는 것은 쉽지 않은 일이다. 211세라는 기록도 고래 눈 속의 수정체를 화학적으로 분석하고 계산해서 나온 값이다. 하지만 죽을 뻔했다가 탈출한 한 고래의 놀라운 이야기가 북극고래의 엄청난 수명을 직접 증명해 주고 있다.[8] 2007년에 이누이트족 고래사냥꾼들이(이누이트 족은 고래 사냥을 통한 생계유지를 허가 받은 몇 안 되는 집단 중 하나다) 뼈에 작살이 박혀 있는 북극고래를 한 마리 잡았다. 이 작살은 1879년에 특허를 획득한 일종의 폭탄 창bomb lance으로 확인됐다. 이것은 표적을 뚫고 들어가 2초 정도 지난 후 폭발하

---

* 기네스북에 따르면 북극고래는 입 크기에서도 또 하나의 세계 신기록을 갖고 있다.

도록 설계된 끔찍한 무기다. 이 작살을 이미 골동품 취급을 받을 시기에 사용한 것이 아니라면 이것만으로도 이 고래의 나이는 족히 백 년이 넘는다. 게다가 이 작살을 사용할 당시에 이미 이 고래가 사냥의 대상이 될 정도였고, 또 그 공격을 대수롭지 않은 듯 털고 갈 수 있을 만큼 거대했다는 점을 고려해야 한다. 어쩌면 북극고래의 진정한 최대 수명을 우리가 과소평가하고 있는지도 모른다. 우선 우리가 그 많은 북극고래들의 나이를 일일이 다 확인해 본 것은 아니기 때문에 기록보다 훨씬 나이 든 고래가 지금도 바다를 유유히 헤엄치고 있을지 모른다. 아니면 고래를 잡는 데 도가 텄던 19세기와 20세기 포경산업 때문에 고래 개체수가 희박해져서 200살이 넘는 고래의 대규모 개체군을 다시 보려면 200년을 기다려야 할 상황인데 아직 우리가 그 시간을 다 채우지 못했을 수도 있다.

생쥐와 고래의 비교는 노화 생물학에서 가장 유명한 관찰 내용 중 하나를 입증해 보여 줬다. 동물의 몸집이 클수록 더 오래 사는 경향이 있다는 것이다. 큰 몸집이 장수를 촉진하는 이유는 여러 가지가 있지만(어쩌면 장수는 필연이다. 몸집을 키우는 데 시간이 걸리니까 말이다), 한 가지 중요하고도 단순한 요인은 몸집이 크면 죽이거나 잡아먹기 힘들다는 것이다.

이런 상관관계를 따르지 않는 종이 있는데 오히려 이런 종이 노화와 외인성 사망률 사이의 상관관계를 확증하는 역할을 한다. 최대한 공정하게 접근하기 위해 크기가 비슷한 포유류에 국한해서 살펴보자. 생쥐*Mus musculus*는 체중이 20그램 정도인데, 생쥐귀박쥐mouse-eared bat, *Myotis myotis*는 귀 모양만 생쥐를 닮은 것이 아니라 체중도 비슷해서 성체의 몸무게가 30그램에 조금 못 미친다.

하지만 이런 유사성이 수명으로는 이어지지 않는다. 사람이 키운 생쥐는 3, 4년 정도까지 살지만 제일 장수한 생쥐귀박쥐의 기록은 37살이다.[9] 게다가 이 박쥐는 실험실 우리에서 애지중지하면서 키운 것이 아니라 야생 박쥐였다. 이렇게 큰 수명 차이는 어디서 올까? 쥐는 날지 못한다. 박쥐가 더 오래 살 수 있는 것은 하늘을 나는 재미 때문이 아니라 하늘에 있는 동안은 포식자로부터 안전하기 때문이다. 하늘에는 박쥐를 위협하는 것이 훨씬 적다. 즉 생쥐보다 박쥐가 외인성 사망률이 현저히 낮다는 것이다. 그 때문에 전에 축적되었던 돌연변이가 진화적 시간을 거치는 동안 해체되면서 적대적 다면발현 유전자들이 자연선택에 의해 솎아져서 체세포를 이른 시간에 쓰고 버리는 이점이 사라졌다. 박쥐와 생쥐는 생물학적으로 꽤 가까운 친척이지만 오늘날에는 박쥐가 생쥐보다 훨씬 오래 산다.

작은 몸집에도 불구하고 놀라울 정도로 오래 사는 또 다른 동물로 벌거숭이 두더지쥐naked mole-rat가 있다. 벌거숭이 두더지쥐는 기이한 동물이다. 마치 남성의 성기에 치아가 달린 것처럼 생겼고, 땅굴 속에서 새끼를 낳는 여왕 한 마리와 함께 진사회성 군집eusocial colony을 이루어 산다. 이들의 체중은 35그램으로 생쥐나 생쥐귀박쥐보다 살짝 더 무겁지만 이들도 30년 넘게 산다.[10] 또한 생쥐와 대조적으로 암에 거의 걸리지 않고 신경퇴행성 질환에도 저항력이 있다. 땅속을 돌아다니는 생존 전략은 하늘을 나는 것처럼 낭만적이지도 못하고, 땅속 생활을 해야 해서 눈은 좁쌀만큼 작아지고(땅굴은 너무 어두워서 시력이 별 쓸모가 없다), 피부는 헐렁하고 주름이 졌다(이런 피부 덕에 좁은 굴속에서 다른 벌거숭이 두더지쥐를 지나 쉽게 비집고 나갈 수 있다. 역설적이게도 피부가 이렇다 보니 이들은 어린 나이에도 훨씬 나이 들어 보인다). 하지만 그 덕은 톡톡히 본다. 땅 위보다는 땅속이 포식자가 훨씬 적기 때문에 벌거숭이 두더지쥐의 선조들은 계속 수명을 늘려 나갈 수 있었다.

덧붙여 말하면 인간도 몸집이 비슷한 다른 동물들에 비하면 아주 오래 산다. 우리가 외인성 사망률을 낮출 수 있었던 비결은 하늘을 나는 것도, 땅굴을 파는 것도 아니었다. 아마도 더 커진 뇌와 관련이 있을 것이다. 커진 뇌 덕분에 우리는 복잡한 사회집단을 이루어 지식을 공유하고, 보금자리를 만들고, 도구를 제작하면서 외부적 원인으로 인한 사망위험을 줄일 수 있었을 것이다. 그 결과 우리는 침팬지 같은 가까운 친척 동물보다 더 오래 살도록 진화했다. 공식적으로 확인된 침팬지의 장수 기록은 59살에 죽은 감마Gamma라는 암컷 침팬지가 갖고 있다.[11]

그럼 이제 생물학자들도 만족스러운 대답을 얻었다. 겉으로는 역설적으로 들리겠지만 동물들이 위험한 환경에서 산다는 사실만으로도 진화는 생명체의 몸을 말년까지 어떻게든 최고의 상태로 유지해야 한다는 부담을 내려놓을 수 있어 노화가 진화할 수 있었던 것이다. 다만 한 가지 작은 문제가 있다. 이 이론을 곧이곧대로 받아들인다면 모든 종은 노화가 진행되어야 한다. 그렇다면 갈라파고스 땅거북처럼 미미한 노쇠만을 보이는 동물은 이 그림에 어떻게 끼워 맞출 수 있을까? 이제 한 바퀴를 돌아 다시 출발점으로 돌아왔다. 이제 진화와 노화가 양립할 수 있게 됐는데 어떻게 노화가 일어나지 않는 동물이 존재할 수 있을까?

지금까지 우리가 논의했던 이론들은 대단히 유용하기는 해도 자연에서 실제로 일어나는 일을 어쩔 수 없이 단순화시킨 설명에 불과하다. 우리가 세웠던 가정이 성립하지 않거나 우리가 생각지도 못했던 다른 요인이 끼어들면 다른 진화 전략에 의해 예상치 못했던 노화 궤적이 만들어질 수 있다.

어류에서 시작해 보자. 어류는 비늘을 달고 물속에서 살지만 우리와 그리 먼 친척이 아니다. 우리와 마찬가지로 등뼈가 있는 동물이다. 하지만 생쥐, 고래, 인간과 달리 암컷 어류는 나이가 들수록 더 커지고 강해지고 번식 능력도 좋아진다.[12] 어류는 몸집이 커질수록 포식자로부터 안전하기 때문에 외인성 사망률이 일정하지 않다. 나이가 들면 오히려 낮아진다. 그리고 나이가 들수록 질 좋은 알을 더 많이 생산한다. 어떤 경우는 터무니없는 요인으로 인해 나이가 더 많은 물고기가 어린 물고기보다 수십 배 더 많은 알을 생산한다. 이 물속의 암컷 가장을 BOFFFF[big, old, fat, fertile female fish]라고 한다.[13] 크고, 나이 많고, 뚱뚱하고, 번식력이 좋은 암컷 물고기라는 뜻이다. 많은 종에서 이 BOFFFF는 어류 개체군 유지에서 대단히 중요한 역할을 한다. 어장은 고작 몇 개씩 알을 낳는 수많은 어린 물고기가 아니라 공장 돌리듯 대량으로 새끼를 찍어 내는 BOFFFF 몇 마리에 의해 유지되는 경우가 많다.

이런 번식 전략은 우리의 사고실험에서 노화의 진화를 가능하게 해 주었던 기본 가정을 뒤집어 버린다. 나이가 든 물고기에서 오히려 생존 가능성과 번식능력이 높아지기 때문에 BOFFFF는 자신의 유전자를 후대에 전달할 기회가 오히려 엄청나게 많다. 진화의 입장에서는 이것이 나이 든 개체를 계속 살려 두어야 할 동기로 작용한다. 자연선택의 힘이 성체가 된 지 한참 후까지도 효과적으로 발휘되는 것이다. 아마도 진화는 냉정하게 계산기를 두드려 본 후에 결국 물고기의 체세포들을 건강하게 유지하는 것이 가치 있음을 알게 되었을 것이고, BOFFFF를 쓰러뜨리는 축적된 돌연변이 혹은 적대적 다면발현 유전자들을 자연선택이 더 이상 용납할 수 없게 됐다. 그래서 어류는 나이가 들어도 전체 사망 위험이 함께 커지지 않도록 진화했다. 즉 미미한 노쇠를 보이는 생물로 진화한 것이다.

여기에 해당하는 것으로 보이는 강력한 도전자들이 실제로 존재한다. 그 도전자들 중에 장수의 왕관은 한볼락rougheye rockfish의 차지다. 한볼락은 분홍빛이 도는 주황색의 태평양 해저 어류로 길이는 1미터, 체중은 6킬로그램까지 자라고, 205살까지 산다.[14] 이 어류는 성숙한 후에도 사망 위험으로 감지할 수 있을 만한 변화가 나타나지 않는다.

BOFFFF 입장에서는 안타까운 일이지만 상업적 어업과 레저용 낚시 분야에서는 모두 큰 고기를 제일로 친다. 그 때문에 BOFFFF가 어류 남획에 특히나 취약해져 다양한 비극적인 결과를 낳고 있다. 우선 어장 붕괴의 위험이 있다. 그럼 그 어장과 연결된 복잡한 생태계를 통해 파괴 과정이 잔물결처럼 번질 수 있다. 우리가 연구할 기회를 얻기도 전에 종들이 뿌리 뽑히는 것만큼 안타까운 일도 없다. 그럼 노화에 대한 그 종의 독특한 반응을 이해할 기회도 사라진다. 그리고 완전한 파괴로 이어지는 것은 가까스로 막아 낸다 해도 BOFFFF만 선별적으로 잡아내면 이 어류 개체군에 아주 부자연스러운 선택압이 가해지게 된다. 번식력이 뛰어난 나이 든 암컷을 제거하면 더 이른 나이에 번식하도록 촉진하는 효과가 생겨 이 종에 노화를 도입하는 유전적 변화가 일어날 수 있다.

앞에서 보았듯이 일부 땅거북은 미미한 노쇠를 보인다. 연구가 가장 잘된 거북이는 갈라파고스가 아니라 미시간 출신의 땅거북이다. 1950년대에 시작된 현장 연구에서 과학자들은 두 종류의 바다거북을 추적 관찰했다. 블랜딩거북Blanding's turtle과 페인티드거북painted turtle이다. 이 거북이 수백 마리에게 표식을 해서 풀어 준 후 수십 년에 걸쳐 다시 포획했는데 두 종 모두에서 시간의 흐름에 따른 사망률 증가는 관찰되지 않았다. 2007년에 연구가 마감되었을 때 번식 능력이 있는 가장 오래된 암컷은 블랜딩거북 두 마리였는데 나이가 70이 넘었음에도 노쇠에 잠식당한 것으로 보이는 외부 흔적은 전혀 없었다. 땅거북과 바다거북에서 노쇠 현상이 보이지 않는 이유는 아마도 어류의 경우와 비슷할 것이다. 나이 든 암컷들은 외부의 위협으로부터 꽤 안전하고(특히나 몸을 보호하는 등껍질 덕분에) 번식 능력도 높다. 이 경우도 마찬가지로 자연선택의 입장에서는 나이 든 개체를 계속 살려 두어야 할 이유가 너무도 많았고, 그 결과 늙지 않는 것으로 보이는 거북이가 탄생했다.[15]

더 기이한 생명체들도 있다. 어류나 땅거북보다 인간과 거리가 훨씬 먼 이 생명체는 다른 수단을 통해 노쇠를 피해간다. 히드라hydra는 민물에 사는 작은 생명체로 1센티미터 길이의 관으로 이루어져 한쪽 끝에는 잘 달라붙는 발이 달려 있고, 반대쪽에는 입이 달려 있다. 이 입은 촉수로 둘러싸여 있는데 이 촉수들을 휘둘러 작은 해양 먹잇감을 붙잡아 신경독이 들어 있는 가시로 마비시킨다. 애초에 과학계에서 이 생물에 흥미를 느낀 이유는 놀라운 재생능력 때문이다. 히드라는 기본적으로 어느 부분을 잘라 내도 그로부터 완전히 새로운 히드라가 자란다. 히드라가 실험실에서 믿기 어려울 정도로 오래 산다는 사실을 알게 된 것은 그 후의 일이다. 얼마나 오래 사느냐면 아직까지도 그 수명의 한계를 확인하지 못했을 정도다. 이들은 또한 아무리 오래 키우고 있어도 번식 능력이 줄거나 사망 위험이 높아지는 조짐이 보이지 않는다. 그리고 실험실에서 키운 히드라에서 관찰한 사망률을 바탕으로 추정해 보면 히드라 중 10퍼센트 정도는 1000살까지 살 것으로 보인다.[16]

이 작은 생명체의 놀라운 재생능력과 범접할 수 없이 긴 수명은 서로 관련 있을지도 모른다. 히드라는 일회용 체세포 이론의 핵심 가정을 정면으로 거스른다.[17] 몸의 어느 부분이라도 새로운 히드라로 자라날 수 있기 때문에 히드라에서는 체세포와 생식세포 사이의 구분이 애초에 존재하지 않는다. 사실상 이들은 몸 전체가 생식세포이기 때문에 진화는 히드라의 세포 중 어느 것도 일회용으로 여기지 않는다. 이것은 아주 단순한 형태의 생명체에서만 가능하다. 곤충에서 인간에 이르는 복잡한 생명체들은 모두 생식세포에서 체세포로 전환되는 일방통행 과정을 거치기 때문에 그토록 다양한 조직과 기관을 가질 수 있다. 하지만 이것을 보면 실제 생물학 앞에서는 확실하고 안전한 가정 따위는 존재할 수 없음을 알 수 있다. 앞으로도 자연은 계속 우리의 이론보다 한 발 앞서는 모습을 보여 줄 것이다. 그리고 노화 자체도 그럴 것이다.

말년에 번식 능력이 높다거나, 체세포와 생식세포 사이의 구분이 불분명하거나 해서 그 부작용으로 나타나는 진화압이 아니라 수명을 거의 직접적으로 선택할 수 있는 진화압도 존재한다. 지구에서 가장 오래 산 다세포 생명체로 여겨지는 것을 만나 보자. 캘리포니아 화이트 산맥White Mountains의 일급비밀 장소에서 보호받고 있는 브리슬콘 소나무bristlecone pine이다. 1950년대 말에 이 나무의 몸통에서 고갱이를 채취해 보았는데 나이테가 거의 5000개나 있었다. 이 나무는 지금도 튼튼하게 잘 자라고 있고 나이는 4850년으로 추정된다.[18] 그럼 이 나무는 스톤헨지 유적이 아직 도랑 주변에 돌이 몇 개 놓인 것에 불과했고, 피라미드 공사는 시작도 하지 않던 시절에 싹을 틔웠다는 얘기다.

어떻게 나무가 하나의 문명보다 오래 살 수 있게 진화했는지는 알 수 없다. 하지만 한 이론에 따르면 공간 경쟁과 관련이 있다고 한다.[19] 브리슬콘 소나무는 건조하고 노출된 환경에서 산다. 이런 환경에서는 나무가 살 수 있는 공간을 이미 다 자란 다른 나무들이 차지하고 있다. 그래서 어린 나무가 새로운 공간을 차지할 기회가 희박할 수밖에 없다. 기본적으로 이 나무들은 옆에 있던 다른 나무가 죽어서 공간이 열려야만 자기 자손에게 살림을 차려 줄 틈이 생긴다. 따라서 자신의 유전자를 후손에게 물려 줄 방법은 이웃보다 더 오래 살아남는 것밖에 없다. 이로 인해 진화의 군비 경쟁이 시작되었고, 그 결과로 극단적으로 장수하는 나무가 탄생했다. 분명 이런 논리는 동물에게는 해당하지 않는다. 동물은 주변에 자리가 없으면 그냥 다른 곳으로 가면 그만이다. 자연환경의 단순하고 별난 특성이 노화의 진화에 얼마나 큰 영향을 미칠 수 있는지 보여 주는 또 다른 사례다.

이 모든 요인들의 상대적 강도에 따라 미미한 노쇠가 그리 이상한 결과로 보이지 않을 수도 있다. 생존의 상대적 가능성과 나이에 따른 생명체의 번식 중요성이 달라지면 진화가 거기에 최적화된 삶의 궤적을 맞춤 설계해 줄 것이다. 그래서 몇 분밖에 못 사는 하루살이에서 수천 년을 살아남는 나무에 이르기까지 엄청나게 다양한 결과가 나타난다.

나이가 들어도 사망 위험이 일정하게 유지되는 것이 진화적으로 말이 되는 얘기라면 거기서 논리를 한 단계 더 전진시켜 볼 수는 없을까? 혹시 나이가 들수록 사망 위험이 줄어드는 거꾸로 노쇠negative senescence의 가능성[20]은 없을까? 이렇게 운이 좋은 생명 형태를 많이 알지는 못하지만 실제로 이런 속성을 가진 생명체가 존재하는 것으로 보인다. 예를 들어 사막땅거북desert tortoise에서 제일 잘 나온 데이터를 보면 사막땅거북의 성체가 살짝 거꾸로 노쇠를 보인다는 암시가 들어 있다.[21] 아마도 미미한 노쇠는 별 특별할 것이 없고, 나이에 따른 사망 위험이 줄어드는 경우가 없다면 그것이 오히려 조금 이상할 것 같다. 저기 어딘가에는 거꾸로 노쇠를 보이는 생명체가 더 있을 것이고 꼼꼼하게 연구해 보면 그런 생명체를 발견하는 것은 그저 시간문제일 것이다. 다만 그것을 연구할 기회를 얻기도 전에 인간의 소비와 환경 파괴가 그런 생명체를 쓸어 버리지 않는다는 가정이 필요하다.

따라서 노화의 진화론은 그저 일부 동물이 늙는 이유만을 설명하는 데서 그치지 않고 노쇠 과정을 늦추거나 심지어 완전히 없앨 수 있는 문도 연다. 노화를 피해 간 생명체의 실제 사례가 존재하고, 시간의 흐름에 따라 퇴화하는 경향을 억누르는 힘에 관해서도 견고한 이론이 마련되고 있다. 인간의 노화 경로를 바꾸는 일에 관심 있는 사람에게는 정말 흥미진진한 뉴스다. 미미한 노쇠는(심지어 거꾸로 노쇠도) 물리학 법칙을 위배하지 않을 뿐만 아니라 생물학의 법칙도 위배하지 않는다.

자연은 가까운 친척관계인 종 사이에서도 수명이 크게 차이 날 수 있음을 보여 주었다. 생쥐와 박쥐 및 벌거숭이 두더지쥐의 비교는 동물들이 몸집이 비슷하고 공통 선조도 비교적 가까움에도 아주 다른 방식으로 노화가 일어날 수 있음을 보여 주는 좋은 사례다. 이것은 노화가 바꿀 수 없는 필연적 과정이 아님을 말해 준다. 동물들 사이의 이러한 차이는 노화를 피하는 법을 배울 수 있음을 입증한다. 그리고 영감도 불어 넣어 준다. 노화 속도가 다른 종의 생물학을 비교해 보면 장수하는 종의 수명을 촉진하는 유전자와 메커니즘을 확인해 그것을 흉내 내는 약물이나 치료법을 개발해 볼 수 있을 것이다.

하지만 진화적 설명을 통해 얻어야 할 가장 중요한 것은 노화에 해당하는 것은 무엇이고, 노화에 해당하지 않는 것은 무엇인가에 관한 통찰이다. 이제 우리는 자식에게 공간을 만들어 주기 위해 부모를 죽이도록 프로그램된 시계가 우리 몸 안에서 돌아가는 것이 아님을 안다. 만약 그랬다면 문제 해결이 더 쉬웠을 것이다. 그저 우리 유전자 안에서 그 시한폭탄을 찾아서 뇌관을 제거하면 노화를 완치할 수 있었을 테니까 말이다.

노화는 그런 시한폭탄이 아니라 진화가 간과하는 바람에 생긴 실수다. 노년에 건강을 악화시키는 돌연변이가 축적되었는데 진화가 그것을 제거할 수 없어서 생긴 결과인 것이다. 그 바람에 젊은 시절에는 번식 성공률을 극대화시켜 주지만 말년에 가서는 의도치 않게 노화라는 역효과를 내는 적대적 다면발현 유전자, 그리고 우리의 일회용 체세포를 유지하는 것보다는 자식을 낳는 것을 더 우선시하는 메커니즘이 생겨났다. 따라서 노화가 단일 원인에 의해 생기리라 기대할 이유는 없다. 사실 노화는 서로 동기화는 되어 있지만 어느 정도 느슨하게만 관련되어 있는 과정들의 묶음으로 이루어져 있으리라 예상해야 한다. 이런 과정을 밝혀내어 치료하는 것이 우리의 임무다.

하지만 이런 '할 수 있다'라는 태도를 유지할 수 있는 시간은 고작 지난 20년 정도에 불과했다. 20세기 중반에 발전한 노화의 진화론이 노화에 대한 우리의 이해를 크게 증진시켰음에도 불구하고 역설적이고 안타까운 부작용을 낳았다. 생물학자들은 노화를 호락호락하게 연구할 수 없는 점진적 퇴보 현상으로 보고 대체로 무시해 왔다. 노화의 진화론 자체가 이런 절망적 상황을 오히려 강조하듯 보여 준다. 이 진화론에 따르면 노화에는 수많은 과정이 기여하고 있고, 거기에 기여하는 요소들의 숫자도 딱히 제한이 없는 것처럼 보인다. 서로 다른 수백 수천 가지 요인들이 셀 수 없이 다양한 방식으로 상호작용하며 우리를 기어코 끝장내려 음모를 꾸미고 있는지도 모른다. 진화론은 노화를 너무 복잡하게 얽힌 다면적인 과정으로 보기 때문에 노화가 치료는 고사하고 이해도 할 수 없는 대상으로 느껴진다.

노화를 이해하고 궁극적으로는 완치할 수 있다는 자신감을 가지려면 진화의 시간 척도보다 짧은 시간에 그 문제를 해결할 수 있다는 확신이 필요하다. 그런 상상을 가능하게 한 발견들이 다음 장의 주제다.

3장 생물노인학의 탄생

The birth of biogerontology

현대의 노화 연구를 생물노인학이라고 부른다. 생물학적 면을 다루는 노인학의 한 분야로 노인의 의료부터 늙어 가는 것의 사회적 면에 이르기까지 노화에 관한 모든 것을 다룬다. 한 과학 분야가 시작된 날짜를 정확하게 짚는 것은 무모한 일이지만 규모를 갖춘 독립된 학문 분야로서 생물노인학이 등장한 때는 1990년대라고 할 수 있다. 살아 있는 모든 것에 영향을 미치는 가장 중요하고, 거의 보편적인 현상 중 하나와 관련된 분야치고는 충격적일 정도로 최근에 와서야 생겼다.

노화 연구가 어째서 그렇게 오랫동안 생물학의 변방에 머물러 있었는지 이유를 꼬집어 말하기는 어렵다. 노화를 진화적으로 이해하고 거기에 관여할 수 있는 과정이 거의 무한히 많다는 것을 이해하기 시작하면서 노화는 너무 복잡해서 진지한 연구 대상으로 삼기 어렵다는 회의적 태도가 자리 잡게 된 것이 분명 큰 역할을 했을 것이다. 그리고 사회과학적 요인도 존재한다. 과학자 또는 그 과학자들에게 자금을 지원하는 정치인 중에서 자기 부모나 조부모가 노화 그 자체 때문에 사망한 사람은 없다. 그렇다 보니 사망의 직접적 원인인 암 같은 질병에 대한 연구가 더욱 주목 받게 된다. 그리고 과학자들도 연구 주제에 따라 몰려다니는 경향이 있다. 음악이나 패션처럼 과학에서도 경향이나 유행이 존재한다. 어쩌면 노화 연구가 인기를 끌지 못한 이유 중 하나는 폭발적 성장이 가능해지는 과학적 임계질량에 도달하지 못해서였을지도 모른다.

과학의 역사를 뒤돌아보면 한 가지 설득력 있는 설명이 등장한다. 과학자들이 노화에 대한 연구에 기꺼이 뛰어들기 위해서는 그전에 적어도 어느 정도의 증거가 나와야 했다는 것이다. 노화 과정을 변화시킬 수 있다는 증거, 그리고 그 연구가 실험실에서도 가능하고, 과학적으로도 흥미롭다는 증거 말이다. 이런 증거를 제공한 두 가지 실험이 눈에 들어온다. 현대 노화 생물학의 토대가 된 실험이다. 그래서 이번 장은 두 부분으로 나누었다. 먼저 노화 과정을 변화시킬 수 있다는 최초의 직접적 증거를 제공해 준, 소식小食으로 장수한 쥐에 관한 실험을 살펴보고, 이어서 유전적 변형을 통해 장수한 선충에 관한 실험을 다루겠다. 후자의 실험은 노화를 변화시킬 수 있을 뿐만 아니라, DNA의 글자 하나만 바꾸는 간단한 방법으로 변화시킬 수 있음을 보였다.

음식은 맛있다.

당연한 얘기다. 진화적으로 까마득히 먼 우리의 선조 이후로 모든 생명체는 살아서 번식하는 데 필요한 먹을 것을 획득하기 위한 싸움에 휘말렸고, 먹이 획득에 실패하면 죽음이 기다릴 뿐이었다. 생명체에게 먹이를 찾아서 먹고 싶은 욕망을 심어 주는 유전자는 커다란 생존상의 장점을 부여한다. 그 결과 우리의 뇌는 먹는 것을 즐기고, 배가 고프면 식욕이 충족될 때까지 거기에 정신이 팔려 다른 데 신경을 못 쓰게 만들어졌다. 하지만 진화는 우리가 먹는 양의 상한선을 정하는 문제에는 별로 신경을 쓰지 않았다. 다음 식사를 언제나 할 수 있을지 기약이 없는 상황에서는 기회가 닿는 대로 양껏 먹어 두는 것이 합리적인 전략이기 때문이다.

이렇게 하루하루 겨우 연명하면서 사는 것이 자연스러운 상황이었지만 20세기 초반에 인류는 그런 상황을 넘어서기 시작한다. 그리고 마침내 사람들이 무엇을 얼마나 먹을지 선택할 수 있는 시대가 도래하자 과학자들은 영양이 건강에 미치는 영향에 흥미를 느끼기 시작했다. 그리고 뜻밖의 얘기지만 바로 이 신생 분야에서 노화 생물학 최초의 신뢰할 만한 연구 결과가 나왔다.

영양이 성장에 미치는 영향을 실험하는 과학자들은 덜 먹인 실험동물이 전체적 크기가 작아지는 것을 발견했다. 여기까지는 당연한 부분이다. 그런데 이 동물들이 더 오래 사는 것으로도 나타났다. 이 초기 실험결과는 그런 함축을 담고는 있었지만 확실치는 않았다. 각각의 실험에 사용된 동물의 숫자가 적었고, 동물들의 식단에서 칼로리, 단백질, 비타민, 미네랄을 꼼꼼히 통제하지도 않았다. 하지만 이런 연구 결과는 미국의 과학자 클리브 맥케이Clive McCay의 관심을 불러일으켰다. 코넬대학교의 축산학과 조교수였던 그는 세심하게 계획된 최초의 실험을 진행했다.[1] 확실한 결론을 내릴 수 있을 만큼 규모가 큰 실험이었다.

맥케이는 106마리의 쥐를 3개 집단으로 나누었다. 한 집단은 원하는 것을 마음껏 먹게 놔두었고, 한 집단은 젖을 때자마자 바로 식이제한을 시작했고, 한 집단은 2주 동안 마음대로 먹게 놔두었다가 그 후로 먹이 배급량을 줄였다. 기존의 연구와 달리 맥케이는 식이제한을 하는 쥐들도 모두 비타민과 미네랄을 필요량만큼 섭취할 수 있게 꼼꼼히 신경을 썼다는 점이 중요하다. 이 쥐들의 먹이 섭취에서 차이가 나는 부분은 칼로리밖에 없었다.

이 연구는 쥐의 최장수 기록을 갈아치웠다. 일반적인 식단을 먹은 쥐 중에서 가장 오래 산 수컷 쥐는 927일을 살았다. 하지만 식이제한을 하는 쥐들 중 다수는 이때도 여전히 살아 있었다. 마지막 쥐는 1321일에 죽었다.[2] 최대 수명이 40퍼센트나 늘어난 것이다. 식이제한 수컷 쥐의 평균 수명은 894일로 잘 먹고 살았던 집단의 483일보다 거의 2배로 늘어났다.*

식이제한한 쥐들은 더 오래 살았을 뿐만 아니라 몸도 더 건강했다. 이 쥐들이 죽은 다음에 사후부검을 했는데 배를 갈라 보니 사료

* 실험에서 암컷 쥐에서 나온 데이터는 다소 혼란스럽다. 실험을 진행하다가 특히나 더웠던 기간에 그중 일부가 죽는 바람에 결과가 왜곡된 부분도 영향이 컸다.

배급을 줄였던 쥐들은 폐와 신장이 훨씬 건강해 보였다. 식이제한이 쥐와 생쥐에서 암의 발생률을 낮출 수 있다는 것은 이미 알려져 있었는데 맥케이의 연구 결과는 이것을 더 확실히 입증해 주었다. 식이제한을 한 쥐 중에서 실험이 거의 끝나서 일반 식단을 먹게 해 줄 때까지는 암에 걸린 쥐가 한 마리도 없었다. 그리고 이 쥐들은 그냥 보기에도 더 건강해 보였다. 그는 1934년 논문에서 이렇게 적었다. "성장이 빨랐던 쥐의 털이 거칠어진 후에도 성장이 지연된 쥐의 털은 여러 달 동안 그대로 윤기 있는 상태를 유지했다." 이 연구 결과는 인류의 역사에서 수천 년 동안 사람들이 꿈꿔 왔던 것을 아주 분명하게 보여 주었다. 노화의 과정을 늦출 수 있다는 것이다.

지금의 시각으로 보면 이런 연구 결과가 나왔는데도 전 세계에 반향을 불러일으키며 이런 현상에 대한 폭넓고 심도 깊은 연구로 이어지지 않았다는 사실이 충격적이다. 인류 역사상 최초로 노화의 과정을 늦추는 데 성공했는데 말이다! 사회학적, 과학적으로 이유가 무엇이었든 간에 안타깝게도 그런 일은 일어나지 않았다. 1930년대 당시에는 노화가 주요 관심사가 아니어서 그랬을지도 모른다. 당시는 성장과 발달이 주요 관심사였다. 당시 미국의 기대수명은 갓 60세를 넘은 상태였고, 사람들의 최근 기억 속에는 유아사망률의 유령이 어렴풋하나마 더 큰 자리를 차지하고 있었다. 그래서 건강한 노년기보다는 건강한 아동기를 확보하는 데 초점이 맞춰져 있었다. 맥케이의 1935년 논문은 쥐의 수명에 미치는 효과만큼 쥐의 성장과 발달에 미치는 영향도 부각시켰다. 그 후로 일이십 년 동안 맥케이 자신을 비롯한 과학자들을 통해 식생활, 건강, 장수 사이의 연결고리를 탐구하는 연구가 드문드문 이루어졌지만 50년이 지나고 나서야 마침내 식이제한에 대한 연구가 제대로 진행되기 시작했다.*

이 후속 연구들은 이 현상이 쥐의 생리학에서 나타나는 일종의 변덕이 아니라 생물학에서 가장 보편적인 현상 중 하나임을 보여 주었다. 식이제한이 효과를 보인 생물종의 숫자는 믿기 어려울 만큼 많다. 빵을 굽고 맥주를 양조할 때 사용하는 단세포 미생물 곰팡이인 효모, 작은 선충, 파리, 거미와 메뚜기, 구피와 송어, 생쥐, 쥐, 햄스터, 개, 그리고 어쩌면(어째서 '어쩌면'일까? 그 이유는 뒤에 나온다) 붉은털원숭이까지 온갖 생명체에 시도해서 성공을 거두었다. 다른 생명체에서 식이를 제한하는 데 사용한 기법 중에는 특이한 것도 있다. 특히나 크기가 작은 생명체의 경우 먹이 배급량을 줄이기 위해서는 창의적인 방법을 고안할 필요가 있다. 선충은 미끄러지듯 돌아다니며 풀을 뜯어 먹듯이 세균을 거두어 먹는다. 그래서 식이제한을 하려면 선충이 잡아먹는 세균을 희박하게 유지하고, 세균이 증식해서 기근이 풍년으로 바뀌는 일이 없도록 딱 적당한 양의 항생제를 추가해야 한다. 내가 좋아하는 실험 방법은 물벼룩에 사용한 것이다. 여기서는 물벼룩이 만찬을 즐기는 맛있는 '거름 주입 배지manure infusion media'를 연못물로 희석하는 방법을 사용했다. 그리하여 물벼룩의 수

* 식이제한(dietary restriction)을 '칼로리제한(calorie restriction)'으로 부르는 경우를 자주 볼 것이다. 맥케이의 실험부터는 칼로리 제한뿐만 아니라 최적영양(optimal nutrition)도 중요하다는 것을 인식했기 때문에 '칼로리제한 최적영양'이라고 부르기도 한다. 그럼에도 나는 이것을 '식이제한'이라고 부르겠다. 현대적인 연구를 통해 중요한 것이 칼로리 자체인지, 아니면 단백질이나 개별 아미노산 같은 식단의 다른 면인지 의문이 제기된 상태라 조금은 까다롭게 따질 필요가 있다.[3] 이 주제에 대해서는 10장에서 다시 다루겠다.

명이 무려 69퍼센트나 늘어났다.

이 효과가 단세포에서 복잡한 포유류에 이르기까지 믿기 어려울 정도로 보편적으로 나타나는 것은 '진화적 보존evolutionary conservation'의 한 사례다. 이것은 먹이 감소에 대한 이런 반응이 아주 오래되었음을 암시한다. 이것이 근본적으로 너무 중요한 생물학이기 때문에 생명의 계통수가 아름답기 그지없는 무한한 형태로 뻗어 가는 과정에서도 모든 생명체에서 고스란히 보존되어 온 것이다. 그리고 거기에 담긴 함축적 의미가 우리를 안달 나게 만든다. 희석한 거름물에 들어 있는 물벼룩에서 배급한 먹이를 먹는 개에 이르기까지 온갖 생명체가 식이제한으로 더 오래 더 건강하게 살았다면 사람에게도 효과가 있지 않을까?

여기에는 함정이 있다. 진화적 보존에도 불구하고 식이제한 효과의 크기가 생명체에 따라 큰 차이가 있기 때문이다. 단세포 효모의 경우는 5일의 수명을 300퍼센트나 늘릴 수 있다.[4] 선충인 예쁜꼬마선충*C. elegans*은 식이제한 아래서 85퍼센트 더 오래 산다. 그리고 초파리는 66퍼센트, 생쥐는 65퍼센트 더 오래 살고, 쥐여우원숭이mouse lemur(쥐여우원숭이는 사람과 마찬가지로 영장류지만 좀 거리가 있는 친척이고 체중이 50그램에 불과하다)는 5년의 수명을 50퍼센트까지 늘릴 수 있다. 쥐는 앞에서 보았듯이 약 85퍼센트 정도 수명이 늘어난다. 반면 개의 경우에는 기껏해야 16퍼센트 정도의 연장 효과밖에 없다. 오래 사는 대형 동물을 실험하는 데 따르는 실질적인 한계와 비용 때문에 실험이 많이 이루어지지 않았고, 그래서 이런 통계 속에 숨어 있는 경향을 마찬가지로 오래 사는 대형동물에 해당하는 인간에게 그대로 적용하기는 무리가 있다.

근래에는 우리와 진화적으로 가까운 친척이고 최대 수명이 40년 정도인 붉은털원숭이rhesus macaques를 대상으로 진행된 두 연구[5] 덕분에 이런 논란이 해소된 것도 같다. 여기서 좋은 소식은 양쪽 실험 모두에서 식이제한이 건강수명을 늘려 주는 것으로 보인 점이다. 안 좋은 소식은 수명에 미치는 효과가 모호하고 선충, 쥐, 쥐여우원숭이에서 보았던 인상적인 결과는 분명히 없었다는 점이다. 인간을 대상으로 하는 실험은 기간이 너무 짧아 수명이나 건강수명에 관해서는 명확한 답을 얻기 어려웠지만 혈압, 콜레스테롤 수치, 염증 표지 등 건강과 관련된 단기적 표지는 개선되는 것으로 보였다.[6]

10장에서 붉은털원숭이에 대한 이야기 그리고 우리도 모두 식이제한을 실천에 옮겨야 하는지 여부에 대해서 다시 이야기하겠다. 하지만 지금은 그 효과가 대단하지 않다는 점만 짚고 넘어가자. 그런 성향이 있다고 해도 아마 생명체의 크기, 수명, 복잡성이 인간에 가까워짐에 따라 그 효과가 약해지는 것으로 나타나리라 여겨진다. 생물학적 논거와는 별도로 전 세계 사람들의 식생활이 그토록 다양한 것을 볼 때 만약 식이제한이 인간의 수명을 2배로 늘려 준다면 지금쯤 우리도 분명 그 효과를 눈치챘어야 옳다. 금욕적으로 사는 종교 집단 중에는 2배로 오래 사는 경우도 생겼을 테고, 식생활에서의 그리 크지 않은 차이만으로도 우리가 실제로 관찰하는 것보다 건강과 수명에 훨씬 큰 영향이 나타났어야 한다.

하지만 원숭이와 인간에 대해서는 식이제한과 관련된 이런저런 논란이 이어지고 있지만 생물노인학의 역사에서는 식이제한이 대단히 중요한 역할을 했다. 맥케이와 다른 과학자들의 실험을 통해 노화를 늦출 수 있음을 보여 줌으로써 식이제한은 생물노인학의 토대에 큰 기여를 했다. 이런 중요한 사실을 모호함 없이 입증해 보이지 않았다면 의심이 많은 과학자들에게 노화가 연구해 볼 만한 가치가 있음을 설득하기가 무척 어려웠을 것이다. 좀 더 최근에는 생물학의 기치 아래 노화의 작동 방식을 해독하기 시작했을 때도 결정적인 역할을 했다.

지난 일이십 년 동안에는 식이제한에 대한 연구에 새롭게 관심이 쏠리고 거기에 분자생물학의 새로운 도구들이 가세한 덕분에 음식이 부족할 때 무슨 일이 일어나는지 조사해 볼 수 있었다. 여기서 나온 연구 결과들은 식이제한에 대한 반응이 진정 보편적 현상이기를 기대할 수 있는 이유를 보여 주었다. 효모에서 사람에 이르기까지 우리가 들여다본 모든 생물종이 그런 반응을 시행하는 분자 기구를 공유하고 있었다. 어떤 생물체든 무엇을 먹기만 하면 거의 동일한 분자 감지 체계 및 신호 체계가 작동해서 세포들에게 신호를 보낸다. 영양분이 들어오고 있으니 일부는 나중에 사용하게 저장하고, 일부는 지금 당장 새로운 세포구성 요소를 만드는 데 쓰는 등 영양분을 이용할 준비를 하라는 신호다. 영양분이 없는 상태에서는 이 체계가 이런 과정을 뒤집어서 세포들에게 재료가 부족한 동안에는 만드는 일은 중단하고 대기하고 있으라는 신호를 보낸다.

먹을 것 부족에 대한 이런 반응이 왜 그렇게 꼼꼼하게 진화적으로 보존되었을까? 가장 인기 있는 아이디어는 일회용 체세포 이론을 바탕에 둔 것으로, 동물이 체세포 유지와 번식 사이에서 경쟁하는 에너지 수요를 어떻게 저울질하는지에 초점을 맞춘다.[7] 만약 식이제한을 받고 있어서 한 가지만 선택할 수 있다면 자신의 몸을 유지하는 것이 당연한 선택이 된다. 절망적인 상황에서 마지막 한 번을 번식하는 데 자신의 칼로리 예산을 모두 탕진하느니, 번식은 다른 날로 미루고 삶을 이어 가는 것이 더 나은 선택이기 때문이다. 그럼 새로 태어난 자식이 세상에 태어나자마자 기근을 만나 바로 죽게 될 위험도 피할 수 있다. 따라서 진화는 사정이 좋지 않을 때 자기 몸을 유지하는 데 더 많은 자원을 할당해 몸이 점진적으로 망가지는 노화 과정을 늦추는 동물을 선택해 왔다. 그러다 다시 먹을 것이 풍부해지면 번식이 최우선 순위가 되고 노화도 원래의 속도로 돌아온다.

여기에 등장하는 주인공 분자들은 이 책의 뒤쪽에서 만날 것이다. 그런 분자로는 익히 들어 봤을 인슐린(인슐린은 혈당 수치를 유지해주는 호르몬이고, 이 인슐린의 생산이나 감지 능력에 문제가 생기면 당뇨병이 생긴다)에서 mTOR같이 아마도 들어 보지 못했을 이색적인 분자까지 다양하다. 노화의 속도를 신뢰성 있게 늦추는 방법을 확보하고 나니 그 영향력 아래 늦춰지는 생물학적 변화가 무엇인지 알 수 있어서 노화 과정을 밝히는 데도 도움이 됐다. 전 세계 실험실에서 푸짐하게 먹지도 못하고 배를 곯던 수없이 많은 생쥐, 파리, 선충이 없었다면 지금처럼 노화에 대해 많은 것을 알지 못했을 것이다.

식이제한 실험은 노화가 불가피하고, 변경불가능하고, 멈출 수 없는 과정이 아님을 분명히 보여 주었다. 설마 싶을 정도로 간단한 이런 개입만으로도 동물의 노화 속도가 크게 달라졌다. 이것이 어째서 진작 생물노인학의 혁명을 일으키지 않았는지는 정말 연구해 봐야 할 주제다. 이 책에서 다룰 다른 여러 가지 잠재적 치료법과 마찬가지로 식이제한은 노화를 조작할 수 있다는 반박 불가능한 증거를 제공한다. 우리는 항노화의학을 선물한 식이제한에 고마워해야 마땅하다.

한 가지 문제가 남아 있었다. 식이제한은 우리의 후손이 노화가 느린 다른 종으로 진화할 때까지 기다리지 않아도 노화를 조작할 수 있음을 보였지만, 노화의 비밀을 해독하기는 여전히 쉽지 않았다. 노화에는 여전히 헤아릴 수 없을 정도로 복잡한 방식으로 낡아 가는 과정이라는 이미지가 덧씌워져 있었다. 낡아 가는 과정을 늦출 수 있다는 사실만으로 노화의 복잡성이 줄거나 노화의 치료가 설득력 있어 보이지는 않았다. 식이제한은 생물노인학의 잉태에 결정적 역할을 했지만 그 탄생을 위해서는 또 다른 돌파구가 필요했다.

◦ 150일이 된 선충

노화생물학에서 가장 중요한 이야기 중 하나가 그다지 상서롭지 못한 장소에서 시작한다. 1951년 영국 브리스톨의 어느 퇴비 더미다.[8] 흙더미 속에서 선충들이 꿈틀거리고 있었다. 선충은 이 분야를 진지한 과학 분야로 바꾼, 생물노인학에서 역사적으로 가장 중요한 생명체라 할 수 있다. 영국 웨스트 컨트리의 이 선충들이 없었더라면 우리는 지금보다 수십 년 뒤처졌을 것이다.

퇴비 더미에서 시작한 지 십 년 후, 훗날 노벨상을 수상할 생물학자 시드니 브레너Sydney Brenner는 신경 발달을 연구할 동물을 찾고 있었다. 이해할 수 있을 정도로 신경 발달 과정이 간단한 동물이 필요했다. 그의 첫 실험은 캠브리지에 있는 그의 뒤뜰 흙 속에서 잡은 선충으로 진행했고, 그는 이 선충을 1번 선충nematode 1을 의미하는 뜻으로 N1이라 이름 지었다. 하지만 그는 이 연구에 알맞은 최고의 선충을 꼭 찾고 싶었고, 연구를 더 진행하기 전에 다른 후보들을 오디션 보고 싶었다. 브리스톨의 선충들이 결국 그 오디션의 승자가 되어 N2라는 이름을 받았다. 원래의 학명인 *Caenorhabditis elegans*(혹은 줄여서 *C. elegans*, 우리말로는 예쁜꼬마선충—옮긴이)보다는 부르기 쉬운 이름이었다. 몇 밀리미터밖에 안 돼서 맨눈에 간신히 보일 정도로 작고 투명하고 소박한 이 선충은 이제 지구에서 가장 성공적인 '모형생물model organism' 중 하나다.

모형생물은 현대생물학의 핵심 도구 중 하나다. 모형생물은 약물에서 비현실적인 생물학 이론에 이르기까지 모든 것을 검증해 보는 시험대로 사용된다. 모형생물을 이용하는 목적은 개념적으로나 실험적으로 문제를 단순화시켜 나중에 인간처럼 더 어렵고 복잡한 생명체에 적용할 수 있는 통찰을 얻기 위함이다. 노화생물학에서(그리고 다른 많은 분야에서도) 전통적으로 사용되는 4인조는 효모, 선충, 초파리, 생쥐다. 뒤로 갈수록 우리와 생물학적으로 유사해진다.

이 선충을 생쥐 및 사람과 비교할 때 가장 두드러지는 차이는 훨씬 작다는 것이다. 선충은 몸을 구성하는 세포 수가 조 단위가 아니라 천 개에도 못 미치기 때문에 모든 단일 세포의 행동을 어느 정도 이해할 수 있다. 예쁜꼬마선충을 세포 수준에서 컴퓨터 시뮬레이션으로 구현해 보는 오픈웜OpenWorm이라는 프로젝트가 있을 정도다.[9] 사람에 대해 이런 시뮬레이션을 구축하는 일은 현재로서는 꿈도 꾸기 어렵다.

실험상의 이점도 크다. 사람으로 실험하기에는 기간이 너무 길고 불편하거나, 윤리적인 문제로 불가능할 때 예쁜꼬마선충은 훌륭한 대안이 된다. 이 벌레는 단 2주 만에 성장하고, 번식하고, 죽는다. 덕분에 실험 속도를 크게 높일 수 있다. 그리고 실험실 안의 작은 접시에서 동일한 조건 속에 수십 마리를 키울 수 있다. 사람을 이런 조건에서 실험하기는 불가능하다. 그리고 유전자를 조작해서 무슨 일이 일어나는지 보려고 할 때도 선충은 사람과 달리 불만을 제기하지 않는다.

정교한 유전자 편집 기술과 염기서열분석 기술로 무장한 현대과학에 비하면 최초의 선충 실험은 무계획적이고 원시적으로 보인다. 옛날 방식에서는 N2 선충을 몇 마리 가져다가(표준 혈통의 선충을 지칭할 때 N2라는 이름을 여전히 사용한다) DNA에 무작위 돌연변이를 유도하는 끔찍한 화학물질에 노출시킨다. 그리고 이들이 낳은 수천 개의 돌연변이 알을 각각 성체로 키워 낸다. 그리고 각 개체로부터 수십 마리의 동일한 복제본을 사육한다. 그런 후 무작위로 돌연변이를 일으킨 선충들이 흥미로운 행동을 보이는지 관찰한다. 이 경우에는 몇 주에 걸쳐 선충을 관찰하며 얼마나 오래 사는지 지켜본다. 만약 이 돌연변이들 중 정상 선충보다 더 오래 사는 것이 있다면 그 DNA에 생긴 변화를 통해 수명의 유전적 기반을 이해하는 데 도움이 될 것이다.

1983년에 과학자 마이클 클라스Michael Klass는 몇 년에 걸쳐 무려 8000가지 선충 혈통을 대상으로 장수 돌연변이를 실험해 보다가 이런 방식에 대한 믿음을 잃었다.[10] 그는 정상 선충보다 더 오래 사는 혈통을 딱 8가지 발견했는데 그것들 역시 별로 흥미를 자극하지 못할 이유를 가졌다. 두 혈통은 자발적으로 다우어 상태*라는, 선충 고유의 가사 상태에 들어갔다. 이것은 반칙이다(만약 사람도 이와 비슷한 것을 할 수 있다고 해도 이상하게 생긴 딱딱한 껍질 속에 들어가 의식 없이 수십 년을 보내면서까지 더 오래 살아 보겠다는 사람은 없을 것이다). 한 혈통은 먹이의 냄새를 느끼지 못하고 먹이를 향해 움직이지도 못하게 만드는 것으로 보이는 결함을 갖고 있었다. 그리고 나머지 다섯 혈통은 현미경으로 보니 모두 무기력 상태에 빠져 있는 것으로 보였다. 클라스는 후자의 여섯 혈통은 냄새를 맡지 못해서든, 전반적인 무기력 상태 때문이든 N2의 다른 개체들보다 먹는 양이 적을 것이라 생각했다. 결국 그는 믿기 어려울 정도로 고된 유전적 경로를 돌고 돌아 식이제한의 효과를 재발견한 것에 불과했다.

클라스가 장수 돌연변이를 확인하는 데 실패한 것은 당시의 편견과 잘 맞아떨어졌다. 앞에서 보았듯이 노화는 우연 때문에, 혹은 젊을 때 유리하게 작용하기 때문에 우리 DNA에 축적되어 노년에 끔찍한 영향을 미치는 서로 다른 수많은 유전자들에 의해 일어난다는 편견 말이다. 사람들은 나이 든 생명체의 생존 가능성을 깎아먹는 그런 유전자가 수십 개, 심지어 수백 개는 존재할 것이라 생각했

* dauer state, '다우어'는 그대로 번역하면 '기간'을 의미하는 독일어지만 여기서는 지속되는 상태, 영구적인 상태를 의미한다.

다. 만약 유전자 하나만 바꿔도 수명을 늘릴 수 있다면 당연히 진화가 그런 유전자를 만들어 장수하는 생명체를 흐뭇한 마음으로 지켜보지 않았을까? 그리고 나머지 사람보다 훨씬 오래 사는 돌연변이 인간도 가끔씩 생기지 않았을까?

클라스의 연구 결과는 이런 생각을 확인해 주는 듯했다. 몰래 먹이를 줄이는 방법을 사용하지 않고는 유전자 몇 개만 돌연변이를 일으킨다고 선충의 수명을 연장시킬 수는 없다고 말이다. 그는 실망해서 학술적인 과학 연구를 중단했지만 그의 동료 톰 존슨Tom Johnson은 끈질기게 탐구를 이어 갔다. 존슨은 선충의 수명 연장이 실제로 가능하며, 자신이 그것을 이용해서 기존의 도그마에 집중하고, 노화가 여러 가지 다른 유전자에 의해 조절된다는 것을 입증할 수 있기를 바랐다. 그는 이 돌연변이 유도 화학물질이 보통 각기 선충의 DNA에 20개 정도의 오류를 만들어 낸다는 것을 알고 있었다. 따라서 장수하는 선충 일부는 긍정적으로, 일부는 부정적으로 작용하는 일련의 유전적 변이를 갖고 있을지도 모를 일이었다.

1단계는 선충의 먹이 활동 손상이 중요한지 여부를 확인하는 것이었다. 그는 N2 선충으로 돌연변이 사육부터 시작했다. 이것은 게놈 염기서열 분석 기술이 나오기 전 시절에 해당 유전자를 따로 분리하기 위해 진행했던 고통스러운 과정의 첫 단계였다. 그는 먹기는 정상 선충만큼 먹지만 그래도 수명이 긴 선충을 만드는 데 간신히 성공했다. 식이제한이 배제된 상태에서 그는 이 장수하고 잘 먹는 선충을 N2 선충과 교배해 보았다. 그랬더니 놀랍게도 이 결합을 통해 태어난 선충은 정상적인 수명을 보였다.[11]

이 결과를 설명하는 제일 간단한 방법은 관찰된 수명연장 현상이 단일 유전자에서 비롯되었다고 보는 것이다.* 만약 여러 유전자가 여기에 관여했다면 첫 세대에서 모든 효과가 사라질 가능성은 거의 없다. 그럼 교배한 선충의 수명은 N2 선충의 수명과 장수 돌연변이 선충의 수명 중간 어디쯤으로 나왔을 것이다. 그다음에는 장수 돌연변이 선충들끼리 교배해 보았는데 수명이 거기서 더 길어지지는 않았다. 이는 이 돌연변이 선충들이 모두 동일한 혹은 아주 유사한 유전적 돌연변이를 공유하고 있음을 암시했다.

결국 존슨은 이 선충들의 수명 연장은 단일 유전자에 의한다고 확신했다. 그는 1988년에 연구 결과를 발표하며 이 유전자의 이름을 '*age-1*'이라 지었다. 이 유전자의 영향은 인상적이었다. 선충의 수명이 2주에서 3주로 50퍼센트 증가했다. 이것을 사람에게 그대로 적용하면 80세까지 살 사람이 120세까지 살게 되는 단일 유전자를 발견한 것과 같다.

안타깝게도 그는 생물학계를 설득하는 데 실패했다. 많은 생물학자들이 그 연구에 오류가 있거나, 아니면 다른 종과는 관련이 별로 없는 선충의 기이한 특성 때문이라고 생각했다. 이 연구 결과가 사실이라고 해도 실험의 중요성을 의심하게 만드는 또 다른 이유가 있었다. *age-1* 돌연변이는 장수하게 해 주었을 뿐만 아니라 생식능력도 현저히 줄였다. 존슨은 노화의 진화론에 의문을 제기하기는커녕, 오히려 일회성 체세포 이론의 완벽한 사례를 제공함으로써 노화

---

* 그리고 이 돌연변이는 열성이어야 한다. 즉 수명연장이 일어나기 위해서는 각 선충 부모로부터 하나씩 모두 두 개의 돌연변이 복사본이 있어야 한다는 의미다.

의 진화론을 확인해 주었다.[12] 이것은 수명을 연장하기는 하지만 생식에 사용할 자원을 체세포를 유지하는 쪽으로 전용함으로써 연장해 주는 단일 유전자였다.

age-1 유전자의 발견은 불꽃놀이를 일으키는 데는 실패했지만 다른 연구의 도화선에 불을 붙이는 데는 성공했다. 이 연구는 또 다른 선충 생물학자 신시아 케니언Cynthia Kenyon에게 영감을 주어 더 많은 장수 유전자를 찾게 만들었다. 1993년에 그녀는 또 다른 장수 돌연변이를 발견했다. 이번에는 선충 생물학자들에게 이미 잘 알려져 있던 *daf-2*라는 유전자에서 발견했다. *daf-2* 유전자는 또 다른 무작위 돌연변이 실험에서 발견됐다. *daf-2* 유전자가 있는 선충은 장수하는 다우어 상태로 들어가기를 특히나 좋아했다. 케니언의 실험은 이 선충을 낮은 온도에서 키워 다우어 상태로 들어가지 못하게 막으면 정상적인 선충보다 더 오래 산다는 것을 보여 주었다. 무슨 메커니즘인지는 알 수 없지만 다우어 상태에 들어간 선충들이 더 우호적인 조건이 만들어지기를 기다리며 몇 달을 굳세게 버틸 수 있게 한 그 메커니즘이 성충이 된 선충에서도 효과가 있어서 수명을 연장해 준 것이다. 그 결과는 대단했다. *daf-2* 돌연변이는 정상 선충보다 두 배나 오래 살았다.[13]

*age-1*과 *daf-2* 돌연변이를 더 연구해 보니 이 돌연변이 유전자들이 실제로 노화 과정을 지연시키고 있음이 밝혀졌다. 2주가 된 N2 선충들은 간신히 움직이며 초췌한 모습으로 마지막 날을 보내는 반면, 장수 돌연변이를 가진 선충들은 더 젊고 팔팔한 모습으로 주변을 빠른 속도로 돌아다녔다. 선충은 낯선 생명체지만 노쇠 현상이

워낙 심하게 오기 때문에 따로 훈련을 받지 않은 사람도 현미경을 통해 쉽게 확인할 수 있다. 이 장수 돌연변이 선충들은 죽기 직전이 돼서야 이런 노쇠 현상이 시작됐다. 이 돌연변이들이 그저 수명만 늘린 것이 아니라 노화 과정 자체도 늦춘 것이다.

age-1 돌연변이 유전자는 선충의 생물학에서 나타난 별난 특성이라 무시할 수 있었지만, 설득력 있는 작용 메커니즘을 가졌고, 훨씬 인상적인 수명 연장 효과를 가진 두 번째 유전자는 이런 의심을 떨치는 데 큰 역할을 했다. 이 발견의 과학적 중요성은 분명했다. 식이제한 실험이 이미 노화를 조작할 수 있음을 보였지만, 하나의 유전자만 바꾸어도 노화에 변화를 줄 수 있다는 것은 놀라운 일이었다. 어떻게 그저 유전자 하나가 노화와 관련된 변화 전체에 그런 극적인 영향을 미칠 수 있을까?

어쩌면 문화적 영향이 더 컸을지도 모른다. 이 발견은 노화 연구에 현대 유전학과 분자생물학의 정교한 기술을 활용할 수 있는 길을 터 주었다. 노화는 더 이상 너무 복잡해서 연구가 불가능한 과정이 아니었다. 단일 유전자를 콕 집어서 바꿔 주는 것만으로도 노화를 통제할 수 있다면 체계적인 연구를 통해 과학자들이 노화의 비밀을 해독할 수 있는 길이 갑자기 열린 것이나 마찬가지였다. 이 발견은 노화가 유연할 과정일 뿐 아니라 이해도 가능한 과정임을 보인 이정표였다. 기존에는 과학적으로 막다른 길이라고 여겨졌던 노화 연구가 이제 세상의 주목을 한 몸에 받게 된 것이다. 이리하여 노화에 대한 현대적 과학 탐구가 시작되었다.

*age-1*과 *daf-2*의 이야기는 여기서 끝나지 않는다. 선충 유전학

연구의 골드러시를 통해 노화에 영향을 미치는 수많은 돌연변이들이 더 많이 발견됐다. 선충의 최장수 기록이 다른 유전자에서 다른 돌연변이가 생긴 선충에 의해 거듭 깨졌다. 하지만 수미쌍관을 이루는 시처럼 현재의 챔피언 자리는 다시 *age-1*이 차지했다. 같은 유전자지만 1980년대에 등장했던 클라스의 원래 유전자와는 다른 돌연변이를 갖고 있다. 이 유전자가 있는 선충은 평균 150일을 살았다.[14] N2 선충과 비교하면 무려 10배의 수명 연장이다. 정말 입이 딱 벌어진다. 결국 확증 실험은 거의 9개월간 지속되어 마지막 *age-1(mg44)* 선충은 270일 후에야 죽었다. 조금 무리한 비교이지만 이것을 인간에게 적용하면 대략 1500년을 산 것이다.

그리고 이 실험은 DNA 염기서열분석의 시대로 접어 든 2000년대 중반에 수행되었기 때문에 현재는 *age-1(mg44)*에 대해 더 놀라운 것도 알고 있다. 이 믿기 어려운 수명을 부여한 돌연변이는 DNA 글자 하나에 생긴 변화에서 비롯된다. *age-1* 유전자의 1161번째 염기에서 일반적으로 G가 있을 자리에 A가 들어간 것이다. 그래서 TGG 염기서열이 TGA로 바뀌었다. 이것을 DNA의 언어로 번역하면 '다 끝났으니까 읽기를 멈춰'라는 의미가 된다. 그 결과 AGE-1 단백질*은 일반적인 크기의 1/3 정도에 불과하고 핵심 요소들이 빠져 있다. 이 잘린 단백질은 운전대와 바퀴 두 짝 그리고 엔진의 일부로 앞부분 1/3만 있는 자동차처럼 아무런 쓸모가 없기 때문에 그냥 없는 것

---

* 표기법 설명: '*age-1* 유전자'는 'AGE-1 단백질'을 구축하는 데 필요한 DNA 명령을 제공한다. 종에 따라 명명법은 달라지지만 선충의 유전자는 보통 소문자 이탤릭체로 표시하고, 그 유전자의 산물은 대문자 일반체로 표시한다.

이나 마찬가지다. 기존의 *age-1* 돌연변이는 거기서 만들어지는 단백질의 효율만 떨어트렸기 때문에 그 효과가 그리 극적이지 않았다. 하지만 그 단백질이 완전히 사라진 셈이 되자 수명이 극적으로 길어진 것이다.

대체 AGE-1 단백질이 어떤 무시무시한 독이기에 그것이 있으면 선충의 수명이 1/10로 줄어든단 말인가? 그리고 대체 선충은 무슨 이유로 이런 치명적인 단백질을 자신의 세포 안에서 만든단 말인가? 신시아 케니언은 *daf-2*를 '저승사자Grim Reaper'라고 불렀다.[15] 그럼 *age-1*은 터미네이터이라 부를 수 있을 것이다.

*age-1*과 *daf-2* 모두 선충이 환경 속 먹이의 수준 변화에 반응할 수 있게 하는 장치의 일부인 것으로 밝혀졌다. 선충도 식이제한에 반응하도록 진화했는데 이 장치는 그 반응을 중재하는 시스템에서 핵심이다. DAF-2는 인슐린 수용체insulin receptor다. 이것은 세포의 표면에서 튀어나와 있는 분자로 인슐린을 감지해 붙잡는다. 인슐린은 사람에서 혈당 수치를 조절하는 호르몬임을 기억하자. 인슐린은 우리가 식사를 한 후에 피 속으로 유입된 영양분을 사용 혹은 저장하라고 몸속 세포에게 말해 주는 역할을 한다. 40가지 인슐린 비슷한 분자로 이루어진 분자군이 선충에서 그와 기본적으로 동일한 일을 한다. 이들은 주변에 사용할 영양분이 있으면 세포들에게 행동에 변화를 주라고 지시한다.

DAF-2 수용체가 인슐린을 감지하면 이것은 먹을 것이 풍부하다는 신호이기 때문에 성장과 종의 전파를 위한 번식 같은 운동 과정을 개시할 수 있다. 만약 DAF-2 수용체가 인슐린을 감지하지 못하면 이것은 궁핍한 시기라는 신호다. 이때 어린 선충인 경우라면 다우어 가사 상태에 들어가 쉬는 것이 나을지도 모른다. 성충의 경우에는 몸을 유지하는 과정을 작동시켜 기근을 견딜 수 있기를 바라야 한다. DAF-2 수용체가 인슐린을 감지하면 AGE-1 단백질이 그 좋은 소식을 퍼뜨려 번식 과정(그리고 노화 과정도)을 신속하게 개시한다. 인슐린이 성장, 번식, 노화의 속도를 올릴 때 밟는 가속페달이 DAF-2라면 그 페달을 엔진 유입 연료량을 조절하는 스로틀로 이어주는 연결 장치는 AGE-1라 할 수 있다. 페달이나 이 연결 장치를 제거하면 인슐린이 연료 공급을 늘릴 방법이 사라지기 때문에 두 돌연변이를 어느 하나만 갖고 있든, 양쪽 모두를 갖고 있든 노화는 늦춰지게 된다.

이 유전적 변화의 결과로 선충의 세포는 실제로는 먹이가 풍부해도 마치 기근인 것처럼 행동한다. 따라서 어떤 면에서 보면 클라스의 생각이 옳았다. 이 유전적 변화는 뒷문으로 은밀하게 식이제한처럼 작용해서 앞에서 보았던 소식의 여러 장점을 부여해 준다. 하지만 여기에는 아주 흥미로운 차이점이 존재한다. 뒷문을 통한 분자적 식이제한 효과는 노화가 세포 수준에서 어떻게 작동하는지에 대한 통찰을 줄 뿐 아니라 실제로 선충의 먹이 섭취량을 줄이지 않으면서 우회할 수 있는 방법을 제공하기 때문이다.

선충은 과학계에 노화에 대한 흥미를 일으킨 역사적 공을 인정받을 자격이 있지만, 이 장수하는 므두셀라(성서에 나오는 인물 중 최고령인 969년을 살았다고 한다—옮긴이) 선충과 인간의 의학과의 관련성에 대해서는 그리 큰 기대를 하지 않는 것이 좋다. 그래도 모형 생물에서 나온 연구 결과를 계속 눈여겨보아야 할 이유는 있다. 진화적 보존 때문이다. 효모, 선충, 파리, 생쥐가 우리와 아주 여러 면에서 차이가 있는 것은 분명하지만 이 생명체들은 근본적인 생물학적 특성을 우리와 엄청나게 많이 공유하고 있다.

이 믿기 어려울 정도로 장수하는 선충을 만든 유전자도 흔히 보이는 그런 특성 중 하나다. 장수하는 효모, 초파리, 생쥐의 혈통에서도 인슐린 신호 경로와 성장 호르몬의 돌연변이가 발견된다. 라론쥐 Laron mouse가 여기에 해당한다.[16] 이 쥐는 성장호르몬 수용체 유전자에 돌연변이가 있는데 그중 가장 오래 산 쥐는 다섯 번째 생일을 맞이하기 1주 전에 죽었다. 이 돌연변이는 성장호르몬에 영향을 미치기 때문에 이 쥐는 성숙의 속도가 늦고, 다 커서도 돌연변이가 없는 쥐보다 몸집이 훨씬 작다. 하지만 더 오래 더 건강하게 산다.

사실 라론쥐는 사람에게 생기는 라론증후군Laron syndrome이라는 질병을 흉내 내도록 유전자를 변형시킨 쥐다.[17] 이 유전자 돌연변이는 에콰도르의 외딴 마을에 사는 사람들에서 주로 발견된다. 이 돌연변이 때문에 마을 사람들은 보통 1미터 정도로 키가 아주 작지만, 암과 당뇨병은 거의 걸리지 않는 것 같다. 안타깝게도 이 돌연변이가 선충과 생쥐가 누리는 장수의 혜택을 부여하는지 알기는 어렵다. 라론증후군이 있는 사람의 기대수명을 연구해 보니 일반적 수명과 별로 다르지 않았지만 그 집단 사람들의 사망 중 70퍼센트는 노화와 관련이 없는 원인이었다. 예를 들면 13퍼센트는 알코올 때문이었고, 20퍼센트는 사고 때문이었다. 만약 이런 원인이 기대수명을 갉아먹지 않는다면 이 사람들이 더 오래 살지는 확실치 않다.

인슐린 신호 경로와 성장호르몬 유전자에서 일어나는 돌연변이는 식이제한의 유전자 버전이라 할 수 있지만 식이를 실제로 제한해야 하는 부담을 비껴갈 수 있게 해 준다. 이 돌연변이들은 식량 창고가 사실 가득 차 있는데도 세포에게 창고가 비었다고 생각하게 만든다. 이 유전자들을 저승사자니 터미네이터니 하는 별명으로 부르기는 했지만 사실 이들은 선충, 생쥐, 사람으로 하여금 야생의 상황 변화에 따라 대사를 변화시킬 수 있게 해 준 중요한 생존 메커니즘이다.

더 많은 선충 실험이 이어진 덕분에 이 생존 메커니즘이 얼마나 중요한지 알게 됐다. 이 돌연변이 선충을 야생 선충과 경쟁시켜 보면 머지않아 어째서 저승사자 유전자가 반드시 필요한지 알 수 있다. 예쁜꼬마선충의 천연 서식처와 비슷한 풍요와 기근을 시뮬레이션하기 위해 먹이 공급량을 다양하게 조절한 배지에 N2 선충과 *age-1* 돌연변이 선충을 같이 키워 보면 저승사자 유전자가 온전히 유지된 N2 선충이 함께 사는 돌연변이 선충을 빠른 시간 안에 도태시킨다.[18] 실험실의 한천배지agar plate같이 황량한 환경 대신 흙 속에서 *daf-2* 돌연변이와 N2 선충을 경쟁시키는 유사한 실험을 진행해 보면 실제 환경에서는 돌연변이가 없는 선충이 더 오래 살았다.[19] 어쨌거나 진화는 결국 일종의 타협이다. 이 경우 자연에 존재하는 N2 선충은 현실세계에서 더 확실한 수명과 더 나은 생식 능력을 보장받는 대가로 천국에서의 삶이 짧아지는 것을 받아들인다.

실험실의 안락한 배지 안에서 유전적으로 동일한 개체들끼리 경쟁 없이 사는 선충들은 이 장수 돌연변이 덕분에 자연에서였다면 믿기 어려웠을 만큼 긴 수명을 누린다. 우리가 이 책에서 논의하는 수명 및 건강 연장 치료법이 실제 세계에서는 실용적이지 않다고 주장할 때 이런 부분을 흔히 지적한다. 이런 치료법은 실험실에서는 확인할 수 없는 미묘한 방식으로 생물을 더 취약한 상태로 만드는 부작용이 있다. 하지만 이것을 훨씬 낙관적으로 보는 입장도 있다. 인간의 경우 적어도 부유한 국가에서는 위생, 보건의료, 안정적인 식량 공급 덕분에 인간의 삶이 야생 동물의 삶보다 자연의 위험에서 잘 격리되어 배양접시에서 사는 선충의 삶에 더 가깝기 때문이다. 우리는 사실상 스스로 만든 거대한 실험실 환경 속에서 살고 있다. 그리고 과거의 진화 환경에서 자연선택을 통해 개량된 우리 유전자가 꼭 이 환경에 맞게 최적화되어 있다고 볼 수는 없다. 따라서 어쩌면 실험대 위에 살고 있는 예쁜꼬마선충처럼 우리도 노화 속도를 크게 변화시켜 혜택을 볼 수 있을지도 모른다.

선충에서 발견한 특정 유전자를 통해 인간의 수명을 직접 개선할 수 있을 가능성은 낮아 보이지만 생물노인학의 탄생에서 그것이 얼마나 중요했는지는 아무리 강조해도 지나치지 않다. 수십 년 동안 너무도 복잡해서 실험생물학의 사정거리에서 벗어나 있다고 여겼던 과정이 유전자 하나, 실제로는 DNA 글자 하나만 달라졌는데도 바뀐 것이다. 이로써 노화가 확실하게 실험생물학의 사정거리 안으로 들어왔다.

어떤 문제를 이해하고자 할 때 생물학자들은 모형생물에서 유전자를 돌연변이시키는 방법을 즐겨 사용한다. 이것을 엔진의 구성 요소 하나를 변경하거나 완전히 제거한 후에 무슨 일이 일어나는지 지켜보는 것과 비슷하다고 생각할 수 있다. 그 결과를 보면 그 요소가 무엇을 위한 것인지, 그리고 그 요소가 자신이 연결된 부품들에 어떤 영향을 미치는지 알 수 있고, 궁극적으로는 이 데이터를 통해 엔진의 작동 방식을 밝힐 수 있다. 인간이 설계한 기계에서는 이것이 대단히 비효율적인 탐구 방법이다. 십중팔구 기계가 아예 작동을 멈춰 버리기 때문에 그 요소의 기능에 대해 새로 이해하게 된 부분이 없다. 하지만 생물 시스템에서는 복잡하게 뒤엉켜 여러 단계에 걸쳐 기능이 중첩되도록 진화했기 때문에 작은 변화라도 수명의 엄청난 증가 같은 훨씬 놀라운 결과를 낳을 수 있다.

단일 유전자의 변화만으로도 수명을 그렇게 극적으로 바꿀 수 있다면 우리는 수많은 다양한 질문을 새로이 던질 수 있다. 이 장수 유전자가 하는 일은 무엇인가? 이 유전자는 어떤 유전자와 함께 작용하는가? 이런 유전자들에 돌연변이를 일으키면 그 영향이 커질까 작아질까, 아니면 아예 멈출까? 이런 맥락을 따라가다 보니 생물학자들은 어디서 시작해야 할지 몰랐던 시절보다 체계적으로 노화를 주도하는 과정을 탐구할 수 있게 됐다. 이제 우리는 다양한 생명체의 수명을 늘릴 수 있는 유전자를 1000개 넘게 알고 있다.[20] 그중 600개는 예쁜꼬마선충의 것이다.

이런 발전이 새로운 분야의 시작을 알리는 신호였던 이유가 바로 이것이다. 이제 노화는 우리가 개입하고, 찔러도 보고, 연구도 해볼 수 있는 대상이 됐다. 노화 연구는 이제 더 이상 주류 생물학에게 무시당하는 이상한 취미 활동이거나, 관심을 보였다가는 학자로서의 경력이 끝장나는 자살 행위가 아니다. 우리는 마침내 노화란 무엇인가라는 오래되고도 낡은 질문에 대답할 수 있게 됐다. 그저 노화란 퇴보에 관여하는 여러 과정들의 집합이라는 보편적이고 진화론적인 면에서만이 아니라, 무엇이 올라가고, 무엇이 내려가며, 무엇이 원인이고, 무엇이 결과인가라는 세포와 분자 수준에서의 본질적 면에서 대답할 수 있게 됐다. 과학적 관점에서 보아도 흥미롭지만 노화 치료의 희망을 찾기 위해서도 중요하다. 다음 장에서는 이 흥미진진하고 새로운 과학이 무엇을 밝혀냈는지 알아보겠다.

4장 우리가 늙는 이유

Why we age

지난 한 세기 동안 우리가 늙고 죽는 이유를 설명하겠다며 수십 가지 노화 이론이 등장했다. 하지만 대다수는 반증의 무게를 견디지 못하고 무너졌다. 삶의 속도 이론rate-of-living theory, DNA 손상 이론DNA damage theory of ageing, 미토콘드리아 유리기 이론mitochondrial free radical theory, 쓰레기 파국 이론garbage catastrophe theory 등 노화 이론을 연구하는 과학자보다 노화 이론이 더 많다는 우스갯소리가 돌 정도였다. 이 분야가 과거에 얼마나 규모가 작았는지 생각하면 아주 틀린 말이 아닐지도 모른다. 한 가지 특히 재미있는 노화 이론이 있었는데 모든 동물은 평생 심장박동 횟수가 정해져 있다는 이론이었다.[1] 생쥐는 심장박동수가 분당 500회나 되는 반면, 갈라파고스땅거북은 그보다 거의 100배나 느린 분당 6회에 불과하다. 생쥐는 고작 2년 정도 살지만, 갈라파고스땅거북은 거의 100배에 가까운 175년을 산다. 이것이 과연 우연일까? 다양한 종을 대상으로 데이터를 수집해 보면 놀라운 패턴이 등장한다. 쥐와 생쥐에서 코끼리와 고래에 이르기까지 평생의 총 심장박동수가 놀라울 정도로 일정하다는 것이다. 우리들은 각자 10억 번 정도 심장이 뛴 후에 이승을 하직한다.

이 이론은 종과 종 사이뿐만 아니라 종 내부에서도 유효해 보인다. 의사들은 휴식기 심박수resting heart rate가 높게 나오는 사람은 사망 위험이 높다는 것을 알고 있다.[2] 휴식기 심박수가 분당 100회인 사람은 60회인 사람에 비해 연간 사망률이 2배로 높다. 혹시 자기가 할당받은 심박수를 서둘러 써 버리는 바람에 그런 것이 아닐까?

이 아이디어가 흥미로운 것은 사실이지만 실용적인 가치는 제한적일 것이다. 일단 서로 다른 동물들 간의 관계가 뉴스에서 떠드는 것처럼 정확하지가 않다. 분명 생쥐와 땅거북을 가지고 계산기를 두드려 본 사람이 있을 것이다. 그렇게 계산해 보면 평생 심장박동수가 5억 회 정도로 나온다. 사람에서는 값이 크게 튀어서 대략 평생 30억 회 정도가 나온다. 이것은 그저 우연일 수 있다. 앞에서 이미 몸집이 큰 동물이 더 오래 산다는 것을 보았고, 몸집과 심장박동수 사이에도 상관관계가 존재한다고 알려져 있기 때문에 여기서는 몸집의 크기가 원인 요소로 작용하는지도 모른다. 마지막으로 이것이 어떻게 노화치료로 이어질 수 있는지, 그게 가능하기나 한지가 분명하지 않다.[3] 심장박동을 느리게 만드는 약물이 존재하지만, 이것은 심박수를 높이는 질병이나 건강 약화 상태의 증상을 치료하는 것이지, 그 원인을 치료하는 것이 아니다. 그리고 심박수를 낮추는 데도 한계가 있다. 약물을 이용해서 환자의 심박수를 분당 80회에서 60회로 낮추는 정도는 상상해 볼 수 있지만, 심박수를 낮추다 보면 언젠가는 심장의 박동이 너무 느려져 몸에 피를 제대로 공급할 수 없는 시점이 반드시 온다(그건 그렇고 높은 휴식기 심박수를 치료하는 가장 좋은 방법은 운동을 더 열심히 하는 것이다).

생물노인학자, 의사, 그리고 우리 모두가 정말로 알고 싶은 것은 노화의 근본 원인이다. 당신의 심장 같은 기관이 앞으로 맞이할 결과의 원인이 되는 세포학적, 분자생물학적 변화 말이다. 유전학을 통해, 식생활을 통해 노화에 개입할 수 있는 능력을 갖추고, 최신 분자생물학으로 무장한 현대 생물노인학은 그저 심박수를 세는 것보다 훨씬 세밀하게 노화 과정을 연구할 기회를 누렸다. 지난 20년 동안 과학자들은 우리가 늙을 때 몸에 생기는 변화들을 밝혀내고, 이런 변화들이 노화 과정에 동반되는 질병 및 장애들과 어떻게 연결되는지 포괄적으로 이해하기 시작했다. 그저 과학적인 흥미 때문만이 아니다. 근본 원인에 가까운 것을 건드릴수록 치료도 효과적이기 때문이다. 심박수를 0으로 늦추어 노화를 막겠다고 하면 말이 안 되지만, 노화의 근본 원인을 제거해서 건강을 증진하겠다는 것은 말이 된다.

노화의 근본 원인을 이렇듯 새롭게 이해해 보니 2장에서 살펴본 진화론의 예상대로 노화가 단일 현상이 아닌 것을 알 수 있었다. 하지만 그렇다고 수천 가지 현상이 뒤엉킨 것도 아니었다. 이제는 노화 관련 변화들을 범주에 따라 분류해 볼 수 있을 정도로 노화에 대해 많이 이해하고 있다. 제일 흥미로운 점은 범주가 그리 많지 않아서 노화 과정을 주도하는 것이 무엇인지 설명하고, 더 나아가 그것을 해결할 잠재적인 치료법도 찾아낼 희망이 있다는 것이다.

노화 이론을 체계적으로 분류해 보려는 시도가 몇 번 있었지만[4] 현대에 있었던 두 번의 시도가 그중에서도 눈에 띈다. 이들은 분류체계를 제공할 뿐만 아니라 노화 치료법의 발명을 인도할 아주 명쾌한 분류체계를 만들었기 때문이다. 첫 번째 분류체계는 2002년에 '공학적인 미미한 노쇠 전략Strategies for Engineered Negligible Senescence(줄여서 SENS)'[5]이라는 과감한 제목을 달아 발표했던 생물노인학계의 이단아 오브레이 드 그레이Aubrey de Grey가 고안했다. 지금 형태의 SENS에서는 늙은 신체와 젊은 신체의 7가지 차이를 밝히고 있다. 드 그레이는 이것이 노화의 근본 원인이라 주장한다. 이것은 그때나 지금이나 논란의 여지가 있다고 해야 옳다. 이 분류법은 노화의 치료라는 구체적인 동기를 가졌기 때문에 그의 '7가지 치명적인 것'은 노화 관련 '손상'을 유형에 따라 모아 놓은 것이었다. 그는 각 그룹을 치료할 일종의 치료법을 상상했다. 그는 이 모든 것을 한 번에 해결할 수 있다면 노화를 지연해서 그다음 단계의 SENS가 개발될 때까지 시간을 벌 수 있다고 주장한다. 이것이 미미한 노쇠 전략이라 부른 이유다. 드 그레이는 우리가 이것을 처리할 수 있다면 천 년 넘게 살 수 있다고 주장한다. 일부 과학자들이 이런 주장에 눈살을 찌푸리는 것도 이해할 만하다. 그가 제안한 치료법 중에는 기이한 것도 있다. 그리고 그보다 그럴 듯한 것들 역시 추측의 수준에 머물렀다. 당시에는 효과가 입증된 것은 고사하고, 아예 치료법 자체가 존재하지 않았다. 하지만 노화 관련 변화들을 이렇게 그룹별로 모으는 아이디어는 치료법 개발을 위한 프레임워크를 구축할 수 있는 좋은 방법이다.

2013년에 발표된 두 번째 분류체계는 '노화의 전형적 특징The Hallmark of Aging'[6]으로 알려져 있고, 세 가지 기준에 맞아떨어지는 9가지 변화를 열거하고 있다. 세 가지 기준은 다음과 같다. 첫째, 노화의 전형적 특징은 나이와 함께 증가해야 한다. 그렇지 않다면 어떻게 이것이 노화를 야기할 수 있겠는가? 둘째, 전형적 특징의 진행을 가속하면 노화도 가속되어야 한다. 셋째, 어느 하나를 늦추면 노화가 개선되어야 한다. 이 두 가지 분류체계는 단순히 노화와 연관되어 있는 것을 실제로 노화에 기여하는 것과 구분하기 위한 것이다. 마지막으로 이 전형적 특징들은 노화의 진행을 늦추거나 역전시킬 수 있는 잠재적 치료법이 함께 딸려오기 때문에 노화에서 그런 면을 늦추거나 역전시켜 노화의 전체 진행에 브레이크를 걸 수 있으리라는 희망이 있다.

이 두 가지 분류체계는 공통점이 많다. 9가지 전형적 특징과 7가지 SENS 범주는 겹치는 부분이 상당히 많다. 예를 들면, 드 그레이가 'DNA 손상'이라 부르는 것은 전형적 특징 중 '게놈 불안정성genomic instability'과 대응한다(게놈은 우리의 DNA 전체를 지칭하는 이름이다). 게놈 불안정성이 더 폭넓은 개념이지만 이 둘은 서로 비슷한 개념이다. 이들은 또한 노화의 원인과 질병 사이에 1 대 1 대응관계는 존재하지 않는다는 데 의견이 일치한다. 암이든 치매든 흰머리든 노화의 결과 대부분은 단 하나의 생물학적 요인 때문에 생긴다고 꼬집어 말할 수 없다. 그보다는 상호작용하며 동시에 활동하는 여러 생물학적 요인의 결과로 나타난다. 따라서 이번 장과 이 책의 나머지 부분에서 이런 요인들을 살펴보는 동안 나는 질병과 증상들을 노화의 개별 원인들과 연관 지으려는 노력은 할 테지만, 모든 것이 항상 하나의 범주로 깔끔하게 맞아떨어지지는 않을 것이다.

질병이 항상 단일 요소에 의해 생기는 것은 아니다. 그리고 노화와 관련된 문제를 두고 그 근본적인 문제가 무엇인지 전혀 알지 못할 때도 있다. 원인을 꼬집어 말하기 어려운 문제가 주어진 노화 과정을 완화했을 때 우연히 고쳐지는 것으로 밝혀질 수도 있다. 아니면 우리가 놓치고 있던 노화의 새로운 근본 원인을 밝혀낼 수도 있다. 과학이 노화 과정에 대해 더 많은 것을 밝혀냄에 따라 이 목록에 더 많은 현상이 추가될 것이다. 하지만 당분간은 우리가 열심히 파고 들 수 있는 현상들이 아주 많다.

이런 전형적인 특징에 개입해 보는 방법은 의학에도 직접 적용할 수 있지만, 노화에 대한 이해를 증진시키는 데도 대단히 효과적이다. 그런 특징 중 하나를 근절했는데 수명에 별다른 차이가 생기지 않는다면 아마도 그것은 근본 원인이 아니거나, 그 특징이 활약을 할 기회를 얻기도 전에 우리가 다른 이유로 죽는 것일 수 있다. 우리가 무언가를 고쳤더니 또 다른 항목이 그와 함께 고쳐진다면 이것으로 두 현상 사이의 연결 관계를 설명할 수 있다.

첫 번째 단계는 노화의 근본 특징이 무엇인지에 대해 얘기해 보는 것이다. 나는 내가 선별한 특징들을 10가지 범주로 나누었고, 나도 역시 이것들을 노화 과정의 '전형적 특징'이라 부를 것이다. 이것은 2013년에 발표된 전형적 특징과 아주 비슷하다. (나는 목록에 두 가지 전형적 특징을 추가하고 그 둘을 하나의 그룹으로 묶었다. 따라서 전체적으로는 전형적 특징을 하나 더 얻게 된 셈이다.) 이 전형적 특징들도 같은 규칙을 따른다. 그래서 나이와 함께 증가하고, 이 전형적 특징을 악화시키면 건강이 안 좋아지고, 완화시키면 건강이 개선된다.

이것들을 한번 둘러보자. 우선 생명의 가장 근본적인 분자부터 시작하겠다.

1. 이중나선의 문제: DNA 손상과 돌연변이

당신 몸을 구성하는 대부분의 세포 안에는 2미터 길이의 DNA가 들어 있다. 이는 염기라고 하는 A, T, C, G라는 분자 글자 60억 개로 이루어진 사용설명서로, 당신을 만드는 데 필요한 모든 정보가 그 안에 담겨 있다. 놀랍게도 이 2미터 길이의 분자가 직경이 불과 백만분의 몇 미터에 불과한 세포핵 안에 꽉꽉 눌러 담겨 있다. DNA의 이중나선 모양은 세상에서 가장 유명한 분자 구조다. 이 모양은 생물학 교과서 표지에서 회사 로고에 이르기까지 온갖 것에 장식으로 들어가서 '과학'의 시각적 상징물 역할을 한다. 하지만 우아하게 꼬여 있는 한 쌍의 나선이 순수한 운반자로서 유전정보를 실어 나르고 있다는 이상화된 DNA의 관념은 DNA가 우리 몸속에서 마주하는 혼란의 실상을 감추고 있다.

세포핵 속에 빽빽하게 들어가 다른 온갖 분자들에게 거친 몸싸움을 당하고 있는 DNA는 계속해서 화학적 공격에 노출되어 있다.

이런 공격 때문에 DNA의 구조가 손상을 입거나 유전자에 오자가 끼어들 수도 있다. DNA가 손상을 입는 방식은 다양하다. 아마도 가장 빤한 것은 외부 영향에 의한 손상일 것이다. 음식에서 나오는 독소와 발암물질(암을 유발하는 것은 모두 이렇게 부른다), 담배 연기, 악독한 화학물질은 세포핵까지 침투해 말썽을 일으킬 수 있다. 햇빛에 들어 있는 자외선, X레이 같은 방사선, 천연방사능은 DNA를 바꿔 놓거나, 심지어 둘로 부러뜨릴 수도 있다. 하지만 대부분의 손상은 스스로 자초한 것이다. 음식을 에너지로 전환하는 정상적 대사 과정에서 생기는 화학적 부작용인 것이다. 우리 몸의 모든 세포들은 자신의 유전 암호에 매일 10만 회 정도씩 공격을 받는 것으로 추정된다.[7]

게다가 세포가 분열할 때마다 이 유전 암호 전체를 복제해야 한다. 몸속 세포의 수가 어마어마하게 많고, 그 세포들의 전환율도 높기 때문에 당신의 2미터짜리 게놈은 평생 1경 개의 거의 완벽한 복사본으로 새로 만들어지며, 그 DNA 총길이가 자그마치 2광년이나 된다.[8] 이 정도면 우리와 제일 가까운 항성까지 거리 절반에 해당하는 길이다. 자연이 제아무리 완벽하고 빈틈없는 복제 시스템을 만들어 낸다 해도 이렇게 대규모로 복제하다 보면 필연적으로 실수가 나올 수밖에 없다.

대부분 형태의 DNA 손상은 가역적이다. 세포가 무언가 이상한 것을 알아차리고 수리할 수 있기 때문이다. 예를 들어 DNA에서 한 분자가 있지 말아야 할 부분에 붙어 있을 수 있는데 그럼 세포의 분자 기구가 그것을 잘라 낼 수 있다. DNA에 일어날 수 있는 더 골치

아픈 일은 복구 과정 자체에 문제가 생겨 돌연변이가 만들어지는 것이다. 돌연변이는 DNA를 구성하는 A, T, C, G의 코드를 바꾸어 DNA가 운반하는 정보를 다른 DNA 조각과 구분할 수 없는 방식으로 변화시켜 버린다. DNA를 구성하는 네 가지 분자 글자를 가지고 GACGT 같은 짧은 코드가 만들어질 수 있다. 그런데 돌연변이가 일어나면 이것이 GATGT로 바뀔 수 있는데 세포로서는 무언가 잘못되었다는 것을 알 방법이 없다. 그래서 이런 유전 암호의 돌연변이가 세포에 잠재적으로 해로운 것인데도 영원히 남을 수 있다.

돌연변이가 축적되면서 생기는 결과 중 가장 악명 높은 것은 당연히 암이다. 세포 하나의 DNA 조합에만 문제가 일어나도 암이 생길 수 있다. 그 결과 이 세포는 무한한 증식 능력을 갖게 되어 암으로 자라고 결국에는 사람을 죽일 수 있다. 하지만 세포의 DNA에 생긴 변화가 세포를 암으로 만들지는 않는다 해도 다른 문제로 이어질 수 있다. 세포 속의 사용설명서에 오자가 생기면 세포는 자기가 해야 할 일을 하지 않고 딴짓을 할 수 있다. 그래서 돌연변이가 일어난 세포가 시간이 지나면서 기능장애를 일으킬 수 있고, 클론확장clonal expansion이라는 것을 통해 몸 전체에 해로운 방식으로 기능이 활성화될 수도 있다. 클론확장에 대해서는 7장에서 자세히 다루겠다.

DNA 손상과 돌연변이의 중요성을 보여 주는 증거가 하나 있다. 어린 시절에 암을 성공적으로 치료했는데 결국에는 노화가 가속되는 결과를 초래하는 경우가 종종 있다는 것이다.[9] 소아암의 성공적인 치료가 오히려 비극적인 그림자를 드리워 성인기에 심장질환, 고혈압, 뇌졸중, 치매, 관절염의 위험을 증가시키고, 심지어 뒤를 이어

암이 다시 발생할 가능성도 높인다. 그 결과 기대수명도 10년 정도 줄어든다.[10] 이런 일이 일어나는 이유는 여러 암치료법이 DNA를 손상시키는 방식으로 작동하기 때문이라 본다. 화학요법 약물은 신중하게 설계되고, 방사선요법의 X레이 빔도 암세포에 손상이 집중될 수 있게 정밀하게 초점을 맞추지만 치료 과정에서 다른 조직들도 필연적으로 함께 손상 받을 수밖에 없다. 그 효과는 대단히 특정적으로 나타난다. 오른쪽 유방암보다는 왼쪽 유방암을 방사선 치료 받은 여성이 심장질환을 더 심하게 앓는 경향이 있다. 이 경우 원치 않게 심장에 조사되는 방사선 양이 어쩔 수 없이 많아지기 때문이다. 이는 DNA 손상과 돌연변이가 심장의 노화를 직접 가속할 수 있으며, 이런 과정이 더 폭넓은 노화 현상에서 일어날 수 있음을 암시한다.

2. 짧아진 말단소체

노화 생물학에 대해 잘 모르는 사람이라도 노화가 말단소체telomere(텔로미어)와 관련이 있다는 얘기는 어디서 한 번쯤 들어 보지 않았을까 싶다. 실제로 관련이 있다. 하지만 그 이야기는 흔히 듣는 이야기보다는 복잡하다.

말단소체 이야기는 설마 싶을 정도로 단순하게 시작한다. 우리 DNA는 46개의 염색체에 나뉘어 들어가 있다(각 부모로부터 23개의 염색체를 물려받는다). 말단소체는 염색체에 씌워져 있는 보호용 모자다. 말단소체의 목적은 조금 터무니없는 진화의 문제 두 가지를 해결하기 위한 것이다. 첫째, 말단소체는 지나치게 성실한 DNA 복구 장치가 염색체 끝부분을 잘못 알아보는 일이 없게 막아 준다. 이 복구 장치가 염색체 끝부분을 DNA가 끊어진 부분이라고 오해하면 그것을 엉뚱한 곳에 이어 붙여 뜻하지 않았던 염색체 스파게티를 만들 수 있다.

두 번째는 더 엉뚱한데, DNA 복제 장치가 DNA 분자를 끝까지 모두 복제할 수 없기 때문에 생긴다. 긴 담벼락 위에 올라가 벽돌을 하나씩 쌓는 벽돌공을 상상해 보면 된다. 이 벽돌공도 담벼락 위 어딘가에 발을 딛고 서야 하기 때문에 담벼락 맨 끝에 마지막 벽돌은 쌓을 수 없다. 자기 발밑에 벽돌을 쌓을 수는 없기 때문이다. 그래서 세포가 분열할 때마다 염색체 끝에서는 소량의 DNA를 잃는다. 세포가 분열할 때마다 염색체 끝 부분에 있는 유전자는 DNA 복제 과정에서 가차 없이 잘려나가 사라진다. 그러다 중요한 유전 정보를 잃어버린다면 그건 정말 안 될 말이다. 여기에 진화가 내놓은 해답이 말단소체다. 염색체 끝에 달려 있는 유전 암호를 잃어 버려도 세포 입장에서는 전혀 문제될 것 없는 쓸데없는 암호로 채우는 것이다. 그래서 우리의 말단소체는 TTAGGG, TTAGGG, TTAGGG라는 여섯 글자 염기서열이 수백 번에서 수천 번 반복되어 있다. 그래서 세포분열이 일어나면서 DNA를 복제할 때 말단소체의 일부를 잃어버려도 끔찍한 일이 일어나지 않는다.

말단소체도 이 문제를 해결할 임시방편에 지나지 않는다는 것을 눈치챈 사람이 있을 것이다. 말단소체가 젊어서 길이가 길 때는 세포가 분열할 때마다 DNA를 조금씩 잃어도 문제될 것이 없다. 하지만 세포가 계속 분열해서 말단소체의 길이가 줄면 실제로 중요한 DNA 부분이 여차하면 잘려 나갈 위험이 커진다. 그래서 위험할 정도로 짧아지면 말단소체는 세포에게 분열을 중단하라는 경고신호를 보낸다. 너무 많이 분열하고 나면 세포는 세포자멸사apoptosis라는 과정을 통해 자살하거나, 살아남더라도 노쇠sencescence 상태에 들어가 더 이상 분열하지 않는다.(노쇠에 대해서는 바로 뒤에서 다시 다룰 것이다. 노쇠세포는 노화의 또 다른 전형적 특징이다.)

세포가 분열할 때마다 100개 정도의 DNA 염기를 잃게 된다. 많은 조직에서 세포분열은 필수적인 생명 활동이다. 예를 들면 피부는 제일 바깥층에서 꾸준히 죽은 세포들이 떨어져 나온다. 그래서 1, 2주마다 아래쪽에서 새로운 피부세포가 분열해 나와 잃어버린 세포들을 대체해 준다. 그래서 우리의 말단소체는 평생 짧아지는 경향이 있다. 말단소체의 길이는 백혈구에서 측정할 때가 많다. 이유는 간단하다. 혈액 표본을 채취하는 것이 간단하기 때문이다. 신생아의 신선한 백혈구 세포는 말단소체의 길이가 염기 1만 개에 이른다(TTAGGG 1700개). 그리고 30대에는 이 길이가 염기 7500개 정도로 줄어든다. 그리고 70대에는 말단소체 평균 길이가 염기 5000개 아래로 떨어질 수 있다. 이런 과정을 말단소체 마모telomere attrition라고 한다.

짧아진 말단소체는 노화와 관련된 여러 질병 및 기능장애와 함께 나타난다. 당뇨, 심장질환, 일부 암, 면역 기능 감소, 폐의 문제와도 연관성 있는 것으로 밝혀졌다. 말단소체는 나이가 들면서 머리가 백발이 되는 표면적인 현상과도 관련 있다는 암시가 있다.[11] 모낭에 들어 있는 줄기세포는 멜라닌세포melanocyte의 생산을 담당한다. 멜라닌세포는 멜라닌 색소를 생산하는 세포로, 이 멜라닌 색소가 들어 있는 양에 따라 머리카락 색이 금발에서 흑발까지 다양하게 나타난다. 이 줄기세포의 말단소체 길이가 너무 짧아지면 더 이상 멜라닌세포를 생산할 수 없게 되어 머리카락이 원래의 자연스러운 색인 순수한 하얀색으로 돌아간다.

말단소체의 길이가 짧아지는 것은 전체 사망 위험을 봐서도 안 좋은 소식이다. 동성의 쌍둥이를 조사한 연구에서는 말단소체의 길이가 더 짧은 쌍둥이가 먼저 죽을 가능성이 높은 것으로 나왔다.[12] 지금까지 나온 가장 규모가 큰 말단소체 길이 데이터는 64,637명의 덴마크 사람들을 대상으로 나온 것인데 건강에 영향을 미치는 다른 요인이나 나이를 감안해서 보정해 보아도 말단소체 길이가 가장 긴 사람은 가장 짧은 사람보다 사망 위험이 40퍼센트 정도 낮게 나왔다.[13]

마지막으로, 우리 세포는 길이가 짧아지는 것 말고 다른 이유로도 말단소체를 계속 주시하고 있다. 말단소체는 DNA 손상에 대단히 민감하다. 그래서 말단소체가 나머지 게놈을 위해 일종의 광산 속 카나리아 같은 역할을 한다는 증거들이 나오고 있다. 만약 세포의 말단소체가 크게 손상을 입었다면 이는 나머지 DNA도 딱한 상태에 있음을 암시한다. 위험할 정도로 짧아진 말단소체와 마찬가지로 손상을 입은 말단소체도 세포에게 세포자멸사나 노쇠 상태에 들어갈 때가 되었다는 신호를 보낼 수 있다.[14] 이것은 심장이나 뇌 같은 곳에서 특히 의미가 있다. 이런 곳의 세포들은 평생 복제를 자주

하지 않거나, 아예 하지 않는 것으로 여겨진다. 그럼 세포분열로 인해 말단소체가 짧아질 일이 없다는 의미다. 하지만 말단소체에 평생 점진적으로 손상이 축적되면 길이가 짧아진 것과 비슷한 효과가 나타날 수 있다.

따라서 말단소체는 그 길이와 상태를 통해 세포의 건강과 역사를 알려 주고, 이것은 세포가 건강하게 노화하고 있는지 여부를 말해 주는 보고서 역할을 한다. 따라서 말단소체는 노화에서 대단히 중요한 역할을 하는 요소다.

3. 단백질 문제: 자가포식, 아밀로이드, 부가체

우리는 단백질이다. 언론의 주목을 한 몸에 받는 것은 DNA지만 DNA는 사용설명서에 불과하다. DNA 속에 담긴 명령은 단백질을 어떻게 구축할 것인지 말해 준다. 단백질은 훨씬 다양하고, 훨씬 복잡하고, 그래서 훨씬 많은 일을 하는 분자다.

'단백질'하면 제일 먼저 연상되는 것은 식품 포장지에 적힌 영양 정보일 것이다. 하지만 단백질을 설탕 봉지나 지방같이 형태도 없는 영양분 덩어리로 상상한다면 이 보물 같은 화합물에 대한 모욕이다. 단백질은 우리가 알고 있는 가장 다양하고 정교하고 복잡한 분자다. 단백질은 자연이 만든 나노봇nanobot이다. 지칠 줄 모르는 이 작은 분자 기계가 우리를 살아 있게 한다. 그리고 단백질은 우리의 세포와 몸을 구성하는 뼈대이자, 우리를 하나로 결합시켜 움직일 수 있게 해 주는 구조적, 기계적 구성요소다.

자가포식

수명이 짧은 단백질이 많다. 세포 안에서 열심히 일하는 개개의 단백질 분자들은 보통 수명이 며칠 정도다.[15] 그 귀한 것을 며칠 쓰고 버리다니 너무 심한 낭비라 생각할 수도 있다. 하지만 노화 그리고 신체 전반의 보전保全, integrity이라는 면에서 보면 사실 이것은 큰 장점이다. 단백질을 일회용으로 만든 이유는 너무 중요하기 때문이다. 진화는 소중한 자원을 투자해서 단백질을 파괴 불가능한 존재로 만들거나, 고장 난 단백질 분자 수천 개를 일일이 고칠 수 있는 말도 안 되게 복잡한 방법을 고안하는 대신 차라리 고장 난 단백질은 쓰레기통에 버리고 새로 만드는 방법을 선택했다. 우리 세포는 재활용의 달인이라서 낡거나 손상 입은 단백질을 조각으로 부수어 다음에 단백질을 생산할 때 재활용한다.

단백질 재활용에서 핵심 과정 중 하나가 '자가포식autophagy'이다. 말 그대로 자기 자신을 먹는다는 의미인 자가포식은 세포가 훼손된 분자나 고장 나서 더 이상 정상으로 작동하지 않는 세포 구성요소 같은 쓰레기를 제거하고, 그 재료를 재활용해서 새로운 단백질을 만드는 방법이다. 자가포식이 우리 세포의 기능에서 얼마나 중요한지는 2016년 노벨생리의학상이 자가포식의 작동 방식을 발견한 일본 과학자 오스미 요시노리大隅良典에게 돌아간 것만 봐도 알 수 있다.[16]

나이가 들면서 고장 난 단백질을 비롯해서 손상 받은 세포 구성요소들이 몸 안에 축적된다. 아마도 이것은 나이가 들면서 자가포식이 줄어드는 이유이자 결과일 것이다. 실험실에서 자가포식을 줄이거나 완전히 망가뜨리면 선충, 파리, 생쥐의 노화를 가속할 수 있다.[17] 우리는 또한 이것이 식이제한의 뒤에 자리 잡은 메커니즘 중 하나라고 생각한다. 자가포식을 망가뜨리면 식이제한을 해도 수명이 연장되지 않는다. 이는 자가포식이 핵심 역할을 맡고 있음을 암시한다. 먹을 것이 귀해지면 자가포식을 통해 기존의 단백질 속에 갇혀 있던 물질이 풀려 나온다. 여기에 따라오는 보너스로 자가포식은 고장 난 것들을 먼저 처리해서 손상 받은 단백질을 제거하기 때문에 노화가 늦춰진다.

자가포식에 문제가 생기면 노화 관련 질병을 촉발할 수 있다는 것도 알려져 있다.[18] 그 한 예가 파킨슨병Parkinson's disease이다. 운동에 대한 통제력을 상실하는 퇴행성 뇌질환으로, 증상에는 경직rigidity, 떨림tremor, 보행 불편이 있다. 극단적인 경우에는 아예 움직일 수 없고 생각하기가 어렵거나 감정의 문제 같은 치매 증상이 폭넓게 나타난다. 진단을 받은 후 파킨슨병 환자의 기대수명은 10년 정도로, 결국에는 근육에 대한 통제능력 상실로 야기된 다양한 문제로 죽는다.

*GBA*라는 유전자에 돌연변이를 갖고 있으면 파킨슨병의 위험이 높아진다. 이 유전자는 자가포식에 관여하는 소화효소 중 하나의 암호를 담고 있는 유전자다. 파킨슨병에는 '루이소체Lewy body'가 동반된다. 루이소체는 뇌세포에 독성이 있는 알파시누클레인alpha-synuclein이라는 단백질의 덩어리다. 문제를 일으키는 끈적한 형태의 알파시누클레인은 정상적으로는 자가포식에 의해 분해되지만 미약

한 *GBA* 돌연변이로 아주 작은 장애만 생겨도 그 분해 속도가 느려져 알파시누클레인의 수치가 올라가고, 따라서 파킨슨병에 걸릴 위험이 높아진다. 자가포식의 장애는 알츠하이머병, 헌팅턴병, 관절염, 심장 문제와도 관련 있다.[19]

따라서 나이가 들면서 자가포식에 장애가 생기는 점, 자가포식이 노화 과련 질병과 상관관계가 있는 점, 자가포식이 줄거나 장애가 생기면 질병이 생기고, 생명연장 치료의 효과가 사라지는 점은 자가포식(그리고 전체적인 단백질 재활용)이 노화 과정에서 중요한 부분임을 암시한다.

아밀로이드

단백질에서는 형태가 기능을 결정하고, 모든 단백질은 고유의 복잡한 구조와 형태를 가지고 있는 덕분에 고도로 특화된 과제를 수행할 수 있다. 단백질은 접힘folding을 통해 이 믿기 어려울 정도로 복잡하고 정교한 형태를 획득한다. 접힘은 일종의 분자 종이접기다. 단백질은 처음에 긴 사슬에서 시작하지만 접힘 과정을 통해 판과 나선 모양에서 다른 단백질과 열쇠와 자물쇠처럼 짝을 이루는 정교한 분자 열쇠 모양에 이르기까지 온갖 형태를 이루게 된다.

안타깝게도 단백질 접힘이 이토록 정교하고 복잡하다는 것은 이 과정에서 아주 작은 오류만 생겨도 단백질이 완전히 엉뚱한 방식으로 접힐 수 있다는 의미가 된다. 특히나 끔찍한 유형의 잘못 접힌misfolded 단백질 중 하나가 아밀로이드amyloid다. 이 기형 분자는 잘못 접히는 바람에 노출된 끈적한 구간이 접착제 역할을 해서 한데 뭉칠 수 있다. 한 장소에 아밀로이드가 충분히 모이면 '아밀로이드반amyloid plaque'이라는 구조를 형성할 수 있다. 이것이 세포와 조직의 목을 조를 수 있다.

아밀로이드와 아밀로이드반 중에서는 알츠하이머병과 관련된 것이 가장 유명하다. '아밀로이드 가설anyloid hypothesis'에서는 아밀로이드 베타amyloid beta라는 특정 유형의 잘못 접힌 단백질이 이 질병의 원동력이며, 알츠하이머병 말기의 특징인 분자 및 세포 대학살에 시동을 거는 것은 뇌 속 세포들 사이의 공간에 형성된 아밀로이드 베타의 응집체라고 주장한다. 이 가설에 대해 수십 년 동안 연구가 진행되었고, 알츠하이머병 환자를 돕기 위해 개발된 아밀로이드 청소약들이 실패하면서 이런 사건 진행 순서가 맞는지를 두고 논란이 벌어지고 있고, 아밀로이드 가설도 압박을 받고 있다.

하지만 아밀로이드가 발견되는 질병이 알츠하이머병만 있는 것은 아니다. 방금 전에 살펴보았던 파킨슨병의 알파시누클레인 응집체도 마찬가지로 아밀로이드다. 현재 다른 뇌 질환을 비롯해 심장질환과 당뇨병에 이르기까지 아밀로이드가 연관되었다고 알려진 질병이 수십 가지다.[20] 이렇게 질병과 연관된 아밀로이드는 젊거나 나이가 들었어도 건강한 뇌와 혈관에서는 발견되지 않는다. 따라서 항노화 무기창고에는 아밀로이드와 맞서 싸울 무기도 필요할 것이다.

부가체

단백질은 잘못 접혀서 응집체를 만들면서 문제를 일으키기도 하지만, 정확히 만들어지고 접힘도 잘 진행되지만 그 후에 구조가 잘

못 변경되어 말썽을 일으키기도 한다. 많은 경우 이렇게 변경된 단백질은 자가포식에 의해 분해되어 재활용된다. 하지만 일부 단백질은 신속히 새것으로 대체되지 않아서 몇 달, 몇 년, 심지어는 우리만큼 오래 살아남기도 한다. 단백질 자체가 노화될 수 있다는 의미다.

살아남기 위한 숙제 중 하나로 화학적인 숙제가 있다. 우리 몸을 운영하는 여러 과정에 연료를 공급하려면 음식에서 나오는 당분이나 당분과 반응해 에너지를 방출하는 산소 같은 화학물질이 필요하다. 당신이 아무리 깨끗하게 산다 한들 이렇게 반응성 높은 분자를 피할 수 없고, 이런 분자는 주변 모든 것들에게 위협이 된다. 특히 단백질에게 위험하다. 당분은 당화반응glycation이라는 과정을 통해 단백질과 결합하고 싶어 안달이 나 있고, 산소도 산화반응oxidation이라는 반응을 통해 단백질과 결합할 수 있다. 단백질에 이렇게 추가로 달라붙는 것들을 뭉뚱그려 '부가체adduct'라고 한다.

아마도 당화반응은 당신도 매일 접하고 있을 것이다. 이것은 마이야르 반응Maillard reaction으로 알려진 단백질-당분 상호반응 덕분에 요리에서 가장 중요한 반응 중 하나다. 오븐에서 구운 빵에 갈색 껍질이 생기는 것도, 프라이팬에 구운 스테이크 표면이 그을리는 것도, 볶은 커피의 향과 맛, 짙은 갈색도 모두 마이야르 반응으로 생긴다.[21] 안타깝게도 음식과 음료에서 가장 맛있는 풍미를 만드는 이 반응이 우리 몸에게는 나쁜 뉴스다.

일련의 복잡한 중간 반응 단계를 거치고 난 다음에 나오는 단백질과 당분 사이의 화학결합 최종 단계를 최종당화산물advanced glycation end product, AGE이라고 한다. 최종당화산물은 산소에 의해 손상된 단백질과 마찬가지로 거의 비가역적으로 망가져 있다. 단백질의 구조는 그 기능과 긴밀히 연관되어 있기 때문에 한쪽에 당분이나 산소가 붙어 그 구조가 바뀌면 그 단백질은 기능을 방해 받거나, 주변 단백질 및 세포와 상호작용하는 방식에 변화가 생긴다.

이것은 주로 세포 바깥에 있는 단백질에게 문제가 된다. 그리고 당화반응, 최종당화산물, 산화는 서로 다른 단백질에 미묘하게 다른 방식으로 영향을 미칠 수 있다. 피부의 유연성이나 뼈의 강도 등 다양한 역할을 하는 구조 단백질인 콜라겐collagen은 강도와 유연성을 잃어버릴 수 있고, 눈의 수정체를 구성하는 크리스탈린 단백질crystallin protein도 뻣뻣해져서 가까운 물체에 초점을 맞추기가 어려워진다. 그래서 거의 모든 사람이 결국에는 노안이 생겨 돋보기안경이 필요해진다. 크리스탈린 단백질이 변형되면 투명도에도 영향을 미쳐 뿌옇게 무언가 낀 듯 탁해지고 결국은 노화와 관련된 백내장이 생긴다. 아마도 가장 심각한 결과는 혈관 벽이 딱딱해지는 것일 듯 싶다. 여기에는 콜라겐과 엘라스틴elastin이라는 또 다른 단백질의 변성이 한몫한다. 그 결과 고혈압이 생겨 심부전, 신장질환, 심지어 치매의 위험이 높아진다.

우리가 지금까지 논의했던 변형 중 상당수가 당분으로 이루어지는 것이기 때문에 주변에 당분이 많으면 형성 속도가 빨라진다. 즉 당뇨병이 있으면 이런 변형이 늘어나 그 영향이 악화될 수 있다는 의미다. 우리는 당뇨병을 혈당이 높아지는 병이라 생각할 때가 많지만 고혈당은 피 속에 당분이 많아져 생긴 후속 결과일 뿐이다. 이것이 당뇨병 최악의 부작용을 만들어 낸다. 당뇨병에 걸리면 심장마비와 뇌졸중의 위험이 현저히 증가하고, 신부전의 위험도 크게 높아지고, 신경 손상으로 팔과 다리의 감각을 잃을 수도 있다. 최악의 경우 당뇨병 환자는 심장마비가 와도 그 사실을 알아차리지 못할 수 있다. 이런 증상들 중 일부는 항상 정상보다 훨씬 농도가 높은 당분에 잠겨 있는 단백질의 당화반응에 의해 야기된다. 그리고 일부는 그렇게 당분이 많은 환경에서 기능하도록 진화되지 않은 세포의 반응이 야기한다.

전체적으로 보면 재활용 속도 저하, 아밀로이드 응집, 당화산물의 축적, 다른 단백질 변형이 함께 작용하여 단백질에 문제를 일으키고, 이것이 노화에 동반되는 많은 문제들을 만든다.

4. 후성유전적 변경

후성유전학epigenetics이란 세포 내부의 DNA에 달라붙은 분자 장식품들을 뭉뚱그려 표현하는 용어다. 후성유전학은 우리의 유전학 위에 자리를 틀고 앉은 자체적인 화학 암호다. 후성유전학은 우리의 생물학이 가진 역설을 드러낸다. 우리 몸은 터무니없을 정도로 다양한 세포로 구성되어 있는데도 그 세포들이 거의 모두 동일한 DNA를 갖고 있다는 역설이다. 우리 몸에는 피부세포, 근육세포, 뇌세포 등 수백 가지 다른 유형의 세포가 있으며,[22] 이 세포들이 몸과 환경에서 오는 단서에 따라 적절히 반응하려면 시간 별로 다른 일을 해야 한다.

DNA가 우리를 만드는 데 필요한 사용설명서라면 손때가 잔뜩 묻어 있는 사용설명서인 셈이다. 이 설명서에는 여기저기 북마크가 끼워져 있고, 여백에는 휘갈겨 쓴 메모들이 빼곡하다. 이런 후성유전학적 주석들은 달라붙은 DNA를 가지고 세포가 무엇을 해야 하는지 말해 준다. 예를 들면 그 시간에 그 세포에서 사용할 수 있게 특정 유전자를 읽으라고 지시할 수 있고, 필요할 일이 아예 없으니 구간 전체를 무시하라고 지시할 수도 있다.

후성유전학 표지의 종류는 수십 가지가 있지만 여기서는 노화와 관련해 연구가 가장 잘 되어 있는 한 가지에 집중하겠다. DNA 메틸화DNA methylation다. 이것은 탄소 원자 하나와 수소 원자 세 개로 이루어진 '메틸기methyl group, $-CH_3$'가 DNA에 달라붙는 것을 의미한다. 나이가 들면서 DNA 메틸화가 전체적으로 줄어드는 경향이 있다는 것은 1980년대 이후로 알려져 있었지만, 메틸화에 대해 더 구체적으로 이해할 수 있게 된 것은 1990년대 말에 인간 게놈 염기서열 분석이 이루어지고, 게놈 전체에 걸쳐 수백만 곳에서 메틸화를 측정할 수 있는 특별한 '칩chip'이 개발되고 난 후의 일이다. 알고 보니 우리가 얼마나 늙었는지는 우리보다 우리의 후성유전학이 훨씬 잘 알고 있었다.

수학자였다가 생물학자가 된 캘리포니아대학교 로스앤젤레스 캠퍼스의 스티브 호르바스Steve Horvath는 DNA 메틸화 패턴을 이용해 노화에 대한 통찰을 얻을 수 있을지 궁금해졌다. 안타깝게도 당시에는 후성유전학과 노화에 특별히 관심이 있는 사람이 아주 드물었지만 호르바스에게는 비장의 무기가 있었다. 데이터에 누구든 자유롭게 접근할 수 있게 하는 유전체학의 오랜 문화였다. 메틸화 칩이 저렴하고 구하기도 쉬워짐에 따라 완전히 다른 분야의 연구에서 나온 수천 가지 후성유전학 데이터가 공개되어 있었다. 호르바스는 이 데이터를 꼼꼼히 살펴보며 한 가지 단순한 기준을 충족하는 데이터들만 골라냈다. 그 기준이란 실험자가 메틸화를 측정한 환자의 나이를 함께 기록해 놓았는지 여부였다.

이런 방법은 지금에 와서 봐도 정말 터무니없어 보인다. 그가 첫 논문에서 사용한 8000개의 표본은 서로 다른 프로토콜과 관행을 따르는 서로 다른 실험실에서, 다이어트에서 자폐증, 자간전증 preeclampsia(임신과 합병된 고혈압성질환—옮긴이), 암에 이르기까지 온갖 것을 주제로 삼아 혈액, 신장, 근육 등 전체적으로는 30가지가 넘는 조직과 세포로부터 채취한, 아무 관련이 없는 연구들로부터 뽑아 온 것이었다.[23] 이렇게 제각각인 뒤섞인 데이터에서 어떻게 의미 있는 것을 발견하리라 기대할 수 있을까?

그는 수만 곳의 메틸화 위치를 면밀히 조사해서 353곳을 찾아냈다. 이 장소를 한데 모으면 사람의 나이를 충분히 예측할 수 있었다. 이 위치들을 가지고 나이를 예측해 보니 섬뜩할 정도로 정확했다. 예측한 '후성유전학적 나이'와 실제 나이 사이의 상관계수가 0.96이었다. 이 값이 0이면 아무 관련도 없다는 의미고, 1이면 완벽하게 관련되어 있다는 의미다. 이것은 엄청난 성적이다. 예를 들어 말단소체의 길이로 나이를 예측한 것은 상관계수가 0.5미만이다. 당신이 호르바스의 메틸화 시계로 후성유전학적 나이를 측정해 본다면 아마도 자신의 실제 연령과의 차이가 4년 미만으로 나올 것이다.

이것은 너무 터무니없이 좋은 성적이어서 호르바스의 논문은 거절당했다. 심사의원들은 온라인 데이터베이스에서 대충 꿰맞춰서 뒤섞은 데이터를 소수의 메틸화 위치로 좁혀서 만든 이 말도 안 되는 시계가 몸속 임의의 조직에서 이렇게 정확한 예측을 내놓을 수 있다고는 도저히 믿을 수 없었다. 하지만 호르바스는 결국 자신의 논문을 출판할 수 있었다. 그도 나중에 한 기자에게 말하기를 다른 연구자들이 독립적으로 자신의 연구를 검증해 주기 전까지는 자신도 이 결과를 믿기 어려웠다고 했다.[24]

그다음 단계는 후성유전학적 나이가 실제 연령과 다른 사람들을 연구하는 것이었다. 실제 나이는 50세인데 후성유전학적 나이는 53세로 나왔다고 해 보자. 그럼 3년의 후성유전학적 '노화 가속'이 있었다고 말할 수 있다. 이제 후성유전학적 노화 가속이 나쁜 소식이라는 것이 여러 실험을 통해 입증됐다. 실제 나이보다 후성유전학적 나이가 많은 사람은 더 일찍 죽는다.[25] 다행히 그 역도 성립한다. 자신의 실제 나이보다 생물학적으로 더 젊기 때문에 더 건강하고 사망 위험도 낮아지는 것이 가능하다.

후성유전학 시계epigenetic clock가 소름 돋을 정도로 정확하다는 사실은 후성유전학적 변화가 노화의 원인이거나, 적어도 시간의 흐름에 따라 몸이 어떻게 생물학적으로 늙어 가는지 이해할 수 있는 창문 역할을 해 주리라는 것을 암시한다.

5. 노쇠세포의 축적

매일 아침 거울을 들여다보면 가끔씩 밤사이에 돋아난 여드름을 빼면 얼굴이 그 전날과 다를 것이 없어 보인다. 하지만 사실은 거울이 당신에게 거짓말하고 있는 것이다. 밖으로 드러나는 외모는 매일 비교적 일정하게 유지되지만 사실 피부 아래 몸 구석구석 작은 세상에서는 엄청난 소란이 벌어지고 있다. 숫자를 듣고 나면 식은땀이 나겠지만 매일 당신의 세포는 수천억 개씩 죽고 있다. 하지만 다행히도 당신은 그 사실을 눈치채지 못한다. 우선 당신의 몸에는 총 40조 개 정도의 세포가 있다. 하루에 죽는 세포의 숫자가 총 세포 수에 비하면 극히 일부에 불과하다는 소리다. 그리고 둘째로 죽는 세포가 꾸준히 다른 세포로 대체되고 있다. 이 과정 전체를 세포 교대cell turnover라고 한다. 오래 사는 다세포 생명체가 살아남기 위해서는 이런 과정이 빈 틈 없이 매끄럽게 이어져야 한다.

세포가 제일 깨끗하게 죽는 방법은 앞서 만나 보았던 세포자멸사다. 세포예정사programmed cell death라고도 한다. 개개의 세포가 어떻게 행동하고 있는지 항상 지켜보는 분자검문 시스템이 있다. 만약 무언가 잘못 돌아가는 것이 있으면 이 분자검문 시스템은 사전에 치밀하게 계획해 둔 일련의 자기파괴 과정을 개시한다. 노쇠한 세포들 대다수는 신호를 받으면 실제로 우리 몸을 위해 기꺼이 죽어 가지만 버티는 세포들도 있다. 이 세포들은 더 이상 분열하지 않으면서 몸속에 머문다. 세포 자살을 거부하는 늙은 좀비세포가 되는 것이다. 이런 세포를 노쇠세포senescent cell라고 한다.

이는 1961년에 레너드 헤이플릭Leonard Hayflick이라는 젊은 과학자에 의해 발견됐다.[26] 그는 배양접시에서 세포를 기르다가 이상한 것을 눈치챘다. 나이 든 세포들은 젊은 세포와 보기에도 차이가 있었고, 어떤 시점을 지나면 분열을 멈추는 것으로 보였다. 이 현상에는 '복제 노쇠replicative senescence'라는 이름이 붙었다. 세포가 이미 너무 많이 분열해서 분열을 멈추는 것이다. 이런 현상을 수치화한 값에 지금은 헤이플릭의 이름을 붙여 주었다. 세포가 노쇠해지기 전에 분열할 수 있는 횟수를 헤이플릭 한계Hayflick limit라고 부른다.

몸이라는 엉성한 굴레를 벗어난 세포는 영생을 누린다는, 반세기 넘게 이어오던 도그마가 헤이플릭의 실험에 의해 뒤집어졌다.[27] 그럼 빤한 의문이 뒤따른다. 세포의 노쇠가 그 세포들이 구성하고 있는 생명체의 노쇠에도 기여할까? 우리가 늙는 이유는 특정 횟수만큼 분열하고 나면 우리 세포들이 증식 능력을 잃기 때문일까?

헤이플릭의 연구가 있고 30년 후에 우리는 우리가 이미 만나 보았던 노화의 전형적 특징인 위험할 정도로 짧아진 말단소체가 복제 노쇠의 근본 원인임을 발견했다. 우리는 또한 세포가 노쇠해질 수 있는 다른 이유들이 존재한다는 것도 알아냈다. 한 가지 핵심 요인이 바로 DNA 손상과 돌연변이다. 세포의 DNA에, 특히 세포가 암으로 변할 위험을 높이는 특정 유전자에 곰보자국이 많아지면 노쇠에 의해 브레이크가 걸린다. 화학적 혹은 생물학적 스트레스에 놓였을 때도 세포가 노쇠해질 수 있다. 이 노쇠도 그 목적은 비슷하다. 스트레스는 세포 손상을 유도하고, 이것 역시 암으로 이어지는 첫 걸음이 될 수 있다.

따라서 세포 노쇠는 항암 메커니즘으로서 존재하는 것이다. 암이 걷잡을 수 없이 분열하는 세포에 의해 생기는 병임을 감안하면 전암세포를 더 이상 분열할 수 없는 노쇠세포로 바꾸는 것은 전암세포가 암이라는 불길로 번지기 전에 끌 수 있는 안전한 방법이다. 전암 돌연변이가 생겼다고? 잠재적으로 발암을 일으킬 수 있는 수준의 스트레스를 받고 있다고? 의심스러울 정도로 많이 세포분열을 했다고? 그럼 신중을 기하는 의미에서 노쇠 상태로 들어가는 것이 낫다. 하지만 노쇠세포로 자리만 차지하고 있는 것으로는 마무리가 부족하다. 노쇠세포가 되면 더 이상 자신이 몸담고 있는 조직에서 싱싱한 어린 세포처럼 기능하지 않기 때문이다. 그럼 노쇠세포로 전환된 후 두 번째 단계는 도움을 요청하는 것이다.

노쇠세포는 염증성 분자를 분비해서 도움을 요청한다. 이 염증성 분자는 면역계에 자신의 존재를 알려 자신을 제거해 달라고 요청한다. 그럼 수색 및 파괴 임무를 맡은 면역세포가 그 분자가 분비되는 곳으로 가서 노쇠세포를 집어삼켜 문제를 제거한다. 이 자기희생적이고 애국적인 행동을 노쇠관련 분비표현형senescence-associated secretory phenotype, SASP이라고 한다. ('분비'라는 표현이 들어가는 이유는 세포가 분자를 분비하기 때문이다. 그리고 '표현형'이란 속성이나 행동을 의미하는 생물학 용어다.)

얄궂게도 이런 도움 요청 때문에 이 노쇠세포들이 몸에 손상을 야기할 수 있다. SASP가 지나가던 면역세포의 관심을 끌어서 그 노쇠세포가 신속하게 제거되면 다행이지만, 이 노쇠세포가 제거되지 않고 계속 염증성 화학물질을 분비하면 몸 전체에서 사실상 노화를 가속하게 된다. 나이 든 동물에 노쇠세포가 얼마나 있을지 추정해 보면 숫자가 그리 많지 않다. 아주 나이가 많은 동물이나 사람이라도 노쇠세포로 변하는 것은 불과 몇 퍼센트에 불과하다. 이 숫자는 조직의 기능을 직접적으로 위태롭게 해서 문제를 일으킬 정도는 아니다. 하지만 썩은 사과 하나가 멀쩡한 사과들까지 모두 썩게 만든다는 속담처럼, SASP의 염증성 분자들 때문에 많지 않은 수의 세포라도 문제를 일으킬 수 있다. 한 연구에 따르면 어린 생쥐에게 50만 개(총 세포 수의 0.01퍼센트 정도)의 노쇠세포를 주입하는 것만으로도 신체장애를 일으킬 수 있었다.[28]

젊을 때는 몸 이곳저곳에서 산발적으로 생기는 몇 안 되는 노쇠세포들이 대체로 면역계에 의해 처리된다. 하지만 나이가 듦에 따라 다양한 과정 때문에 이 노쇠세포들의 숫자가 눈덩이처럼 불어난다. 우선 노쇠세포의 형성이 증가한다. 나이가 들면 세포들이 더 많이 분열한 상태이기 때문에 그 사이에 더 많은 DNA 손상이 축적되고, 세포들이 노화되는 몸의 스트레스에 더 찌든 환경에서 존재하게 된다. 그와 동시에 면역계도 약해져서 수를 불리는 노쇠세포 집단을 찾아 제거하는 능력이 약해진다. 그리고 마지막으로 역설적인 반전이 등장한다. 기존의 노쇠세포로부터 나오는 SASP가 치명적인 악순환의 고리를 통해 노쇠세포를 더 많이 만들 수 있다.

이런 눈덩이 현상의 결과로 여러 가지 질병의 발생 위험이 높아진다. 노화 관련 질병을 살펴보면 그 근처에서 노쇠세포가 어슬렁거리며 화약 냄새를 피우고 있을 때가 많다. 노쇠세포에 함께 따라오는 것이 있다. 암, 심장질환, 신장질환, 간질환이다. 그리고 알츠하이머병과 파킨슨병 같은 신경퇴행성과 관절이 붓고 아픈 관절염, 나이가 들면서 눈의 수정체가 뿌옇게 되는 백내장, 노화에 따라 근육량이 줄어드는 근감소증sarcopenia도 따라온다.

세포 노쇠가 작용하는 것으로 보이는 질병 목록은 아주 길게 이어진다. 그리고 이 좀비 세포에 대한 생물노인학자들의 관심이 높아지면서 목록도 계속 길어지고 있다. 여기서는 진화적 타협이 강력히 작용하는 것 같다. 다세포 생명체에게는 암이라는 유령의 그림자가 너무 무서운 것이기 때문에 진화는 우리가 젊을 때 암에 걸리지 않을 수만 있다면 나이가 들었을 때 질병과 퇴화의 위험이 높아지는 것은 기꺼이 받아들일 준비가 되어 있다. 이것은 적대적 다면발현의 전형적인 사례로, 강력한 노화의 원인 후보다. 이것은 젊을 때는 나쁜 뉴스를 별로 전하지 않고 전체적으로 감안하면 도움이 되는 쪽으로 작용하지만, 나이가 들어서는 여러 가지 질병으로 나쁜 소식을 더 많이 만든다.

6. 권력 투쟁: 미토콘드리아의 고장

우리 세포 안에는 미토콘드리아라는 반자율적으로 살아가는 꼬마 짐승들이 수천 마리씩 떼를 지어 어슬렁거리고 있다. 세포는 미토콘드리아를 통해 에너지를 만들기 때문에 미토콘드리아를 '세포의 발전소'라고 부를 때가 많다. 그렇게 부르는 경우가 하도 많다 보니, 그냥 상투적 표현이 아님에도 불구하고 발전소라는 말이 살짝 진부하게 느껴지기도 한다. 생명 과정의 핵심에 에너지가 자리 잡고 있음을 감안하면 미토콘드리아가 노화 과정과 관련 있다고 해도 그리 놀랍지 않다.

미토콘드리아는 정말 특이하다. 미토콘드리아는 대체로 독립적으로 행동하는 콩 모양의 물체가 모여 있는 것으로 묘사될 때가 많지만 실제로는 그보다 복잡하다. 지금은 미토콘드리아가 '융합fusion'과 '분열fissure'을[29] 자주 일으킨다는 것이 알려져 있다. 미토콘드리아들이 함께 연합해서 작은 팀을 이루기도 하고, 가끔은 세포 내부에 거미줄처럼 매달린 단일 거대 미토콘드리아megamitochondrion를 이루기도 하고, 때로는 해체해서 각자의 길을 가기도 한다. 그리고 미토콘드리아는 세포핵 외로는 자체적인 DNA를 갖고 있는 유일한 세포소기관이며, 각각의 미토콘드리아에 열 개까지 존재하는 고리염색체circular chromosome 안에 DNA를 저장하고 있다.

나이가 들면서 미토콘드리아는 상당한 변화를 겪는다. 나이 든 동물의 세포에서는 숫자가 줄어드는 경향이 있고, 남은 미토콘드리아도 에너지 생산이 줄어든다.[30] 미토콘드리아 수의 감소는 질병 및 사망의 위험과 관련이 있다.[31] 세포 내 미토콘드리아 DNA의 양(이것이 미토콘드리아의 수를 대신하는 측정값으로 사용된다)이 제일 적은 사람은 제일 많은 사람에 비해 노쇠할 가능성이 더 높고, 사망 위험이 50퍼센트 높게 나온다. 세포핵에 들어 있는 DNA와 마찬가지로 사람과 동물 모두에서 미토콘드리아 DNA의 돌연변이도 나이와 함께 늘어난다.[32] 미토콘드리아만을 대상으로 일어나는 자가포식도 있다. 이것을 미토파지mitophage라고 한다. 이것 역시 나이가 들면서 줄어든다.[33] 망가진 미토콘드리아가 쌓이게 된다는 의미다.

구체적인 노화 관련 질병이라는 면에서 보면 미토콘드리아의 지문은 에너지 소비가 큰 신체부위에서 발견된다. 근육은 막대한 칼로리를 태우는 조직이다. 나이가 들면서 근육의 양과 힘이 줄어드는 과정에는 미토콘드리아의 손상도 한몫하고 있다.[34] 미토콘드리아는 뇌에서도 중요한 역할을 한다. 뇌는 체중의 2퍼센트에 불과하지만 전체 에너지의 20퍼센트 정도를 소비한다. 이는 뇌의 미토콘드리아가 항상 최대로 가동 중이라는 의미이며, 따라서 파킨슨병과 알츠하이머병 같은 질병에서는 미토콘드리아의 기능장애가 나타난다.[35]

실험실에서 사육된, 특정 미토콘드리아에 결함이 있는 쥐 품종이 있다. 이 결함은 적어도 표면적으로는 노화 가속과 비슷한 변화를 일으킨다. 이 '미토콘드리아 돌연변이 유발 유전자mitochondrial mutator' 생쥐에서는 미토콘드리아 DNA 복제에 필요한 유전자가 더 이상 교정 기능을 수행하지 못하게 만들어 놓았다. 그래서 복제가 정확하게 이루어졌는지 확인할 수 없어 이 생쥐의 미토콘드리아 DNA에 많은 돌연변이가 축적된다. 이 생쥐는 이른 나이에 모발이 하얗게 변하고, 털이 빠지고, 청력이 약해지고, 심장 문제가 생기고, 수명도 준다. 또 다른 실험에서는 미토콘드리아의 수를 줄이는 돌연변이가 있는 생쥐를 사육했다.[36] 이 돌연변이는 약을 투여했다가 나중에 중단해서 켜고 끌 수 있었다. 약을 투여해서 돌연변이를 활성화시키면 생쥐는 나이 든 생쥐처럼 피부가 주름지며 두터워지고 털이 빠지고 무기력해졌다. 하지만 약물을 중단하고 몇 주 정도 회복할 시간을 주면 주름이 사라지고 털도 회복되면서 돌연변이가 없는 다른 한배 형제와 구분이 불가능한 상태로 돌아왔다.

미토콘드리아가 노화 과정에 관련되어 있음을 구체적으로 지적한 최초의 이론은 노화의 미토콘드리아 유리기 이론mitochondrial free radical theory of ageing이다. 미토콘드리아는 에너지를 생산하기 때문에 반응성이 대단히 높은 화학물질, 특히 산소를 계속 다루게 된다. 미토콘드리아가 에너지를 안전하게 생산하지 못하고 이 엄청나게 복잡한 과학 과정에서 조금이라도 삐끗하면 '유리기free radical'가 만들어진다. 유리기는 대단히 반응성이 높은 화학물질로 세포 안에 혼란을 야기해서 단백질, DNA 등 마주치는 중요한 분자들을 닥치는 대로 손상시킨다. 생물학적으로 가장 중요한 유리기 세 가지는 OH, NO, $ONOO^-$다. 이것들은 세포 손상의 유력한 용의자다.

현재는 미토콘드리아 유리기가 노화를 가속하는 생화학적 폭군이라는 개념이 지나치게 단순화된 것임을 알고 있다.[37] 만약 노화가 유리기를 제대로 다루지 못해서 생기는 것이라면 유리기에 대한 동물의 내재적 방어 능력을 끌어올린 후에 수명이 길어지는지만 확인해 보면 확실하게 입증할 수 있었을 것이다. 하지만 유전공학을 통해 항유리기 유전자anti-freeradical gene를 추가로 갖게 만든 생쥐는 일반 생쥐보다 수명이 더 길지 않다. 더군다나 그와 정반대로 해도 아무런 수명의 차이가 없었다. 한 선충 실험에서는 *sod* 유전자라는 선충의 항유리기 유전자 다섯 개를 모두 지웠는데 선충이 받는 유리기 손상은 크게 증가했지만 수명은 영향을 받지 않았다.

최근의 연구를 통해 유리기가 세포가 소통과 행동 조절에 사용하는 대규모 분자 어휘의 일부임이 밝혀졌다. 유리기는 세포들에게 언제 성장하고, 언제 멈출지 말해 주고, 세포자멸사와 세포 노쇠 과정을 조정한다. 면역세포는 유리기를 무기로 사용한다. 침입해 들어온 세균을 유리기로 맹공해서 제압하는 것이다. 생명은 말 그대로 수십억 년 동안 유리기를 다루며 살아 왔다. 지금 와서 생각해 보면 진화가 세포들을 유리기에 속수무책으로 휘둘리게 놔두었을 것이라는 가정은 너무 순진한 생각이었다.

유리기에 대해 이렇게 세밀한 부분까지 새롭게 이해하게 되었지만 그렇다고 유리기가 모든 비난에서 빠져나갈 수 있는 것은 아니다. 유리기는 여전히 우리의 필수 생화학 분자에 손상을 입힐 수 있고, 이것이 말 그대로 아무런 영향을 미치지 않을 가능성은 낮아 보인다. 미토콘드리아는 세포가 성장하고 죽음에 이르는 과정에서 중심적인 자리를 차지하고 있다. 그리고 앞에서 보았듯이 미토콘드리아의 행동은 노화와 함께 변화를 겪는다. 따라서 미토콘드리아는 노화 과정에서 핵심 요소다.

7. 신호 실패

우리 몸 구석구석에서 세포들은 끝없이 수다를 떨고 있다. 이웃한 세포나 몸의 반대편에 있는 세포와 분자 메시지를 끝없이 주고받고 있다. 이 화학적 원격소통 네트워크는 성호르몬에서 수면, 성장, 면역계의 조정에 이르기까지 우리의 생리학에 엄청난 영향을 미친다. 이 모든 효과를 통틀어 세포 신호cell signalling라고 하며, 당연히 우리가 늙으면 이 신호 시스템도 슬슬 고장이 나기 시작한다.

우리 몸이 수십 년 동안 건강이 나쁘지 않았다가 한꺼번에 노화가 찾아오는 것처럼 보이는 데는 신호 기능장애의 증가도 한몫하고 있다. 이 신호는 피 속에 실려 온몸 구석구석으로 퍼지기 때문에 조직 전체에 걸쳐 시간을 맞춘 듯 동시에 해로운 영향을 미칠 수 있다. 더 큰 문제는 이것이 악순환에 빠진다는 점이다. 노화된 신호로 세포의 상태가 악화되면, 이 세포들이 분비하는 화학물질이 상태를 또다시 악화시키는 것이다. 이런 과정이 꼬리에 꼬리를 물면서 나이가 들수록 사망의 위험은 기하급수적으로 높아진다.

노화되는 몸에서 일어나는 중요한 신호 변화 중 하나는 이 책에서 계속 언급될 과정 때문에 일어난다. 바로 염증이다. 염증은 우리 몸의 최일선에서 감염 및 손상으로부터 우리를 지킨다. 이렇게 염증이 생긴 부위는 부어오르는 경우가 많다. 염증 반응은 고통을 받고 있다는 분자 신호탄을 쏘아 올리는 것이나 마찬가지다. 면역계의 세포에게 어서 달려와 침입자와 싸우거나, 상처를 치유하라고 보내는 신호인 것이다. 젊을 때는 염증 반응이 감염을 제거하고 손상을 치유하며 대단히 중요한 일을 한다. 나이가 들면 염증 반응이 과도한 경계상태에 붙들려 있게 되는데 이것을 '만성염증chronic inflammation'이라고 한다. 이것이 노화 과정을 부채질할 수 있다.

나이가 들면서 이렇게 점진적으로 염증이 많아지는 현상이 워낙 흔해서 이것을 '염증노화inflammaging'라고도 한다.[38] 혈액검사를 해 보면 알 수 있다. 의사들이 감염 여부를 검사할 때 자주 측정해 보는 C 반응성 단백C-reactive protein과 면역계에 신호를 보낼 때 사용되는 또 다른 분자인 인터류킨-6interleukin-6은 둘 다 나이가 들면서 많아지는 것으로 알려져 있다. 그뿐만 아니라 특정 나이에 이런 염증표지 값이 높게 나오면 암, 심장질환, 치매 등 지금은 우리와 아주 익숙해진 여러 노화 관련 질병에 걸릴 위험이 높아진다. 노화와 관련된 대부분의 변화는 어떤 식으로든 염증에 의해 악화되는 듯 보인다.

이렇게 염증이 점진적으로 증가하는 이유는 여러 가지다. 이렇게 악순환적으로 신호 기능에 장애가 생기는 이유 한 가지는 앞에서 이미 얘기했다. 노쇠세포와 거기서 나오는 해로운 노쇠관련 분비표현형SASP이다. SASP의 요소 중 일부가 바로 이 면역 결집 분자들이라서 전체적으로 경계상태를 고조시키는 데 기여한다. 그리고 나이에 따라 노쇠세포가 꾸준히 축적되면서 이런 경계 수준은 더욱 높아진다. 산화 단백질, 당화 단백질, 혹은 다른 이유로 고장이 난 단백질 등 앞에서 얘기했던 노화 관련 손상들도 있다. 노쇠세포의 경우와 마찬가지로 이런 손상된 분자를 청소하는 것도 면역계의 담당이다. 결국 이런 분자들이 많아지면서 몸 구석구석에서 도와달라는 소리가 웅웅거리듯 끊이지 않고 낮게 이어진다. 우리 몸이 통제 아래 둘 수는 있지만 절대 뿌리 뽑지는 못하는 지속적인 염증도 생긴다(이 부분은 뒤에서 더 자세히 설명하겠다). 이번에도 역시 이런 것들이 지속적으로 저수준의 면역항진 상태를 만들어 해로운 결과를 낳는다.

신호와 관련해서는 음식에 대한 우리 몸의 반응과 노년과 관련된 해로운 화학 메시지 사이에서도 긴밀한 상관관계가 존재한다. 이것을 '영양소 감지 조절 실패deregulated nutrient sensing'라고 한다. 우리 몸이 영양분을 감지해서 거기에 적절히 반응하는 능력을 잃기 때문이다. 이를 뒷받침하는 실험은 앞 장에서 만나 보았던 식이제한 연구들이다. 당뇨병 전단계인 '인슐린 저항성insulin resistance'도 여기에 포함된다. 인슐린은 세포들에게 혈액에서 당분을 꺼내서 저장해 두었다가 나중에 사용하라고 말해 주는 호르몬이다. 인슐린 저항성이란 몸이 이 인슐린에 제대로 반응하지 않는 경우를 말한다. 이제 우리는 음식과 음료수에 어디서든 쉽게 접근할 수 있는 환경에서 살고 있다. 그런 음식 중에는 단것이 많다. 이는 특히나 나이가 들면서 당뇨병에 걸릴 위험이 높아졌다는 의미다.* 인슐린 저항성이나 당뇨병이 있는 사람에게서는 인슐린이 '늑대가 나타났다'를 외치는 양치기 소년 같은 꼴이 되어 버린다. 더 많은 인슐린이 생산되어 당분을 처리하라는 요청을 보내도 무시당한다. 정상적인 상태에서는 근육세포, 지방세포, 당세포가 나서서 당분을 격리시키지만, 인슐린 저항성이나 당뇨병이 있으면 이 세포들이 인슐린 신호를 무시하고 당분을 그대로 피 속에 방치한다. 이 혈당이 몸을 손상시킬 수 있다.

하지만 당뇨는 그냥 설탕 및 인슐린과 너무 가깝게 지낸다고 생기는 것이 아니다. 그렇지 않고서야 우리 모두가 나이가 든다고 충치가 생기는 것도 아닌데 나이가 든다고 당뇨병이 늘어날 이유가 무엇이겠는가? 현재는 염증이 인슐린 저항성과 당뇨를 주도한다고 알려져 있다. 이 둘을 연결하는 한 가지 증거가 있다. 심각한 감염이 있는 환자는 급속개시 인슐린 저항성rapid-onset insulin resistance이 생기면서 감염과 싸우기 위해 동원된 대량의 염증 반응 때문에 혈당이

* 특히 노화와 흔히 관련된 2형 당뇨병. 1형 당뇨병의 경우는 면역계가 인슐린을 생산하는 세포를 공격하는 자가면역질환이다.

치솟는다. 노화 과정에서는 만성 염증이 그와 비슷한 과정을 슬로모션처럼 진행시킨다.

염증과 영양소 감지에 더해서 시간의 흐름에 따라 우리 몸을 위아래로 오르내리는 다른 신호들도 많다. 여기에 해당하는 것으로는 옥시토신oxytocin, 그리고 세포에게 언제 증식하고, 언제 조직을 구축하고, 언제 멈추어야 하는지 알려 주는 성장인자growth factor, 그리고 엑소좀exosome이라는 병 속에 담긴 메시지도 있다. 세포들은 엑소좀을 통해 작은 소포들을 이웃 세포나 멀리 떨어진 세포에게 보낸다. 모든 유형의 신호가 노화에 따라 광범위한 변화를 겪는다는 것은 이 메신저 분자들이 노화 과정에서 핵심 역할을 한다는 의미다.

8. 위장관 반응: 마이크로바이옴의 변화

지금 당신의 몸 안팎에는 세균, 곰팡이, 바이러스 등 수조 마리의 미생물이 살고 있다. 우리 몸에 히치하이킹해서 살고 있는 이 미생물들을 한데 뭉뚱그려 '마이크로바이옴microbiome'이라고 한다. 이들은 우리 피부 위에, 우리 입 속에, 그리고 특히 우리 위장관 속에 살고 있다. 현재 마이크로바이옴은 아주 뜨거운 연구 주제다. 이 미생물들이 그저 수동적으로 우리 몸에 들러붙어 사는 것이 아님이 밝혀졌기 때문이다. 이들은 음식 소화를 돕고, 감염을 막아 주고, 심지어는 우리 면역계와 대화를 나누며 거들기까지 한다. 이들의 숫자에 대한 추정치는 다양하다(특히 당신이 마지막으로 화장실에 다녀온 게 언제인지에 따라 달라진다. 이 미생물들은 대부분 대장에 살기 때문에 당신의 전체 미생물 개체군 중 무려 1/3 정도가 장운동으로 한 번에 빠져나갈 수 있다). 하지만 위장관 속에 사는 미생물 세포의 숫자는 대략 우리 몸을 구성하는 사람 세포의 수와 비슷할 것으로 여겨진다.[39] 이 엄청난 숫자를 감안하면 이들이 우리의 건강에 큰 영향을 미치는 것이 당연하다.

마이크로바이옴 연구에서 흔히 다루는 한 가지 주제는 다양성이 곧 힘이라는 것이다. 장내세균은 풍부하고 다양해야 좋다. 젊을 때는 장에 들어 있는 다양한 미생물군이 음식의 특정 성분 소화를 돕고, 식중독 같은 것을 일으키는 세균의 침입을 물리치고, 우리의 면역계와 친절하게 대화를 나눈다. 나이가 들거나, 과민성대장증상, 당뇨병, 대장암, 심지어 치매 같은 만성 질환이 생기면 내장에 군림하는 미생물의 유형이 줄어든다.[40] 그리고 더 공격적인 미생물이 지배하는 경우가 많다. 인과관계가 어느 방향으로 성립하는지는 불분명하다. 빈약한 건강과 식생활이 미생물 다양성 상실을 가져올 수도 있고, 장내세균의 부정적 변화가 나머지 몸에 부정적 영향을 미칠 수도 있다. 아마도 둘 다 옳은 말일 것이다.

제대로 조절되지 않는 마이크로바이옴이 노화 과정에 영향을 미치는 메커니즘으로 생각되는 한 가지는 만성염증에 대한 기여다. 다양성이 줄고 더 공격적인 미생물이 장악하기 시작하면서 면역계는 감염 가능성이 있는 이 미생물들을 견제하기 위해 경계상태에 들어간다. 그리고 나이가 들면서 소화관 내벽에 장누수leaky gut가 조금씩 생기는 것으로 여겨진다. 이는 노화의 다른 전형적 특징들이 소화관 내벽을 둘러싸는 세포에 타격을 가해 마이크로바이옴을 변화시켜 생긴다. 이런 장누수 때문에 일부 공생미생물, 미생물 독소, 혹은 작은 음식물 조각이 혈류를 타고 들어갈 수 있다. 이것이 다시 저수준의 면역 활성을 야기해 염증을 악화시킨다.

노화 과정 자체뿐만 아니라 나이가 드는 것도 마이크로바이옴의 변화를 주도하는 다른 요인들과 관련 있다. 우리의 장내세균은 식생활에 크게 영향을 받는다. 이 미생물들은 우리가 먹는 것을 사실상 함께 공유하기 때문이다. 나이 든 사람들의 식생활은 때때로 아주 사소해 보이는 이유 때문에 큰 변화를 겪기도 한다. 예를 들면 나이가 들어 치아를 잃는 바람에 씹기가 힘들어져 과일을 덜 먹게 되는 경우다. 이것은 노화 과정을 각각 따로 다루지 않고 전체적으로 치료하는 것이 중요한 이유를 아름다울 정도로 간결하게 보여 주는 사례다. 치과 진료를 잘 받으면 그저 치통만 줄어드는 것이 아니라 식생활에도 영향을 미친다. 식생활은 그 자체로 훨씬 광범위한 연쇄 효과를 가지고 있다. 노인은 항생제도 더 많이 처방받는다. 이것이 몸을 아프게 만든 세균을 치료하면서 그와 동시에 마이크로바이옴에도 타격을 줄 수 있다. 그리고 환경적 요인이 장내세균총에 미치는 영향도 커서, 요양 시설에 사는 노인은 집에서 사는 노인과 미생물 종의 스펙트럼이 다를 때가 많다.

이런 복잡성에도 불구하고 우리는 앞에서 만나 보았던 후성유전학 시계와 비슷한 '미생물 시계'를 만들어 냈다.[41] 이 시계는 소화관에 들어 있는 서로 다른 미생물의 상대적 비율을 바탕으로 4년 정도의 오차 안에서 나이를 판단할 수 있다. 노년에 마이크로바이옴에 문제가 있을 수 있다는 증거가 동물실험에서 나오기도 했다. 한 실험에서는 자체적인 마이크로바이옴이 결핍되어 있는 젊은 생쥐와 나이 든 생쥐를 다른 생쥐들이 있는 다른 우리에 풀어 놓아 보았다.[42] 그 생쥐들도 젊은 개체와 나이 든 개체가 섞여 있었다. 함께 사는 생쥐들은 식분食糞, coprophagy을 통해 장내세균을 서로 교환한다. 식분이란 다른 개체의 대변을 먹는 행동을 과학적으로 완곡하게 표현한 용어다. 그래서 마이크로바이옴이 결핍되어 있던 생쥐가 우리에 사는 다른 동료의 미생물을 받아들이게 된다. 그런데 나이 든 생쥐의 미생물을 섭취한 생쥐는 장누수 현상이 늘어나 몸 전체에 염증 수준이 높아졌다. 이는 노년에 오래된 나쁜 미생물이 적극적으로 건강을 해친다는 가설을 뒷받침한다.

마이크로바이옴은 노화의 전형적 특징 목록에 올리기가 제일 망설여지는 항목이다. 현재는 마이크로바이옴이 노화에 미치는 영향에 대해 다루는 문헌이 많지 않지만 우리 몸의 미생물 생태계에 대한 연구는 신흥 학문 분야이기 때문에 벌써부터 모든 해답을 갖고 있기를 기대해서는 안 된다. 마이크로바이옴은 경이로울 정도로 복잡해서, 상호작용하는 수천 종의 세균, 곰팡이, 바이러스가 이루는 생태계, 우리의 식생활과 환경, 소화관과 면역계가 관여하고 있다. 따라서 자세한 부분까지 모두 밝혀내려면 시간이 걸릴 것이다. 하지만 지난 10년 동안 마이크로바이옴에 대한 연구가 폭발적으로 증가했기 때문에 앞으로 몇 년 후에는 그에 대해, 그리고 그것이 노화에 미치는 영향에 대해 더 많이 알게 되리라 기대할 수 있다.

9. 세포 소진

지금까지 다룬 노화의 전형적 특징들에 시달리고 나면 나이가 들면서 몸속 세포를 잃기 시작하는 것이 당연해 보인다. 그리고 살아남은 세포들도 낡아서 일을 제대로 하지 못할 것이다. 이런 과정들을 모두 뭉뚱그려 부르는 말이 세포 소진cellular exhaustion이다. 이 현상은 몸 전체의 조직과 기관에서 여러 세포 집단에 영향을 미친다.

줄기세포stem cell는 세포 소진에 대해 이야기할 때 가장 자주 언급되는 세포 유형이다. 낡아 버린 세포를 새로 공급하는 것이 줄기세포의 역할이기 때문에 줄기세포 자체가 소진된다면 그것은 정말 안 좋은 소식이다. 세포 전환율이 높은 곳에서는 줄기세포가 특히나 중요하다. 예를 들어 조혈줄기세포haematopoietic stem cell는 뼈의 골수 속에 살면서 피를 구성하는 다양한 세포를 새로 채워 넣느라 쉼 없이 일하고 있다. 모두 합치면 이 줄기세포들은 매일 2000억 개의 산소 운반 적혈구세포와 수십억 개의 면역세포와 혈소판(혈액 응고에 역할)을 생산하는 역할을 담당한다.

나이가 들면서 조혈줄기세포가 혈구세포를 새로 채워 넣는 효율이 떨어진다. 이것은 DNA 손상과 돌연변이, 후성유전학적 변화, 자가포식의 문제, 세포 신호의 변화 등 앞에서 얘기했던 노화의 전형적 특징 때문에 일어나는 일이다. 그런데 한 가지 역설이 있다. 이 모든 변화가 실제로는 전체 조혈줄기세포의 숫자를 늘린다는 것이다. 이 요인들이 작용해서 조혈줄기세포가 한 개의 줄기세포와 한 개의 혈구세포 전구체blood cell precursor로 분열하는 대신 두 개의 줄기세포로 분열하는 경향을 만들기 때문이다.

나이가 들면서 줄기세포는 자기가 원래 만들어야 할 유형의 세포는 충분히 만들지 않고 줄기세포만 너무 많이 만들어 내기도 하지만, 거기에 더해 세포 유형을 잘못된 비율로 생산하기도 한다. 이것을 보여 주는 한 가지 사례가 중간엽줄기세포mesenchymal stem cell다. 뼈를 만드는 조골세포osteoblast, 조직을 연결하는 연골세포cartilage cell, 근육세포, 그리고 골수에서 발견되는 지방세포의 한 유형 등을 만드는 줄기세포 집단이 있다. 나이가 들면서 중간엽줄기세포는 뼈를 만드는 세포가 되는 데는 취미를 잃고 지방세포가 되는 것을 더 좋아하게 된다.[43] 그래서 골수에 뼈를 단단하게 하는 단백질 기질과 미네랄 성분은 줄고 지방이 더 늘어난다. 지방 성분이 늘어난 뼈는 약해지고, 이 과정이 골다공증osteoporosis에 기여한다. 골다공증은 노화와 관련되어 뼈가 약해지는 것으로 폐경 후 여성에게 특히 심하게 찾아올 수 있다. 이것은 우리의 골격을 약화시키는데 눈에 보이는 별다른 문제가 없다가 나중에야 심각한 골절을 당하고 입원하는 경우가 많다. 골다공증이 있으면 눈치채지 못하는 사이에 수많은 작은 골절이 생길 수 있다. 우리가 나이 들어 키가 더 작아지는 이유 중 하나가 이런 반복적인 압박골절compression fracture 때문에 척추가 내려앉는 것이다.[44] 고관절 골절을 당하고 몇 센티미터씩 키가 줄어드는 등 다양한 문제가 특정 줄기세포의 선호도 변화 때문에 생길 수 있다는 의미다.

줄기세포의 효과 감소는 몸 구석구석에 광범위한 영향을 미친다. 나이가 들수록 후각과 미각의 기능이 떨어지는 것도 그 때문이라 생각할 수 있다. 냄새를 포착하는 것은 후각수용기 뉴런olfactory receptor neurons이라는 전문화된 뇌세포다. 이 뉴런은 비강 천장으로 튀어나와 있다. 수용체로 덮여 있는 이 털처럼 생긴 구조물은 콧속으로 흘러 들어온 분자의 표본을 채집해서 자신이 감지한 소식을 뇌에 신호로 전달한다. 이 뉴런이 제대로 기능하려면 바깥세상과 접촉해야 하기 때문에 뉴런치고는 유달리 손상 입기 쉬운 환경에 놓여 있는 셈이다. 머리뼈 속에 안전하게 자리 잡고 있는 것이 아니라 환경 독소와 미생물들의 끝없는 맹공을 받으니까 말이다. 그래서 이 뉴런들은 상대적으로 자주 죽는 편이고, 그렇게 죽은 뉴런을 줄기세포가 보충해 주어야 한다. 후각뉴런 줄기세포는 나이가 들면서 점점 약해진다.[45] 일은 안 하고 빈둥거리는 세포가 많아지고 조혈줄기세포와 달리 줄기세포가 아닌 두 개의 딸세포로 분열하기를 더 좋아하게 된다. 뉴런을 보충할 인력풀이 줄어든다는 의미다. 그래서 냄새도 점점 희미해지고 음식에서도 예전의 맛이 느껴지지 않는다. 그 책임은 줄어든 줄기세포에 있다.

세포 소진에 대해 생각할 때 가장 많이 고려하는 대상은 줄기세포지만 세포 전환이 빠르지 않은 조직에서도 노화는 분명하게 드러난다. 혈액, 피부, 창자 같은 조직은 '재생 조직renewal tissue'이라고 한다. 끝없이 재생되고 있기 때문이다. 창자의 줄기세포는 일주일에 두 번 정도 분열하는 반면, 간의 줄기세포는 1년에 한 번 정도 분열한다. 심장근육이나 뇌의 여러 부분에 들어 있는 조직 같은 경우는 아예 재생을 하지 않는다. 심장마비로 심장세포가 죽거나 뇌졸중으로 뇌세포가 죽었을 때 영구 손상이 일어나는 경우가 많은 이유이다.

노년의 세포 손실로 인한 청각기능 퇴화는 이런 미묘하게 다른 메커니즘을 통해 일어난다. 소리가 외이도를 따라 속귀inner ear에 도달하면 작은 유모세포hair cell가 진동을 감지하여 그것이 어떤 소리인지 뇌에게 신호를 보낸다. 그럼 우리는 소리를 듣게 된다. 안타깝게도 큰 소리나 독소에 노출되거나, 그냥 늙기만 해도 이 유모세포에 손상을 입을 수 있다. 이렇게 손실된 유모세포는 새로 보충되지 않는다. 노인들은 특히 높은 음을 듣는 능력을 잃어버린다. 그리고 모든 주파수에 걸쳐 청각이 전반적으로 상실되기 때문에 소리를 분명하게 알아듣고 말을 이해하는 능력이 떨어진다.

이것이 노인들의 삶을 황폐하게 만든다. 청력을 상실하면 사회적으로 고립될 뿐 아니라(저녁 식탁에서 주변 사람들이 하는 말이 하나도 들리지 않는다고 상상해 보라), 굉장히 큰 위험을 안겨 준다(자동차 소리가 안 들리는 상태에서 건널목을 건넌다고 상상해 보라). 손실된 세포가 보충되지 않아서 생기는 문제다. 이것은 간접적인 효과도 있다. 청력이 약해진 사람은 감각 자극이 사라지기 때문에 치매의 위험이 높아진다. 현재의 치료법은 근본 원인을 치료하기보다는 문제를 보이지 않게 덮어 두기만 하는 교과서적인 사례를 보여 준다. 보청기는 단순히 소리를 키워서 위축된 귀가 들을 수 있게 해 뿐이다. 안타깝게도 무차별적으로 소리를 증폭시키는 보청기는 오랜 세월 진화된 청각계 같은 세련됨이 없다. 그래서 보청기를 사용할 때는 잡음이 많은 환경에서 사람의 목소리를 골라내기가 어려울 때가 많다.

따라서 줄기세포나 다른 유형의 세포 수가 줄거나 효과가 떨어지는 것이 노화에 따른 느린 기능 저하나 특정 질병의 원인이 될 수 있다. 이것은 앞서 논의했던 여러 노화의 전형적 특징에서 비롯되는 것일 테지만 그 자체로 하나의 전형적 특징이라 부르기에 모자람이 없다.

◦ 10. 방어 시스템의 결함 — 면역계의 고장

방금 보았듯이 돌연변이에서 신호 문제에 이르기까지 온갖 문제는 결국 세포들이 죽기 시작하거나 고장이 나는 결과를 낳는다. 결국에는 이 구성 부품이 고장 난 기관이나 기관계 전체에 문제가 생긴다. 뇌에서 혈액, 뼈, 소화관에 이르기까지 우리 생리학의 모든 면은 나이가 들면서 더욱 나빠진다. 이런 변화 중에는 악순환 고리를 이루는 것이 많다. 만성염증에서 이런 악순환에 대해 얘기했다. 몸의 환경이 바뀌면서, 그런 변화를 보상하기 위해 기관들이 다르게 작동하게 되고, 이것이 우리 몸을 젊은 시절에 누리던 상대적 안정으로부터 더 멀어지게 만든다. 면역계에서 고장이 일어나고, 거기에 맞춰 적응하려는 시도가 오히려 더 해롭게 작용하는 경우에는 특히나 광범위하게 악영향을 미친다.

노년에 면역계의 기능이 떨어지면 감염성 질병으로부터 자신을 보호하는 능력이 확실히 약해진다. 통계를 보면 이런 방어능력 상실이 명확히 눈에 들어온다. 백신과 항생제가 널리 보급되어 있는 고소득 국가에 사는 수십억 명의 사람들을 봐도 감염성 질병은 여전히 전체 사망 원인 중 6퍼센트나 차지하고 있다. 위생과 현대의학의 큰 성공도 감염성 질병이라는 짐을 뒤로 늦추었을 뿐 완전히 근절하지는 못했다.

아동기와 젊은 성인 시절의 사망률을 낮춤으로써 이제 많은 사람이 노화에 따른 면역 능력 저하를 경험할 정도로 오래 살게 됐다. 그리고 감염성 질병으로 사망하는 사례의 90퍼센트 이상이 60세 이상의 노인에게서 일어난다.[46] 노인에서 감염성 질병에 따른 추가 위험이 상당하다는 점은 전 세계 코로나 바이러스 유행을 통해 적나라하게 드러났다. 코로나 바이러스로 인한 입원과 사망은 노년층에서 훨씬 많았다. 독감이나 코로나바이러스감염증-19[COVID19]로 인한 사망이 그 자체로 노화는 아니지만 노화와 함께 위험이 엄청나게 높아진다는 것은 결국 이 죽음의 책임이 대부분 노화에 있다는 의미다.

더 문제가 되는 부분은 현대의학의 핵심 도구인 백신이 노년층에서는 효과가 떨어진다는 점이다. 백신은 면역계가 강해야 효과가 날 수 있는데 노년층은 이 면역계가 약하다. 백신은 면역세포들에게 잠재적 질병이 어떤 것인지 미리 살짝 보여 줌으로써 자기가 무엇을 감시해야 알 수 있게 해 준다. 안타깝게도 면역계가 노화되면 백신에 대한 반응도 마찬가지로 약해진다. 그렇다고 나이가 들면 독감 백신을 매년 맞아 봐야 무의미하다는 뜻이 아니다. 오히려 반대다. 노인이 되면 젊었을 때보다 독감으로 심각한 합병증에 걸리거나 사망할 위험이 훨씬 높아지기 때문에 면역 반응이 줄었더라도 백신의 전체 보호 효과가 더 크게 나타난다. (젊은 사람이라도 백신을 맞는 것이 좋다. 독감은 꽤나 끔찍한 질병이다. 게다가 나이 많은 지인이나 가족을 보호하는 데도 도움이 된다.)

이렇게 면역기능이 저하하는 이유 중 일부는 우리가 이미 만나본 적 있는 노화의 다른 전형적 특징들이다. 흉선thymus이라는 작은 기관에서 나타나는 세포 손실도 핵심 과정에 해당한다. 흉선은 흉골 바로 뒤, 심장 앞에 자리 잡고 있다. 흉선은 T세포T cell의 훈련장이다(사실 T세포라는 이름도 흉선thymus에서 따온 것이다). 면역계는 새로운 위협에 맞서 싸울 수 있는 적응력을 가진 적응면역계adaptive immune system를 갖추고 있다. T세포는 적응면역의 두 가지 핵심 면역세포 유형 중 하나다.* 적응면역계는 학습이 가능하다. 일단 특정 위협과 싸워 이기고 나면 승리를 거둔 T세포는 '기억T세포memory T cell'로 전환할 수 있다. 이 세포는 동일한 병균이 다시 돌아오면 언제든 바로 등장할 준비가 되어 있다. 당신이 아주 어린 나이에 조숙해서 이 책을 읽고 있는 게 아닌 한, T세포가 이렇게도 유용한 존재인데도 당신의 T 세포 훈련소가 벌써 대부분 문을 닫았다는 사실을 알면 당혹스러울 것이다. 흉선의 크기는 만 1세에 정점을 찍고, 그 후로는 줄곧 내리막길을 걸어 15년마다 부피가 절반 정도로 줄어든다. 그래서 10대에는 절반 정도로 줄고, 30세에는 75퍼센트로 줄고, 60세 이후로는 흔적만 남는다.[47] 이렇게 흉선이 사라지는 것을 '흉선 퇴화thymic involution'라고 하며, 기존에 기능하던 흉선 조직이 지방 조직으로 변한다.

언뜻 말이 안 되는 일 같지만 사실 이 과정은 의도적인 것으로 보

* 적응면역계의 또 다른 주요 요소는 B세포다. B세포는 골수에서 성숙한다. 그리고 선천성 면역계(innate immune system)도 있다. 이 면역계는 다양한 침입자와 맞서 싸울 수 있는 여러 비특이적 면역세포로 구성되어 있다. 여기에 해당하는 것으로는 뒤에서 곧 살펴볼 대식세포(macrophage)가 있다. 여기서 면역계의 변화무쌍한 다양성을 모두 설명할 수는 없으니 이 책에서는 T세포와 대식세포를 표본으로 삼아 설명하겠다.

인다. 새로운 T세포를 생산하는 데는 비용이 많이 들기 때문에 자신의 방어 체계를 파괴하는 것이 오히려 진화에 유리할 수 있다. 앞에서 보았듯이 늙을 때까지 살아남는 데 에너지를 투자하는 것보다는 번식에 투자하는 것이 더 나은 경우가 많다. 만약 당신이 선사시대에 살았던 사람이라면 아마 소규모 집단을 이루어 살고, 자기 부족이 돌아다닐 수 있는 범위에서 크게 벗어날 수 없었을 것이다. 그럼 스무 살 정도가 되면 자신이 앞으로 맞서 싸워야 할 병균들은 대부분 만나 보았을 가능성이 크다. 그럼 시간이 지날수록 기존의 기억T세포에 더욱 의지하고 새로운 면역 일꾼은 적게 생산함으로써 많은 에너지를 아낄 수 있다. 이것은 적대적 다면발현과 일회성 체세포 이론의 전형적 사례다. 성인 초기에 번식에 자원을 집중하는 대신 말년에 가서 그 대가를 치르는 것이다. 요즘은 특히나 그렇다. 요즘 세상은 고도의 연결사회라서 우리는 새로운 감염원에 지속적으로 노출된 채 수십 년을 더 산다.

기억T세포는 수십 년을 머무를 수 있으며, 오래된 적이 돌아오면 몸에서 가장 빨리 증식하는 세포가 된다.[48] 그래서 몇 개 안 되는 기억T세포가 수백만 대군으로 커질 수 있다. 이것이 세포 자체에 큰 스트레스를 준다. 여러 번 분열하는 과정에서 DNA 손상이 일어나고 말단소체가 줄기 때문에 면역세포의 손상과 노쇠가 일어나 면역기능이 약해진다.

면역계도 자체적으로 독특한 형태의 노화를 겪는다. 그중 가장 이상한 것은 면역계가 자신이 맞서 싸우는 감염 자체에 의해 노화될 수 있다는 점이다. 병원체가 사라지지 않고 끈질기게 버티면 면역계가 거기에 집착하는 바람에 새로운 위협을 제압하는 능력이 약해진다. 이런 병원체 중 으뜸은 생식기헤르페스genital herpes와 수두chickenpox의 친척인 거대세포바이러스cytomegalovirus다. 대다수 사람은 살아가는 동안 어느 시점에서 거대세포바이러스에 감염된다. 그리고 이렇게 한 번 감염되면 좀처럼 떨어지지 않는다. 나이가 들면서 거대세포바이러스를 전문적으로 다루는 T세포가 '면역 기억immune memory'의 1/3까지 차지할 수 있다.[49] 그럼 새로운 감염에 대처하는 법을 배울 수 있는 '저장 공간'이 줄게 된다.

그리고 면역계는 외부의 위협을 쫓아내는 역할로 유명하지만 내부의 위협을 통제 아래 두는 데도 중요한 역할을 한다. 면역계가 노쇠세포를 어떻게 찾아내 파괴하는지에 대해서는 앞에서 이미 살펴보았다. 나이가 들어서 이 면역계에 기능장애가 생기면 노쇠세포 숫자가 증가하는 원인이 될 수 있고, 또 이 노쇠세포들이 만성염증에 기여하기 때문에 면역계 기능장애가 더 악화될 수 있다. 면역세포는 암세포를 감시하는 역할도 한다. 종양을 형성하는 데 필요한 유전적 변화를 거쳤는데도 용케 노쇠나 세포자멸사를 피해 간 세포들을 잡아내는 역할이다. 노년에 암이 많이 생기는 데는 면역계의 기능 저하도 한몫한다. 나이가 들면서 면역기능이 저하되면 발생 초기 종양이 아무런 견제 없이 자랄 수 있는 시간을 벌게 된다.

면역계로 기원을 거슬러 올라갈 수 있는 또 다른 노화 관련 문제가 있다. 심장질환이다. 아마도 뜻밖일 것이다. 콜레스테롤과 심장질환에 관한 이야기를 하도 들어서 심장질환이라고 하면 기름진 콜레스테롤 침착물로 동맥이 막히는 모습이 떠오르겠지만 실상은 그보다 복잡하다. 심장마비의 원인이 되는 '반plaque'과 그 밖의 많은 것들은 단순한 기름띠가 아니라 콜레스테롤을 집어삼킨 후에 죽은 면역세포들의 무덤이다. 이 과정을 죽상동맥경화증atherosclerosis이라고 한다.

콜레스테롤은 피 속에 너무 많으면 심장질환의 위험이 높아진다는 이유로 부당한 비난을 받고 있다. 콜레스테롤은 많은 역할을 하지만 그중에서도 특히 세포의 내용물을 한데 유지하는 세포막 생산에 사용되는 체내 필수 분자이다. 그런데 문제는 콜레스테롤이 동맥벽에 달라붙어 일련의 사건을 개시하는 경우가 많다는 것이다. 이것이 당신을 죽음으로 이끌 수 있다.

반은 보통 해로울 것 없는 작은 상처에서 시작한다. 그럼 경보가 울리고 피 속에 있는 면역세포들이 그곳으로 달려간다. 그리고 복구를 개시할 공간을 확보하기 위해 문제를 일으키는 것들을 닥치는 대로 먹어 치운다. 그것이 콜레스테롤일 때가 많다. 처음에는 대식세포(말 그대로 마구 먹어 치우는 세포로, 대상을 따지지 않고 나쁜 것이면 닥치는 대로 먹는 면역세포다)가 콜레스테롤을 대단히 효과적으로 청소한다. 하지만 안타깝게도 대식세포는 얼마 지나지 않아 자기가 감당할 수 있는 것보다 많은 콜레스테롤에 압도당하고 만다. 더 큰 문제는 콜레스테롤이 앞에서 보았던 산화된 단백질이나 낡은 단백질처럼 산소 및 당분과 반응할 수 있다는 것이다. 대식세포는 이런 변형된 버전의 콜레스테롤은 처리할 수 없다. 그래서 대식세포가 콜레스테롤을 분해하지 못하고 그냥 지방방울lipid droplet에 모아 비축하기 시작한다.

이것이 죽상동맥경화증의 1단계다. 콜레스테롤을 잔뜩 집어삼켜 기능장애에 빠진 대식세포는 현미경으로 보면 거품처럼 생겨서, '거품세포foam cell'라는 이름을 갖게 됐다. 결국은 거품세포가 대식세포보다 압도적으로 많아지면서 이 거품세포들이 세포자살을 수행하게 된다. 그럼 이 자살한 세포들은 누가 청소하러 올까? 더 많은 대식세포다.

당연한 얘기지만 죽은 세포와 찌꺼기에는 앞서 찾아온 대식세포를 죽였던 바로 그 손상된 콜레스테롤이 들어 있기 때문에 새로 들어온 청소팀도 애초에 거기에 대처할 방법이 없다. 그래서 그들도 역시 죽는다. 이렇게 악순환 과정이 시작되는 것이다. 더 많은 대식세포가 찾아와 죽으면서 손상된 콜레스테롤과 죽은 세포의 찌꺼기 덩어리가 점점 커진다. 처음에는 눈에 보이지도 않던 작은 상처가 눈에 보이는 동맥 속 '지방띠fatty streak'가 되는 것이다.

최초의 지방띠는 아동기나 10대에 동맥 속에 나타나지만 이것이 심각한 위협이 될 정도로 커지려면 보통 수십 년이 걸린다. 여러 해에 걸쳐 만들어진 본격적인 죽상동맥경화반atherosclerotic plaque은 믿기 어려울 정도로 복잡한 구조물이다. 그 중심부에는 죽은 대식세포와 콜레스테롤의 거대한 덩어리가 자리 잡고 있고, 말 그대로 그 위에 뚜껑을 덮으려 애쓰는 다른 유형의 세포들이 그 덩어리를 붙잡고 있다.

동맥벽에 불룩 솟아오른 이 커다란 덩어리가 내부 공간을 좁혀 피의 흐름을 감소시킨다. 이것은 그 자체로도 안 좋지만 보통 혈관 전체가 거의 막히기 전까지는 문제를 일으키지 않는다. 하지만 실제로 혈관이 막히면, 그리고 특히 그것이 중요한 혈관이라면 심각한 문제를 일으킨다. 예를 들어 심장에 피를 공급하는 동맥 중 하나가 막히면 산소 공급이 현저히 줄어 흉통과 숨가쁨을 일으킬 수 있다. 몸에서 이렇게 혈관이 좁아지는 증상으로부터 자유로운 곳은 없다. 죽상동맥경화반이 남성의 성기에 혈액을 공급하는 혈관을 좁히면 발기를 개시하고 유지하는 데 필요한 혈류 급증이 방해를 받아 발기 부전이 일어난다.

최악의 시나리오는 반이 터지는 것이다. 그럼 그 안에 들어 있던 반고형의 내용물이 혈류를 타고 신속하게 몸으로 퍼져 나가 작은 혈관들을 아예 막아 버릴 수 있다. 만약 이런 일이 심장에 혈액을 공급하는 동맥에서 일어나면 심장 근육의 일부에 산소가 완전히 차단되는 심장마비가 생긴다. 그럼 흉통과 숨가쁨이 동반되고, 감당 못 할 공포를 느낀다. 당연한 얘기지만 이럴 때는 당장 병원으로 가야 한다. 막힌 혈관을 신속하게 뚫어 주면 영향을 받은 심장근육 중 일부라도 구할 수 있다. 앞에서도 언급했듯이 심장근육 세포는 전환율이 지극히 느리기 때문에 이런 손상으로 심장이 십중팔구 약해지게 될 것이고, 완전한 회복은 기대하기 힘들다.

반 덩어리가 특히나 안 좋은 결과를 낳을 수 있는 또 다른 종착지는 뇌다. 뇌에서 혈관이 막히면 허혈성 뇌졸중ischaemic stroke이 생긴다. 이것은 일부 뇌 조직에 산소가 공급되지 않아 생기는 뇌졸중이다. 큰 혈관을 막은 경우에는 안면 근육이나 팔 근육의 약화, 말하기 능력 상실, 시야 흐려짐, 현기증 같은 증상이 바로 나타날 수 있다. 이런 조짐이 보이는 사람은 지체 없이 병원으로 가야 한다. 작은 혈관이 막힌 경우는 증상이 미약해서 알아차리지 못하기도 하지만 몇 년 혹은 수십 년에 걸쳐 소규모 뇌졸중이 수십 개씩 쌓이다 보면 전체적인 지력과 기억력이 감퇴할 수 있다. 이것을 혈관성 치매vascular dementia라고 한다. 뇌졸중은 중요한 사망 원인으로 전 세계 사망 원인 중 10퍼센트 정도를 차지한다. 뇌졸중으로 죽지는 않는다 해도 장애가 남아 운동 능력, 말하기 능력, 이해 능력에 문제가 생길 수 있고, 부분적으로 시력을 상실할 수 있다. 혈관성 치매 역시 널리 퍼져 있는 심각한 질병이다. 알츠하이머병보다는 악명이 덜한 사촌 격인 이 혈관성 치매는 두 번째로 흔한 치매 형태로 전체 케이스의 20퍼센트 정도를 차지한다.

우리 면역계가 혈관 벽의 찌꺼기들을 청소할 때 손상된 콜레스테롤을 제대로 처리하지 못하는 것이 해결해야 할 많은 과제를 준다. 지역에 따라서는 죽상동맥경화반으로 인한 심장마비와 뇌졸중에 의한 사망이 전체 사망의 1/5 정도를 차지하기도 한다. 우리 혈관 속에서 일어나는 이 보이지 않는 드라마가 인간의 생물학에서 가장 치명적인 과정인 죽음이라는 타이틀을 두고 암과 경쟁하고 있다니 참 믿기 어려운 일이다.

노화의 전형적 특징 고치기

이렇게 해서 노화의 전형적 특징 열 가지를 만나 보았다. DNA에서 단백질, 세포, 전신에 이르기까지 우리 몸속의 그 무엇도 시간의 횡포에 영향을 받지 않는 것은 없다. 그럼 이것으로 생물학의 많은 부분에 대해 둘러볼 만큼 둘러보았다는 얘기가 된다. 하지만 이 목록은 길다면 길지만, 사실은 이렇게 짧다는 것이 오히려 믿기 어렵다.

인간의 몸은 수백 개의 기관, 수백 가지 서로 다른 종류의 세포가 들어 있고, 어떻게 셈을 하느냐에 따라 적어도 수천 가지 노화 관련 질병이 존재한다. 그런데도 노화의 뒤에 도사리고 있는 악당들을 불과 열 가지 범주로 나눌 수가 있다. 그렇다면 우리가 노화와 결부시키는 대부분의 변화와 질병을 모든 질병을 일일이 표적으로 삼는 현대 의학보다 훨씬 적은 치료법만으로 고칠 수 있을지 모른다. 그리고 그 일을 지금 당장 시작할 수 있다.

수백 종류의 암을 일일이 추적해서 그 각각의 암에 맞춘 치료법을 찾는 대신, 그 모든 암의 근본 원인인 DNA 손상을 처리하고, 그리고 그 모든 것을 악화시키는 노쇠세포와 만성 염증을 잡고, 불안정해진 면역계의 그물을 보강해서 암세포가 빠져나가지 못하게 만들고, 애초에 암에 걸릴 가능성을 줄이기를 시도할 수 있다.

전형적 특징의 목록을 다루는 동안 내가 노화의 전형적 특징을 정의하는 세 가지 기준 중 두 가지만 언급했다는 것을 알아차린 사람도 있을 것이다. 즉 노화의 전형적 특징이 나이와 함께 증가해야 하고, 노화의 전형적 특징의 진행을 가속하면 노화도 가속되어야 한다는 기준만 언급했다. 다음에 이어지는 2부에서 이것을 고치는 법에 대해 살펴볼 것이기 때문이다. 그저 가설의 수준에 머무르는 이야기가 아니다. 제일 가슴 설레는 것은 이 모든 것과 씨름할 아이디어들이 현재 실험실에서 인간 대상 임상 실험에 이르기까지 다양한 개발 단계를 거치고 있다는 점이다.

2부에서는 인류가 어떻게 이 전형적 특징을 의학으로 바꾸어 미미한 노쇠를 향한 첫걸음을 뗄 수 있을지 알아본다. 현재 우리가 구상하고 있는 치료법들을 살펴볼 것이다. 이 치료법들은 각각의 전형적 특징을 원상태로 돌리거나 중요하지 않은 것으로 만드는 방법을 바탕으로 이루어진다. 2부는 총 4장으로 나누어 축적되는 나쁜 것들을 제거하는 방법, 고장 나거나 잃어버린 것들을 새로 교체하는 방법, 손상을 입거나 고장 난 것들을 복구하는 방법, 마지막으로 노화를 늦추거나 역전시킬 수 있도록 우리의 생물학을 재프로그래밍하는 방법에 대해 살펴본다.

지금까지 노화의 이유를 알아보았으니, 이제 어떻게 하면 노화를 멈출 수 있는지 알아보자.

노화의 치료

Treating ageing

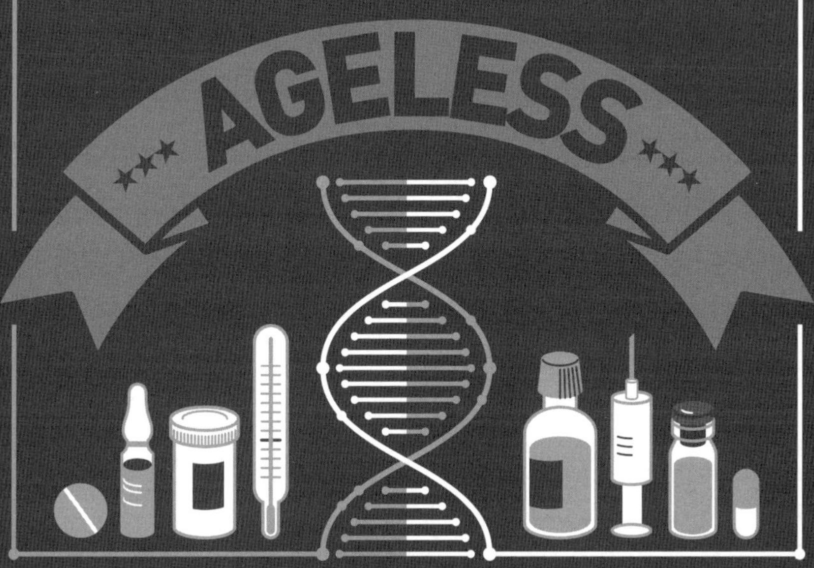

2부

5장 낡은 것 내치기

Out with the old

노화가 여러 면이 존재하는 과정임을 고려하면, 노화의 치료에도 포트폴리오식 접근방법이 필요하다. 우리가 노화의 더 깊숙한 근본 원인을 밝혀내거나, 지난 장에서 살펴보았던 노화의 전형적 특징 중 한두 가지가 나이 듦과 관련된 대부분의 문제를 일으키는 것이 아닌 한, 우리가 결국 갖추게 될 치료의 레퍼토리에는 수십 가지 치료법이 들어갈 공산이 크다. 앞으로 몇 장에 걸쳐 노화 과정의 각 면을 어떻게 치료할 수 있는지 살펴볼 것이다. 그중에는 현재로서는 가설 수준에 머물고 있는 것도 있고, 이제 실제 적용이 임박한 것도 있다.

나는 치료법을 네 가지 느슨한 범주로 나누어 각 범주에 한 장씩 할애했다. 첫 번째 범주는 아마도 가장 직관적인 부분이 될 것이다.

나이에 따라 축적되는 나쁜 것들을 제거하는 치료다. 노화의 전형적 특징 중에는 그냥 나이가 들면서 몸속에 축적되어 노년의 질병이나 기능장애를 일으키는 것들이 있다. 따라서 이런 것들을 제거할 방법을 고안할 필요가 있다.

이런 패턴을 따르는 노화의 전형적 특징은 세 가지가 있다. 나이에 따라 숫자가 천천히 증가하는 늙은 노쇠세포, 세포 안에서 어슬렁거리며 세포의 작업 효율을 천천히 떨어뜨리는 결함 단백질이나 다른 쓰레기들, 그리고 세포 내부와 세포 사이에 축적되어 심부전에서 치매에 이르기까지 다양한 문제를 점진적으로 일으키는, 아밀로이드라는 잘못 접힌 단백질이다. 이런 문제를 해결하는 제일 확실한 방법은 그 원천을 뿌리 뽑는 것이다.

임상에 도입되기를 기다리는 최초의 항노화치료 후보 중 가장 강력한 것부터 시작하자. 바로 노쇠세포의 제거다.

노쇠세포 죽이기

앞 장에서 보았듯이 나이가 들면서 노쇠세포가 천천히 조직 속에 축적된다. 노쇠세포는 말 그대로 늙은 세포를 의미하며, 노화는 말단소체가 너무 짧은 세포, DNA에 손상을 너무 많이 받은 세포, 전반적으로 세포 스트레스가 재앙과도 같은 수준에 놓여 있는 세포에게 일어난다. 그 결과 이런 세포는 안전을 위해 브레이크를 밟고 세포분열을 멈춘다. 이것은 암으로 변하는 것보다는 그래도 나은 대안이지만, 그렇다고 노쇠세포가 결코 마음을 놓을 수 있는 상태는 아니다. 이 세포들은 몸의 만성염증을 부채질하는 분자들을 분비해서 주변 세포들을 노쇠세포 또는 역설적이지만 암세포로 만들 수 있다. 노쇠세포가 면역계에 의해 신속하게 제거되지 않으면 곪아 터져서 주변의 국소 환경과 전신의 상태를 모두 악화시킨다.

이것을 통해 노쇠세포가 노화의 전형적 특징 기준 중 두 가지를 충족한다는 것을 알 수 있다. 노쇠세포는 나이에 따라 축적되고, 그 존재가 노화 과정을 가속한다. 이것을 확실하게 못 박으려면 한 가지 추가 증거만 있으면 된다. 과연 노쇠세포를 제거하면 상황이 나아질까?

노쇠세포 제거로 상황이 좋아진다는 최초의 증거는 미국 메이요 클리닉Mayo Clinic 연구진이 2011년에 처음 발표했다.[1] 이것은 개념 입증 연구proof-of-concept study였다. 두 가지 중요한 면에서 현실과 거리가 있는 실험이었다는 의미다. 첫째, 이 실험은 더 빨리 노화하는 유전적 결함을 갖도록 사육한 생쥐('BubR1' 생쥐라고 한다)를 이용했다. 따라서 이 실험에서 얻은 결론이 정상 생쥐에도 그대로 적용된다는 보장은 없었다. 둘째, 이 생쥐에게는 유전자 조작을 더해서, 특정 약물로 활성화하면 노쇠세포가 자살하게 만드는 유전자를 추가했다. 정상 생쥐나 사람 모두 이런 조작 유전자를 갖고 있지 않기 때문에 이 약에 아무런 반응도 하지 않을 것이다. 실험 결과만 놓고 보면 이것이 생명의 묘약이라며 기뻐할 수 있겠지만, 사람한테는 아무런 효과도 없을 것이다.

하지만 결과 자체는 명확했다. 제일 먼저 확인해야 할 부분은 이 생쥐에게 약을 투여한 후 실제로 노쇠세포가 줄었는지 여부였고, 확인 결과 실제로 줄었다. 더욱 흥미로운 부분은 이 쥐들이 이런 유형의 생쥐들이 일반적으로 경험하는 조기 노화의 몇몇 측면에서 개선을 보였다는 점이다. 이 생쥐는 근육이 더 크고, 쳇바퀴에서 더 오랜 시간 열심히 뛸 수 있었고, 피하지방의 양도 더 많았고(사람이나 생쥐에서 늙으면 피부가 처지는 이유 중 하나가 바로 이 피하지방 상실이다), 백내장도 일반적인 경우보다 늦게 생겼고, 굳이 생물학적으로 꼼꼼하게 측정해 보지 않고 그냥 눈으로만 봐도 좋아 보였다. 살도 더 통통하고, 몸도 건강해 보이고, 털에 윤기도 흘렀다. 반면 약을 투여하지 않은 생쥐들은 등이 굽고 뼈만 앙상하게 남았다.

개선이 나타나지 않은 것은 딱 하나, 전체 수명이었다. 그 이유는 노쇠세포가 체격, 겉모습, 삶의 질 같은 것에 영향을 주지만 노쇠세포에 의해 생기는 장애가 결국에 BubR1 생쥐의 목숨을 끝장내는 시한폭탄은 아니기 때문이다. 이 불행한 생쥐 품종은 심부전으로 죽었다. 심부전은 노쇠세포의 존재에 별 다른 영향을 받지 않는다. 그럼에도 이 연구는 획기적 사건이었다. 동물에서 노쇠세포를 제거하면 노화와 관련된 질병과 기능장애의 부담이 완화된다는 것을 최초로 입증해 보였기 때문이다.

하지만 이 실험이 아주 큰 성공을 거두지는 못했다. 앞서 언급했던 두 가지 주의사항, 즉 이 생쥐가 빨리 노화하도록 유전조작한 생쥐라는 사실 때문에 이 연구는 노쇠세포 연구에 미친 몇몇 과학자들의 관심을 끄는 데 그쳤다. 정상 생쥐에서 이런 결과가 나왔다면 훨씬 설득력이 있었을 것이다. 동일한 메이요 클리닉 연구진이

2015년에 발표한 연구로 그 도전에 나섰다.[2] 유전조작하지 않은 일반 쥐에서 노쇠세포를 직접적으로 뒤쫓는 교묘한 약물 조합을 만든 것이다.

과학자들은 세포를 자살로 살살 내모는 약을 찾아내는 전략을 세웠다. 노쇠세포는 자신이 계속 살아남는 것에 관해 깊은 양가적 태도를 가진 것으로 밝혀졌다. 한편에서 보면 손상이나 스트레스 때문에 다 죽어 가는 상황이라 죽고 싶어 한다. 즉 세포예정사(세포자멸사)를 촉진하는 많은 유전자를 활성화한다는 말이다. 하지만 한편으로는 세포예정사를 멈추어 계속 살게 만드는 유전자도 동시에 활성화한다. 노쇠 상태를 유지하는 것은 삶과 죽음이라는 상반되는 힘 사이의 끝없는 전쟁이다. 그렇다면 자살 억제자를 억제해서 이 교착 상태의 추를 죽음 쪽으로 기울게 만들 약물을 찾을 수 있지 않을까?

이 연구진은 항자살 유전자를 방해하는 것으로 알려진 약물 후보 46가지를 찾아내어 노쇠세포를 죽이는 잠재력을 검증해 본 뒤 두 가지 약물을 승자로 선정했다. 하나는 화학요법에 사용되는 암 치료제인 다사티닙dasatinib, 또 하나는 과일과 채소에 들어 있고 식이보충제로 복용하기도 하는 케르세틴quercetin이라는 플라바놀flavanol이었다. 이 두 가지를 함께 사용하면 효과가 훨씬 뛰어나서 몸속 여러 조직에 들어 있는 노쇠세포들은 해치우지만 무고한 세포들에게는 해를 입히지 않았다. 이렇게 메이요 클리닉 연구진의 'D+Q' 혼합제는 최초의 세놀리틱senolytic이 됐다. 세놀리틱이란 노쇠세포를 용해시키는 치료법을 의미한다.

마지막 단계는 D+Q 혼합제를 늙은 생쥐에게 투여하는 것이었다. 그 결과는 인상적이었다. 늙은 생쥐에게 D+Q 혼합제를 투여했더니 생물학적으로 젊어진 것이다. 2015년 연구는 이 혼합제를 24개월 된 생쥐(사람으로 치면 70세 정도에 해당)에게 투여했다. 그러자 심장 기능과 혈관의 유연성이 개선됐다. 그 후로 빗발치듯 후속 연구가 진행되어 다른 많은 곳에서도 D+Q가 효과가 있는지 살폈다. 그 결과 생쥐에서 노쇠세포를 죽이자 죽상동맥경화증, 알츠하이머병, 당뇨병, 골다공증, 나이 든 심장의 재생, 폐질환, 지방간이 개선되는 것으로 나타났다. 그 덕에 늙은 생쥐는 더 멀리 더 빠르게 달릴 수 있었고, 움켜쥐는 힘도 세져서 줄에 더 오래 매달릴 수 있었다. 이 개선 목록은 당신이 이 글을 읽을 때쯤이면 벌써 시대에 뒤처진 정보가 될 것이다. 세포 노쇠와 세놀리틱은 엄청나게 뜨거운 연구 주제이기 때문이다. 이 좀비세포들의 새로운 역할이 하루가 멀다 하고 밝혀지고 있다. 이런 발견은 노쇠세포를 제거하고 상황이 어떻게 개선되는지 보는 간단한 과정을 통해 이루어지는 경우가 많다.

개별 질병에 초점을 맞춘 연구가 많다. 건강수명이나 전체 수명을 지켜보는 것보다는 특정 신체 부위에서 일어나는 단기적 변화를 보여 주는 것이 훨씬 빠르기 때문이다. 하지만 2018년에 나온 한 연구는 D+Q가 전신에 영향을 미친다는 것을 보여 주었다.[3] 생쥐 생후 24개월부터 반복적으로 처방을 시작하자, 처방을 받지 않은 생쥐는 4.5개월을 더 산 반면 처방 받은 생쥐는 6개월을 더 살았다. 치료를 아주 늦은 말년에 시작했음에도 이 생쥐들은 인간으로 치면 5년에서 10년 정도 수명이 늘어났다. 특히나 중요한 것은 이렇게 늘어난 수명이 노화에 따른 기능장애가 있는 상태에서 사는 것이 아니란 점이다. 그보다는 노화 자체가 뒤로 늦춰지는 것으로 보인다. 사후부검을 해보면 약물을 투여한 생쥐 집단과 약물 없이 일찍 죽은 생쥐 집단이 아주 비슷하게 보였다. D+Q가 그저 단일 질병을 늦추어 수명을 연장한 것이 아니라 노화 과정 전체를 늦추거나 부분적으로 역전시켰다는 의미다.

만약 세놀리틱을 더 일찍 시작했다면 더 효과적이었을지도 모른다. 2016년의 한 연구는 옛날 방식의 약물 활성화 유전자 조작 방식을 사용했지만 이번에는 이 유전자를 BubR1 돌연변이가 아니라 정상 생쥐에게 집어넣었다.[4] 생쥐의 중년에 해당하는 생후 12개월에 세포 자살 활성화 약물을 시작했더니 암과 백내장의 개시 시기가 늦춰지고 심장과 신장의 기능이 개선되고, 심지어는 약물을 투여하지 않은 대조군 생쥐에 비해 새로운 환경에 대한 호기심도 더 많아졌다. 그리고 평균 수명도 25퍼센트 늘어났다.

세놀리틱 약물이 넓은 맥락에서 효과가 있는 것으로 입증되었고, 전체 수명도 길어진다는 사실에 비추어 보면 노쇠세포가 노화 과정에서 분명 핵심적인 역할을 하며, 노쇠세포를 제거하는 것이 노화 치료의 열쇠가 되리라 말할 수 있다. 그다음 단계는 세놀리틱이 사람에게도 효과를 나타내게 하는 것이다. 실험은 이미 시작된 상태다.

인간을 대상으로 하는 최초의 임상 실험은 2019년 초에 발표됐다.[5] 특발성 폐섬유증idiopathic pulmonary fibrosis 환자에게 D+Q를 이용해 소규모로 안정성 확인 연구가 진행됐다. 특발성 폐섬유증은 폐조직에 심한 반흔이 생기며 딱딱해지는 질병이다. 특발성 폐섬유증은 노쇠세포가 주도하는 것으로 여겨지며, 생쥐에서는 D+Q 조합을 이용해 개선되는 것으로 나타났다. 이것은 D+Q가 사람에 사용해도 안전한지 확인하는 것을 가장 큰 목적으로 하는 초기 예비실험이었고, 참가자도 14명으로 제한했다. 결과는 긍정적이었다. 약물은 안정적인 것으로 보였고, 환자가 얼마나 멀리 걷고, 얼마나 빠르게 의자에서 일어날 수 있는지를 통해 측정해 본 신체 수행 능력에서 어느 정도의 개선이 나타나기도 했다. 특발성 폐섬유증 환자가 세놀리틱 치료를 받기 위해서는 아직 더 많은 연구가 필요하지만 이 정도면 시작으로는 나쁘지 않다.

메이요 클리닉의 과학자들이 D+Q에 대해 조사를 이어 가는 동안 다른 과학자들은 자체적으로 개발한 세놀리틱 약물을 밀어붙이고 있다. 그중 가장 선두는 유니티 바이오테크놀로지Unity Biotechnology라는 회사일 것이다. 이 회사는 UBX0101과 UBX1967이라는 수수께끼 같은 이름의 두 약물로 골관절염이 있는 환자의 무릎과 노화 관련 황반변성이 있는 환자의 눈을 대상으로 실험을 진행하고 있다.[6] 노화 과정을 늦춰 주는 약물을 위한 출발점을 마구잡이로 고른 것처럼 보일 수 있지만 여기에는 나름의 논리가 있다. 첫째, 노쇠세포가 관여하고 있음이 구체적으로 의심되는 질병으로 시작하는 것이 좋다. 이런 질병은 증상이 명확하고 치료의 효과를 비교적 신속하게 확인할 수 있다. 그리고 이미 불편한 질병을 갖고 있는 사람을 치료하는 것으로 시작하는 것 역시 유리한 부분이다. 건강한 중년을 참가시키는 것보다는 치료법을 알 수 없는 병으로 폐의 상태가 이미 안 좋아져 있는 사람이 실험에 필연적으로 따라오는 부작용을 더 잘 받아들일 수 있기 때문이다. 마지막으로 무릎과 눈은 부위가 작고, 체액을 담고 있는 주머니가 있어서 장점이 있다. 그럼 약물을 그곳에 직접 주사할 수 있고, 나머지 신체 부위로 스미어 나오는 약물의 양이 최소화되리라 기대할 수 있기 때문이다. 그럼 부작용의 가능성도 줄어든다(그리고 좀 음울한 이야기이긴 하지만, 눈이 유리한 이유는 나머지 반대쪽 눈이 백업이 되어 주기 때문이다. 반대쪽 눈은 실험대조군 역할도 하고, 행여 실험한 눈에 문제가 생겼을 때를 대비한 보험이 되어 줄 수도 있다).

세놀리틱 분야의 발전 속도는 아찔할 정도로 빠르다. 2011년에 생쥐를 대상으로 개념 입증 연구가 처음 이루어지고 나서 2018년에 사람을 대상으로 하는 최초의 임상실험이 진행된 것은 의학적 기준으로 보면 믿기 어려울 만큼 빠른 발전 속도다. 이대로 잘 진행되기만 하면 몇 년 안으로 종합병원에서 최초의 세놀리틱 치료를 보게 될 것이다. 처음에는 특발성 폐섬유증, 관절염 등 특정 질병 그리고 증상이 있는 환자만을 대상으로 치료가 진행될 것이다. 그리고 이것이 안전하고 효과적이라고 입증되면 점진적으로 더 흥미진진한 분야로 시선을 돌려, 질병이 아주 초기 단계인 사람이나 질병이 아예 없는 사람에게 예방적으로 세놀리틱을 투여하는 임상실험을 진행하며 노화와 관련된 건강 문제를 점진적으로 더 넓게 아우를 것이다.

새로운 세놀리틱을 개발하려면 인간 대상 임상실험을 밀어붙이는 것 말고도 해결해야 할 것이 많다. 예를 들어 D+Q 조합은 생쥐에서 노쇠세포의 1/3 정도를 죽인다. 만약 이 조합이 50퍼센트 혹은 80퍼센트 정도의 노쇠세포를 죽인다면 그 효과가 얼마나 더 강력했을까? 또한 접근방식에 따라 조직별로 효과가 더 좋을 때도 있고 떨어질 때도 있다. 예를 들면 다사티닙은 지방 전구 세포를 죽이는 데 나비토클락스navitoclax라는 다른 세놀리틱보다 더 나은 반면, 약물로 활성화되는 세포 자살 유전자 방식은 간과 창자보다는 심장과 신장의 세포들을 청소하는 데 더 효과적이다. 역설적으로 이것이 좋은 소식이 될 수도 있다. 최초의 치료법이 꼭 완벽하지 않아도 의미 있는 긍정적 효과를 볼 수 있다는 말이기 때문이다. 부분적이고 불완전한 치료법으로도 수명과 건강이 증진될 수 있다. 그리고 좀 더 많은 조직에서 이런 세포들을 더 포괄적으로 청소할 수 있게 됨에 따라 개선 효과도 더 높아질 가능성이 있다.

여기서 우리는 핵심적인 질문을 정면으로 마주하고 있다. 만약 노쇠세포가 그렇게도 해롭고, 노쇠세포를 제거하는 것이 생쥐와 사람의 건강에 그렇게 좋다면, 그런 세포가 애초에 존재하는 이유가 무엇이란 말인가? 노쇠를 유도하는 시한폭탄이 째깍거리고 있는 세포들이 세포자멸사를 통해 흔적도 없이 사라져 버리지 않는 이유가 무엇일까? 그것은 장소에 따라서는 노쇠세포가 그저 주변 환경을 망치는 썩은 사과 같은 존재 이상의 역할을 하기 때문이다.

한 사례는 발달development 기간 동안이다. 우리가 엄마 배 속에서 발달할 때 몸에 특정 구조를 구축하기 위해 진화가 내놓은 해결책이 세포들을 선택적으로 죽이는 것일 때가 있다. 이것이 세포자멸사를 통해 이루어지기도 한다. 가장 유명한 것은 손의 발달이다. 우리의 손은 물갈퀴가 달린 이상한 모양의 앞발처럼 자라다가 발달하는 손가락 사이의 세포들에서 세포예정사가 일어나 손가락들이 분리된다. 그런데 이 과정에 세포예정사 대신 노쇠가 이용되기도 한다는 사실이 불과 몇 년 전에 밝혀졌다. 이것은 신체의 발달 과정이 안무처럼 정교하게 짜인 과정이고, 서로 화학적 메시지를 주고받는 세포들이 그 성공의 열쇠라는 사실 때문인지도 모른다. 노쇠관련 분비표현형SASP에서 뿜어내는 분자들이 노쇠세포가 면역계에 의해 모두 청소되기 전에 과도 신호transient signal로서 모두 중요하게 작용하고 있을 수 있다.

일단 성인이 되고 나면 노쇠세포는 암의 예방 말고도 계속 중요한 역할을 담당한다. 상처의 치유다. 피부에 베이는 상처를 입었다고 해 보자. 이 손상으로 인해 믿기 어려울 정도로 복잡한 일련의 세포 작용과 분자 작용이 개시된다. 근처의 세포들은 노쇠 상태로 들어가 자신의 노쇠관련 분비표현형을 나쁜 쪽이 아니라 좋은 쪽으로 사용한다. 이 염증 유발 분자들은 엉망이 된 조직을 치우고, 기회를 틈타 상처를 통해 들어오려는 침입자들을 물리쳐 달라고 면역계에게 도움을 요청한다. 그리고 노쇠관련 분비표현형에 들어 있는 다른 화학물질들은 손상 받은 구조물을 헐어 내고 새로운 구조물이 자라나 최대한 빨리 상처를 수습할 수 있게 촉진한다(노쇠세포의 이웃 세포들을 암세포로 바꾸는 역할을 하는 것이 이 SASP의 성장 촉진 요소들이다).

이 두 가지 사례를 놓고 보면 '노쇠'라는 표현은 이 세포들에 붙여 줄 이름으로는 사실 적절치 않다. 노쇠라는 표현은 늙고, 낡고, 쓸모없고, 세포로서의 삶과 유기체로서의 삶 모두에서 종말을 맞이하고 있음을 암시한다. 이 세포들이 어떻게 발견되었는지 생각하면 이런 표현을 사용한 것이 이해는 된다. 배양접시 안에서 너무 여러 번 세포분열한 끝에 성장의 한계에 부딪친 것을 발견하고 붙인 표현이니까 말이다. 하지만 노쇠관련 분비표현형은 적절한 상황에서는 성장을 촉진하고, 치유를 촉진하는 역할을 한다. 생명의 끝이 아니라 생명의 출발점에서 활약하는 것이다. 어쩌면 노쇠세포가 말년에 항암 기능을 하는 것은 나중에 덧붙여진 기능이 아닌가 싶다. 원래의 목적은 발달과 관련되어 있던 세포 상태를 나이가 들었을 때 암의 위험을 줄일 목적으로 진화가 끌어들인 것인지도 모른다.

일부 조직에서는 노쇠세포를 제거하는 것이 의도치 않았던 부작용을 낳을 위험이 있다. 일부 세포군은 규모가 너무 작아서 차선책으로 노쇠한 세포들을 거느리고 있지만 그럼에도 이 세포들이 기능 유지에는 필수적일지도 모른다. 뉴런이 그런 경우일 수 있다. 한 뉴런이 노쇠했지만 그럼에도 기억이나 어떤 뇌 기능에서 빠질 수 없는 일부라면 그 세포를 죽이기보다는 구원하는 편이 나을 것이다.

노쇠세포가 이상적이지는 않지만 그거라도 필요한 조직에서는 그 세포에 의지할 수 있다. 이런 노쇠세포를 처리하는 두 가지 다른 접근방법이 있다.[7] 첫째, 세포를 노쇠 상태로 그냥 내버려 두되 노쇠관련 분비표현형은 억제하는 약물을 찾아내서 노쇠세포의 해악을 줄이는 방법이 있다. 이것을 세노모픽스senomorphics라고 부른다. 둘째, 노쇠세포를 다시 정상세포로 돌아오도록 구슬려 볼 수 있다. 이것은 후성유전학적 재프로그래밍epigenetic reprogramming으로 달성할 수 있는데 자세한 내용은 8장에서 다루겠다.

결국은 치과나 안과에서 정기검사를 받는 것처럼 6개월이나 1년마다 병원을 찾아 검진을 받는 것이 이상적인 상황이 될 것이다. 몸의 서로 다른 부위에서 노쇠세포로 인한 부담이 있는지 확인하는 몇 가지 검사를 신속하게 받고서 각 기관 별로 그 노쇠세포를 표적으로 하는 서로 다른 약물의 용량을 최적으로 조정해 약이나 주사를 처방받는다. 그러고 몇 시간 정도 병원에서 기다리며 이상이 없는지 확인한 후에 주의사항을 듣고 혹시 며칠 안으로 다치거나 했을 때 치유 속도를 높여 줄 로션[8]을 받아서 집으로 돌아가는 것이다. 부유한 국가의 수명이 80세에 근접했다는 사실로부터 노쇠세포가 실제로 유해한 수준까지 축적되는 데는 수십 년이 걸린다는 사실을 알 수 있다. 따라서 치료는 가끔씩 진행하는 것이 타당해 보인다. 생쥐의 경우 세놀리틱의 긍정적 효과는 1회 투여 후 몇 달간 지속되었다. 따라서 사람에게서도 효과가 그 정도 지속되거나, 아니면 치료와 치료 사이의 기간을 더 늘릴 가능성이 있다.

적어도 지금은 세놀리틱의 성공이 중요하다는 점은 아무리 강조해도 지나치지 않다. 노쇠세포는 노화의 근본 동력이며, 몸속 여러 조직에 존재하고, 다양한 질병의 증가와도 관련 있다. 생쥐의 실험 결과를 보면 노쇠세포를 제거하면 특별한 부작용 없이 삶의 양과 질이 모두 개선될 수 있음을 보여 준다. 세놀리틱으로 사람에서도 효과를 볼 수 있다면 새로운 질병 치료 옵션이 풍성하게 열릴 것이다. 그리고 생물노인학을 뒷받침하는 원리들도 반박 불가능하게 입증해 줄 것이다. 노화 과정에 개입해서 치료할 수 있게 되면 수명과 건강에 큰 이득이 된다. 의사들도 더 이상은 사망진단서에 '노쇠세포의 과도한 부담으로 인한 사망'이라 쓰지 않아도 될 것이다. 노쇠세포는 현대의학에서 치료하는 질병들과는 범주가 근본적으로 다르다. 결과라기보다는 원인이며 우리가 노년에 걱정하는 많은, 어쩌면 대부분의 질병과 관련이 있다. 약물 자체뿐만 아니라, 건강한 사람을 비롯한 모든 이를 위한 보편적, 예방 치료라는 예방적 시놀리틱 preventive senolytic의 아이디어가 의학 혁명의 개념적 토대를 이룬다.

아마도 시놀리틱은 당신의 입으로 들어갈 최초의 진정한 항노화의 묘약이 될 것이다.

◦ 재활용을 재발명하기 — 자가포식 업그레이드

고장난 단백질, 손상된 미토콘드리아를 스스로 포식해서 재활용하는 세포 내 과정인 자가포식의 감소가 노화 과정에서 중추적 역할을 할지도 모른다는 것은 앞에서 보았다. 자가포식은 우리 몸이 자체적으로 쓰레기를 치우는 방법이니까 이 천연 시스템을 이용해 우리 세포를 새것처럼 유지할 방법은 없을까?

식이제한이 자가포식 수준을 끌어올리는 것으로 보아 식사량을 상당히 줄이는 것이 자가포식 과정을 활성화하고 노화를 늦추는 접근방법이 될 수 있다. 하지만 식욕을 힘들게 자제하지 않고도 식이제한의 생물학적 효과를 흉내 낼 수 있는 방법이 있다면 더 좋을 것이다. 여기서 '식이제한 효과약물DR mimetics'이 등장한다. 이것은 덜 먹을 필요 없이 자가포식을 비롯해서 식이제한과 동일한 여러 가지 메커니즘을 활성화시키는 약물을 말한다.

식이제한 효과 약물의 이야기가 시작된 것은 반세기가 넘은

1964년 11월의 일이다.[9] 캐나다의 군함 케이프 스콧Cape Scott 호가 캐나다의 항구를 떠나 이스터 섬으로 향했다. 이스터 섬은 칠레 해안으로부터 3500킬로미터 정도 떨어진 태평양 깊숙한 곳에 있는 섬으로 지구에서 사람이 살고 있는 가장 외딴 장소 중 한 곳이다. 원주민 폴리네시아인들이 '라파누이Rapa Nui'라 부르는 이 섬은 거대한 사람 머리 모양의 조각인 모아이 석상moai으로 유명하다. 이 섬에 국제공항을 건설하겠다는 칠레 정부의 계획에 자극을 받아 수 세기 동안 거의 완벽하게 단절되어 있던 이 섬으로 찾아간 케이프 스콧 호에는 38명의 탐사대가 타고 있었다. 이들의 임무는 원시적인 섬의 환경과 그곳에 사는 949명 원주민들이 영원히 사라지기 전에 그에 대한 과학적 기록을 남기는 것이었다.

이 탐사는 워낙 다사다난해서 거의 실패할 지경까지 가기도 했다. 당시 라파누이는 칠레의 식민지였고, 케이프 스콧 호의 도착과 우연히 때를 맞춰 혼란스럽지만 피를 보지는 않은 무혈혁명이 일어나고 있었다. 섬 주민들이 라파누이에 하나밖에 없는 불도저를 인질로 잡았고, 칠레 정부는 이 사회적 동요를 조사하기 위해 40명의 해병을 파견했다. 한때는 반란 지도자 알폰소 라푸Alfonso Rapu가 어쩔 수 없이 과학자들의 구내 건물로 대피해서 여자 옷으로 위장하고 탈출해야 했던 경우도 있었다. (그 후로 얼마 지나지 않아 혁명은 성공을 거두었고, 그는 이 섬의 시장으로 선출됐다.)

하지만 이런 혼란 속에서도 라파누이와 그 거주민들에 대한 꼼꼼한 과학 표본 수집이 이루어지고 있었다. 이렇게 수집된 17,000건의 표본, 의료기록, X선 사진 중 가장 중요한 것은 결국 별 볼 일 없어 보이는 흙이 담긴 병이었다. 이 표본은 캐나다로 돌아갔고, 4년 후에는 세균이 생산하는 화학물질에서 신약을 발견하는 일에 관심이 있는 연구 집단에게 넘어갔다.

연구 과정은 고됐다. 흙에서 세균을 추출해서, 영양배지에서 키운 다음, 다른 세균이나 곰팡이 같은 다양한 테스트용 미생물과 함께 배양해서 항균 효과를 확인했다.* 스트렙토마이세스 히그로스코피쿠스*Streptomyces hygroscopicus*라는 균종은 아구창 감염을 일으키는 효모인 칸디다균과 함께 두면 치명적인 효과를 발휘했다. 과학자들은 곰팡이(진균)를 죽이는 화학물질을 분리해서 라파누이의 이름을 따 라파마이신rapamycin이라 명명했다.

라파마이신은 결국 그저 단순한 항진균제가 아님이 밝혀졌다. 더 조사해 보았더니 라파마이신은 강력한 면역억제제였고, 또한 세포의 증식도 멈추게 했다. 면역계에 미치는 영향 때문에 강력한 항진균제로서의 쓸모는 금방 중단되고 말았지만 이 두 가지 발견은 훨씬 큰 가치가 있는 것이었다. 면역억제제는 장기이식 환자의 몸이 이식받은 장기를 거부하지 않게 막는 데 핵심적인 역할을 한다. 그리고 세포 증식을 막는 능력은 잠재적인 항암치료제 신약으로 인정받게 됐다. 하지만 기대 속에 여러 해 걸쳐 연구가 이루어졌지만 라

* 이것은 최초의 항생제 페니실린을 우연히 발견한 행운의 실험을 공식화한 버전이다. 이 행운의 실험에서는 푸른곰팡이가 자리를 잡은 배지에 뚜껑을 닿는 것을 깜박하고 놔두었다가 푸른곰팡이 주위로 세균이 자라지 않는 둥근 영역이 생기는 것을 발견했다. 이 둥근 영역은 곰팡이가 분비한 화학물질 때문에 생긴 것이었다. 이 화학물질이 세균에 독성이 있었던 것이다. 결국 이 화학물질을 분리해서 그것이 발견된 곰팡이인 *Penicillium fungus*의 이름을 따 페니실린이라 불렀다.

파마이신은 아직 실효성 있는 약으로 개발되지 못했다. 그리고 이 약의 개발을 주도하던 제약회사 에이어스트Ayerst에서 구조조정의 일부로 1982년에 난데없이 이 프로그램을 폐쇄해 버렸다.

과학자 수렌 세갈Suren Sehgal은 어이가 없었다.[10] 이 약이 혁명을 일으킬 수 있다고 확신했던 그는 라파마이신을 생산하는 세균 몇 병을 몰래 집으로 가져가 냉장고에 숨겨 놓았다. 그리고 거기에 '먹지 마시오!'라는 딱지를 붙여 놓았다. 이 세균은 그 냉장고에서 5년을 머물렀고, 이사 갈 때도 무사히 살아남았다(냉장고에 드라이아이스를 채워 강력 접착테이프로 칭칭 동여매서 이사했다). 그러다 결국에는 상사를 간신히 설득해서 세균을 해동하고 라파마이신에 대한 연구를 한 번 더 시작할 수 있었다.

지금쯤이면 당신도 라파마이신이 단순한 면역억제제나 항암치료제가 아니라는 것을 눈치챘을 것이다(하지만 세갈의 생각이 옳기는 했다. 이 약은 현재 양쪽 용도로 모두 허가가 나 있다). 이 약이 사람의 건강에 가장 크게 기여한 부분은 항노화 약물로의 가능성이다. 그러니 언젠가 당신이 노화를 늦추기 위해 라파마이신이나 거기서 유래된 약을 복용하는 날이 오면 터무니없을 정도로 다사다난했던 그 일련의 사건들을 떠올리며 감사해야 할 것이다. 1960년대에 이스터 섬에 공항을 짓겠다는 칠레 정부의 결정으로 시작된 일련의 사건들 덕분에 이미 수백만 명이 목숨을 구했다. 그리고 이 약이 노화를 방지하는 효과도 있다면 수십 억 명의 목숨을 더 구할 것이다.

라파마이신이 실제로 어떻게 작용하는지 밝히려 애쓰던 과학자들은 이 약이 한 단백질과 상호작용한다는 사실을 발견했다. 그리고 이 단백질은 라파마이신의 이름을 따서 '라파마이신의 표적target of rapamycin', 혹은 TOR로 불리게 됐다. TOR는 세포 대사에서 결합체로 작용하며 생명의 가장 근본 과정에서 대단히 중요한 역할을 한다.[11] 사람과 생쥐에서는 TOR의 미묘한 변이가 발견되는데 이것을 mTOR라고 한다. 이것과 TOR 모두 기본적으로 같은 방식으로 작동한다. 이 단백질들은 당분, 아미노산, 산소, 인슐린의 수준을 감지해서 자기가 발견한 내용을 바탕으로 세포 속 다른 단백질들에게 지시사항을 전달한다.

라파마이신은 mTORC1이라는 mTOR의 한 형태를 막아 음식이 풍부할 때 이것이 세포의 나머지 부분에 신호를 보내지 못하게 한다. 이것은 사실상 영양분 감지를 방해해서 세포로 하여금 먹을 것이 부족하지 않은데도 부족하다고 생각하게 만든다. 라파마이신을 고농도로 투여하면 세포의 성장을 완전히 멈추게 할 수 있다. 그리고 저농도로 투여한 경우에는 TOR를 누그러뜨려 성장을 줄이고 자가포식을 촉진하는 역할을 한다.

그 결과 라파마이신은 식이제한과 아주 비슷한 작용을 일으켜 마치 소식을 한 것처럼 효모, 선충, 파리의 수명을 늘려 준다. 이 공통의 메커니즘과 단순한 모형생물에서 얻은 증거를 바탕으로 과학자들은 2006년에 생쥐를 대상으로 다른 몇몇 항노화 치료법과 함께 라파마이신에 대해 엄격한 검증에 착수한다.

하지만 라파마이신과 관련해서는 무엇 하나 쉽게 진행되는 것이 없다. 과학자들은 4개월짜리 생쥐에 치료를 시작할 생각이었지만 라파마이신이 사료 준비 과정과 생쥐의 위를 통과하는 동안에 모두 살아남을 수 있도록 코팅하는 방법을 개발하는 데만 1년이 넘게 걸렸다. 이때쯤 되니 쥐는 벌써 생후 20개월이 되어 있었다. 사람으로 치면 대략 60세에 해당하는 나이다. 이렇게 늦게 시작해서는 어떤 효과든 극적으로 감소할 수밖에 없을 것 같았다. 이래서야 실험을 하는 것이 무슨 의미가 있을까?

쓸데없는 걱정이었다. 이 실험에서 모두를 놀라게 할 결과가 나왔다. 이 과학자들은 정말 놀라운 것을 입증해 보였다. 라파마이신이 이미 늙어 버린 생쥐에 복용시켜도 효과가 있었던 것이다.[12] 이 생쥐는 약을 복용하지 않은 다른 동료 생쥐들보다 평균 10퍼센트 정도 수명이 길어졌다. 이것은 진정한 혁신이었다. 포유류에서 약물로 수명을 연장할 수 있음을 최초로 입증했을 뿐만 아니라 치료를 말년에 시작해도 효과가 있음을 우연히 입증해 보인 것이다. 후속 연구들은 이제 귀에 박힐 법한 결과를 다시금 확인해 주었다. 이 장수한 생쥐들은 노쇠한 상태로 버티며 오래 산 것이 아니라 더 젊게 오래 살았고, 노화 관련 질병도 빈도와 강도 모두 줄었다. 라파마이신은 세포의 죽음을 늦추고 파킨슨병과 알츠하이머병의 생쥐모형*의 뇌에서 인지수행능력을 개선해 주었다. 그리고 당뇨병이 있는 생쥐의 동맥 기능도 개선해 주었다. 이는 아마도 자가포식을 자극해서 얻은

---

* '생쥐모형'은 사람의 질병에 걸릴 위험이 있도록 유전적으로 변경한 생쥐를 말한다. 이렇게 유전적으로 변경하는 이유는 생쥐가 그런 병에 걸릴 때까지 기다리려면 너무 오래 걸리거나, 알츠하이머병이나 파킨슨병처럼 생쥐가 아예 걸리지 않는 병인 경우도 있기 때문이다. 따라서 생쥐모형에서 얻은 결과를 사람에게 적용할 때는 주의해야 한다. 하지만 이것은 새로운 치료법이 어떤 식으로 작동하는지 이해할 때 중요한 첫 단계인 경우가 많다. 그래도 생쥐모형 실험은 정상 생쥐 실험보다 실제 임상과 한 단계 더 거리가 있다는 점을 명심하자.

결과일 것이다.

이것은 식이제한 효과 약물의 원리를 인상적으로 증명해 보인 것이다. 태평양의 한 섬에서 시작해서 가정용 냉장고를 거쳐, 뜻하지 않았던 늙은 생쥐에 이르기까지 우여곡절을 거치면서 결국 하루라도 빨리 사람에게 적용할 방법을 찾아야 할 연구 결과가 나온 것이다. 라파마이신은 아주 늦은 말년에 치료를 시작해도 수명과 건강수명을 늘려 주었다. 안타깝게도 라파마이신에는 부작용이 있다. 라파마이신은 레이저로 유도하듯 정확하게 mTOR만 표적으로 삼는 약물이다. 하지만 mTOR라는 표적은 엄청난 전략적 중요성이 있는 표적이다. 세포의 지휘본부나 마찬가지라서 이것을 때려눕혔다가는 극적인 파급효과가 나타난다.

첫째, 라파마이신이 면역억제제로 환자에게 처음 사용되었다는 점을 생각하면 이것이 면역계를 억제해서 감염의 위험을 높이는 것이 당연하다. 늙어서 죽지 않고 독감으로 죽는다면 노화가 늦추어져봐야 아무런 소용이 없다. 이것은 또한 복용자가 당뇨병에 잘 걸리게 하기 때문에 양날의 칼이 된다. 암이나 심장질환은 뒤로 늦춰 주지만 노화와 관련된 질병의 또 다른 조짐은 앞당기는 효과가 있다. 거기에 더해서 탈모, 구강궤양, 상처 치유 지연, 관절통, 그리고 남성 복용자의 경우는 불임의 문제 등 더 이상한 부작용들도 있다(한 생쥐 연구에 따르면 라파마이신이 생쥐의 고환 크기를 80퍼센트나 줄였다고 한다!). 장기이식 환자나 암 환자에게는 여전히 유용한 약물이지만 기존에 질병이 없었던 사람이라면 노화 속도 좀 늦춰 보자고 이런 위험까지 무릅쓰려 하지는 않을 것이다.

하지만 그래도 항노화 무기로 사용할 치료법은 그 이스터 섬 탐사로부터 나올지 모른다. 첫째, 이런 부작용은 라파마이신을 항노화 약제로 사용할 때 필요한 양보다 훨씬 높은 용량으로 사용할 때 관찰된다. 사실 그 부작용 중에는 저용량으로 투여했을 때 효과가 아예 역전되는 경우도 있다. 라파마이신을 고용량으로 투여하면 면역계가 억제되니까, 저용량으로 투여하면 조금만 억제될 것 같지만, 직관과 달리 오히려 면역계의 수행 능력이 강화된다.

더군다나 약리학자들은 신약을 발견하면 거기에 살짝 변형을 가해 속성을 바꿀 때가 많다. 라파마이신도 예외가 아니어서 라파마이신을 모체로 '라파로그rapalog'라는 파생약물군이 나와 있다. 생쥐에서 복용 간격을 달리하면서 여러 종류의 라파로그로 실험해 본 결과 부작용을 줄이면서 그 혜택 유지는 가능함이 입증됐다.

라파마이신과 식이제한에 대한 더욱 일반적인 연구에서 영감을 받아 다른 식이제한 효과약물에 대한 연구도 이루어지고 있고, 일부는 임상실험이 진행 중이다. 그중 한 가지가 1950년대부터 당뇨병 치료제로 사용되어 온 약인 메트포르민metformin이다. 미국에서는 머지않아 건강한 노년층 지원자들을 대상으로 메트포르민 실험이 시작될 것이다. 이것은 특정 질병에 대한 효과가 아니라 전체 노화 과정에 대한 효과를 검증하는 최초의 약물 실험이다(이 혁신적인 실험이 갖는 과학적 함의에 대해서는 11장에서 자세히 다루겠다). 코로나바이러스 때문에 이런 연구 활동이 지연되기는 했지만 관련된 과학자들은 메트포르민이 노년층에서 면역능력을 증진해서 코로나바이러스감염증-19에 재한 저항력을 강화할 수 있는지 확인하는 소규모 연구를

시작하려 하고 있다.[13]

정액에서 처음 발견된 스퍼미딘spermidine도 있다.[14*] 스퍼미딘은 자가포식을 활성화하고, 생쥐에게 늦은 나이에 투여하기 시작해도 심장 건강을 개선하고 수명을 10퍼센트 정도 연장해 주는 것으로 밝혀졌다. 사람의 식생활과 수명의 상관관계를 조사한 연구에서 식생활을 통해 스퍼미딘을 제일 많이 섭취하는 사람이 제일 적게 섭취하는 사람보다 5년 더 사는 것으로 밝혀진 것도 시사하는 바가 크다. 이것은 식생활에서의 다른 차이점, 생활방식, 전반적인 건강의 차이를 보정한 후 나온 결과였다(버섯, 대두콩, 체다치즈에 스퍼미딘이 특히나 고농도로 들어 있다). 관찰 연구는 항상 조금은 에누리해서 들어야 하지만, 생쥐의 수명 연장 효과와 이것을 함께 고려하면 제대로 된 실험을 해 볼 필요가 있다는 생각이 든다.

자연에서 나온 다른 후보로는 포도 껍질에서 발견되는 화합물인 레스베라트롤resveratrol, 강황의 노란색을 내는 화학물질 중 하나인 커큐민curcumin, 다른 많은 생리학적 효과에 덧붙여 최근에는 자가포식을 강화해 주는 것으로 밝혀진 아스피린aspirin, 그리고 좀 전에 D+Q 2인조 중 하나로 만나본 케르세틴이 있다.[15] 이 성분들 중 건강한 사람도 예방적으로 복용해야 한다는 확실한 증거가 나와 있는 것은 없지만, 연구자들이 탐구해 보아야 할 다양한 생화학적 물질들이 존재한다. 제약회사에서는 천연물질들을 샅샅이 뒤져보는

* 스퍼미딘 및 그와 관련된 화합물인 스퍼민(spermine)은 네덜란드의 선구적인 현미경 관찰자 안토니 판 레이우엔훅(Antonie van Leeuwenhoek)이 1677년에 현미경으로 자신의 정액을 관찰하다가 작은 결정이 형성되는 것을 보고 처음 발견했다.

데서 그치지 않고 알려진 분자들의 성능을 개선한 인공화합물이나 아예 새로운 화합물들도 조사할 것이다. 레스토바이오resTORbio라는 회사는 RTB101이라는 새로운 mTORC1 억제제를 시험하고 있다. RTB101은 독감 백신에 대한 노년층의 반응을 개선해 그에 따르는 호흡기 감염을 줄여 줄 것으로 기대를 모으고 있다.[16] 이 회사는 또한 파킨슨병을 비롯한 다른 노화 관련 질병에 대한 치료제를 시험 중이며, 현재 글을 쓰고 있는 시점에서는 RTB101에 대한 새로운 연구를 통해 이것이 요양원 거주자들에게서 코로나바이러스감염증-19의 중증화 위험을 낮출 수 있는지 여부를 테스트할 것이라는 발표가 나왔다.[17]

몇 가지 약물이 개발 단계에서 임상실험 단계에 이르기까지 다양한 단계에 들어가 있고, 이들 중 많은 수가 천연화합물이거나 기존의 약물을 용도 변경한 것임을 고려하면 식이제한 효과 약물은 임상에서 실제로 사용되는 최초의 항노화 치료법 자리를 두고 세놀리틱과 경쟁을 벌이고 있는 셈이다. (만약 메트포르민이나 RTB101이 코로나바이러스에 효과가 있다고 입증되면 식이제한 효과 약물이 승리할지도 모른다!) 세놀리틱과 마찬가지로 이런 약물들도 아마 처음에는 코로나바이러스감염증-19가 되었든, 자가포식 상실과 관련된 질병이 되었든 특정 질병의 치료에 사용될 것이다. 신경퇴행성질환이 그 후보자가 될 것으로 보인다. 만약 이것이 효과가 있으면 그 약을 복용하는 환자들을 면밀히 관찰해서 그 약의 복용에 따르는 더 폭넓은 혜택이 있는지 확인한다. 그리하여 결국에는 이런 약물이 노년의 다양한 질병에 대한 범용 예방약이 될 수도 있다.

식이제한 효과 약물은 모두 동일한 전략을 공유한다. 알려진 생화학적 메커니즘을 이리저리 주물러 보며 식이제한의 혜택을 이끌어내는 것이다. 여기서의 장점은 식이제한이 우리가 알고 있는 것 중 가장 강력하고 지속적인 항노화 치료법이라는 점이다. 그리고 단점이라면 식이제한이 사람에게서 천지가 개벽할 정도의 혜택을 가져올 것으로 예상되지는 않기 때문에 식이제한을 흉내 내는 약물 역시 엄청난 효과를 보이기는 힘들다는 점이다. (물론 나라면 식이제한 효과 약물이 추가로 보태 줄 몇 년 정도의 건강수명을 즐거운 마음으로 받아들이겠다.) 그다음 단계는 식이를 제한하거나, 세포에서 중간관리자 분자를 다루거나 하지 않고 자가포식을 직접 만지작거리는 것이다. 우리 몸이 스스로 할 수 있는 수준을 뛰어넘어서는 세포 재활용 장치를 만들려는 계획도 있다.

나이가 들면 자가포식이 불안정해지는 한 가지 이유가 시간이 지나면서 시스템이 말 그대로 끈적거리는 것들로 막혀 버리기 때문이다. 자가포식은 세포 속의 리소좀lysosome이라는 세포 내 소기관 안에서 일어난다.[18] 리소좀은 작은 위 같은 구조물로, 세포 안을 떠돌아다니며 세포의 다양한 쓰레기 수거 장치들이 운반해 온 폐기물들을 소화한다. 위처럼 리소좀의 내부도 산과 소화효소로 가득 차 있다. 이 각각의 효소들은 특정 유형의 분자 폐기물을 자르고 부술 수 있게 특화되어 있다.

안타깝게도 폐기물 중에서는 하도 심하게 훼손되어 있어서 리소좀에 들어 있는 60가지 정도의 효소들도 대체 어떻게 처리해야 할지 알 수 없는 것들이 있다. 처음에는 이것이 그리 문제가 되지 않는다.

세포 안에서 분해가 되지 않고 떠다니는 골칫거리가 있으면 그것을 리소좀 안에 감금해서 다른 중요하고 섬세한 세포 구성요소들과 격리해 버리면 그만이다. 하지만 결국에는 리소좀 안에 쓰레기가 너무 꽉 들어차서 더 이상 최대 효율로 작동할 수 없는 시점이 찾아온다.

이 쓰레기는 '리포푸신lipofuscin'이라고 하며, 망가지고 잘못 접힌 단백질과 지방이 철이나 구리같이 반응성이 강한 금속과 함께 뒤엉켜 있는 것이다. 형광성이 있어서 현미경으로 보면 쉽게 찾을 수 있다. 그 위에 특정 색깔의 빛을 쪼이면 다른 색깔로 반사되어 나온다. 리포푸신은 뇌와 심장처럼 분열하지 않는 세포에서 특히 문제가 된다. 자가포식 강화 약물의 첫 표적이 신경퇴행성질환이 될 것이라고 하는 이유도 이 때문이다. 계속 복제하는 세포들은 두 딸세포가 폐기물을 나눠 가지니까 폐기물이 쌓이는 것을 피해 갈 수 있다. 문제를 나누면 절반으로 줄어드는 법이다. 쌓인 리포푸신의 양이 문제가 되기 시작하는 역치 같은 것이 존재한다면, 지속적인 세포분열로 양을 반으로 줄여 역치 이하로 유지함으로써 문제를 해결할 수 있다. 예를 들어 리포푸신이 너무 많아져 리소좀 안의 산이 희석되는 바람에 산성 환경에서만 작용할 수 있는 효소가 일을 멈추는 경우가 여기에 해당한다. 그럼 이 때문에 더 많은 폐기물이 쌓인다. 기존에는 세포가 분해할 수 있었던 폐기물이 그대로 쌓이면서 악순환이 시작되는 것이다. 이런 개념을 '노화의 쓰레기 재앙 이론garbage catastrophe theory of ageing'이라고 한다.

이런 악순환 고리가 특히나 문제가 되는 곳 중 하나가 눈이다. 노인황반변성age-related macular degeneration이라는 병이 문제다. 노인황반변성은 부유한 국가에서 가장 흔한 실명 원인이다.* 그리고 만 80세 이상의 노인 대다수에서 노인황반변성은 그 조짐이라도 나타난다. 이 병은 망막색소상피세포retinal pigment epithelial cell가 죽어서 생긴다. 이 세포는 눈 뒤에 자리 잡아 빛에 반응하는 간상세포rod cell와 원추세포cone cell를 지원하는데, 이 세포가 죽으면 고해상도 색각을 담당하는 눈의 중심 부위인 황반macula에서 시력을 상실한다.

이 세포를 죽게 만드는 유력한 용의자 중 하나가 리포푸신이다.[19] 노년이 되면 리소좀이 A2E라는 시력 관련 폐기물로 가득 차 부풀어 오르기 때문에 세포 내 공간을 무려 20퍼센트까지 차지할 수 있다. 리포푸신이 노화 관련 문제를 일으키는 뒷배경인 경우가 눈만 있는 것이 아니다. 리소좀이 터질듯 부풀어 오르는 또 다른 사례를 죽상동맥경화반을 이루는 거품세포에서 찾아볼 수 있다.[20] 죽상동맥경화반은 리소좀이 콜레스테롤, 특히 소화하기 어려운 산화 혹은 당화된 형태의 콜레스테롤로 꽉 채워진 면역세포들로 이루어져 있다.

이 리소좀의 악순환 고리를 깨뜨리는 시도를 해 볼 만하다. 현재 나와 있는 '리소좀 저장질환lysosomal storage disorder'[21] 치료법에 영감을 받아서 나온 제안도 있다. 리소좀 저장질환은 리소좀에 들어 있는 다양한 효소의 유전자에 돌연변이가 생겨서 나타나는 희귀한 질환들을 하나로 묶어 부르는 이름이다. 쓰레기를 해치우는 60가지 효

---

* 전 세계적으로 보면 백내장과 비정정 굴절오류(uncorrected refractive error)가 노인황반변성보다 훨씬 큰 실명 원인이다. 백내장은 간단한 수술만 하면 완치할 수 있다는 점에서 안타깝고, 비정정 굴절오류는 안경만 써 주면 해결되었을 문제라는 점에서 안타깝다.

소 중 하나가 고장이 나거나 상실되면 그 환자는 그 효소가 분해하는 특정 폐기물을 분해할 수 없게 되어 리소좀이 그 성분으로 급속히 채워진다. 효소가 60가지라 리소좀 저장질환도 60가지 정도가 있다. 그중 최악의 유형은 유아기 사망을 일으키는 것이다. 하지만 일부는 환자에게 결여된 효소를 공급해서 효과적으로 치료할 수 있다. 그 덕에 리소좀 저장질환의 유형에 따라서는 비교적 정상적인 삶을 살아가는 환자들도 많다.

노화의 경우에는 몸에 결여된 효소를 보충해 주는 것이 아니라, 리소좀이 현재 처리하지 못하고 있는 쓰레기를 처리하게 도울 새로운 효소를 공급할 필요가 있다. 세균이 그 공급원이 될 수 있다. 세균은 믿기 어려울 만큼 다재다능한 생명체이고 지구 위 상상 가능한 거의 모든 생태계로 파고 들어가 설마 이걸 먹을까 싶은 먹거리로도 살아갈 방법을 찾아냈다. 따라서 어떤 유형의 리포푸신이 주어지면 세상 어딘가에는 그것을 소화하며 살아갈 세균이 존재할 가능성이 크다. 몇몇 과학 연구진이 이런 방식을 택해서 우리 세포가 혼자서는 분해하지 못하는 산물을 처리할 수 있는 효소를 가려내고 있다.

죽상동맥경화증에서 문제를 일으키는 콜레스테롤 기반의 폐기물을 분해할 수 있는 여러 종의 세균이 확인됐다. 세균의 서식지도 북해의 해저 침전물과 거름 속[22] 등 다양하다. 특히나 흥미를 끄는 한 연구에서는 사람에게서 결핵을 일으키는 결핵균*Mycobacterium tuberculosis*에서 콜레스테롤 분해 효소[23] 후보감을 찾아냈다. 결핵은 인간의 면역계를 회피하는 재주가 정말 뛰어난 감염이다. 결핵균은 자기를 해치우기 위해 파견된 대식세포에게 먹힌 다음 그 안에 들어가 숨는 재주를 가졌다. 이들이 어떻게 이 면역세포 안에서 살아남을 수 있는지는 오랜 미스터리였으나 다름 아닌 세포 내 콜레스테롤로부터 에너지를 축출해서 근근이 살아갈 수 있다는 것이 밝혀졌다. 그것을 담당하는 유전자를 배양접시에 있는 사람의 세포로 옮겼더니 그 세포도 콜레스테롤을 분해할 수 있는 능력을 얻었다. 하지만 안타깝게도 더 많은 연구가 필요하다. 콜레스테롤이 분해되어 나오는 산물이 독성을 띠는 것으로 밝혀졌기 때문이다. 하지만 인류의 역사에서 인류 최대의 적 중 하나였던 결핵이 오늘날 인류의 가장 치명적인 적 중 하나인 심혈관질환을 물리칠 도구가 되어 준다면 정말 멋진 일이 될 것이다.

노인의 시력 상실과 관련 있는 리포푸신인 A2E에 대한 비슷한 연구에서도 그것을 분해할 수 있는 효소를 찾아냈다. 개발 면에서 가장 앞선 것은 망가니즈과산화효소manganese peroxidase다. 이것은 보통 죽은 나무에 사는 곰팡이에서 발견된다. 이 곰팡이는 이 효소를 이용해서 리그닌lignin을 분해한다. 리그닌은 목질과 나무껍질에 강도를 부여하는 질긴 물질이다. 이코르 세라퓨틱스Ichor Therapeutics라는 신규업체에서 2018년에 발표한 논문[24]에서는 이 효소의 변형된 버전을 생쥐의 눈에 주사해 보고, 이것이 A2E, 그리고 망막색소상피의 리소좀에 축적되는 다른 시각화학 부산물을 신속하게 청소해 준다는 것을 입증했다. 이 회사에서는 이 예비연구결과를 리소클리어Lysoclear라는 치료법으로 개발할 수 있기를 바라고 있다.

일단 사람에게서 효율성과 안전성이 확인된 적절한 효소를 분리하고 나면 현재 리소좀 저장질환을 치료할 때처럼 그 효소를 주사하거나, 유전자 치료(8장에서 자세히 다룬다)를 이용해서 우리 세포가 스스로 그 효소를 생산할 수 있게 해 주어야 한다.

마지막 접근방법은 세포들에게 쓰레기를 리소좀에 모아 두지 말고 내다 버리도록 설득하는 것이다. 리포푸신이 너무 다양한 부산물로 이루어져 있어서 몇 가지 효소만 추가해서는 소화할 수 없는 경우 이런 방법이 유리할 수 있다. 일단 이 쓰레기가 세포 밖으로 나오면 최고의 시나리오는 대식세포가 지나가며 그 쓰레기들을 주워 담아 완전히 제거하는 것이다. 이미 레모푸신Remofuscin이라는 약이 나와 있다.[25] 이 약은 생쥐와 원숭이 모두에서 망막세포의 A2E에 대해 바로 그와 같은 작용을 한다. 그리고 현재는 스타르가르트병Stargardt disease을 대상으로 실험이 진행 중이다. 스타르가르트병은 황반변성이 노인이 아니라 아이들에게 영향을 미칠 정도로 빠르게 가속되는 유전질환이다. 이 약이 효과가 있다면 노화와 관련된 질병으로 사용 범위를 확장할 수 있을 것이다. 그럼 이 약이나 그 비슷한 약을 이용해서 리포푸신으로 가득 찬 다른 세포들에서도 쌓여 있는 그 독성 물질을 내다 버리라고 설득할 수 있다.[26]

대체로 우리 몸에 내장된 재활용 능력을 증진할 수 있는 가용 옵션은 꽤 많은 편이다. 이것은 세포들에게 재활용을 더 많이 하도록 설득하거나, 달리 재활용이 불가능한 폐기물은 제거하는 능력을 키우는 방식으로 이루어진다. 식이제한의 효과를 흉내 내는 약물이나 우리 세포가 축적되는 쓰레기를 처리할 수 있게 돕는 치료법이 개발 중에 있으며, 이것이 우리의 시력을 지키고, 나이가 들어도 정신능력이 퇴화하지 않게 구원해 줄지도 모른다.

앞에서 일부 단백질은 응집해서 아밀로이드를 이루는 고약한 성질이 있다는 것을 살펴보았다. 이것은 재수 없게 특정 방식으로 잘못 접히는 바람에 서로 달라붙어 덩어리로 뭉칠 수 있는 능력을 갖게 된 단백질이다. 정상적인 버전의 단백질은 즐겁게 자기 할 일만 하며 돌아다니는데 반해, 아밀로이드를 형성하기 쉬운 잘못 접힌 버전의 단백질은 자기와 비슷한 것들을 찾아다니며 달라붙어 일종의 단백질 클론 기차놀이를 한다. 개개의 아밀로이드 줄은 원섬유fibril라 하고, 이것이 더 큰 구조물로 응집된 것을 반plaque이라 부른다.

반은 알츠하이머병에서 가장 흔하게 볼 수 있다. 이것을 처음 관찰한 사람은 알로이스 알츠하이머Alois Alzheimer였다. 그는 55세에 치매로 사망한 환자의 뇌에서 세포들 사이에 있는 이상한 반을 발견했고 세포 안에 무언가 매듭처럼 엉켜 있는 것을 발견했다. 그래서 이런 치매는 그의 이름을 붙여 알츠하이머병으로 불리게 됐다. 당시는 우리가 이 이상한 물질의 정체를 밝혀내고 무엇이 질병을 야기하는지 일관된 이론을 제시하는 데 필요한 생화학적, 유전적 도구를 갖추기 80년 전이었다.

첫 번째 확실한 단서는 조기 발생 알츠하이머병early-onset Alzheimer's disease 환자에서 나왔다. 조기 발생이라고 해도 알츠하이머 박사의 첫 환자처럼 40대와 50대에 생기는 경우가 더 흔한데 이 경우는 안타깝게도 20대라는 이른 나이에 치매에 걸린 환자들이었다. 치매는 일반적으로 완전히 노인성 질병이라서 60세 이전에 알츠하이머병에 걸린다는 얘기는 들어 보기 힘들다. 하지만 알츠하이머병의 발생 위험은 사망 위험보다 훨씬 빨리 상승하기 때문에, 알츠하이머병으로 진단 받을 확률은 5년마다 두 배로 커진다(사망 위험은 8년마다). 이 조기 발생 케이스들은 놀라운 경우다. 이 환자들은 어째서 다른 사람들보다 수십 년 먼저 치매에 걸렸을까?

여러 해에 걸쳐 유전자를 탐정처럼 조사한 결과 결국 *APP*라는 단일 유전자에 생긴 돌연변이 때문에 생긴 문제임을 확인했다. 이 유전자는 아밀로이드전구체단백질amyloid precursor protein, APP의 정보를 암호화하는 유전자다. APP 단백질은 일반적으로 세 조각으로 나뉘고, 각각의 조각은 뇌에서 서로 다른 역할을 담당한다. 약 10퍼센트의 경우에서는 이 세 조각 중 하나에서 '아밀로이드 베타' 조각이 만들어진다. 이런 일은 우리 모두에서 항상 일어나고 있다. 하지만 나이가 들면서 아밀로이드 베타의 생산이 늘거나, 청소가 줄거나, 혹은 양쪽 변화 모두 찾아온다. 그리고 그 양이 충분히 많아지면 한데 뭉쳐서 반을 형성한다.

조기 발생 치매를 일으키는 *APP*의 돌연변이형은 아밀로이드 베타를 더 많이 만들기 때문에 이것을 갖고 있는 사람은 정상 버전의 유전자를 가진 사람보다 훨씬 빠른 속도로 반이 만들어진다. 아밀로이드반의 등장이 질병의 발생과 상관관계가 있는 것으로 보아 이는 아밀로이드가 너무 많아지면 알츠하이머병이 생긴다는 증거라 할 수 있다.

하지만 수십 년에 걸쳐 연구와 치료를 시도해 보았지만 실패로 돌아갔기 때문에 이 '아밀로이드 가설amyloid hypothesis'의 근거가 많이 약해졌다.[27] 치매가 없는데 아밀로이드반이 광범위하게 있는 경우가 많고, 치매에 걸렸는데 놀랄 정도로 아밀로이드가 없이 깨끗한 경우도 많다. 아밀로이드반이 제일 많이 축적된 뇌 부위가 환자의 인지 증상으로 보았을 때 가장 악영향을 받았다고 여겨지는 뇌 부위와 일치하지 않을 때도 많다. 아밀로이드 가설을 제일 의심하게 만드는 것은 실패한 후보 치료제가 너무도 많다는 점이다. 지금까지 수십 번 시도마다 한 번 쯤은 아밀로이드의 생산을 저해하거나, 만들어진 아밀로이드를 치우는 데 성공했지만, 그것이 치매 환자의 증상에는 아무런 영향도 미치지 못했다. 이것은 아밀로이드를 치우지 못해서 그런 것이 아니다. 최근의 면역치료는 반에 달라붙는 항체 분자를 이용해서 면역계로 하여금 아밀로이드를 청소하게 만들어 뇌에서 아밀로이드를 제거하는 데 큰 성공을 보였다. 이런 치료를 받은 환자의 뇌 스캔 영상을 보면 잘못 접힌 단백질이 거의 완전히 치워진 것으로 보인다. 다만 아무런 실질적 기능 개선이 없다는 것이 문제다. 그래서 이것은 인상적인 기술적 성취였음에도 불구하고 그 의미가 퇴색하고 말았다.

어쨌거나 아밀로이드 가설은 흔들리고 있다. 기존의 임상실험에서 개입이 너무 늦어지는 바람에 이런 결과가 나왔다는 주장도 있다. 아밀로이드가 뉴런을 파괴하고 이 문제가 도미노처럼 퍼져 나가기 전에 아밀로이드를 잡았어야 했다고 말이다. 그래서 새로운 실험에서는 조기 발생 알츠하이머병 환자에서 이 타이밍 문제를 다루고 있다. *APP*와 몇몇 다른 유전자의 돌연변이를 유전자 검사해 보면 이런 환자를 여러 해 전에 미리 찾아내서 예후를 거의 확실하게 예상할 수 있다. 질병이 시작되기 전에 면역치료를 시작할 수 있다는 의미다. 이제 몇 년 안으로 이 임상실험에 대한 첫 연구 결과를 얻을 것이다.

알츠하이머병의 다른 용의자들도 있다. 알로이스 알츠하이머가 뇌 세포 안에서 찾아낸 엉킨 매듭은 타우[tau]라는 또 다른 단백질의 응집체였고, 그 단백질의 생산을 늦추거나 없애는 치료법에 대해 논의가 진행되고 있다. 치매는 당뇨병과도 관련 있어 보인다. 그래서 과학자들은 뇌가 당분과 인슐린을 처리하는 방식이 치매의 핵심 요소가 될 수 있을지 궁금해하고 있다. 일부 이론에서는 알츠하이머병이 감염에 의해 생긴다고 주장한다. 알츠하이머병 환자의 뇌 속 반에 헤르페스바이러스와 잇몸질환 유발 세균이 묻혀 있는 것이 발견되면서 이런 의심을 하게 됐다. 어떤 이론에서는 치매가 염증에 의해 생기기 때문에 염증을 억제하고, 면역계를 진정시키는 전략이 도움이 될지 모른다고 주장한다. 노화에서 염증의 중요성을 생각하면 대단히 설득력 있는 이야기다. 과학자들은 또한 폐기물이 뇌에서 빠져나갈 수 있게 해 주는 시스템이 나이가 들면서 문제가 생기는지 여부도 조사하고 있다. 수면도 중요해 보인다. 뇌는 한가한 시간을 이용해서 아밀로이드를 비롯한 폐기물을 비워 내기 때문이다. 수면의 지속시간과 질도 나이가 들면서 떨어지는 것으로 알려져 있기 때문에 수면 역시 또 다른 요인이 될 수 있다. 이런 이론들 중 몇 가지가 치매에서 부분적으로 역할을 하고 있는 것으로 밝혀질 가능성이 꽤 높기 때문에 총체적인 치유를 위해서는 이들 간의 상호작용을 밝히는 것이 중요할 수 있다.

하지만 이 모든 대안 이론들은 여전히 조기 발생 알츠하이머병을 설명할 수 있어야 한다. 이 경우는 베타 아밀로이드 응집체가 단독으로 인지기능 저하를 유발하는 것으로 보이기 때문이다. 베타 아밀로이드 응집체는 많은 사람에게 생긴다. 심지어 치매의 증상이 없는 사람에서도 발견되며 20퍼센트 정도는 65세가 되면 감지할 수 있을 만큼의 베타 아밀로이드를 갖고 있고, 90세에는 거의 절반 정도가 어느 정도는 갖고 있다. 어쩌면 시간만 충분하면 베타 아밀로이드가 우리 모두를 집어삼킬지도 모른다. 따라서 모든 사람의 뇌에서 응집되고 있는 아밀로이드를 청소하는 것이 합리적인 예방책일지도 모른다. 적어도 신뢰성 있는 항아밀로이드 치료법은 확보해 두는 것이 좋다. 젊고 건강한 뇌에는 이런 아밀로이드 침착이 없는 반면, 늙고 병든 뇌에는 있으니까 말이다. 어쩌면 아밀로이드 청소 약물과 함께 타우 단백질 치료, 항염증 치료, 혹은 완전히 색다른 미래의 알츠하이머병 치료법이 필요할지도 모르겠다.

아밀로이드가 활약하는 제일 유명한 장소는 알츠하이머병이지만, 그와 비슷한 다른 단백질 응집체들이 다양한 많은 질병에서 어떤 역할을 하고 있는지 계속 알아가는 중이다.[28] 파킨슨병에서 아밀로이드를 형성하는 알파시누클레인은 이미 앞에서 만나 보았다. 루게릭병amyotrophic lateral sclerosis(근육을 통제하는 '운동뉴런'이 죽는 병)과 헌팅턴병 같은 다른 신경퇴행성질환도 잘못 접힌 단백질로 형성된 자체적인 응집체를 갖고 있다. 2형 당뇨병에는 아밀린amylin이라는 헷갈리는 이름을 가진 단백질로 형성된 아밀로이드가 동반된다. 많은 아밀로이드 질환이 단백질을 뭉치게 만드는 유전자 돌연변이에 의해 야기되거나 현저히 악화되지만, 일부 응집체는 정상 노화의 일부로 우리 모두에게 일어난다.

아밀로이드 베타에 비하면 주목을 별로 받지 못한 한 아밀로이드는 트란스타이레틴transthyretin, TTR으로부터 형성된다. TTR은 혈액매개 단백질blood-borne protein로 갑상선 호르몬과 비타민A를 몸 전체로 실어 나른다. 이것은 분명 아밀로이드를 형성하기 직전의 단백질이다. 이 단백질이 아밀로이드를 형성하게 만드는 돌연변이가 알려진 것만 백 가지가 넘기 때문이다. 수많은 소소한 변화 중 어느 한 가지만 있어도 이 단백질은 급속히 응집한다. TTR 아밀로이드는 나이 든 사람의 몸 곳곳에 생길 수 있어서 노인 전신성 아밀로이드증senile systemic amyloidosis이라는 병명을 갖게 됐다. 혈관과 심장 속에 생긴 TTR 아밀로이드가 최악이다. 아밀로이드가 혈관에서는 혈관 내벽 세포에 영향을 미쳐 혈관을 좁고 딱딱하게 만들고, 심장에서는 근육을 질식시키고 심장을 뛰게 만드는 전기 신호를 방해한다. 이것이 궁극적으로는 심부전으로 이어진다. 심부전이란 심장이 더 이상 전신에 적절하게 공급할 수 있을 정도의 혈액을 충분히 펌프질하지 못하는 상태를 말한다. 노년층에서 다양한 원인으로 생기는 흔한 질병이다. 지금까지 별로 인정받지 못하고 있었지만 TTR 아밀로이드가 그 원인 중 하나일지도 모른다.[29]

그런데 문제는 심장 아밀로이드증의 진단이 어렵다는 것이다. 심장 문제가 있는 노인 환자는 말할 것도 없고 그 누구도 심장 조직 검사를 받고 싶어 하는 사람은 없다. 그리고 이것을 검사하는 비침습적 검사non-invasive test도 전문적인 검사들이다(MRI나 PET 스캔이 있는

데, 이런 것들은 보통 노인이 심장 문제로 병원에 갔을 때 일반적으로 하는 진단 검사가 아니다). 문화적인 문제도 있다. 노인이 사망했을 때 부검을 하는 경우는 매우 드물다. 82세 노인이 마침내 심부전과 다른 몇몇 질환으로 쓰러졌을 때 병리학자를 불러서 시신을 철저히 해부해 정확한 사망 원인을 밝혀 달라는 사람은 거의 없다. 이것은 노화에 대한 의학적, 과학적 편견의 또 다른 증상이다. 늙어서 죽는 것은 대수롭지 않은 일이라 자세한 조사가 불필요하다고 생각하는 것이다. 노인이 죽을 때마다 정확한 사망 원인을 밝히는 것이 중요하지는 않다. 하지만 이들에게 어떤 병리학적 상태가 존재하는지에 대한 데이터를 더 확보할 수 있다면, 생물노인학자들이 가장 긴급하게 다루어야 할 문제가 무엇이고, 노년층에서 새로 발생해서 더 오래 살았을 때 문제를 일으킬 수 있는 부분이 무엇인지 알 수 있어 유용하다.

아밀로이드증은 분명 우리를 기다리고 있는 잠재적 살인자다. 핀란드의 한 연구에 따르면[30] 85세 이상의 사람을 부검해 보았을 때 25퍼센트가 심장에 TTR 아밀로이드를 갖고 있었다. 그리고 100세가 넘어서 사망한 사람에서는 50퍼센트 이상으로 증가한다. 스페인의 종합병원에서 진행한 연구에서는[31] 한 유형의 심부전이 있는 환자의 13퍼센트가 현저한 아밀로이드 침착을 갖고 있었다. 이런 연구를 진행하지 않았더라면 이것은 분명 진단되지 않고 넘어갔을 것이다. 가장 위험한 사람들은 아마도 제일 나이가 많은 사람들일 것이다. 이들은 다른 노화 관련 질병은 운 좋게 다 피했지만, 결국에 가서는 천천히 축적된 TTR 아밀로이드로 죽게 될지 모른다. 노인 전신성 아밀로이드증은 110세 넘게 산 초백세장수인supercentenarian의

가장 큰 사망 원인이라는 가설도 있다.[32]

알츠하이머병을 일으키는 아밀로이드 베타처럼 TTR과 다른 아밀로이드들도 연구자들의 연구 대상이다. 항체를 이용해서 알츠하이머병 환자의 뇌에서 아밀로이드 베타를 청소하는 데 성공했던 것처럼, TTR 아밀로이드에 대한 면역 치료법도 개발이 진행되고 있다. 그 한 가지 사례가 프로테나Prothena라는 회사에서 개발 중인 PRX004라는 약물이다.[33]

촉매항체catabody에 대한 연구도 진행 중이다.[34] 촉매항체는 일종의 항체로 무언가에 면역계의 표적이라는 딱지를 붙이는 대신 직접 그 표적을 파괴한다. 사실 우리 몸에서 만들어 내는 천연 촉매항체도 있다. 적어도 아밀로이드 베타, 타우, TTR에 대한 촉매항체는 존재하고, 어쩌면 더 많은 잘못 접힌 단백질에 대한 촉매항체도 존재할지 모른다. 하지만 우리의 타고난 방어능력만으로는 불충분하다. 그래서 코발런트 바이오사이언스Covalent Biosciences라는 회사에서는 최적화할 만한 적당한 촉매항체를 찾아낸 후에 이 아이디어를 카디자임Cardizyme이라는 치료법으로 제시했다. 이들은 알츠하이머병의 아밀로이드 베타와 타우 단백질을 표적으로 삼는 알자임Alzyme과 타우자임Tauzyme도 개발 중이다. 이 세 가지 모두 생쥐에서 각 해당 아밀로이드를 제거해 주는 것으로 밝혀졌다. 촉매항체에는 일반 항체보다 두 가지 중요한 장점이 있다. 첫째, 그냥 표적에 달라붙어 면역계가 그것을 파괴할 때까지 기다리는 것이 아니라 자체적으로 표적을 박살내고 다음 표적으로 넘어가기 때문에 항체 하나가 응집체 속에 들어 있는 여러 분자를 대상으로 반복적으로 일할 수 있다. 둘째,

면역계를 끌어들이지 않기 때문에 염증을 덜 일으킨다. 당신도 이제는 알고 있겠지만 염증은 가능하면 피하는 것이 상책이다.

여러 종류의 아밀로이드가 공유하는 화학적 공통점을 이용해서 한 가지 치료법으로 모든 아밀로이드를 파괴하는 흥미진진한 접근 방법도 있다. 여기에는 다소 믿기 어려운 뒷얘기가 있다. 보편적 아밀로이드 상호작용 모티브general amyloid interaction motif, GAIM라고 하는 이것은 박테리오파지bacteeriophage에서 순전히 우연으로 발견됐다.[35] 박테리오파지 또는 줄여서 파지는 바이러스의 일종으로 사람은 감염시키지 않고 세균을 감염시킨다. 이 바이러스는 M13이라고 부르고, 1963년에 뮌헨의 하수관에서 처음 발견됐다. 그 후로 이 바이러스는 실험생물학에서 빠지지 않는 단골로 자리 잡았고, 2000년대 초에 이스라엘의 과학자 베카 솔로몬Beka Solomon은 M13 파지를 이용해서 그녀가 알츠하이머병이 있는 생쥐의 뇌에서 개발 중이던 항아밀로이드 항체를 더 많이 실어 나르려고 시도했다. 그런데 놀랍게도 이 바이러스만 접종하고 항체는 전혀 접종받지 않은 대조군 생쥐에서 현저한 인지기능 개선이 일어났다. 말이 안 되는 일이었다. M13은 대장균을 감염시키는 것이어서 사람의 세포나 단백질에는 아무런 영향이 없어야 했다.

정말 믿기 어려운 우연이지만, M13 파지가 대장균에 들어갈 때 사용하는 분자 열쇠가 여러 종류의 인간 단백질 응집체에서 보이는 분자 구조와 기가 막히게 비슷한 것으로 밝혀졌다. 바이러스 단백질은 세균 세포 안으로 접근할 수 있을 뿐 아니라 알츠하이머병에서 보이는 아밀로이드 베타와 타우 단백질 응집체, 파킨슨병의 알파시누클레인, 헌팅턴병의 헌팅틴huntingtin 단백질, 심지어는 운동신경 질환motor neuron disease과 크로이츠펠트-야콥병(CJD, 1990년대 광우병 위기로 유명해진 희귀한 사람의 뇌 질환)과 관련된 응집체까지도 파괴할 수 있었다. 이것이 정말 얼마나 기가 막힌 우연인지는 이루 말로 표현할 수 없지만 그럼에도 GAIM은 알츠하이머병 생쥐모형에서 아밀로이드 베타와 타우를 모두 제거하고, 인지기능을 개선해 주는 것으로 밝혀졌다.[36] 사람 대상 실험은 프로클라라 바이오사이언스Proclara Biosciences라는 회사의 주도 아래 진행되고 있다.

이런 치료법 중에서 하나나 그 이상이 아밀로이드 기반 질환의 예방치료로 전환될 수 있다면 좋을 것이다. 어쩌면 모든 사람이 이런 독성 응집체가 몸에 쌓이는 것을 막기 위해 정기적으로 항반 약물anti-plaque drug 주사를 맞게 될 수도 있다. 어릴 때 홍역 백신이나 디프테리아 백신과 함께 여러 가지 아밀로이드에 대한 예방주사를 같이 맞을 수 있다면 더 좋을 것이다. 노화 치료에서 가장 중요한 것은 늙거나 질병이 너무 진행되기 전에 미리 개입하는 것이다. 그리고 이런 치료법들은 모두 예방적으로 사용될 잠재력을 갖고 있다. 앞으로 어떻게 진행이 되든 간에 아밀로이드를 청소하는 것이 노화 치료에서 중요해질 가능성이 크다.

이번 장에서는 노쇠세포와 문제를 일으키는 단백질을 제거하는 방법에 대해 살펴보았다. 다음 장에서는 무언가를 그냥 제거하는 것만으로는 충분하지 않고, 노화되는 신체에 그것을 보상하거나 새로 구축해 줘야 하는 경우를 다루겠다.

6장 새것 들이기

In with the new

노화 생물학에는 나쁜 것을 제거하는 것만으로는 충분치 않아서 그 빈자리를 더 나은 것으로 보상해 주어야 하는 면이 있다. 예를 들어 노화된 면역계가 기능장애를 일으켜 감염성 질환이나 암에 걸릴 위험이 높아질 수 있지만, 그나마 노화된 면역계라도 갖고 있는 것이 면역계가 아예 없는 것보다는 백 배 낫다. 따라서 병든 우리의 방어 시스템의 강화 방법을 찾고, 더 나아가 노화에 따른 기능 저하를 역전시킬 도움의 손길을 우리 생물학에 내밀 필요가 있다. 이번 장에서는 보상치료의 네 가지 큰 범주에 초점을 맞추어 진행한다. 첫째는 줄기세포 치료stem cell therapy다. 줄기세포를 제공함으로써 다양한 신체 부위의 재생을 뒷받침하는 치료다. 그리고 면역계가 있다. 일부 줄기세포 치료를 비롯해 다양한 아이디어를 이용해서 면역계가 더 젊어지도록 도울 수 있다. 그다음은 우리 마이크로바이옴에 들어 있는 착한 미생물이 있다. 우리 창자, 피부 등에 들어 있는 세균, 바이러스, 곰팡이의 거대한 생태계도 나이가 들면 보강이 필요하다. 그리고 마지막으로 세포 바깥에서 뼈대 역할을 하는 단백질이 있다. 이 단백질은 오랜 시간을 거치면서 화학적으로 손상을 입기 때문에 복구보다는 새로 교체해 주는 것이 더 확실한 접근방법이다.

줄기세포 치료

줄기세포 치료는 현재 의학에서 가장 뜨거운 연구 분야 중 하나고, 줄기세포를 이용한 치료는 항노화 무기창고에서 핵심 무기가 될 가능성이 높다. 줄기세포는 노화 과정에서 잃어버린 세포를 보충할 수 있게 도와 노화 관련 실명에서 당뇨병과 파킨슨병에 이르기까지 다양한 질병에서 역할을 할 것이다.

하지만 그를 둘러싼 과대 과장 때문에 줄기세포 치료가 잘못 이해될 때가 많다. '줄기세포'는 절박한 상황에 놓인 환자들을 규제도 제대로 받지 않는 비까번쩍한 클리닉으로 유혹해서 만병통치약이라며 정체불명의 액체를 주사하려고 협잡꾼들이 내뱉는 용어로 변질됐다.[1] 줄기세포는 어떤 한 가지 존재를 지칭하는 용어도 아니고, 한 번의 치료로 수많은 질병을 고치고 전신에서 시간의 흔적을 지워 주는 생명의 묘약도 아니다. 이 치료법이 갖고 있는 거대한 잠재력을 이해하기 위해서는 줄기세포가 정확히 무엇인지, 그래서 줄기세포에 기대할 수 있는 것이 무엇인지 이해해야 한다. 재생의학regenerative medicine에 줄기세포를 사용할 때는 올바른 세포를, 올바른 장소에, 올바른 시간에 적용하는 것이 핵심이다.

줄기세포는 분열할 때 선택권을 갖고 있는 세포를 말한다. 이 세포는 분열할 때 대부분의 세포처럼 동일한 종류의 세포 두 개를 형성할 수도 있고(이 경우에는 두 개의 줄기세포를 형성하여 줄기세포 개체군을 보충하는 데 사용된다), 하나의 줄기세포와 다른 종류의 세포로 분열할 수도 있고(그렇게 함으로써 줄기세포를 고갈시키지 않으면서 피부에서 소화관 내벽에 이르기까지 자신이 속한 다양한 곳에 새로운 세포를 추가한다), 두 개의 비줄기세포로 바뀔 수도 있다(이 경우는 줄기세포 개체군을 희생하면서 그 대가로 조직 세포의 보충을 극대화한다). 줄기세포 하나가 특정 유형의 체세포로 바뀌는 과정을 분화differentiation라고 한다. 발달하는 태아를 두고 이런 능력을 생각해 보면 쉽게 이해할 수 있다.

우리는 모두 수정란 하나에서 시작한다. 수정란은 서로 다른 세포 유형의 가계도를 탄생시키는 우두머리 여가장이라 할 수 있다. 이 세포는 다재다능의 끝판왕으로, 발달하는 아기에서 모든 세포를 만들 수 있다. 아주 초기 태아에서 수정란이 처음 분열해서 만들어지는 딸세포들은 '만능성pluripotent'을 가졌다고 한다. 이 세포는 성인의 그 어떤 조직이라도 형성할 수 있는 능력을 가졌다.* 만능성은 잠

* 엄밀히 말하면 처음 만들어지는 소수의 딸세포는 '전능성(totipotent)'을 가졌다고 하고, 훨씬 막강한 능력을 갖고 있다. 이 세포들은 몸의 그 어떤 조직이라도 형성할 수 있으며, 태반의 태아 측 부분 등 산모와 발달 중인 태아 사이의 경계 면을 형성하는 배아 외부의 세포 유형까지 무엇이든 만들 수 있다. 만능성 줄기세포는 어떠한 체세포도 형성할 수 있지만, 태반에서는 '배체외내배엽(extraembryonic endoderm)'이라는 작은 부분만 형성할 수 있다.

시 머물다 사라진다. 오래지 않아 발달 중인 배아의 모든 세포들은 그냥 '다능성multipotent'으로 변한다. 여전히 다방면에 걸친 능력을 갖고 있지만 말 그대로 무엇이든 될 수 있는 능력은 더 이상 남아 있지 않다. 발달이 진행되면서 세포가 몸의 어느 위치에 들어갈지가 점점 분명해지고, 그에 따라 세포의 잠재적 가능성도 좁아진다. 처음에는 만능성 줄기세포로 시작한 세포라도 그 딸세포 중 일부는 범용뇌전구체세포general-purpose brain precursor cell가 되고, 이 범용뇌전구체세포의 딸세포 중 일부는 뇌에서 특정 역할을 담당하는 고도로 특화된 뉴런이 된다.

결국 대부분의 세포는 막다른 길에 부딪치게 된다. 이런 세포들은 '최종 분화terminally differentiated'되었다고 한다. 즉 당신이 심장이나 간에 들어 있는 특정 유형의 세포라면 이제 평생 그 일 말고 다른 일은 할 수 없다는 의미다. 여기서 세포분열을 해도 그 딸세포들은 당신이 이미 되어 있는 것과 같은 유형의 세포 두 개로 나뉜다. 최종분화하기를 망설이는 일부 세포들은 '성체줄기세포adult stem cell'가 된다. 피부와 소화관 내벽을 유지하는 세포 개체군이나 매일 수천 억 개의 신선한 혈구세포를 만들어 내는 조혈줄기세포 같은 것이 여기에 해당한다.

이렇게 해서 줄기세포 치료의 첫 번째 분류를 만나게 된다. 한 사람에서 다른 사람에게로, 혹은 한 사람 안에서 여기서 저기로 성체줄기세포를 이식하는 것이다. 줄기세포 치료는 미래에나 있을 일이라 여기는 사람이 많지만 반세기 동안 성공적으로 적용해 온 평범한 줄기세포 치료가 있다. 바로 골수이식bone marrow transplantation이다. 이것은 조혈줄기세포 이식이라고 부르는 것이 더 적절하다. 조혈줄기세포를 골수가 아니라 공여자의 혈액이나 탯줄 같은 다른 부위에서 추출할 때도 많기 때문이다. 이제는 이런 것이 일상적인 의료 과정으로 자리 잡았다.

고전적인 시나리오는 백혈병 같은 혈액암의 치료다. 백혈병에 걸리면 몸이 특정 유형의 혈구세포를 과도하게 대량 생산한다. 그럼 이 세포들이 골수를 가득 채워 그곳의 줄기세포들을 압도한다. 이는 줄기세포들이 혈구세포 생산 능력을 잃어버린다는 의미이고, 그럼 환자들은 감염과 맞서 싸울 백혈구 면역세포가 결핍되어 대부분 감염으로 죽는다. 대부분의 암과 마찬가지로 이 경우도 표준 치료법은 화학요법이나 방사선치료다. 두 가지 치료 모두 빠르게 분열하는 암세포를 선택적으로 죽인다. 그 과정에서 빠르게 분열하는 다른 세포에는 너무 많이 해를 끼치지 않기를 바라야 한다. 하지만 조혈줄기세포도 이런 치료에 굉장히 민감해서 치료를 받고 나면 조혈줄기세포가 격감해 이번에는 암 대신 혈구세포 결핍으로 죽게 된다. 어쨌거나 죽는 것은 마찬가지인 것이다. 이에 대한 해법은 치료가 끝날 때까지 기다렸다가 조혈줄기세포를 투입해서 혈구세포의 생산을 개시하는 것이다.

이제 전 세계적으로 조혈줄기세포 이식 횟수가 백만 건을 훨씬 넘겼고,[2] 매년 수만 건이 시행되고 있다. 이것은 수많은 목숨을 구한 믿기 어려울 정도로 성공적인 시술이다. 하지만 성체줄기세포를 사용하는 것은 한계가 있다. 특히나 노화 치료에 있어서 한계가 두드러진다. 한 가지 핵심 문제는 적절한 줄기세포 개체군이 존재하는 경우라야만 치료가 가능하다는 점이다. 예를 들면 과학자들이 계속 찾고는 있지만 심장이나 뇌의 대부분 영역에는 줄기세포가 존재하지 않는 것으로 보인다. 그리고 유용한 뇌 줄기세포나 심장 줄기세포가 있다 한들, 대부분의 사람은 그것을 기증하겠다고 쉽게 나서지 못할 것이다. 충분히 이해할 만한 부분이다. 골수에서 조혈줄기세포를 기증할 때는 그에 앞서 며칠 동안 약을 복용하고, 그다음에는 줄기세포를 추출하기 위해 피를 몇 시간 정도 걸러야 한다.[3] 그래도 이 정도면 감당 못 할 정도로 부담스럽지는 않다. 반면 심장세포나 뇌세포를 추출하는 것은 기증자 입장에서는 아주 위험 부담이 크고 침습적인 시술이다.

두 번째 문제는 면역거부immune rejection다. 장기이식의 경우와 마찬가지로 받아들이는 환자의 면역계가 새로운 세포를 '비자기non-self'로 인식하고 파괴해서 치료 효과를 없애고, 최악의 경우에는 면역반응이 과도하게 일어나 사망으로 이어질 수도 있다.* 조혈줄기세포 이식 케이스 중 절반 정도는 환자 자신의 세포를 이용한다. 이렇게 하면 이런 문제를 피할 수 있다. 그리고 조혈줄기세포의 기증자와 수여자를 매칭하는 기술도 아주 좋아졌다. 하지만 적절한 매칭이 이루어졌다 해도 많은 수여자가 장기이식 환자들처럼 평생 면역억

---

* 조혈줄기세포의 경우 그 반대 현상도 일어날 수 있다. 조혈줄기세포의 딸세포 중 일부는 면역세포이기 때문에 이 기증받은 면역계가 자신의 새로운 집을 '비자기'로 인식해서 파괴하는, '이식편대숙주병(graft-versus-host disease)'이라는 위험한 난동을 부릴 수 있기 때문이다. 사실 의사들은 백혈병 같은 케이스에서 이런 현상을 역이용하기도 한다. 기증 받은 면역계가 살아남은 잔여 암세포를 표적 삼아 파괴하는 것이다. 이것은 '이식편대숙주효과(graft-versus-host effect)'라고 한다. 이것은 조혈줄기세포 개체군을 다시 회복해 주는 것만큼이나 치료의 중요한 일부로 여겨지고 있다.

제제를 복용해야 한다. 이것이 심각한 부작용을 낳아 감염의 위험으로 내몰 수도 있다.

이런 문제를 해결할 수 있는 돌파구가 2006년에 마련됐다. 일본 과학자 야마나카 신야가 최초로 성인세포의 발달 시계를 거꾸로 돌려 만능성 세포 상태로 되돌린 것이다. 이 세포는 몸의 어떤 종류의 세포라도 될 수 있는 잠재력을 갖고 있다는 의미다. 그래서 침습적인 기증 절차를 거치지 않아도, 심지어 관련된 줄기세포가 아예 존재하지 않는 경우에도 환자 자신의 세포로부터 어떤 유형의 세포라도 제한 없이 만들 수 있다는 희망이 생겼다. 그리고 이 세포는 환자의 세포를 이용해서 만들기 때문에 면역거부반응이 일어날 위험도 없다.[4]

발달과 분화의 과정은 수정란에서 시작해서 만능성 줄기세포와 다능성 줄기세포를 거쳐 성체세포로 이어지는 완전한 일반통행 과정이라고 오랫동안 생각했다. 지금 와서 되돌아보면 그러지 않은 것이 당연해 보인다. 임신이라는 기적이 일어나기 위해서는 두 개의 성체 세포, 즉 난자와 정자가 합쳐지는 과정이 필요하다. 그리고 그 과정에서 시계를 거꾸로 되돌려 고도로 특화된 생식세포가 다시 한 번 수정란으로 바뀌는 일이 일어난다. 몸속 어떤 세포라도 될 수 있는 능력이 다시 깨어나는 것이다. 그렇다면 역분화dedifferentiation는 생물학의 법칙을 거스르는 것이 아니었다. 이제 이런 의문이 생겨난다. 그 과정을 실험실에서도 재현할 수 있을까?

1960년대에 있었던 일련의 선구적 연구에서 영국의 과학자 존 거든John Gurdon은 그것이 가능함을 보였다. 그는 세포에서 DNA 암호를 담고 있는 부분인 세포핵을 개구리 세포에서 떼어 내 세포핵을 파괴한 개구리 난자세포에 넣고 무슨 일이 일어나는지 지켜보았다. 그랬더니 어린 배아에서 추출한 세포핵을 난자에 이식한 경우에는 성체 개구리로 자란 반면, 성체 개구리에서 추출한 세포핵은 거기까지 가지 못하고 완전히 실패하거나, 가끔은 신체 부위의 구분이 가능한 말기 배아 단계까지 가는 데 그쳤다.

그 후로 여러 해에 걸쳐 성체세포의 핵을 세포핵을 제거한 난자에 이식하는 기술을 다듬어 더욱 신뢰할 수 있는 기술로 거듭났다. 1997년에는 아마도 세상에서 제일 유명한 양이 이 기술을 통해 잉태됐다. 최초의 복제 포유류 돌리Dolly가 탄생한 것이다. 세포핵을 이식했다는 것은 돌리가 자신의 몸을 물려 준 '엄마'와 완전히 동일한 DNA를 갖고 있다는 의미다.

분명 수정란에는 세포를 분화하게 만들었던 변화들을 리셋할 수 있는 어떤 장치가 들어 있다. 2000년대에 야마나카의 실험실에서는 수정란이 시계를 거꾸로 돌리게 해 준 화학작용을 흉내 낼 방법을 찾기 위해 배아줄기세포embryonic stem cell에서 작동하는 유전자들을 연구하고 있었다. 배아줄기세포는 배아 발달 과정에서 충분히 이른 시기에 추출해서 만능성을 여전히 유지하고 있는 세포다. 야마나카와 그의 실험실은 결국 성공을 거두었다. '야마나카 인자Yamanaka factor'라는 네 가지 유전자를 찾아낸 것이다. 이것을 세포에 이식하면 만능성을 유도할 수 있다. 유도만능줄기세포induced pluripotent stem cell를 만든 이 놀라운 과업으로 야마나카는 거든과 함께 2012년에 노벨상을 받았다.[5]

분화의 시계를 거꾸로 돌리는 능력이 노벨상을 받을 가치가 있는 이유는 만능줄기세포 자체 때문만이 아니라, 그것을 이용해 만들 수 있는 것 때문이다. 이용하면 말 그대로 어떤 종류의 세포라도 만들 수 있을 것으로 보인다. 그것을 증명하기 위해 아주 어린 생쥐 배아의 배아세포를 모두 유도만능줄기세포로 바꿔치기 해 보았다. 그 결과 모든 세포가 제 할 일을 문제없이 하는 성체 생쥐가 만들어졌다. 이것은 올바른 환경만 갖추어 주면(이 경우 그 올바른 환경은 생쥐 배아의 내부) 이 세포들을 구슬려 성체 생쥐의 어떤 유형의 세포라도 되게 만들 수 있음을 보여 주었다.

하지만 어쩌면 이것은 또 하나의 사기인지도 모른다. 유도만능줄기세포를 자연이 자체적으로 준비해 놓은 가마솥에 집어넣어 성체 생쥐를 만드는 것과 필요할 때 주어진 유형의 세포를 만들어 내는 것은 엄연히 다른 일이다. 우리에게 필요한 것은 후자다. 그럼 세포를 유도만능줄기세포로 역분화시켜 놓았으니 이제 그것을 다시 뒤집는 것이 우리의 도전과제다. 그 세포를 어떻게 다시 분화시켜 우리가 원하는 세포를 만들 수 있을까? 배아가 어떻게 발달하는지 돌아보면 해답을 찾을 수 있다. 성장하는 생쥐나 사람 속의 세포들이 자기가 무엇이 될지를 어떻게 아는지 이해할 수 있다면 실험실 배양접시에서 그런 조건을 흉내 내어 해당 환자에게 필요한 세포 유형은 무엇이든 만들 수 있다.

발달 중인 배아 속에 들어 있는 세포가 자기가 어떤 세포가 되어야 하는지 알 수 있는 것은 가까운 세포와 먼 세포로부터 끊임없이 흘러 들어오는 화학 메시지 덕분이다. 발달 중인 세포는 여러 가지 서로 다른 분자들을 분비하는데, 이 화학적 신호의 강도, 타이밍, 지속기간은 그 세포가 받는 신호들에 의해 결정된다. 이런 분산적이고 재귀적인 시스템이 서로 다른 화학적 메시지의 패턴을 첩첩히 만들면, 각 세포는 자신의 국소적 환경에 들어 있는 이 화학물질을 통해 자신이 어디에 있는지, 그리고 자기가 자라 무엇을 해야 하는지도 알게 된다.

따라서 유도만능줄기세포가 뉴런, 심장세포, 피부세포 등으로 바뀌게 촉진하고 싶으면 그 세포에게 적절한 일련의 신호를 공급해 주어야 한다. 실험실 한 구석 배양접시에 자리 잡고 있는 것이 아니라 완벽한 배아에서 실제로 발달 중일 때 받는 것과 동일한 연쇄적 신호를 구성해야 한다. 며칠이나 몇 주 동안 과학자들은 해당 세포에게 관련된 신호 분자들을 떨어뜨려주며 이들을 우리가 필요로 하는 운명으로 천천히 이끈다. 발생학embryology과 세포 배양에 대한 이해가 높아짐에 따라 과학자들은 실험실에서 자기가 원하는 세포를 만드는 일에 점점 능숙해지고 있다.

세포 치료에 큰 희소식인 이유는 어렵지 않게 이해할 수 있을 것이다. 이것은 항노화 치료에만 도움이 되는 것이 아니다. 질병, 부상, 노화 과정 등으로 인해 세포를 잃어버린 곳은 어디에든 새로운 세포들을 제조해서 대체할 수 있게 된다. 그리고 이상적인 경우에는 환자 자신으로부터 세포를 만들 수 있다. 그럼 짝이 맞는 기증자를 확인하기 위해 그 고생을 하지 않아도 된다. 면역계가 그 세포들을 기쁜 마음으로 '자기'로 인식하기 때문에 침입자를 물리치려고 불같이 화를 내는 일이 없을 것이다.

만능성 줄기세포가 어떤 종류의 세포라도 만들 능력이 있으니 최고일 것 같겠지만 줄기세포 치료에서는 유도만능줄기세포 자체를 주사하지 않는다는 점을 명심해야 한다. 유도만능줄기세포는 몸속에서는 쓸모가 없다. 유도 신호가 없는 상태에서는 필요로 하는 유형의 세포로 변하지 않기 때문이다. 그뿐만 아니라 암을 유발할 위험도 안고 있다. 만능성 줄기세포는 배양접시 안에서 무한히 복제할 수 있다. 실험에 쓸 1회분 세포를 대량으로 만들고 싶을 때나 몸에서 상실된 세포들을 대체하고 싶을 때는 아주 바람직한 특성이다. 그런데 여기에는 문제가 있다. 환자에게 주사한 성분 속에 만능성 줄기세포가 조금이라도 남아 있는 경우에는 몸속에서도 무한히 분열해서 종양을 형성할 잠재력이 있다.

만능성 세포에 의해 야기되는 특정 유형의 종양을 기형종teratoma이라 하는데 이 종양은 정말 기괴하기 짝이 없다. 사실 너무 끔찍하기 때문에 그 괴물 같은 모습을 보고 싶다면 직접 사진을 검색해서 보기 바란다('teratoma'라는 영어 이름도 '괴물 같은 종양'이라는 뜻의 그리스어에서 유래했다). 다행히 아주 드물기는 하지만 기형종은 자연적으로도 발생한다. 보통 여성의 난소나 남성의 고환에서 생긴다. 발생 과정에서 사용되는 꼼꼼하게 계획된 신호가 없으면 만능성 세포는 자기가 해야 할 일이 무엇인지 알지 못한다. 그래서 거의 무작위로 분화가 진행되어 혼란 그 자체인 끔찍한 종양 덩어리를 형성한다. 희귀하고 기분 나쁘게 생겼다는 사실 때문에 이 종양은 빅토리아시대 의사들의 수집품이 됐다. 해부학 박물관에 가 보면 근육, 엉킨 머리카락, 치아, 뼈, 지방, 심지어는 눈이나 뇌의 일부가 엉켜 있는 종양 덩어리가 포르말린에 떠 있는 것을 볼 수 있다. 2000년대 초에 일본 환자의 난소에서 적출한 특히나 기분 나쁘게 생긴 한 기형종은 머리카락, 원시적 팔다리, 치아 몇 개, 눈이 되다가 만 덩어리 등 있어야 할 신체기관은 다 달린 잘못 접힌 작은 아기처럼 보였다.[6] 따라서 줄기세포 치료를 환자에게 적용하기 전에 남아 있는 만능성 줄기세포가 모두 제거되었는지 확인하는 것이 대단히 중요하다.

유도만능줄기세포의 분화된 딸세포들을 치료에 사용하는 여러 가지 아이디어들이 나와 있고, 그런 아이디어를 주도하는 치료법 중 상당수는 노화성 질병을 대상으로 한다. 세포치료를 적용하기에 이상적인 경우는 질병이나 기능이상이 단일 유형의 세포를 상실해서 생긴 경우다. 그럼 복잡한 세포 개체군이 아니라 그 세포 유형만 대체해 주면 문제를 해결할 수 있다. 그래서 제일 진척 속도가 빠른 치료법 두 가지는 앞에 나온 장에서 살펴보았던 망막색소상피세포를 대체해서 노인황반변성을 완화하는 치료, 그리고 상실되면 파킨슨병을 야기하는 특정 유형의 뉴런을 대체하는 치료다.

현실화에 제일 가까이 다가선 줄기세포 치료는 아마도 노인황반변성일 것이다. 2018년에 진행된 두 실험에서는 줄기세포를 이용해서 망막색소상피세포를 만들어 환자의 눈에 이식했다.[7] 양쪽 모두 치료의 효과를 입증하기보다는 안정성 확인을 위해 설계된 1상 임상실험이었다. 하지만 이 실험은 안정성을 입증해 보였을 뿐만 아니라 참가자의 시력이 개선되는 것을 보여 주었다. 한 환자는 실험 전에는 짜증나게 분당 1.7개의 단어밖에 읽지 못했는데 치료 후에는 그런대로 괜찮은 수준인 분당 50단어를 읽을 수 있게 됐고, 점점 글자 크기가 작아지는 시력검사표에서 글자를 29개까지 더 읽을 수 있었다. 이 두 연구를 합쳐도 참가자가 6명에 불과했기 때문에 더 많은 연구가 필요한 상황이지만 예비실험치고는 아주 흥미진진한 연구 결과다.

이 두 임상실험에서 가장 큰 단점은 배아줄기세포를 이용해서 망막색소상피세포를 만들었다는 점이다. 따라서 정의상 이 세포들은 치료받는 환자에서 나온 것일 수 없고, 이 환자들은 자신의 면역계가 새로운 세포를 공격하는 것을 막기 위해 면역억제제를 복용해야 한다. 다음 단계는 이런 긍정적 결과를 환자에서 유도한 유도만능줄기세포에서 재현하는 것이다. 사람을 대상으로 하는 최초의 시험은 2014년에 일본에서 이루어졌지만 이식된 세포에서 잠재적으로 암을 유발할 수 있는 돌연변이가 발견되어 안정성의 이유로 중단되었다.[8] 환자는 아무런 문제도 겪지 않았지만 이 일은 과학자들에게 속도를 늦추고 더 꼼꼼히 검토해 보아야 한다는 경고를 보냈다. 미국 국립안과연구소US National Eye Institute에서 진행한 2019년 연구에서는[9] 실험에 대한 두려움을 가라앉히기 위해 세심한 제조 프로토콜을 이용해 매 단계마다 안전성을 확인하면서 망막색소상피세포를 만들었다. 이 프로토콜은 이 꼼꼼한 검증을 통과했고, 이제 다음 단계는 인간 환자에게 적용하는 것이다.

배아줄기세포 기반 치료에 성공을 거두고, 거기에 유도만능줄기세포의 이용을 향해 긍정적인 발걸음을 내딛게 되면서 환자 자신의 세포를 이용해 너무 멀지 않은 가까운 미래에 노인성 시력상실을 치료할 수 있으리라는 희망이 부풀고 있다. 이것은 야마나카의 2006

년 발견에서 비롯된 최초의 임상 업적으로 자리매김할 것이다.

파킨슨병은 도파민성 뉴런dopaminergic neuron의 상실로 생긴다. 도파민성 뉴런은 뇌세포들이 서로 소통할 때 사용하는 도파민dopamine이라는 화학물질을 생산하는 특화세포다. 증상이 나타날 즈음이면 환자는 이 뉴런을 80퍼센트까지 상실한 상태라서 운동을 섬세하게 조종하는 데 필요한 뇌 속 시스템의 기능이 크게 약화된다. 후기 파킨슨병 환자의 표준 치료법은 L-도파L-dopa다. 이 화학물질을 뇌가 도파민으로 바꿀 수 있다. 하지만 줄기세포 치료의 장점은 분명하다. 바로 도파민성 뉴런을 대체할 수 있기 때문에 단순히 증상을 감추는 것이 아니라 완치를 기대해 볼 수 있다.

파킨슨병의 줄기세포 치료는 놀랍게도 아주 긴 역사를 가졌다.[10] 최초의 선구적 수술은 약 30년 전인 1987년 스웨덴 룬드에서 있었다. 이것은 유산된 태아에서 채취한 도파민성 뉴런 전구세포를 후기 파킨스병이 있는 두 명의 환자 뇌 속에 외과적으로 이식하는 수술이었다. 이 미성숙 세포들이 증식해서 도파민성 뉴런으로 발달하리라는 개념이었다. 그리고 이것은 효과가 있어 보였다. 이 초기 성공에 힘입어 여러 해에 걸쳐 실험적 수술이 진행됐다. 그 결과는 믿기 어려울 정도로 흥미진진했다. 4번 환자로 알려진 참가자는 1989년에 이식을 받았는데 그 후로 3년 동안 엄청나게 극적인 개선이 일어나 더 이상 L-도파를 복용할 필요가 없어졌다. 그는 9년 동안 완벽에 가까운 개선 상태를 누리다가 운동 기능이 다시 악화되면서 점진적으로 약물 복용을 다시 시작해야 했다. 그가 수술 받고 24년 후에 사망했을 때 사후 부검이 이루어졌는데, 이식했던 뉴런들이 여전히 살아 있었고, 주변 뇌세포들과 연결되어 있었다. 이 시점에는 그로 인한 기능상의 이점이 사라진 상태였지만 이는 아마도 나머지 뇌에서 치매와 전반적 기능 악화가 일어났기 때문일 것이다.

이 유망한 초기 연구 결과가 나온 후로 이야기는 몇 번의 우여곡절을 겪는다. 스웨덴 연구는 총 18명의 환자들만 참여했는데 미국의 국립보건원NIH에서 더 대규모로 철저히 진행한 실험에서는 이 치료의 효과가 의심되는 결과가 나왔다. 이에 스웨덴 연구자들은 국립보건원의 대규모 연구에서 이식에 신선한 세포를 이용하지 않았고, 이식 세포에 대한 면역거부반응을 멈춰 줄 면역억제제 사용에 실패했고, 효과를 관찰할 수 있을 정도로 충분히 오랫동안 환자를 관찰하지 않았다고 말하며 반박했다(4번 환자는 그 개선 효과가 나타나기까지 3년이 걸렸음을 기억하자). 데이터가 너무 부족해서 논란이 계속 들끓었지만 신경학계에서 이 치료법에 대한 기대와 낙관적 태도를 계속 유지하고 있음을 보여 주는 가장 확실한 신호는 2010년에 태아줄기세포를 이용한 파킨슨병 치료에 대한 확실한 결론을 도출하기 위해 공동협력 연구가 시작됐다는 것이다. 유럽 곳곳에서 100명 이상의 환자가 참여하는 이 트랜스유로TRANSEURO 연구의 첫 결과는 2021년에 나올 것으로 예상된다.

안타깝게도 이 세포는 특정 발달 단계에서 유산된 태아로부터만 채취할 수 있기 때문에(그래서 길이가 2센티미터에 불과한 태아에서 핀 머리만 한 크기의 뇌 영역을 찾아야 하는 고통스러운 과정이 수반된다) 태아의 도파민성 뉴런 전구세포 공급 문제가 이 치료의 가용성을 심각하게 제한하고 있다.

현재는 노인황반변성 치료와 파킨슨병 치료가 이 분야를 주도하고 있지만 다른 여러 줄기세포 치료법들도 그 뒤를 바짝 쫓고 있다. 그다음은 당뇨병이 될지도 모르겠다. 실험실에서 유도만능줄기세포를 이용해 췌장에서 인슐린을 생산해서 혈당을 조절하는 세포인 베타 세포beta cell, β-cell를 만들 수 있다. 이 세포로 당뇨병에 걸린 생쥐를 완치할 수 있다. 사람의 유도만능줄기세포를 이용해서 관절의 연골을 만들고 복구하는 '연골세포chondrocyte'를 만들기도 했다. 그리고 이것으로 골관절염이 있는 쥐의 무릎을 재생하는 데 성공하기도 했다. 초기 단계의 생쥐 연구에서는 후각뉴런에 손상을 입은 생쥐에서 후각뉴런 전구세포가 들어 있는 작은 비말을 이용해서 후각을 회복할 수 있었다. 또 다른 연구에서는 사람의 오줌에서 정제한 세포들을 가져다가 유도만능줄기세포로 바꾸어 치아 전구세포를 만들었다. 그리고 이 세포가 생쥐에서 '치아 비슷한 구조물'로 성장했다. 현재 사용 중인 금속, 플라스틱, 세라믹 등의 보철물 대신 생물학적으로 새 치아를 만들어 사용하는 것은 분명 치과계의 고귀한 목표다. 그럴 수만 있다면 음식을 씹는 데 곤란을 겪는 노인들에게 특히 큰 도움이 될 것이다.

줄기세포 연구는 워낙에 광범위하고 발전 속도가 빠른 분야라서 이 좁은 지면에서 제대로 다루기가 불가능하다. 여러분이 이 글을 읽을 즈음이면 이미 세부 내용 중 일부는 한물간 옛날이야기가 되어 있을 것이다. 부디 그 이유가 이런 치료법들이 임상에 한 발 더 가까워졌기 때문이기를 바란다. 이 분야는 노화 연구와 관련된 면들 중에서 그나마 그 잠재적 혜택에 걸맞은 관심과 연구비 지원을 받는 부분이 아닐까 싶다. 바로 잡아야 할 문제들이 없지는 않지만 변화의 속도와 폭을 보면 정말 숨이 막힐 만큼 놀랍다.

지금쯤이면 여러분도 잇속 챙기기 바쁜 클리닉에서 주장하는 것처럼 줄기세포가 만병통치약이 아닌 이유를 이해할 것이다. 줄기세포는 한 방으로 노화 과정을 역전시킬 수 있는 포괄적 치료법이 아니라, 다양한 종류의 세포를 사용하는 다양한 치료를 한데 묶어 가리키는 포괄적 용어다. 그럼에도 줄기세포는 머지않아 의료에서, 특히 노화의 퇴행성질환에서 훨씬 큰 비중을 차지할 것이다.

○ 면역력 증진

줄기세포나 다른 회춘치료rejuvenative therapy를 활용할 수 있는 곳 중 하나가 면역계다. 흉선이 좋은 출발점이 되어 줄 것이다. 흉선은 흉골 바로 뒤에 있는 작은 기관으로 T세포를 훈련시킨다. 그리고 어린 시절부터 예정된 프로그램에 따라 축소되기 시작한다. 유용한 흉선 조직이 쓸모없는 지방으로 바뀌는 과정을 퇴축involution이라 하는데, 이것은 놀라울 정도로 유연한 과정이다. 흉선이 퇴축되는 것을 막거나, 심지어 그 과정을 역전시키는 다양한 방법 중에 가장 연구가 잘 되어 있는 것은 불임화sterilization일 것이다. 생쥐에게서 고환이나 난소를 수술로 제거하거나 성호르몬의 작용을 중단시키는 약물을 투여하면 흉선의 부피가 커진다.

사람에게서 불임화 임상실험에 자원할 참가자를 구하기는 아무래도 쉽지 않겠지만 역사적 증거를 이용해서 불임화가 장수에 미치는 영향을 알아보려는 흥미 있는 연구는 나와 있다. 18세기 유럽에서는 카스트라토castrato라는 가수가 오페라 무대를 장악했다. 카스트라토는 변성기 이후 음역이 내려가는 것을 막아 그 목소리를 평생 보존할 수 있게 사춘기 전에 거세를 한 남자 가수를 말한다. 이들의 수명을 분석해 보면 당시의 다른 남성 가수들과 차이가 없음을 알 수 있다.[11] 하지만 표본의 크기가 작았고, 일부 카스트라토는 실제로는 거세를 하지 않았지만 사춘기에도 변성기가 찾아오지 않았던 남성 가수일 수도 있다. 또 다른 연구에서는 캔자스 주에 있었던 '정신지체자'를 위한 기관에 수용되어 있던 사람들을 조사해 보았다.[12] 당시에는 우생학 운동에 의해 개시된 정책 때문에 유전적으로 부적합한 사람들을 거세했었다. 이 연구에서는 더 확실한 결과가 나왔다. 거세된 피수용자들은 71살을 산 반면, 그곳에 수용된 거세되지 않은 다른 피수용자들은 65년을 산 것이다. 이들은 또한 남성형탈모male pattern baldness도 피해 갈 수 있었다. 하지만 여전히 의심의 눈길도 존재했다. 65년이라는 수명은 당시 미국의 일반 기대수명보다 조금 낮은 수치였고, 그럼 이런 결과가 기관에 수용되어서 생긴 인위적 산물일 수 있기 때문이다. 예를 들면 거세 대상에서 제외된 사람들은 건강이 좋지 않았기 때문에 제외된 것일 수도 있고, 아니면 거세된 동료와 다른 대우를 받았을 수도 있다. 만약 이런 경우라면 여기서 나타난 불임화의 효과를 더 폭넓은 인구를 대상으로 적용할 수 없게 된다.

사람에서 거세가 수명을 늘려 준다는 가장 강력한 증거는 한국의 옛 조선 왕조 내시를 분석한 연구 결과에서 나왔다.[13] 조선은 한국을 5세기 동안 통치했고, 내시들은 궁중에서 핵심적인 자리를 차지했다. 오직 이들만이 귀족 계층인 양반과 함께 정부 관료의 자리에 오르는 것이 허락되어 있었고, 왕가의 순수한 혈통을 보존하기 위해 해가 진 뒤에는 왕족, 내시, 여성만 궁궐 안에 머무를 수 있었다. 140명 정도의 내시들이 내시부 꾸리는 일을 도맡았다. 내시부는 궁궐을 지키고, 요리하고, 청소하고, 관리하고, 왕의 심부름을 담당하는 관서였다.

내시들은 결혼해서 딸이나 거세한 아들을 자식으로 입양하는 것이 허용되어 있었다. 직관적으로는 말이 안 되지만 내시들도 족보가 있다는 의미다. 2012년에 연구자들은 데이터의 정당성을 입증할 수 있는 조선 왕조의 다른 문헌들과 대조해 보면서 이 가계도를 이용해 내시들의 수명을 분석해 보았다. 그 결론은 명확했다. 수명을 입증할 수 있는 81명의 내시들은 평균 70년을 살았다. 반면 사회적 지위가 비슷한 양반의 경우 평균 수명이 51~56년이었다. 심지어는 평생 궁궐 안에서 살았던 왕들은 평균 사망 연령이 겨우 47세였다. 네 명의 왕 밑에서 살았던 홍인보와 기경헌은 각각 100세와 101세까지 살았고, 다섯 명의 왕 밑에서 살았던 이기원은 109세까지 살았다.[14] 그럼 81명의 내시 중에 백세장수인이 3명 나왔다는 의미다. 반면 현재 백세장수 국가로 1등을 달리고 있는 일본의 경우도 100세까지 사는 사람이 10,000명 당 1명이 못 된다. 게다가 101세까지 살았던 기경헌의 경우는 1670년에 태어난 사람이다. 그 당시는 기대수명이 지금보다 수십 년이나 짧았다.

안타깝게도 조선 내시들의 족보에는 흉선 크기에 대한 기록이 없다. 하지만 그것이 기여요소였을 것이라 믿을 만한 이유가 있다. 캔자스 주의 피수용자들이 더 오래 살았던 가장 큰 이유는 감염으로 인한 사망률이 줄었기 때문이다. 이는 면역계가 관련되어 있음을 암시한다. 생쥐 실험도 있었다. 생후 9개월 생쥐를 거세했더니 흉선의 크기가 커지면서 독감 감염에 대한 면역반응이 개선되고, 암에 대한 저항능력도 극적으로 올라갔다.[15] 종양 유발 세포를 주사하면 대조군 생쥐는 80퍼센트가 암에 걸리는 반면, 거세해서 흉선의 활력이 높아진 생쥐들은 불과 30퍼센트만 암에 걸렸다.

생쥐에서 나온 증거에 따르면 이 내용은 암컷에게도 적용되지만, 난소 제거는 고환 제거보다 훨씬 어렵고 위험한 시술이기 때문에 생쥐나 사람 모두 암컷이나 여성에 대한 데이터가 훨씬 적다. 우리가 현재 확보한 증거도 같은 방향을 가리키고 있다. 예를 들어 캔자스 주 피수용자 연구에서 불임시술을 받은 여성들은 실제로 더 오래 살았지만 그 숫자가 너무 적기 때문에 명확한 결론을 이끌어내기는 힘들다. 여성의 성호르몬인 에스트로겐estrogen이 심혈관 건강에 보호 작용을 한다는 점 때문에 불임화로 인한 효과가 가려질 수도 있다. 난소를 제거하는 것이 흉선에는 도움이 되지만 심장질환 위험 증가로 이어져 총 수명에 대한 순혜택net benefit이 줄기 때문이다.

불임시술은 실험실에서 간단히 할 수 있지만 그것을 받으려고 실험실에 찾아와 줄을 서는 사람은 별로 없다. 다행히 성장호르몬이나 줄기세포 치료, 유전자 치료를 사용하는 대안이 몇 가지 있다. 호르몬을 이용한 접근방법이 가장 발전되어 있어서 인터빈 이뮨Intervene Immune이라는 회사에서는 소규모의 사람에게 실험을 수행하기도 했다.[16] 이들은 9명의 남성에게 인간성장호르몬human growth hormone을 투여하면서, 인간성장호르몬과 관련된 당뇨병의 위험을 낮추기 위해 DHEA(또 다른 호르몬)와 메트포르민(앞 장에서 만났던 당뇨병 치료제 겸 잠재적 항노화 약물)을 함께 투여했다. 그리고 긍정적이고 꽤 폭넓은 결과가 나왔다. MRI 촬영에서 이들의 흉선은 지방이 훨씬 적었고, 흉선에서 갓 나온 T세포가 더 많았다. 그리고 신장 기능도 개선되고, 가장 흥미로웠던 부분은 후성유전학적 나이가 줄었다는 점이다. 후성유전학적 나이는 몇 장 앞에서 만나 보았던 섬뜩할 정도로 정확한 후성유전학 시계로 측정한 나이다. 이는 흉선을 회춘시키는 것이 면역계뿐만 아니라 몸을 전반적으로 회춘시킨다는 것을 시사한다. 면역계가 몸 전체의 방어와 유지를 관장한다는 점을 고려하면 사실 그리 놀랄 일도 아니다.

*FOXN1*이라는 유전자를 이용해서 흉선의 회춘을 더 직접적으로 유도하는 방법도 있다. *FOXN1* 유전자는 피부, 머리카락과 손톱의 성장 같은 영역에서 여러 가지 다른 기능을 갖고 있지만 흉선의 발달에서 특히나 중요해 보인다. 흉선의 발육이 저하되거나 아예 존재하지 않는 증상을 갖고 있는 디조지증후군DiGeorge syndrome을 안고 태어나는 아기들은 대부분 *FOXN1* 유전자가 들어 있는 22번 염색체 조각이 결여되어 있다. 이 유전자는 생쥐와 사람에서 나이가 들면서 흉선이 사라지는 것과 때를 같이해서 활성이 감소하는 것으로 알려져 있다. 마지막으로 가장 흥미로운 점은 *FOXN1*이 단독으로 흉선

의 재생을 주도할 능력이 있는 것으로 보인다는 점이다.[17] 영국 에든버러의 연구자들은 쥐를 유전적으로 조작해서 약물을 이용해 활성화할 수 있는 *FOXN1*의 추가 복사본을 갖게 만들었다. 약물을 투여해서 그 유전자를 활성화시키면 늙은 생쥐에서라도 흉선이 다시 성장해 새로운 T세포를 생산하게 만들 수 있다. 그래서 연구자들은 아픈 흉선 세포에 *FOXN1*의 추가 복사본을 추가할 방법이나 기존에 있던 유전자를 다시 활성화시킬 수 있는 약물을 개발하려고 연구 중이다.

이 장의 첫 번째 부분을 이미 읽었으니 마지막에 나온 강력한 접근 방식이 별로 놀랍게 느껴지지 않을 것이다. 우리는 줄기세포를 이용해서 새로운 흉선이 자라게 할 수 있다. 신생아가 흉선이 아예 없이 태어나는 완전 디조지증후군complete DiGeorge syndrome의 몇몇 사례에서 선구적으로 사용되었던 치료법은 흉선 이식이다. 완전 디조지증후군이 있는 아이의 예후는 좋지 않다. 이들은 보통 만 2세가 되기 전에 감염으로 사망한다. 이런 아이들은 T세포가 없기 때문에 면역계가 감염에 맞서 큰 싸움을 개시하지 못한다. 흉선 이식은 이런 아이들의 끔찍한 상황을 개선해 줄 수 있다. 수술을 하고 나서 이 아이들의 혈액을 검사해 보면 T세포가 훨씬 많아진 것을 확인할 수 있다. 안타깝게도 흉선 이식용 조직은 심장 수술을 받는, 흉선이 온전한 다른 아기에서만 얻을 수 있다. 심장 수술을 할 때 가슴으로 접근할 통로를 확보하기 위해 흉선을 잘라 내기 때문이다. 그러다 보니 흉선 조직을 구하기가 하늘의 별 따기다. 따라서 줄기세포야말로 확실한 해결책이 될 수 있다. 아직은 줄기세포를 임상에 적용할 준비가 되어 있지 않지만 흉선이 없는 쥐에 실험실에서 키운 작은 인공 흉선인 흉선 오르가노이드thymus organoid를 이식했더니 제대로 작동하는 것으로 나타났다.[18] 그리고 유도만능줄기세포로부터 흉선을 만들어 내는 연구도 빠른 진척을 보이고 있다.

이런 접근 방식들 중에 어느 것이 제일 먼저 결실을 맺을지는 확실치 않지만, 여러 가지 방법이 개발 중이므로 머지않아 흉선의 퇴화를 막을 것이다. 그렇게 되면 노년에도 새로운 T세포를 만들 것이며, 이는 젊은이의 수준으로 감염 및 암과 맞서 싸울 수 있는 능력을 키우는 첫 단계가 된다.

이 목표를 향해 가는 동안에 그와 비슷한 재생이 필요해질 면역계의 다른 부분들이 있다. 그중 한 가지가 임파절lymph node이다. 임파절은 감염이 생겼을 때 때때로 부어올라 사람을 불편하게 만드는 '분비샘gland'인데 나이가 들면서 그런 일이 점점 잦아진다. 임파절은 새로운 위협이 찾아오면 거기에 가장 잘 맞서 싸울 수 있는 면역세포를 짝지어 싸우게 하는 곳이다. 즉 새로운 T세포가 제대로 성숙하기 위해서는 제대로 기능하는 임파절이 필요하다는 의미다.[19] 그래서 나이가 들면서 임파절의 기능이 저하되면 면역계의 방어도 함께 무너진다. 연구에 따르면 면역계가 아무리 튼튼하다 한들 그중 제일 약한 고리보다 튼튼할 수는 없다. 따라서 흉선을 다시 활성화시킨다고 해도 임파절의 상태가 좋지 않으면 강한 면역반응을 일으킬 수 없다. 임파계의 재생의학이 발전하고는 있지만 흉선에 대한 연구에 비하면 아직 초기 단계에 머물고 있어서 더 관심을 기울일 필요가 있다.

면역계의 훈련소도 살펴봐야겠지만 그곳을 졸업한 세포들도 눈여겨볼 필요가 있다. 적응면역계adaptive immune system의 세포들이 우리 몸에서 가장 늙은 세포인 경우가 있다. 감염이 있고 난 후에 그 익숙해진 적에 대해 알아낸 지식을 언제든 발휘할 준비를 하고 있는 기억T세포와 B세포는 몇 년, 심지어는 몇 십 년까지 살아남을 수 있다. 이는 그 세포들 자체도 늙을 수 있다는 의미다. 이런 세포의 노화와 싸우는 방법은 전신의 노화에 접근하는 방식과 그리 다르지 않다. 노쇠세포를 제거하고(앞에서 이미 만나 본 방식), DNA 손상을 처리하거나 짧아진 말단소체를 늘리는 방식이다(이 두 가지에 대해서는 다음 장에서 살펴보겠다).

노화에는 특별히 면역계에 적용되는 면이 있다. 거대세포바이러스 같은 지속성 감염의 결과로 개별 세포가 아니라 세포 개체군에서 일어나는 변화다. 4장에서 얘기했듯이 거대세포바이러스 감염은 결국 거대세포바이러스 특이적 면역세포 개체군의 크기를 부풀려 놓기 때문에 면역계의 기억을 막아 버린다. 노년에는 기억T세포의 1/3 정도를 거대세포바이러스 특이적 면역세포들이 차지해 버릴 수 있어서 기억T세포가 다른 감염과 맞서 싸우는 데 필요한 기억 용량이 부족해진다(게다가 흉선에서 새로 만들어지는 T세포가 결여되어 더욱 문제가 커진다).

거대세포바이러스는 헤르페스 바이러스다. 헤르페스 바이러스는 생식기헤르페스, 구순포진, 수두, 선열glandular fever을 아우르는 바이러스 계열이다. 병은 다양하지만 이들은 공통적으로 면역계에 침투하는 놀라운 재주를 가지고 있다. 감염이 처음 일어났을 때는 수

두의 가려운 발진처럼 명확한 증상이 나타나기도 하지만 증상이 가라앉고 난 후에는 바이러스가 스텔스 모드로 들어간다. 면역계가 이 바이러스를 완전히 근절하지 못하기 때문에 이 바이러스는 평생 당신의 몸속에 숨어 있을 수 있다. 그리고 살면서 스트레스를 받거나 다른 질병을 심하게 앓는 등 숙주의 면역이 약해지는 시간이 오면 헤르페스 바이러스가 다시 등장한다. 헤르페스의 부활 중 제일 중요한 것은 대상포진일 것이다. 숨어 있던 수두가 다시 얼굴을 내밀면서 국소적으로 고통스러운 발진이 생기는 병이다. 나이가 들면 면역계가 전반적으로 약해지기 때문에 노년층은 다른 잠복성 감염질환뿐만 아니라 대상포진의 위험도 훨씬 높아진다.

이 책에서 접하기 전까지는 거대세포바이러스에 대해 아마 거의 들어 보지 못했을 것이다. 이 바이러스는 증상이 나타나는 경우가 드물기 때문이다. 제일 심한 증상이라고 해 봐야 며칠쯤 비특이적으로 열이 나는 정도가 고작이다. 별로 주목을 받지 못하는 바이러스지만 거대세포바이러스는 충격적일 정도로 흔하다. 30세 정도가 되면 절반 정도의 사람이 감염되어 있고 65세에는 70퍼센트 정도로 증가한다. (이것도 부유한 국가의 얘기다. 빈곤한 국가의 성인은 100퍼센트로 보아도 무방하다.) 이 바이러스는 최근에 감염된 사람의 체액을 통해 전파된다. 그래서 아기의 타액을 통해 감염되기 쉽다. 그리고 아이 때는 어떻게 잘 넘어가더라도 성인이 되어 섹스를 하는 동안에 감염되기 쉽다. 그리고 30세가 넘은 사람들은 대부분 이 바이러스를 갖고 있다. 감염이 되고 나면 이 바이러스는 숨어서 때를 기다린다. 당신은 이 거대세포바이러스를 '외부' 요인으로 여기겠지만, 이렇게 널리 퍼져 있음을 생각하면 노화의 일부로 고려하는 것이 맞다.

만성 거대세포바이러스 감염은 좋지 않은 소식이다. 혈액 내 거대세포바이러스 항체 수치는 감염에 대한 몸의 반응을 측정하는 수치로 몸속에서 거대세포바이러스가 얼마나 활성화되어 있는지 말해 주는데, 한 연구에 따르면 이 수치가 제일 높은 노인은 항체 활성 수치가 낮은 사람에 비해 그 후 10년 동안 사망할 확률이 40퍼센트 높았다.[20] 이것이 그냥 단순한 상관관계correlation에 불과한 것인지(밑바닥에 깔린 다른 건강 문제로 거대세포바이러스가 갑자기 재발했을 수 있다), 아니면 거대세포바이러스(그리고 그에 대한 면역계의 과도해지는 반응)가 건강을 악화시켜 결국 죽음에 이르게 하는지는 확실치 않다.

거대세포바이러스라는 잠재적 위협과 어떻게 맞서 싸울 수 있을까? 제일 먼저 떠오르는 접근방법은 백신 개발이다. 이것이 아직 감염되지 않은 사람들에게 도움이 되고, 나머지 사람들도 면역을 강화해서 이 바이러스를 통제하는 데 도움이 될지도 모른다. 거대세포바이러스가 노화에 잠재적으로 얼마나 큰 기여를 하는지는 무시한다고 해도 이것은 사실 고민해 볼 필요도 없이 쉽게 판단할 수 있는 문제다. 거대세포바이러스가 즉각적으로 문제를 일으킬 수 있는 몇 안 되는 사례는 임신 기간 중 이 바이러스에 감염되는 경우다. 거대세포바이러스는 전 세계적으로 아동의 뇌 손상을 가장 많이 일으키는 원인이고, 다른 장애도 일으킨다. 이것만으로도 거대세포바이러스 백신 연구를 주장할 인간적, 경제적 근거가 충분하다.[21]

또 다른 접근방식은 거대세포바이러스와 싸우는 세포를 일부 이식해서 노년층의 약화된 군대를 강화해 거대세포바이러스 특이적 T

세포를 거대한 개체군으로 거느리지 않고도 바이러스를 통제할 수 있게 하는 것이다. 이 치료법은 기증자로부터 채취한 T세포를 조혈줄기세포 이식을 진행하는 사람에게 옮기는 방법으로 효과를 보았다. 줄기세포로부터 거대세포바이러스와 다른 감염을 표적으로 싸울 수 있는 T세포를 만드는 연구도 진척을 보이고 있다. 줄기세포는 노인의 면역계를 보강할 수 있는 이상적인 원천이 되어 줄 것이다.

우리가 시도해 볼 수 있는 마지막 방법은 거대세포바이러스에 집착하는 T세포를 일부 제거해 면역 기억을 위한 공간을 확보하는 것이다. 이 맥락을 따라가다 보면 면역계 노화 치료법으로 제시된 것 중 가장 과감한 주장으로 이어진다. 바로 면역계의 완전한 리부팅이다. 이것은 거대세포바이러스의 문제와 다른 많은 면역 관련 노화 문제를 잠재적으로 해결한다. 그럼 조혈줄기세포 이식을 혈액암이 있는 사람한테만 할 것이 아니라 생물학적 노화라는 의학적 문제만 갖고 있는 사람에게도 한다는 의미다. 이런 주장이 과감하다고 말하는 이유는 조혈줄기세포 이식에는 기존의 조혈줄기세포와 면역세포들을 완전히 제거하는 과정이 포함되기 때문이다. 이렇게 하려면 현재는 화학요법이나 방사선치료를 거쳐야 한다. 노화 말고 다른 면에서는 건강한 60대의 사람이 과연 이런 치료에 동의할지 의문이다. 하지만 생각처럼 그렇게 정신 나간 소리는 아니다.

조혈줄기세포 이식을 사용하는 고전적 사례는 이미 앞에서 살펴보았다. 백혈병이다. 항암치료 과정에서 혈액을 생성하는 세포와 면역세포는 모두 죽는다. 그런 다음 조혈줄기세포 이식을 해 혈액세포와 면역계를 처음부터 다시 구축한다. 하지만 근래에는 조혈줄기세포 이식을 통해 훨씬 폭넓은 질병을 치료하는 일에 관심이 모이고 있다.

한 가지 사례가 다발성경화증multiple sclerosis이다. 이 병에 걸리면 면역계가 신경섬유를 보호하는 미엘린myelin 수초를 파괴해 신경섬유의 소통 능력을 방해한다. 신경은 몸 구석구석에서 굉장히 다양한 기능들을 통제하기 때문에 그에 따른 증상도 시력 상실에서 통증, 운동능력 상실에 이르기까지 믿기 어려울 만큼 다양하다. 다발성경화증은 여러 가지 자가면역질환 중 하나일 뿐이다. 자가면역질환에서는 면역세포들이 비정상적으로 자기 몸의 세포나 단백질을 위험한 표적으로 인식한다. 다발성경화증은 유전적 요소도 관여하지만 운에 의해 좌우되는 부분도 있어 보인다. 예를 들어 일란성쌍둥이 중 어느 한쪽이 다발성경화증에 걸렸을 때 나머지 쌍둥이는 유전적으로 동일해도 다발성경화증에 걸릴 확률이 30퍼센트에 불과하다.[22] 확률이 낮다고만은 할 수 없지만 비유전적 요소가 상당히 존재함을 보여 준다. 따라서 문제를 일으키는 면역세포들을 완전히 제거한 다음에 면역계가 아예 처음부터 다시 발달할 수 있게 해 주면 다발성경화증 환자에게 새로운 기회가 찾아오는 셈이다. 면역계를 리부팅하는 것만으로 질병이 완치되는 환자가 많다. 조혈줄기세포 이식은 지금 나와 있는 다른 어떤 치료보다 성공률이 높다.[23]

염증성장질환inflammatory bowel disease이나 루푸스lupus 같은 다른 자가면역질환의 심각한 케이스를 대상으로 면역 리부팅의 치료 가능성을 탐색해 왔고,[24] 수천 명의 환자가 이 시술을 받았다. 그리고 효과가 있다는 강력한 증거가 나왔다. 조혈줄기세포 이식이 면역세포를 감염시키는 인체면역결핍바이러스HIV 환자를 완치시킨 것으로 보이는 경우도 두 건 보고되었다. 두 건 모두 혈액암이 있었는데, 골수이식이 필요해지자 자신의 면역세포를 HIV 저항성으로 만들어 줄 돌연변이를 가진 기증자를 선택할 기회를 잡았다. 그리고 효과가 있었다. 적어도 지금까지는 두 환자 모두 혈액 속에서 HIV 바이러스가 감지되지 않아서 이식 시술 후로는 HIV 약을 복용할 필요가 없었다.[25]

노화가 진행되면 모든 사람은 면역계에 결국 여러 다양한 방식으로 문제가 생긴다. 이것은 자가면역의 증가, 만성염증의 악순환 고리, 항거대세포바이러스 기억세포의 증가가 수반되는 지극히 복잡한 과정이다. 이런 상태에서는 정확히 어디서 무엇이 문제를 일으켰는지 일일이 밝히는 것보다는 아예 면역계를 리부팅해서 처음부터 다시 시작하는 것이 나을지도 모른다. 여러 면역세포군 사이의 정교한 상호작용이 평생에 걸쳐 어떻게 균형을 잃어 가는지 완전히 이해하지 못하는 상황에서 면역계를 껐다가 다시 켜 주는 것으로 이런 복잡한 문제를 효과적으로 피해 갈 수 있을까?

이런 시술이 노화 치료에 유용할 수 있다는 증거가 생쥐에서 나왔다. 텍사스 주의 과학자들은 어린 생쥐에서 채취한 조혈줄기세포를 늙은 생쥐에게 이식해 보았다(처음에는 늙은 생쥐의 늙은 조혈줄기세포와 면역세포를 먼저 제거하지 않았다)[26]. 그랬더니 평균 수명이 3개월 늘어났다. 로스앤젤레스의 다른 연구진은 늙은 생쥐의 면역계와 조혈줄기세포를 방사선으로 파괴한 다음 어른 생쥐나 늙은 생쥐에서 채취한 세포로 다시 씨앗을 심어 주었다.[27] 어린 조혈줄기세포를 이식

받은 늙은 생쥐는 다양한 검사에서 인지수행 능력이 개선되었고, 많은 경우 젊은 생쥐와 엇비슷한 능력을 보여 주었다. 반면 자기와 비슷하게 늙은 생쥐로부터 조혈줄기세포를 받은 생쥐들은 그런 개선이 나타나지 않고, 아무 치료도 받지 않은 늙은 생쥐와 비슷한 인지기능 저하 궤적을 따라갔다. 이는 면역계를 비우고 새로 채우는 것이 몸의 여러 부위에 혜택을 줄지도 모른다는 암시가 된다.

이 실험들은 백신에 대한 반응이나 감염에 대한 저항성 등 면역기능과 구체적으로 관련된 것들을 전혀 시험해 보지 않았다. 그래도 이 나이 든 생쥐들의 회춘을 뒷받침하는 것은 아마도 노쇠세포의 청소를 돕는 면역계일 것이다. 다른 기여요소로 생각해 볼 수 있는 것은 전반적으로 질이 좋아지고 더 건강해진 혈구세포, 또는 다음 장에서 보겠지만 젊은 줄기세포가 분비하는 이로운 신호가 있다. 이 정도면 노년층에게 신선한 유도만능줄기세포를 이식하는 것에 대한 추가 연구를 해 볼 이유로 충분하다.

현재 조혈줄기세포 이식은 다른 선택권이 거의 없는 경우에만 고려해 볼 수 있는 만만찮은 시술이다. 시술의 조건을 갖추기 위해 먼저 진행해야 하는 화학요법이나 방사선치료에는 큰 고통이 따르고, 면역계를 처음부터 새로 구축할 때까지 기다리는 동안 면역계 없이 몇 주를 보내야 해서 감염 위험이 심각하게 높다(거대세포바이러스처럼 잠재해 있던 바이러스가 다시 등장하는 것도 큰 위험이다). 하지만 나는 노화라는 맥락으로 바꿔서 생각해 보면 이것이 매력적인 사고실험의 기회를 연다고 생각한다. 조혈줄기세포 이식에 대해 임상적으로 더 잘 이해하게 되면서 이 시술을 받는 다발성경화증 환자의 사망률이 0.3퍼센트로 떨어졌다.[28] 아주 낮은 수치는 아니다. 아주 큰 혜택이 있는 것이 아니고서야 심각한 부작용이 생길 수 있고 1/300의 확률로 죽을 수도 있는 시술을 하려면 의사나 환자 모두 망설여지는 것이 충분히 이해할 만하다. 하지만 노화라는 맥락에서 이런 위험을 고려해 보면 생각이 달라진다. 부유한 국가에서는 50세 즈음이면 1년 안에 사망할 확률이 0.3퍼센트를 넘는다. 그렇다면 그 나이 이후로는 시술을 받다가 사망할 확률이 0.3퍼센트 정도면 받아 볼 만하지 않을까? 그 시술을 통해 전체 사망 가능성을 그보다 크게 줄일 수 있다면 말이다. 물론 건강한 50대에게 조혈줄기세포 이식을 하는 것에 대해서는 증거가 나와 있지 않다. 다만 이것은 노화라는 관점에서 보면 '위험한' 시술이라는 의미를 새로이 정의할 수 있을지 모른다는 사례일 뿐이다. 그리고 장기적으로 보면 화학요법같이 너무 대략적이고 부작용도 많은 치료법을 가지고 면역계를 괴롭힐 필요가 없어질 것이다. 자가면역질환이 있는 환자들이 이 치료법에서 얻을 수 있는 혜택 때문에 조혈줄기세포 이식을 더 안전하게 진행하기 위한 연구가 진행되고 있다.[29]

회춘한 흉선, 개선된 임파선 수행능력, 새로운 조혈줄기세포가 노인의 면역 기능을 현저히 개선하리라는 것은 어렵지 않게 상상해 볼 수 있다. 생쥐, 회사, 진행 중인 임상실험에서 나온 결과가 있고 이 모든 것이 올바른 방향을 가리키고 있다. 그저 감염과의 싸움이라는 면뿐만이 아니라 노쇠세포를 제거하고, 초기단계 암을 문제가 되기 전에 제거하는 등 면역계가 몸에서 맡고 있는 다른 많은 역할을 강화한다는 면에서도 시도해 볼 가치는 충분하다.

◦ 마이크로바이옴 바꿔 주기

우리 면역세포와 장내세균총 사이의 상호협력 관계를 고려하면, 마이크로바이옴은 말년까지 균형을 유지하여 만성염증을 줄임으로써 개선된 면역계와 함께 우리에게 도움을 줄 수 있는 또 다른 존재다. 하지만 마이크로바이옴의 이름을 노화의 전형적 특징 목록에 새로 올리며 보았듯이 우리는 마이크로바이옴이 건강에 영향을 미치는 여러 요인에 대해, 그리고 우리의 건강에 미치는 영향에 대해 이제 막 이해하기 시작했다. 아마도 마이크로바이옴을 직접 조작해서 몸에 이로운 세균들이 나머지 몸을 돕도록 만드는 것이 가장 빠른 치료법이 될 상황이 있을 것이다.

마이크로바이옴의 균형을 회복하기 위해 여러 가지를 시도할 수 있다. 가장 간단한 방법은 프로바이오틱스probiotics다. 동네 슈퍼마켓 진열장에서 많이 봐서 익숙할 것이다. 프로바이오틱스 제품을 간단히 먹거나 마시기만 하면 소화관에 생균을 도입할 수 있다. 또 한 가지 잠재적 방안은 프리바이오틱스prebiotics를 섭취하는 것이다. 프리바이오틱스는 우리는 소화시키지 못하지만 장에 사는 몸에 이로운 세균에게는 맛있는 물질이다. 현재 나와 있는 프리바이오틱스 후보자들은 주로 올리고당oligosaccharide과 다당류polysaccharide로 알려진 다양한 당사슬들이다. 프로바이오틱스처럼 이것도 장내세균총의 개체군을 좋은 방향으로 바꿔 주는 것으로 나타났다. 프리바이오틱스와 프로바이오틱스를 결합한 신바이오틱스synbiotics는 몸에 이로운 세균과 그 세균들의 에너지원이 될 영양분 꾸러미를 함께 제공한다.

각각의 시나리오에서 어느 프로바이오틱스, 프리바이오틱스, 신바이오틱스가 가장 효과적일지 판단하려면 더 많은 연구가 필요하지만 연구가 빠른 속도로 진척되고 있다. 비피더스균bifidobacteria과 젖산균lactobacilli 배양균이 들어간 다양한 음료, 비스킷, 캡슐이 노년층 실험 참가자의 장 속에서 이로운 균은 늘려 주고, 해로운 균은 밀어낸다는 것이 소규모 연구들을 통해 입증됐다. 이는 이런 치료가 면역계에도 이로운 효과를 나타 낼 수 있음을 암시한다. SLAB51이라는 9가지 서로 다른 세균종이 들어 있는 프로바이오틱 칵테일은[30] 알츠하이머병 생쥐모형에서 염증을 완화하고, 베타 아밀로이드와 타우 응집체를 줄이고, 최종당화산물 수치를 낮추고, 인지기능 저하 속도를 낮춘다. 프로바이오틱스, 프리바이오틱스, 신바이오틱스는[31] 소규모 인간 실험에서 알츠하이머병의 증상을 개선하고, 당뇨병 전 단계에서 혈당을 조절하는 데도 성공적으로 사용된 바 있다.

마이크로바이옴에 대한 이해가 높아지고, 또 몸에 이롭고, 해로운 세균과 곰팡이가 체력, 비만, 건강, 노화라는 면에서 우리 몸에 어떤 영향을 미치는지 알아 감에 따라 이식을 했을 때 가장 이로운 효과를 나타낼 세균이나 다른 미생물을 확인하기도 수월해질 것이다. 하지만 현재 나와 있는 결과 중 가장 흥미진진한 것은 더 야심찬 기술에서 나왔다. 전체 마이크로바이옴 이식full microbiome transplant이다.

이 이야기는 터콰이즈 킬리피시turquoise killifish에서 시작한다. 이것은 짐바브웨와 모잠비크에서 잠깐 생겼다 사라지는 물웅덩이에서 근근이 존재를 이어 가는 물고기라서 세상에서 수명이 제일 짧은 척추동물 중 하나다(척추동물은 우리처럼 등뼈가 있는 동물을 말한다).[32] 계절에 따라 생겼다 사라지는 작은 물웅덩이에 불과한 이런 연못에서 이 킬리피시는 소규모 개체군으로 태어나고, 짝을 짓고, 죽어 간다. 그럼 그 알들은 다시 내린 비가 물웅덩이를 채워 생명의 주기가 다시 시작할 때까지 뜨겁게 말라붙은 진흙 속에서 여러 달을 살아남아야 한다. 그래서 이것은 노화 연구를 위한 훌륭한 잠재적 모형생물이 될 수 있다. 파리나 선충처럼 우리와 터무니없이 다른 생명체도 아니고(그리고 파리보다는 이 고기의 풍부한 장내세균총 생태계가 우리의 것에 훨씬 가깝다는 점도 중요하다), 수명도 몇 달 정도로 짧아 실험자 친화적인 시간 척도에서 실험을 마무리할 수 있어 편리하기도 하다.

연구자들은 킬리피시를 이용해서[33] 젊은 물고기와 늙은 물고기 사이의 마이크로바이옴 이식의 효과를 조사했다. 생후 2개월 된 물고기가 자체적으로 갖고 있는 중년의 마이크로바이옴을 4가지의 강력한 항생제로 박멸한 후 젊은 물고기의 장내세균으로 대체해 주었다. 그러자 이 물고기들은 더 오래 살았을 뿐만 아니라(이들의 수명은 평균 5개월 이상이었다. 이는 일반적인 장내세균을 갖고 있는 동료 물고기에 비해 25퍼센트 더 오래 사는 것이다) 늙어서도 수조 속을 더 자주 쏜살같이 돌아다녔다. 이런 움직임은 물고기의 노쇠 지연을 측정할 수 있는 일종의 대리 변수다.

생쥐를 이용한 초기 실험도 있다. 이 실험은 더 젊은 장내세균으로 늙어 가는 생쥐의 건강을 개선할 수 있음을 암시했다. 노화를 가속시킨 생쥐를 대상으로 한 실험에서는 정상 생쥐로부터 채취한 마이크로바이옴을 이식하면 수명을 10퍼센트 정도 연장할 수 있었고,[34] 이 노화 가속 생쥐에게 생쥐와 사람 모두에서 나이에 따라 줄어드는 한 종의 세균을 보충하자 수명이 5퍼센트 연장됐다. 4장에서 늙은 생쥐와 젊은 생쥐를 한 우리에 함께 두어 서로의 대변을 먹게 하면 사실상의 마이크로바이옴 이식이 일어나 늙은 미생물을 이식받은 젊은 생쥐에서 염증이 악화된다고 얘기했다. 그 역도 성립해서, 젊은 생쥐와 우리를 같이 쓰는 늙은 생쥐도 면역계가 강화되는 효과를 누렸다. 살짝 혼란스럽기는 하지만 후속 연구에서는 생쥐들이 서로의 대변을 먹게 두는 대신 생쥐 간에 마이크로바이옴을 능동적으로 이식해 주면 젊은 생쥐에서 늙은 생쥐로 이식했든, 늙은 생쥐에서 젊은 생쥐로 이식했든 면역성이 개선되었다. 장내세균 이식이 건강에 큰 영향을 미치는 것은 분명하지만, 정확히 어떤 세균이 어떤 상황에서 이롭게 작용하는지 판단하려면 더 많은 연구가 필요하다.

사람도 마이크로바이옴 이식을 할 수 있다. 대변 물질(즉 똥)을 추출해서, 정화한 다음 대장내시경이나 관장을 통해 집어넣거나 환자에게 냉동건조 가루가 들어 있는 캡슐을 삼키게 하여 진행한다. 다른 누군가의 대변으로 관장을 한다는 것이 끔찍하게 들리겠지만 이런 방법이 클로스트리디오이데스 디피실*Clostridioides difficile* 감염의 치료에 이미 사용되고 있다. 이 경우 건강한 기증자에서 채취한 장내세균이 침입해 들어온 세균을 박멸하는 데 도움을 준다. 심각한 감염으로 계속 고생하는 것보다 차라리 대변 이식이 낫다. 그리고 노화가 악화되어 고생하는 경우에도 대변 이식으로 효과를 볼 수 있다면 결벽성을 잠시 내려놓을 만한 가치가 있다. 마이크로바이옴 이식은 생쥐에서 비만, 당뇨병, 파킨슨병에 도움이 되는 것으로 밝혀졌고, 인간 대상 실험도 진행되고 있다.

마이크로바이옴이 주는 혜택 중 하나는 몸에 이로운 분자를 제공하는 것이니까 그런 혜택을 현실화하는 마지막 접근방식은 이 세균 부산물이 어떤 것인지 확인해 약으로 직접 투여하는 것이다. 최근에는 이런 개념을 조사하기 위해 우리와 익숙한 예쁜꼬마선충을 이용한 철저한 실험이 야심차게 진행됐다.[35] 선충은 보통 대장균*E. coli* 배양접시에서 키운다. 대장균은 선충의 먹잇감이자 선충의 장내 세균총을 구성하는 유일한 생명체이기 때문에 그 속에 사는 거주자들을 연구하기가 사람이나 물고기에서 발견되는 풍성한 생태계에 비해 훨씬 쉽다. 대장균은 없어도 죽지 않는 유전자 3983개를 갖고 있는데, 대장균은 실험실에서 대단히 흔하게 사용하는 생명체이기 때문에 이 유전자 중 아무것이나 결핍되어 있는 균종을 어렵지 않게 구할 수 있다. 그래서 이 선충 실험에서는 선충을 3983개의 배양접시에서 키우며 각 선충들에게 서로 다른 유전자가 결핍된 대장균을 먹였다. 그리고 이 돌연변이 대장균 중 29가지에서 선충의 수명이 늘어났다. 이 29가지 장수 촉진 유전자 중 2개는 콜라닌산colanic acid 이라는 다당류의 생산을 조절하는 것으로 밝혀졌다. 그래서 마지막으로 선충에게 콜라닌산을 직접 공급했더니 정상적인 대장균을 먹고 살아도 수명이 10퍼센트 늘어났다.

이 연구는 미생물 대사산물을 직접 섭취하는 것으로 수명을 늘릴 수 있다는 원칙을 증명했을 뿐만 아니라 이런 체계적인 대규모 연구에 선충이 얼마나 유용한지도 보였다. 생쥐에서 이렇게 서로 다른 세균 균종을 가지고 수천 건의 실험을 병렬로 진행하려면 불가능하다. 만약 콜라닌산을 우리 같은 고등생명체에 직접 적용할 수 있고, 그럼에도 이런 일반적 원리가 유지된다면, 분자나 미생물이 임상에서 우리 장내세균의 혜택을 현실화할 가장 쉬운 방법인지 확인하기 위한 경주가 펼쳐질 것이다.

마이크로바이옴을 변화시키는 약이 노화와의 싸움에서 한몫할 수 있을지 확신하기는 아직 너무 이르지만 분명 설득력이 있다. 이롭기도 하고 해롭기도 한 이 생명체들이 우리 몸에 미치는 영향을 더욱 잘 이해하게 되면 우리 모두가 장을 최고의 상태로 유지하기 위해 냉동건조한 대변 물질 알약을 주기적으로 입 안에 털어 넣는 날이 올지도 모른다.

단백질을 새것처럼 유지하기

콜라겐collagen은 구조단백질structural protein이다. 아마 콜라겐이란 이름은 피부용 크림 광고 같은 데서 본 적이 있을 것이다. 물론 거기서 하는 주장은 의심스러운 경우가 많다. 그다지 과학적인 주장들이 많지 않지만 그 속에도 일말의 진실은 있다. 콜라겐은 피부뿐만 아니라 혈관에서 뼈에 이르기까지 몸속 수많은 조직의 구조에서 가장 중요한 단백질이라는 것이다. 콜라겐은 우리 몸에 가장 풍부한 단백질로 평균 체중의 성인에서는 2에서 3킬로그램 정도가 들어 있고, 몸속에서 놀라울 정도로 오래간다. 현재의 추정에 따르면 피부에 있는 콜라겐이 전환turn over(분해되어 대체되는 것을 의미하는 생물학적 용어)되기까지는 몇 년이 걸리고, 관절에서 뼈와 뼈 사이를 매끄럽게 윤활해 주는 연골 속 콜라겐은 평생 갈 수도 있다고 한다.

콜라겐 분자 하나는 세 개의 원자 가닥이 서로를 감고 있는 아주 작은 끈 조각처럼 보인다. 그리고 이 콜라겐 분자들은 한 콜라겐 분자의 특정 위치에 달라붙어 그 분자를 이웃한 다른 분자와 고정해 주는 교차결합에 의해 뭉친다.[36] 이렇게 뭉친 것을 원섬유fibril라고 한다. 개개의 콜라겐 분자가 끈이라면 이 원섬유는 굵고 긴 밧줄이다. 그리고 이 원섬유들이 다른 다양한 분자들과 함께 한데 묶여 훨씬 두꺼운 구조물인 섬유fiber를 형성한다. 이것은 여러 가닥의 밧줄을 꼬아서 만든 현수교 케이블과 비슷하다. 수천 개의 분자로 이루어진 콜라겐 섬유의 거대 구조물을 형성하기 위해서는 개별 콜라겐 분자의 구조가 절대적으로 중요하다. 개별 분자의 구조에 따라 분자들이 어떻게 합쳐져 원섬유를 형성하고, 원섬유들이 어떻게 합쳐져 섬유를 형성할지가 결정되고, 또 어떤 분자를 끌어들여 이 구조물을 지지하고 접착하고 윤활하는 역할을 시킬지도 결정된다. 그 결과에 따라 섬유의 특성이 좌우된다. 이 섬유는 다양한 생물학적 맥락에서 너무 뻣뻣하지도 너무 유연하지도 않는 딱 알맞은 유연성을 가져야 한다. 똑같은 기본 구성요소 분자를 가지고도 피부와 혈관의 신축성 있는 콜라겐에서 인대의 질긴 콜라겐, 무게를 잘 버티는 뼈의 강한 콜라겐에 이르기까지 다양한 콜라겐을 만들 수 있다. 이것은 종종 간과되는 생물학의 기적이다. 스스로 거대하고 효과적인 팀을 조립할 수 있는 단백질을 창조한 진화의 힘이 참으로 존경스럽다.

안타깝게도 이 정교한 구조가 그것을 구성하는 개별 콜라겐 분자의 구조를 변경시키는 화학적 변화 때문에 망가질 수 있다. 당분이나 산소같이 반응성이 높은 화학물질이 콜라겐에 달라붙어 광범위한 붕괴를 일으킬 수 있다.[37] 섬유에 매달린 당분이 원섬유를 지렛대처럼 비집고 여는 바람에 그 안으로 수분이 유입되어 섬세하게 조정되어 있는 내부의 화학적 균형을 깨뜨릴 수 있다. 이런 당분에 의한 변경 중에는 일시적이어서 원래대로 돌아올 수 있는 것이 많지만, 가끔은 변경 자체가 변경될 수 있다. 이것이 결국에는 최종당화산물advanced glycation end product을 만들 수 있다. 이는 영구적으로 남는다.[38] 최종당화산물은 자신의 당분 전구체처럼 콜라겐 분자 하나에 매달릴 수도 있고, 콜라겐 분자들을 교차결합해서 수갑을 채움으로써 서로 매끄럽게 스쳐 지나가지 못하게 막는다.

콜라겐에는 특별한 목적을 위해 만들어진 교차결합이 있어서, 이 결합의 유형과 결합 빈도에 따라 콜라겐의 기계적 특성이 좌우되는데 위에 나온 변화들은 모두 이런 교차결합을 방해한다. 이런 미세한 변경이 차곡차곡 쌓이면 광범위하게 그 영향이 나타난다. 뻣뻣함과 낭창함 사이에서 절묘한 균형을 잡고 있는 콜라겐이 그 균형으로부터 멀어지는 것이다. 그 효과는 조직마다 다르게 나타나지만 가장 흔한 것은 탄력성 감소다. 이것은 자기 몸에서도 쉽게 확인할 수 있다. 피부를 꼬집었다 놨을 때 원래의 위치로 돌아가는 속도는 나이가 들수록 느려진다.

이런 화학적 변화는 콜라겐 자체에 직접적인 영향을 미치는 데서 그치지 않고, 상황을 더 악화시키는 악순환 고리도 만든다.[39] 콜라겐은 피부에서 뼈에 이르기까지 여러 세포들이 자리를 잡는 뼈대 역할을 한다. 그리고 역으로 세포들은 새로운 콜라겐을 생산해서 자기가 자리 잡고 있는 뼈대를 새로 보강하면서 콜라겐의 유지를 책임진다. 마치 책임감 있는 시민이 자기 동네를 틈틈이 보수하며 관리하는 것처럼 말이다. 세포는 정교하게 정의된 자리에서 콜라겐과 결합한다. 이 자리의 위치와 특성은 콜라겐의 분자 구조에 의해 정해지는 또 다른 특성이다. 이 구조가 붕괴되면 이 결합하는 자리가 애매해지거나 접착력이 줄어든다. 그럼 세포들이 자리에 단단하게 부착하지 못한다. 그럼 조직이 온전하게 유지될 수 없어 그 자체로 나쁘지만, 어쩌면 더 큰 문제는 그에 대한 세포의 반응일지도 모른다. 콜라겐과의 부착이 약해짐에 따라 세포는 자신의 정체성에 대해 다시 생각한다. 세포가 어떻게 행동할지 결정할 때, 그런 결정에 도움을 주는 단서 중 일부는 그 세포가 접하고 있는 '세포외기질 extracellular matrix'에서 온다. 콜라겐과 단단하게 접촉하고 있는 경우에는 피부세포나 동맥벽세포로서의 존재 목적을 세포가 다시금 확인할 수 있지만 이런 접촉을 상실하면 세포는 자신의 존재 목적에 의심을 품는다. 직관에 어긋나겠지만, 그럼 세포는 새로운 콜라겐을 덜 생산한다. 언뜻 생각하기에는 세포외기질이 부족한 것이 걱정되어 그것을 보상하기 위해 콜라겐을 더 많이 생산할 것 같지만, 세포는 세포외기질이 없는 것을 보고 자기가 콜라겐 뼈대에 자리 잡고 앉아 있을 세포가 아니라 생각해서 더 이상 콜라겐을 생산할 필요가 없다고 느낀다.

세포는 자기 표면에 있는 수용체를 이용해서 최종당화산물을 감지하는 것으로 알려져 있다. 이 수용체는 RAGEreceptor for advanced glycation end products라는 약자로 표시한다. 이 수용체가 활성화되면 염증과 세포 노쇠가 촉진되는 데 그 이유는 분명치 않다. 세포가 최종당화산물 손상 콜라겐AGE-damaged collagen을 치우기 위해 면역계에 도움을 요청한다는 주장도 있는데 아직 판단을 내릴 만한 증거가 충분치 않다. 그럼에도 이것은 이 손상된 단백질 때문에 세포가 만성염증에 기여할 수 있음을 의미한다. 앞에서도 보았듯이 만성염증은 여러 가지 노화 과정의 배후에 자리 잡고 있다.

이 모든 것이 의미하는 바는 콜라겐이 평생에 걸쳐 화학적 손상을 입음에 따라 세포외기질의 구조적 온전함이 붕괴하기 시작한다는 것이다. 여기에 당화반응, 산화반응, 최종당화산물, 이 모든 것에 대한 세포의 반응이 정확히 얼마나 기여하는지는 불분명하다. 하지만 그로 인해 어떤 결과가 생기는지는 잘 알고 있다. 피부, 동맥, 폐, 건tendon이 뻣뻣하고 약해지면서 전신 조직에 흠이 많아진다.

이 변경된 단백질을 어떻게 할 것인지가 큰 과제다. 최종당화산물, 구체적으로는 콜라겐 분자 사이에 형성된 교차결합이 족쇄를 채우는 바람에 유연성이 감소하는 것이 가장 큰 문제라는 이론이 오랫동안 득세했다. 하지만 지난 몇 년 동안에 나온 연구들은 여기에 의문을 제기한다.[40] 최종당화산물은 전체 이야기의 일부에 불과한 것으로 보인다. 콜라겐을 교차결합시키지 않는 다른 변경이 최종당화산물보다 더 중요할지도 모른다. 다른 유형의 당화반응이 더 풍부하게 일어나며, 이런 반응은 자연적으로 형성된 교차결합을 파괴하는 힘을 갖고 있어서 최종당화산물과 관련된 당화반응이 추가로 몇 개 일어나는 것보다는 아마도 이것이 더 큰 영향을 미칠 것이다. 전체적으로는 화학적 균형이 깨지는 그림이 나온다. 나이가 들면서 콜라겐이 더 당화, 산화되고 그 결과로 특징적인 속성을 상실하면서 그 결과로 그저 최종당화산물의 교차결합에 의해 뻣뻣해지는 데서 그치지 않고 미묘하게 여러 가지 현상이 일어나게 된다. 이런 사실을 밝히는 데 오랜 시간이 걸린 이유는 실험이 기술적으로 어렵기도 하고, 화학자와 생물학자 간의 세심한 공동 작업이 필요한 연구인데 연구비를 지원하는 주체들이 이런 연구를 간과할 때가 많기 때문이다.

기존의 연구에서 최종당화산물 교차결합의 역할이 두드러졌기 때문에 콜라겐 노화를 역전시키는 것에 관한 아이디어들은 대부분 그것을 제거하는 데 초점이 맞춰져 왔다. 과학자들은 콜라겐이 젊은 시절의 유연성을 회복하기를 바라는 마음에서 콜라겐으로부터 그런 변경된 부분들을 쪼갤 수 있는 '최종당화산물 파괴제AGE-breaker drug'에 대해 연구하고 있다.[41] 콜라겐의 노화에 대해 새로이 이해하게 된 것들 때문에 최종당화산물 파괴제의 논리에 의심이 드는 것은 사실이지만 그래도 여전히 시도해 볼 가치가 있다. 앞에서도 말했듯이 어떤 것이 노화에 중요하게 기여하는지 검증해 볼 수 있는 제일 확실한 방법은 그것을 제거하고 어떤 일이 일어나는지 지켜보는 것이다. 최종당화산물 결합교차를 신뢰성 있게 제거해서 효과를 본다면 좋은 일이다. 만약 조직의 탄력에 변화가 없다면 두 번째 방안을 행동에 옮겨야 한다. 이것이 최종당화산물 파괴제를 개발하면서 이룩한 성과를 바탕으로 진행될 수도 있다. 최종당화산물 제거에 효과적이라고 밝혀진 것을 모두 변경하는 대신 생물학적으로 더 관련이 있는 다른 변경을 쳐내는 것이다.

하지만 제일 유망한 접근방법은 이런 복잡한 화학을 애초에 건드리지 않고 피해 가는 방법일지도 모른다. 우리 몸이 낡은 콜라겐을 찢고 아예 처음부터 새 콜라겐으로 대체하게 유도할 수 있다면 제대로 이해하지 못하는 부분들을 아예 피해 갈 수 있다. 원칙적으로 이것은 분명 가능하다. 그 낡은 콜라겐들도 애초에 우리 몸이 만든 것이니까 말이다. 우리 몸은 필요한 속도를 맞추지 못할 뿐, 많은 곳에서 콜라겐을 재생하는 능력을 갖추었다. 일부 콜라겐은 평생을 가지만 생쥐에서 콜라겐의 수명을 꼼꼼히 측정해 보면 콜라겐이 수십 년이 아니라 불과 몇 주만 지속되는 부위가 있음을 알 수 있다. 우리가 이 털북숭이 생쥐를 흉내 내지 못할 생물학적 이유는 없다. 좋은 소식이 있다. 운동을 통해 콜라겐 전환을 어느 정도까지는 자극해 줄 수 있다고 한다. 운동은 콜라겐에 미약한 손상을 가해서 몸이 타고난 복구 및 교체 과정을 개시하게 만든다. 하지만 안타깝게도 운동의 역할은 거기까지다. 세포가 파괴활동을 늘려서 자기 주변의 기질을 재구축하도록 부추길 수 있는 더 포괄적인 의학적 접근방식이 무엇인지는 아직 확실치 않다.

낙관적으로 보면 다른 노화의 전형적 특징과 씨름하다 보면 콜라겐에도 긍정적인 영향이 있을 거라 믿을 수 있는 몇 가지 이유가 있다. 첫째, 단백질에 일어나는 당화 관련 반응들 중에는 본질적으로 가역적인 것이 많다. 노화 및 당뇨와 관련해서 혈당 수치가 증가하면 당분이 떨어져 나갈 가능성보다는 달라붙을 가능성이 더 높다. 그래서 당화 단백질의 숫자가 늘어난다. 혈당이 잘 조절되면 이 과정이 역으로 뒤집어져 간단한 화학 과정을 통해 콜라겐이 정상으로 회복될 수 있다.

노쇠세포에서 분비하는 노쇠관련 분비표현형은 부분적으로 세포외기질을 분해하는 효소로 구성되어 있다. 그리고 나이가 들면 호중구neutrophil라는 면역세포가 일부 기능장애를 일으켜 세포외기질을 휩쓸고 지나가며 그 뒤로 파괴의 흔적을 꼬리처럼 남긴다는 증거가 있다.[42] 따라서 노쇠세포를 제거하고 면역계를 회춘시키면 적어도 세포 바깥의 단백질에 가해지는 손상을 늦출 수 있을지 모른다. 운이 좋아 우리 몸을 다른 부분에서 젊어진 상태로 되돌려 주면 예전에 적절한 수준으로 콜라겐 유지 작업을 수행하는 세포들이 다시 일을 시작할지도 모른다. 연골처럼 애초에 젊은 시절부터 전환율이 너무 느린 곳도 여전히 남아 있을 테지만 말이다.

이것은 현재로서는 해결책이 가장 애매한 노화의 면 중 하나다. 세포 밖에서 오래 사는 단백질에게 정확히 무슨 일이 생기는지, 그리고 어떻게 하면 그것을 고칠 수 있는지 알아내기 위해서는 더 많은 연구가 필요하다. 따로 시간을 내어 논의하지는 못했지만 이것이 영향을 미치는 다른 단백질도 있다. 피부와 동맥은 '엘라스틴elastin'이라는 다른 중요한 구조적 구성요소를 갖고 있다. 이것은 그 이름이 암시하는 바와 같이 조직의 탄력을 부분적으로 책임진다. 예를 들어 나이가 들어 눈의 수정체 단백질이 노화되면 유연성과 투명성을 모두 잃게 된다.

이런 연구를 중점적으로 진행해야 할 영역을 한 가지만 골라야 하는 상황이라면 나는 혈관의 콜라겐과 엘라스틴을 선택해야 한다고 주장하겠다. 고혈압은 사망, 질병, 치매의 가장 큰 원인이기 때문에 세포외기질의 퇴화는 우리 건강에 가장 큰 영향을 미치는 것이 틀림없다. 피부의 콜라겐을 개선하면 젊은 시절 같은 피부의 윤기를 회복할 수 있겠지만, 나는 탱탱한 피부와 딱딱한 동맥보다는 피부는 처지더라도 젊고 탄력 있는 동맥을 갖고 싶다. 이렇게 순환계의 젊음을 되찾아 줄 도구와 기술을 먼저 개발하고 나서 이것을 단백질이 변경되는 다른 곳에도 사용하면 된다.

7장 실시간 복구

Running repairs

노화의 전형적 특징을 고치는 가장 좋은 방법이 제거나 교체가 아니라 복구인 경우도 있다. DNA가 전형적 사례다. DNA 분자의 지시가 없으면 세포는 오래가지 못한다. 그리고 수십조 개나 되는 2미터짜리 물질을 모두 교체하기는 불가능하고, 가능하다 해도 비실용적이다. 그렇다면 DNA가 여전히 세포 안에서 작동하고 있는 중에 잘려나간 말단소체부터 돌연변이에 이르기까지 다양한 문제를 고칠 수 있는 방법을 찾아야 한다는 의미다.

우리 혈액 속 신호의 균형을 다시 찾아 더 젊은 수준으로 회복하는 것에 대해서도 얘기하겠다. 그리고 나이가 든 후에도 우리 세포를 위해 에너지를 계속 생산할 수 있도록 손상된 미토콘드리아를 수

선하는 것에 대해서도 얘기하겠다. 먼저 말단소체부터 시작하자.

◦ 말단소체 연장

세포가 분열할 때마다 말단소체의 길이는 짧아진다. 우리 조직 중에는 세포분열을 통해 세포를 보충하는 조직이 많기 때문에 결국에 가서는 말단소체가 임계점 너머로 짧아져 세포가 자살을 하거나 노쇠해진다. 말단소체가 짧아진 사람은 긴 사람보다 더 빨리 죽는 경향이 있다. DNA를 보호하는 이 뚜껑이 닳은 것을 원래대로 돌려 수명을 연장할 방법이 없을까?

말단소체 이야기는 1984년에 시작한다. 과학자 엘리자베스 블랙번Elizabeth Blackburn과 캐럴 그라이더Carol Greider는 연못에 사는 테트라히메나Tetrahymena라는 단세포 생물에서 말단소체를 연구하고 있었다. 이것은 현미경을 써야 보이는 아주 작은 생명체로 털 같은 미세한 돌기들로 덮여 있어 털북숭이로 보인다. 테트라히메나에서 마음에 드는 부분은 일곱 가지 서로 다른 성을 가지고 있다는 점이다. 이 생명체는 짝짓기를 하는 동안 무작위로 성을 결정한다. 그 결과 21가지 서로 다른 혈통 순열permutations of parentage이 나오고, 그 자손은 다시 이 일곱 가지 성 중 하나가 된다. 블랙번은 어떤 조건 아래서는 테트라히메나의 말단소체가 자랄 수 있음을 발견했다. 이상한 일이었다. 당시는 DNA가 변하지 않고 일정하게 유지되는 생명의 설계도라고 예상했기 때문에 거기에 마음대로 무언가를 추가할 수는 없다고 여겼다. 그렇다면 이 작은 생명체는 어떻게 DNA를 더 만들 수 있고, 또 그렇게 하는 이유는 무엇인가?

말단소체 연구에서 테트라히메나가 제일 쓸모 있는 부분은 세포당 20,000개의 염색체를 갖고 있기 때문에 40,000개의 말단소체를 조사해 볼 수 있다는 점이었다. 그에 비하면 사람의 세포는 46개의 염색체에 92개의 말단소체로 정말 초라하다. 블랙번은 말단소체를 연장하는 메커니즘이 존재한다면 이 털북숭이 미생물은 그 메커니즘을 돌리느라 아주 바쁠 것이라 추론했다. 몇 년에 걸친 고된 연구 끝에 그라이더와 블랙번은 마침내 테트라히메나의 말단소체를 늘리는 효소를 분리했다. 이들은 이 효소에 말단소체중합효소telomerase라는 이름을 붙였고, 이것은 결국 아주 중요한 연구로 밝혀져 두 사람은 블랙번이 효모 실험에서 말단소체의 보호 효과를 입증하는 데 도움을 준 잭 조스택Jack Szostak과 함께 2009년 노벨생리의학상을 받았다.[1]

말단소체중합효소는 적어도 세포에게는 영생의 효소인 듯 보인다. 테트라히메나에서 이 유전자를 망가뜨리면 성이 일곱 개나 되고 정상적으로는 무한히 번식하는 이 작은 세포가 일주일 안으로 죽어버린다. 대부분의 동물세포는 활성 말단소체중합효소가 없기 때문에 그 반대의 실험을 해 볼 수 있다. 말단소체중합효소 유전자의 추가 복사본을 보태면 이 동물 세포들은 노쇠를 피해서 무한히 분열할 수 있다. 사람 세포에 대한 최초의 실험은 1990년대 중반에 게론Geron이라는 바이오테크놀로지 회사에서 진행됐다. 역설적이게도 이 실험에는 레너드 헤이플릭Leonard Hayflick의 세포가 이용됐다.[2] 헤이플릭은 우연히 자기 다리의 피부세포를 기증했다. 그는 자신의 연구에 관한 다큐멘터리를 촬영하는 텔레비전 촬영팀에게 세포 배양에 사용할 피부 샘플을 채취하는 법을 보여 주다가 우연히 게론의 수석 과학담당관 마이크 웨스트Mike West에게 메스를 건네 달라고 부탁하게 됐다. 웨스트는 헤이플릭 자신의 세포가 몇 번이나 분열해야 노쇠해지는지 말해 줄 '진정한' 헤이플릭 한계를 측정할 기회를 그대로 놓치기는 너무 아깝다고 생각했다. 때마침 게론의 과학자들이 얼마 전에 말단소체 인간 유전자를 분리한 상태였기 때문에 웨스트는 그 유전자의 복사본을 헤이플릭의 피부세포에 삽입해서 어떤 일이 일어나는지 살펴보면 더 훌륭한 실험이 될 것이라 판단했다. 그 결과 변경을 하지 않은 헤이플릭의 세포는 말 그대로 헤이플릭 한계에 딱 맞춰 한계에 도달했지만 말단소체중합효소를 추가해 준 세포들은 계속 분열해서 말단소체중합효소를 통해 영생을 얻은 최초의 사람 세포가 됐다. 이제 90대로 접어 든 헤이플릭이 사람이 노화 과정에 개입할 수 있다는 주장에 평생 회의적이었다는 사실은 더욱 역설적이다.

이 기적 같은 일은 당연히 다음과 같은 의문을 불러일으킨다. 말단소체중합효소가 배양접시 속 세포에게 한 일을 사람에게도 할 수 있을까? 1990년대에 대중언론에 올라온 기사로 판단하건대 당신이 그것이 가능하리라 생각하는 것도 무리는 아니다. 말단소체는 간단한 세포분열 시계이고 말단소체중합효소는 그 시계를 복원하는 방법이라는 이 이야기는 이해하기가 너무 쉬워서 마치 활성화된 말단소체중합효소를 갖고 있는 세포처럼 증식하며 퍼져 나갔다. 하지만 지금까지도 말단소체 강화 약물이 나와 있지 않은 것을 보면 상황이 그처럼 간단하지는 않다는 것을 눈치챘을 것이다.

제일 먼저 떠오르는 문제는 암이다. 종양을 형성하려면 암세포는 계속 분열할 수 있어야 한다. 자신의 말단소체가 임계점 너머로 짧아지는 것을 멈춰야 한다는 얘기다. 그래서 암의 90퍼센트 정도는 세포 노쇠를 피해 가기 위해 말단소체중합효소를 다시 활성화시킨다(나머지 10퍼센트는 ALT alternative lengthening of telomeres[대안적 말단소체 유지기전]라는 메커니즘을 사용한다. 사실 이것은 천체물리학에서 말하는 암흑물질과 암흑에너지처럼 그 메커니즘의 정체가 무엇이고, 작동방식이 무엇인지 거의 모른다는 사실을 에둘러 표현하는 용어다). 활성 말단소체중합효소만으로 세포가 암세포가 되는 것은 아니지만, 피할 수만 있다면 암의 위험이 있는 것을 괜히 만지작거릴 필요는 없다.

테트라히메나보다 복잡한 생명체에서 말단소체중합효소를 이용해서 첫 실험을 해 보았더니 이 걱정이 괜한 걱정이 아님이 밝혀졌다. 과학자들이 생쥐에게 말단소체중합효소 유전자 복사본을 추가해 넣었더니[3] 피부가 두터워지고 털이 빨리 자라는 등 일부 이로운 점도 관찰됐지만 암의 위험도 같이 높아졌다. 그와 반대로 천연의 말단소체중합효소 유전자를 생쥐에서 제거해 보았더니 암의 성장이 억제됐다.[4] 따라서 말단소체중합효소가 암 유발 효소임이 꽤 분명해졌고, 그 바람에 말단소체중합효소에 대한 기대가 한풀 꺾였다.

그렇다면 말단소체는 우리 세포의 항암 메커니즘에서 핵심 요소로 보인다. 말단소체는 4장에서 살펴보았듯이 염색체의 말단끼리 달라붙는 것을 막고, 세포분열이 일어나는 동안 DNA에서 중요한 부분들이 잘려 나가지 않게 보호하는 데서 그치지 않고 생명체의 본체가 암에 걸리지 않게 보호하는 용도로도 사용된다. 말단소체는 세포가 얼마나 많이 분열했는지 세어 너무 많이 분열한 세포를 잡는 메커니즘을 제공한다. 세포의 말단소체가 바닥나서 증식 능력이 노쇠해지는 것이 당신의 목숨을 구할 수도 있다.

대부분의 성인 세포에서 말단소체가 무력해지는 이유이다.*5 하지만 이 효소를 완전히 제거할 수 없다는 것은 분명하다. 암과 관련이 없는 상황이라도 그렇다. 예를 들어 세대에서 세대로 이어질 때 배아는 반드시 말단소체를 다시 자라게 할 능력을 갖추어야 한다. 그렇지 않으면 부모의 짧아진 말단소체 때문에 자식의 수명이 위축되어 결국은 종 자체가 멸종될 수밖에 없다. 배아만능줄기세포이든 유도만능줄기세포이든 만능줄기세포는 말단소체중합효소를 지속적으로 사용해서 자신의 말단소체를 길게 유지한다. 그래서 무한히 분열할 수 있다. 이 효소는 피를 만들어 내는 조혈줄기세포 같은 일부 성체 줄기세포에서도 활성화되어 있다. 하지만 말단소체가 짧아지는 것을 완전히 막기보다는 속도를 늦출 수 있는 정도로만 활성화되어 있다. 그리고 감염이 일어났을 때는 T세포에서도 활성화된다. 이럴 때는 자신이 표적으로 삼은 특정한 적과 싸우기 위해 신속하게 대량으로 증식해야 하기 때문이다.

진화는 말단소체를 최적으로 사용하는 법에 도가 튼 것 같다. 말

---

* 사람의 성체 세포에서는 말단소체가 무력해지지만 단명하는 생쥐에서 암 없이 장수하는 벌거숭이 두더지쥐에 이르기까지 다른 종에서는 상황이 좀 더 복잡하다. 벌거숭이 두더지쥐는 세포에 활성 말단소체중합효소를 갖고 있다. 이들 종은 저마다 말단소체의 외줄타기에서 균형을 잡는 서로 다른 방법을 찾아냈다.

단소체의 역학은 노화를 피하는 것과 암을 피하는 것 사이의 정교한 생물학적 줄타기인 경우가 많다.

가장 극단적인 사례로는 희귀한 유전질환인 선천성이상각화증dyskeratosis congenita이 있다.[6] 현재는 이 병이 아주 짧은 말단소체를 갖고 있어서 생긴다는 것이 알려져 있다. 이 환자는 피부, 모발세포, 혈구세포 등 분열 속도가 빠른 조직에 문제가 있어서 머리카락이 빨리 백발이 되고, 폐 문제, 골다공증이 생기는 등 노화가 가속되는 듯한 경험을 한다. 여기에는 어두운 역설도 존재한다. 선천성이상각화증 환자는 오히려 특정 종류의 암에 더 취약하다. 그 이유는 말단소체가 정말로 짧아지면 '위기crisis'라는 상태를 유도하는데, 이 상태에서 세포가 노쇠해지는 데 실패할 경우 DNA에 일어난 혼란으로 암 유발 돌연변이가 생길 수 있다. 게다가 말단소체중합효소가 결핍되어 있는 상태에서는 면역계가 약해져서 암의 발생을 조기에 억누르지도 못한다.

그와 정반대로 독일에서는 말단소체중합효소 유전자가 시작되기 전 57개 염기 앞에서 DNA 글자 하나에 돌연변이를 가진 가족이 발견됐다.[7] 이것 때문에 이들의 일부 세포에서 생산하는 말단소체중합효소의 양이 50퍼센트 정도 증가해서 암 발생 위험이 극적으로 높아졌다. 이 돌연변이를 가지고 있는 가족 5명 중 4명이 36세에 흑색종melanoma이 생겼고, 피부에도 걱정스러운 점을 몇 개 가지고 있던 것으로 보고됐다. 또 다른 가족은 20세에 흑색종이 생기고, 뒤이어 난소, 그다음엔 신장, 그 다음엔 방광, 그다음엔 가슴, 그리고 마지막으로 폐에 암이 생겨 50세에 폐암으로 사망했다. 30억 개의

DNA 염기 중 단 하나만 바뀌었을 뿐인데 이런 심각한 문제로 이어진다는 게 정말 믿기 어렵다.

따라서 말단소체중합효소는 골디락스Goldilocks 효소인 셈이다. 이것이 너무 적으면 빠르게 세포분열하는 조직들이 망가진다. 그렇다고 너무 많으면 암이 쉽게 파고든다. 다행히도 우리 대부분은 딱 적당한 양을 갖고 있다. 인구집단 안에서는 이 양에 자연적인 변동이 나타나기 때문에 각자의 말단소체중합효소 수치가 조금씩 차이가 있지만 전체적으로는 별 문제가 되지 않는다.[8] 인구집단을 대상으로 말단소체중합효소의 활성을 살짝 높이거나 낮추는 미묘한 DNA 변이를 가진 사람들을 비교해 볼 수 있다. 말단소체중합효소의 활성이 높으면 암으로 사망할 위험은 살짝 높아지지만 짧아진 말단소체와 관련이 있는 심장질환 등의 문제로부터 살짝 보호를 받기 때문에 전체적인 사망위험에는 별 차이가 생기지 않는다.

따라서 말단소체의 길이와 말단소체중합효소의 수치는 노화와 암 사이의 외줄타기와 비슷하다. 어느 한쪽으로 떨어지지 않고 밧줄 위에 머물 수 있게 도와 줄 실용적인 치료법이 없을까? 말단소체중합효소를 치료법으로 바꾸려 노력한 이야기를 알고 싶다면 분자생물학자 마리아 블라스코María Blasco의 경력을 따라가 볼 필요가 있다. 1993년에 그녀는 박사 학위를 딴 스페인의 연구실을 나와 캐럴 그라이더(테트라히메나에서 말단소체중합효소를 발견한 그 사람) 밑에서 박사 후 과정 연구를 하기 위해 미국으로 건너갔다.

2000년 초에는 말단소체중합효소에 대한 인기가 거품처럼 꺼지는 듯싶었지만 그래도 블라스코는 단념하지 않았다. 말단소체중합효소를 이해하면 말단소체가 너무 짧아져서 생기는 질병을 치료할 신약을 개발할 수 있으리라 확신한 그녀의 연구실에서는 이 효소에 대한 연구를 이어 갔다. 2008년에 그녀의 연구진은 말단소체중합효소가 생쥐에서 수명을 늘릴 수 있음을 보여 주는 논문을 발표했다.[9] 연구진이 암에 저항성을 갖도록 유전자를 조작할 수 있는 한에서는 수명이 늘어났다. 추가적인 말단소체중합효소와 세 가지 추가적인 DNA 방어유전자(이 유전자는 세포에 암으로 발전할 수 있는 돌연변이가 생기면 세포가 죽거나 노쇠해지게 만든다)를 갖도록 유전자를 조작한 생쥐는 그러지 않은 생쥐에 피해 평균 40퍼센트 정도 오래 살았다. 이 연구는 한 줄기 희망을 비쳐 준다. 암과 노화 사이의 전투는 어느 한쪽이 승리를 거두면 패배한 상대방은 죽는 제로섬 게임은 아닌 듯 보인다. 복잡한 생물학적 시스템에서는 서로 경쟁하는 두 가지 효과를 증강시키면 시너지를 일으켜 순혜택이 발생할 수 있는데, 이 경우가 거기에 해당했다.

후속 실험에서는 성체 생쥐에서 다른 종류의 유전자 치료를 시도해 보았다.[10] 이번에는 생쥐에게 수십억 개의 바이러스를 주사했는데* 이 바이러스는 감염을 일으키는 것이 아니라 생쥐의 세포에게 일시적으로 추가적인 말단소체중합효소 유전자를 전달해 주는 역할을 했다. 이 바이러스 주사를 맞은 늙은 생쥐(사람으로 치면 대략 40대에 해당)는 다른 또래들보다 평균 20퍼센트 정도 더 오래 살았다. 말

---

* 아데노관련바이러스(Adeno-associated virus). 이것은 실험실에서 유전자를 변경할 때 흔히 사용하는 '바이러스 벡터(viral vector)'이고 사람의 유전자 치료에 적용할 방법으로 제일 유력한 후보다.

단소체중합효소 치료를 받은 생쥐는 건강도 조금 좋아졌다. 혈당 조절도 좋아지고, 골밀도도 높아지고, 피부도 더 탄력이 생기고, 외줄타기 수행능력도 향상됐다. 그중에서도 가장 중요한 점은 암의 위험 증가가 관찰되지 않았다는 점이다.

이것은 잘하면 사람의 성인에도 적용할 수 있는 유망한 치료법으로 보인다. 하지만 생쥐는 그저 크기만 작은 사람이 아님을 명심해야 한다. 이 연구 결과를 사람에게 적용할 때 따라올 수 있는 한 가지 어려움은 생쥐가 상당히 수명이 짧다는 것이다. 연구에서 말단소체중합효소 치료를 받은 생쥐는 평균적으로 치료 후 1년 반 정도를 살았다. 이것을 사람으로 환산하면 사람이 치료 받은 후에 살날이 수십 년이라는 얘기인데, 이 정도면 발암 돌연변이가 축적될 수 있는 시간이다. 그렇다면 말단소체중합효소가 수명이 짧은 생쥐에게는 안전하지만 수명이 긴 사람에게는 위험할 수 있다는 의미일까?

이런 비판을 방지하기 위해 블라스코의 연구실에서는 암 감수성cancer susceptibility이 크게 높아지도록 유전자 조작한 성체 생쥐에 동일한 바이러스 유전자 치료를 시도해 보았다.[11] 그 결과 추가적인 말단소체중합효소를 투여한 생쥐와 아무런 DNA도 들어 있지 않은 대조군용 바이러스를 투여한 생쥐 사이에서 암발생률에 식별 가능한 차이가 나타나지 않았다. 양쪽 모두 동일하게 그리고 소름 끼칠 정도로 암발생률이 높았다. 이는 암이 발생하기 대단히 좋은 환경이라도 이런 종류의 말단소체중합효소 유전자 치료가 적어도 상황을 더 악화시키지는 않으며, 사람 성인에서의 유전자 치료도 겁을 먹었던 것처럼 발암성이 있지는 않음을 암시한다.

블라스코 실험실의 마지막 실험에서는 아주 긴 말단소체를 갖고 있지만 말단소체중합효소가 완전히 정상인 생쥐를 만들어 보았다.[12] 이 생쥐는 말단소체 길이가 정상인 생쥐보다 평균 13퍼센트 오래 살았다. 여러 가지 건강상의 혜택도 보였다. 이 쥐들은 체중도 낮고, 콜레스테롤 수치도 낮고, DNA 손상도 적고, 결정적으로 암 발생 위험이 낮았다. 이 실험이 암시하는 바는 말단소체가 아주 길다고 해서 그것이 본질적인 문제는 아니며, 독일의 한 가족에서 보았듯이 암의 위험을 높이는 것은 말단소체중합효소의 과활성이라는 것이다. 따라서 기존의 말단소체중합효소를 과활성화하지 않으면서 말단소체의 길이를 늘인다면 암과 퇴화 사이에서 말단소체중합효소가 줄타기 하는 것을 아예 피할 수 있을지도 모른다.

생쥐에서 이렇듯 흥미진진한 증거가 나와 있기는 하지만 현재로서는 우리와 좀 더 비슷한 동물에서 말단소체중합효소를 확인할 실험이 더 필요한 상황이다. 곧장 인간 대상 실험으로 들어가는 것도 한 가지 선택이 될 수 있다. 다른 노화의 전형적 특징에서 보았듯이 말단소체중합효소 때문에 천천히 늙다가 사망하는 것이 아니라 급성 질환이 생기는 경우도 상당히 많다. 선천성 이상각화증이나 불충분한 말단소체중합효소가 직접적 원인이 되어 생기는 몇몇 관련 질환이 출발점이 될 수 있다.

또 한 가지 가능한 것으로 특발성 폐섬유증이 있다. 이것은 앞에서 세놀리틱 치료를 처음 시도해 보았다고 했던 그 폐질환이다. (한쪽이 다른 한쪽의 원인이 된다는 점에서 짧은 말단소체와 노쇠세포가 동일한 장소에서 나타나는 것이 안심이 된다.) 생쥐를 이용한 말단소체중합효소 유전자 치료 실험은 특발성 폐섬유증을 역전시킬 수 있음을 암시하고,[13] 현재 이 환자들이 선택할 수 있는 좋은 치료법이 나와 있지 않은 상황을 고려하면 말단소체중합효소 치료에 기꺼이 도박을 걸어 보겠다는 환자들이 있을 것이다. 이 실험에 참가하는 환자들을 대상으로 암 발생 위험이 높아지지 않는지 세심히 관찰한 다음 위험이 높아지지 않음이 확인되면 더 폭넓은 사람들에게 치료법을 처방할 수 있다. 말단소체가 짧아지면 심혈관질환 위험이 높아지기 때문에 심장병 환자들이 그다음 차례가 될 수 있다. 만약 심장병 위험이 있는 사람이 말단소체 치료에도 암 사망률이 높아지지 않으면, 말단소체중합효소를 모든 사람에게 예방적으로 처방하는 것을 상상해 볼 수 있다.

옵션이 유전자 치료만 있는 것은 아니다. 일시적으로 작용하기만 한다면 우리 세포에 이미 존재하는 말단소체중합효소 유전자의 활성을 자연적으로 강화해 주는 약이나 보충제를 찾아볼 수도 있다. 제일 많이 연구된 것은 TA-65다.[14] 이것은 전통 한의학에서 사용하는 약초에서 분리한 화학물질로, 생쥐에서 말단소체중합효소를 활성화해서 암 발병 위험의 증가 없이 말단소체의 길이와 건강수명을 연장할 수 있다(수명은 연장되지 않는다). 이것이 사람의 건강에도 긍정적 효과를 미칠 수 있다는 증거 역시 나와 있다. 아무래도 제약회사의 카탈로그를 꼼꼼히 훑어보면서 쓸 만한 다른 분자가 있는지 조사할 가치가 있다.

1990년대에는 영생의 효소로 추앙받다가 2000년대에 들어서는 암을 일으키는 골칫덩어리로 전락했던 것이 이제 컴백 무대를 준비하고 있다. 생쥐 실험은 분별력 있게 사용하기만 하면 말단소체중합효소가 꼭 양날의 칼일 필요는 없으며, 이 치료를 사람에게 시도하지 못하게 막는 장애물도 딱히 없음을 보여 준다. 이것이 효과가 있다면 우리는 한쪽에는 퇴행성 질환이 아가리를 벌리고 있고, 다른 한쪽에는 암이 아가리를 벌리고 있는 말단소체중합효소 위에서 아슬아슬 외줄타기를 하는 것이 아니라, 양쪽 모두로부터 보호 받으며 그 줄 위에서 한바탕 춤을 출 수 있다.

젊은 피가 늙은 세포에게 새로운 재주를 가르칠 수 있을까?

노화생물학에서 고딕 호러의 분위기가 물씬 풍기는 실험에 주는 상이 있다면 그 상은 반드시 이시성 개체결합heterochronic parabiosis(서로 연령이 다른 두 생명체를 외과적 수술로 연결했을 때 젊은 개체의 영향으로 늙은 개체도 함께 젊어지는 현상—옮긴이)에 가야 할 것이다. 이것은 뱀파이어처럼 젊은 피를 갈망하여 마치 프랑켄슈타인을 만들 듯이 서로 다른 개체의 신체 부위를 이어 붙이는 기법이다. 나이가 다른 동물 두 마리(보통 쥐나 생쥐)에서 한쪽씩 옆구리 피부를 벗겨서 노출시킨 다음 노출 부위를 봉합해 두 마리를 이어 붙인다. 그럼 수술 부위가 치유되는 과정에서 두 몸 사이에서 작은 혈관들이 자라나고, 이렇게 인공적으로 결합된 쌍둥이는 말 그대로 피를 함께 나누게 된다.

섬뜩하게 들리겠지만 이시성 개체결합은 과학자들에게 노화 과정을 이해하고, 잠재적으로 그에 대한 치료법을 고안할 수 있는 새로운 길을 열어 주었다. 혈액의 여러 중요한 기능 중 하나는 피 속에 녹아 있는 메신저 화학물질을 실어 나르면서 원거리통신 네트워크로 작용하는 것이다. 이 메신저 화학물질들은 온몸에서 세포의 행동 방식에 영향을 미친다. 젊은 생쥐를 늙은 생쥐와 이어 놓았을 때, 혹은 늙은 생쥐에게 젊은 물질을 투여했을 때 어떤 일이 일어나는지 지켜봄으로써 전신적 요인과 내적 요인의 효과가 어떻게 노화를 주도하는지 새로운 통찰을 얻을 수 있었다. 그리고 새로운 치료법에 대한 영감도 불어넣어 주었다. 다행히 그것은 노인을 10대 청소년과 봉합해서 이어 붙이는 방식은 아니다.

개체결합은 19세기에 순수한 과학적 호기심에서 처음 개발되었다. 1864년에 생리학자 폴 베르Paul Bert는 쥐 두 마리를 이어 붙인 후 한쪽에 벨라도나deadly nightshade를 주입함으로써 이 둘이 하나의 순환계를 공유하고 있음을 입증했다.[15] 벨라도나는 이탈리아어로 '아름다운 여성'을 뜻하는 말이다. 르네상스 시대에 여성들이 예뻐 보이고 싶어서 이 열매로 만든 안약을 이용해 동공을 확장시킨 데서 유래했다(영어 이름을 보면 알 수 있듯이 이것은 목숨을 위협할 수 있는 유독한 식물이다. 안약으로 사용한 것은 정말 끔찍한 생각이었다). 한쪽 쥐에 벨라도나를 주사하면 즉각 동공이 확장된다. 그리고 5분 안으로 나머지 쥐의 동공도 마찬가지로 확장된다. 이것은 벨라도나 성분이 다른 쥐의 혈액 속으로 들어갔음을 보여 주며 두 쥐가 순환계를 공유함을 입증한다.

그 후로 개체결합은 비만, 암, 심지어는 충치 연구에도 사용되어

왔다. 이 방법을 이용하면 개체결합을 통해 두 동물의 내부 환경이 대부분 공유되는 상황에서 어느 한쪽에서만 요인에 변화를 줄 수 있기 때문에 그런 변화가 일으키는 효과를 쪼개서 분석할 수 있다. 충치 실험이 그것을 깔끔하게 잘 보여 주는 사례다.[16] 1950년대의 연구자들은 설탕이 충치를 일으키는 이유가 입 속에서 직접 미치는 영향 때문인지 혈액 속에서 간접적으로 미치는 영향 때문인지 알고 싶었다. 그래서 개체결합 방식을 이용해 개체결합 쌍 중 한쪽 쥐에게는 설탕이 많이 든 먹이를 주고, 다른 쥐에게는 정상적인 먹이를 주었다. 둘은 혈액공급을 공유하기 때문에 양쪽 쥐 모두 똑같이 혈당이 높아졌다. 하지만 실제로 설탕을 많이 먹은 쥐에서만 충치가 생겼다. 이는 혈당이 충치를 일으키는 요인이 아님을 입증해 준다. 좀 소름끼치지만 실험을 공정하고 명쾌하게 할 수 있는 방법임은 분명하다.

'parabiosis(개체결합)'은 완곡하게 표현하면 '곁에서 산다'는 의미다. 노화 연구자들은 나이가 다른 동물을 붙이는 '이시성heterochronic' 버전에 관심이 있다. 이런 유형의 실험은 1950년대에 클리브 맥케이(3장에 나왔던 식이제한의 선구자다)에 의해 처음 진행됐다.[17] 그와 그의 연구진은 총 69쌍의 쥐를 붙였다. 지금 기준으로 보면 시술 방식이 다소 원시적이었지만 다양한 수준으로 성공을 거두었다. 11쌍은 몇 주 만에 '개체결합 병parabiotic disease'으로 죽었다. 이는 양쪽 면역계가 서로를 외부 조직으로 인식하고 전쟁을 일으켜 생긴 결과로 보인다. (흥미롭게도 우리는 여전히 무엇이 이런 현상을 일으키는지 알지 못한다. 하지만 현대의 실험에서는 이런 경우가 훨씬 드물다. 아마도 무균 외과 기술의 향상이 한몫했을 것이다.) 다른 쌍에서는 한쪽 쥐가 파트너 쥐의 머리를 물어뜯어서 종말을 맞이했다. (현재는 실용적 이유와 윤리적 이유 때문에 두 동물을 한 우리 안에서 2주 정도 같이 보내 익숙해지게 만든 후 붙인다.) 이 실험의 결과는 암시하는 바가 있었다. 이시성 개체결합 쌍 중 늙은 동물 쪽에서 골밀도가 개선되었다. 하지만 실험이 체계적이지 못해서 확신을 주지는 못했다.

1970년대 초기의 실험들은 더 확실한 그림을 제공했다.[18] 과학자들은 이시성 개체결합 쌍의 수명을 등시성isochronic(나이가 같은) 개체결합 쌍 및 종래처럼 단독으로 사는 동물의 수명과 비교했다. 단독생활 쥐는 2년 정도 살았다. 등시성 개체결합 쌍은 수명이 그보다 살짝 짧았다. 당연한 일이지만 다른 쥐와 몸이 붙어서 사는 것이 신체적으로 스트레스가 많은 일임을 확인해 주었다. 하지만 이시성 개체결합 쌍의 늙은 쥐는 더 오래 살았다. 그 쌍이 수컷인 경우는 단독생활 쥐와 거의 비슷하게 살았고(더 젊은 파트너와 붙어 있는 것이 개체결합 자체의 단점을 지우기에 충분했음을 의미한다), 쌍이 암컷인 경우에는 정상보다 3개월을 더 살았다.

충격적인 점은 이 초기 연구 결과 이후로 개체결합은 대단히 유망했던 초기 노화 연구와 비슷한 전철을 밟아서 그 후로 30년 동안 거의 이룬 것이 없었다는 것이다. 이 분야는 2000년대 초반이 되어서야 마침내 부부 연구자 이리나 콘보이Irina Conboy와 마이클 콘보이Michael Conboy에 의해 재시동을 걸었다. 1970년대의 연구는 해답을 얻지 못한 중요한 질문을 남겼다. 쥐를 더 젊은 파트너와 꿰매 놓았더니 더 오래 산 것까지는 좋다. 하지만 이렇게 수명이 늘어난 것은 대체 무엇 때문인가? 콘보이 부부는 한 가지 면에 특히 흥미를 느꼈다. 노화에 따른 줄기세포 기능의 저하가 조직의 재생능력에 어떤 영향을 미치는가 하는 부분이었다. 이런 기능 저하 중 늙은 생쥐의 신체라는 노화된 환경에 의한 것은 어디까지고, 세포 자체의 내재적 문제에 의한 것은 어디까지인가?

나이가 들면 베인 상처든, 긁힌 상처든, 골절이든 부상에서 회복하는 데 시간이 더 오래 걸린다. 앞에서도 살펴보았지만 부상 조직을 새로 보충할 줄기세포의 기능이 천천히 저하되는 것이 큰 몫을 한다. 줄기세포 수가 줄거나 활동이 왕성하지가 못하기 때문에 부상에서 손상을 입거나 상실된 세포들을 채울 전구세포progenitor cell의 생산량이 준다. 늙은 생쥐도 마찬가지다. 그래서 콘보이 부부는 젊은 생쥐-젊은 생쥐, 늙은 생쥐-늙은 생쥐, 늙은 생쥐-젊은 생쥐의 여러 조합의 개체결합에서 생쥐의 치유 속도에 무슨 일이 일어나는지 살펴보기로 했다.

근육, 간, 뇌, 이렇게 세 가지 조직을 살펴보니 명확한 결과가 나왔다.[19] 젊은 생쥐와 붙여 놓은 늙은 생쥐는 젊은 생쥐와 붙여 놓은 젊은 생쥐만큼이나 치유가 잘됐다. 늙은 생쥐의 세포를 재활성화한 것은 젊은 파트너로부터 구조 임무를 띠고 혈액을 통해 파견된 젊은 줄기세포가 아니라 혈액 속의 신호와 관련이 있다는 증거를 찾기 위해 콘보이 부부는 실험에 사용한 일부 젊은 생쥐의 유전자를 조작해서 세포에서 초록색 빛이 나게 만들었다. 치유 조직을 현미경으로 살펴보니 뚜렷하게 초록색으로 빛을 내는 세포가 0.1퍼센트에 불과했다. 전체 치유 효과 중 상당 부분이 늙은 생쥐에서 휴면 상태에 들어가 있던 세포를 다시 깨워서 생긴 것이라는 의미였다.* 확증 실험에서는 늙은 생쥐에서 세포 표본을 채취해서 배양접시에 담은 후 젊은 혈장에 담갔다. 혈장은 피에서 세포를 걸러 낸 담갈색 액체다. 그러자 같은 결과가 나왔다. 젊은 혈장이 늙은 세포를 회춘시켜 성장 잠재력을 회복시켰다.

이것은 정말 놀라운 결과였다. 늙은 세포들이 복구가 아예 불가능할 정도로 손상을 입고 비가역적으로 노쇠해진 것이 아니었다. 젊은 파트너의 회춘 능력으로 도와주면 이끌어 낼 수 있는 잠재력을 가졌던 것이다. 실험을 시작하면서 환경을 개선해 주면 세포와 기관이 당연히 활력을 되찾을 거라고 가정하지는 않았다. 설사 이 세포들이 본질적으로 낡아 버려 환경을 개선해도 활력을 되찾지 못하는 것으로 밝혀졌대도 놀랍지 않았을 것이다. 하지만 더 젊은 생쥐와 붙여 줌으로써 늙은 생쥐는 젊어진 신호 환경에 의해 세포가 깨어나 회춘하고 건강하게 오래 살 수 있었다.

언론은 훨씬 자극적인 메시지를 내놓았다. 젊은 피가 재생능력을 갖고 있다고 한 것이다. 피가 기적의 치료법이 될 수 있다는 생각이 퍼지면서 보너스로 사람들은 몇 백 년 이어져 내려온 뱀파이어 이야기에 다시 주목했다. 갑자기 영생을 얻기 위해 젊은 처녀의 피를 마시는 것이 그리 억지스러운 이야기가 아닌 듯 들리기 시작했다.

---

* 녹색형광단백질을 만드는 유전자는 1990년대에 해파리에서 처음 분리됐다. 이후로 이 유전자와 다른 색으로 빛을 내게 변경한 버전의 유전자들은 mCherry, T-Sapphire, Neptune의 재미있는 이름과 함께 생물학에서 없어서는 안 될 도구로 자리 잡았다. 기본적으로 똑같이 생긴 세포들을 두고 대체 어느 생쥐에서 유래한 것인지 판단하기는 아주 복잡한 문제인데 현미경에서 보이는 뚜렷한 색깔 덕분에 믿기 어려울 정도로 간단해졌다.

2005년에 발표된 이 연구는 전 세계 신문의 헤드라인을 장식했다.

안타깝게도 이것도 생물학이다 보니 상황이 그렇게 간단치가 않다. 첫째, 젊은 피를 마실 생각을 하는 사람이 있다면 그 피에 담긴 신호 분자들이 당신의 순환계로 들어가기도 전에 대부분 당신의 위 효소에 의해 철저하게 파괴된다는 점을 알아야 한다. 누군가의 목에서 피를 빨아 먹어 봤자 아무런 소용이 없다는 소리다. 하지만 뱀파이어가 목에서 피를 빨아 먹는 고전적인 조달 방식에만 문제가 있는 것이 아니다. 이 생쥐 파트너 관계가 젊은 생쥐에게 미친 부정적 효과는 뉴스에서 잘 다루지 않았다. 이것은 다른 설명이 필요하다는 것을 암시한다. 젊은 피가 생명의 묘약으로 작용한 것이 아니라 처음부터 늙은 피가 치명적으로 작용했던 것일지도 모른다. 젊은 생쥐는 자신의 건강을 희생하는 대가로 늙은 피에 들어 있던 문제 신호를 희석하는 역할을 한 것이다. (사실은 양쪽 메커니즘이 모두 조금씩 작용했을 것이다.)

마지막으로 염두에 두어야 할 점은 이시성 개체결합은 그저 피를 섞는 것 이상의 효과가 있다는 점이다. 늙은 생쥐는 젊은 생쥐의 젊은 장기를 이용하는 특권을 누린다. 젊은 쥐는 간과 콩팥의 기능이 좋아서 독소를 더 잘 거른다. 그리고 폐와 심장도 더 튼튼해서 양쪽 생쥐의 장기로 산소도 더 풍부하게 공급된다. 그리고 젊은 면역계는 온전히 기능하는 흉선을 가졌기 때문에 세균, 바이러스, 전암세포, 노쇠세포를 색출해서 파괴하는 일에 더 능하다. 일상적인 요인도 많이 작용한다. 예를 들면 젊은 생쥐는 우리 안을 더 많이 돌아다니기 때문에 그 젊은 생쥐와 꿰매 놓은 늙은 생쥐는 어쩔 수 없이 운동을 하게 되어 그 혜택을 입는다. 그래서 개체결합 쌍을 이룬 늙은 생쥐는 성장을 촉진하는 신호 분자를 보태 준다거나, 나쁜 신호 분자를 희석시켜 주는 것 이상으로 큰 혜택을 입게 된다.

이런 애매한 부분이 있었지만 과학자와 실리콘밸리 바이오해커 biohacker(전문 기관에 속하지 않고 생명과학 연구를 하는 사람—옮긴이)들의 폭발적 관심을 막지는 못했다. 이들은 다양한 수준으로 과학적 엄격함을 지키며 연구를 진행했다. 계속되는 개체결합 실험을 통해 이시성 쌍의 늙은 생쥐는 뇌 세포와 뇌 혈관의 성장이 개선되고,[20] 척수 재생이 좋아지고,[21] 노화되어 크기가 너무 커진 심장도 정상에 더 가까운 크기로 줄어든다는 것이 밝혀졌다.[22] 그래서 개체결합의 혜택에 따르는 잠재적 치유 능력이 있는 장기의 목록은 더 늘어났지만 실제 적용 가능한 치료법과는 여전히 거리가 있다.

어떤 연구자는 젊은 혈장을 늙은 생쥐와 사람에게 투여해 보기도 했다. 이렇게 해서 무슨 일이 일어나는지 살펴보는 것을 정당화해 줄 과학적 근거는 있었다. 혈장 수혈은 상대적으로 안전한 시술이고 여기서 긍정적인 결과가 나온다면 원래의 개체결합 실험의 경우처럼 거기서 입증된 원리를 바탕으로 발전시킬 수 있을 것이다. 하지만 인간 실험은 그리 큰 성공을 거두지 못했다. 대한민국에서는 젊은 혈장이 노쇠를 완화시켜 주기를 바라며 2015년부터 실험이 시작되었지만 아직 아무런 결과가 보고된 바 없다.[23] 그리고 미국에서는 알츠하이머병 환자에게 젊은 혈장을 수혈하는 실험을 진행했지만 병을 되돌리는 데 성공하지 못했다.[24]

이 분야는 또한 젊은 피에 대한 사람들의 기대를 이용해 돈을 벌려는 기업들 때문에 나쁜 이미지가 생겼다. 암브로시아Ambrosia라는 곳에서는 만 35세 이상의 사람 누구에게나 8000달러에 젊은 혈장 1리터를 제공한다(이 글을 쓰고 있는 시점에는 12,000달러를 내면 2리터를 제공한다는 판촉 행사를 벌이고 있다. 1개를 구입하면 1개는 반값에 준다는 것이다).[25] 지상에서의 삶을 연장하고 싶어 하는 베이에이리어Bay Area의 경영진이나 벤처투자가들 사이에서의 인기에도 불구하고* 미국의 식품과 약물을 규제하는 FDA에서 젊은 피 수혈이 입증되지 않은 위험한 행동임을 경고한 후로 이 회사는 잠시 치료를 중단했다. 거의 1년에 걸쳐 법률을 재평가한 후에 암브로시아에서는 자신의 서비스가 기술적으로 합법이라 판단하여 시술을 재개했다. 이 회사에서는 자기네가 제공하는 치료가 비용을 지불하고 참가하는 실험이라 하면서 청구서를 발행하고 있지만, 아직까지는 어떤 연구 결과가 나올 조짐은 보이지 않는다. 더 큰 문제는 수혈을 받은 사람들과 결과를 비교할 대조군 자체가 존재하지 않아서 이 치료가 어떤 효과가 있는지 판단하기가 아주 어렵다는 점이다. 참가자 중 절반에게 혈장 대신 생리식염수를 투여하면 공정한 실험이 될 수 있을지 몰라도 8000달러나 지불한 사람에게 맹물을 투여할 수는 없는 노릇이다.

젊은 피 이론의 신빙성이 암브로시아 설립 2년 전인 2014년에 큰 타격을 받았음에도 불구하고 이런 일이 벌어졌다. 한 연구에서는 생쥐에게 주기적으로 젊은 혈장을 주사했음에도 수명이 조금도 늘어

---

* 페이팔의 공동창업자인 억만장자 벤처투자자 피터 틸(Peter Thiel)이 이 시술에 관심이 있었다는 소문이 돌면서[26] 결국 항노화 수혈에 대한 에피소드가 '실리콘 밸리'라는 풍자적인 시트콤에 담겼다.

나지 않았다.[27] 그렇다고 이 방법이 특정 조건에 이롭게 작용할 가능성을 배제할 수는 없다. 예를 들면 그 후로 젊은 혈장이 늙은 생쥐의 간 기능을 개선했다는 것이 입증되기도 했다.[28] 하지만 단순한 수혈만으로 개체결합의 전체 효과를 재현할 수는 없다고 봐야 한다.

한편 콘보이 부부는 늙은 생쥐와 젊은 생쥐의 피를 대량으로 교환하는 연구를 진행하고 있었다. 한 쌍의 설치류를 작은 펌프 장치에 연결해 서로의 혈액을 바꿔치기 한 것이다.[29] 이것은 그 자체로 소형엔지니어링 분야의 훌륭한 업적이었다. 생쥐의 혈액은 1에서 2밀리리터에 불과하다.* 그래서 미세유체 펌프microfluidic pump가 한 번에 150마이크로리터씩 펌프질을 해서 늙은 생쥐와 젊은 생쥐 사이에서 안전하게 혈액이 교환될 수 있게 했다. 이렇게 앞뒤로 몇 번에 걸쳐 펌프질을 하고 나니 두 생쥐는 젊은 피와 늙은 피를 대략 50:50으로 나눠 갖게 되어 테스트를 시작할 수 있었다.

이 실험은 개체결합보다 훨씬 덜 침습적이고, 장기간에 걸쳐 장기를 공유하지 않으면서 혈액 자체에서 무슨 일이 일어나는지만 살펴봤다. 그리고 단 한 번의 교환만으로도 개체결합과는 상당히 다른 결과가 나왔다. 젊은 피는 회춘 능력을 어느 정도 유지해서 늙은 생쥐의 근육세포 재생을 개선해 주었지만, 전체적으로 보면 늙은 쥐에 미치는 긍정적인 영향보다는 늙은 피가 젊은 개체에게 미치는 부정적인 영향이 더 컸다. 근육, 간, 뇌, 이렇게 세 가지 조직을 테스트해 보았는데 그중 뇌가 가장 안 좋은 영향을 받았다. 젊은 피는 늙은

* 사람의 혈액은 평균 5리터로 수천 배나 많다. 이는 기본적으로 우리와 생쥐의 체중 차이에 비례한다.

생쥐의 뇌 세포 성장을 회춘시키지 못했을 뿐 아니라, 혈액을 교환하고 거의 일주일이 지난 다음에 테스트를 했음에도 늙은 피가 분명 젊은 뇌 세포의 성장을 저해하고 있었다. 젊은 피가 큰 혜택을 가져다준다는 단순한 이야기의 근거가 다시 한 번 약해지고 말았다. 어느 정도의 혜택은 있겠지만 늙은 피의 부정적 영향보다는 적었다.

대량의 혈액 수혈은 효과도 없고, 실용적이지도 않은 듯한데 이런 연구 결과를 어떻게 치료로 연결할 수 있을까? 그다음 단계는 개체결합의 여러 면 중 효과를 나타낸 것이 무엇이었는지 가려내는 일이다. 몇몇 과학자 집단은 젊은 피에서 늙은 피로 가면서 무엇이 바뀌는지, 그리고 어떻게 하면 그것을 뒤집을 수 있는지 밝히는 연구를 시작했다. 이 연구에는 둘 사이의 분자적 차이점을 목록으로 만드는 과정이 포함된다. 많아지는 것은 무엇이고, 줄어드는 것은 무엇이며, 변하지 않는 것은 무엇인가? 그리고 그다음에는 그 변화로 인한 결과가 무엇인지 밝히는 실험을 진행해야 한다. 이렇게 해서 확인된 노화 관련 악당 중 하나가 TGF-베타TGF-beta라는 단백질이다.[30] 늙은 생쥐와 늙은 사람에서는 이 단백질 수치가 올라가 줄기세포의 활성을 억제한다. 반면 사회적 유대에서 섹스, 출산에 이르기까지 다양한 행동에서 복잡한 역할을 담당하는 호르몬인 옥시토신oxytocin은 젊은 피에서 이롭게 작용하는 요소로 보이며,[31] 나이가 들수록 줄어든다. GDF11이라는 단백질은 젊음을 회복해 주는 요인으로 지목되었으나[32] 그 후의 연구를 통해 의문이 제기됐다. 이런 종류의 연구는 아직도 해 보아야 할 것이 많다. 혈액 속에 노화와 함께 수치가 변하는 물질이 수십 가지나 있고, 이들의 좋은 영향이나 나쁜 영향이 다른 물질과 함께 작용해서 나타나는 것일 수도 있기 때문이다.

만약 이 이야기가 재생능력이 있는 젊은 피를 보태 주는 것보다 늙은 피 속에 들어 있는 나쁜 요인들을 조절해야 할 필요성을 지적하고 있는 것이라면 한 가지 선택지가 열린다. 투석과 비슷한 시술인 혈장사혈plasmapheresis 치료다. 투석과 혈장사혈 모두 혈액을 환자의 몸 밖으로 펌프질해서 해로운 물질을 제거한 후에 다시 몸으로 되돌려 주는 치료다. 투석은 신장이 신부전kidney failure으로 건강이 나빠져 혈액에서 과도한 수분과 폐기물을 제거하지 못할 때 사용한다. 혈장사혈은 혈장에 초점을 맞추어 보통 자가면역질환에서 면역계를 광란에 빠지게 만드는 항체를 제거하는 데 사용한다. 만약 늙은 피에서 문제가 되는 분자를 알아낼 수 있다면 이런 장치를 변경해서 그런 분자를 제거하는 용도로 사용할 수 있다. 여기서 직접 겪어 보아야만 답을 알 수 있는 질문이 등장한다. 이런 치료를 얼마나 자주 반복해야 하는가라는 문제다. 몇 달마다 한 번씩 혈장사혈을 해야 한다면 참 귀찮을 테지만, 그것으로 건강이 크게 좋아질 수만 있다면 감수할 만하다. 투석 환자가 일주일에 세 번, 한 번에 4시간씩 투석 치료를 받아야 하는 것과 비교하면 훨씬 나으니까 말이다.

가장 직관적인 접근방식은 다양한 신호 인자들의 수치나 효과를 약물로 바꾸어 최적화시키는 것이다. 콘보이 부부는 생쥐에게 ALK5 억제제ALK5 inhibitor(ALK5는 세포가 TGF-베타를 감지하고 거기에 반응할 때 사용하는 수용체이기 때문에 이 수용체를 억제하면 세포가 TGF-베타에 반응하지 못한다)라는 약물을 주어 그들이 나이가 들면서 증가하는 것으로 밝혀낸 신호 단백질 중 하나인 TGF-베타의 활성을 낮추어 보았다.[33] 그랬더니 이 약이 뇌와 근육의 줄기세포를 다시 깨워 새로운 뉴런이 성장하고, 부상 후 근육의 회복 속도도 빨라졌다. 그와 동시에 이 약과 함께 나이가 들면서 농도가 감소하는 옥시토신도 추가로 투여해 보았다.[34] 그랬더니 일주일의 치료 만에 이것 역시 뇌, 근육, 간에서 이시성 개체결합에서 보았던 것과 아주 유사한 이로운 효과를 나타냈다. 이 두 번째 연구에서 가장 흥미진진했던 부분은 옥시토신을 추가하자 ALK5 억제제의 투여량을 1/10로 줄일 수 있었다는 점이다. 실용적인 관점에서 보면 약물 투여량을 줄이면 부작용의 위험도 함께 줄일 수 있다. 이론적인 관점에서 보면 이는 이 신호 경로들이 몇 가지를 한꺼번에 변경해 주면 부분의 합보다 더 큰 효과를 낼 수 있는 방식으로 상호작용하고 있음을 암시한다. ALK5 억제제와 옥시토신은 임상사용이 이미 승인되어 있기 때문에 사람에서 1세대 신호 교정 치료제로 사용될 수 있는 1순위 후보다.

혈액 속에 녹아 있는 인자들만 노화에 따라오는 전신의 신호 변화에 기여하는 것은 아니다. 신호 체계에서 또 하나의 핵심 요소로 엑소좀이 있다. 이것은 세포들 사이에서 분자를 운반하는 작은 거품 같은 꾸러미다. 이 중 제일 작은 것은 직경이 수십 나노미터에 불과하다. 이는 일반적인 세포보다 수백 배 작고, 바이러스와 비슷한 크기다. 이들은 다양한 화물을 나르지만 마이크로RNA^microRNA^에 암호화된 메시지를 나를 때가 많다. 마이크로RNA는 DNA와 다소 비슷한 아주 짧은 분자로 일련의 염기 형태로 정보를 실어 나른다(RNA는 DNA에서 익숙하게 보았던 A, C, G는 그대로 이용하지만 T대신 U를 사용한다).

엑소좀이 표적 세포에 도달하면 그 세포에 흡수되어 자신의 화물을 세포 안에 쏟아붓는다. 그리고 그곳에서 마이크로RNA는 자신을 받아들인 세포의 행동을 변경하는 지시를 내리면서 임무를 수행한다.

한 연구에서는 시상하부hypothalamus에 있는 줄기세포를 살펴보았다.[35] 시상하부는 배고픔, 갈증, 일주기리듬circadian rhythm, 체온 등의 기본 과정에 대한 통제 신호에 깊숙이 관여한다고 이미 암시된 뇌 영역이다. 연구자들은 실험에 사용하는 생쥐가 늙으면서 시상하부의 줄기세포들이 집단적으로 죽는 것을 관찰했다. 그런데 갓 태어난 생쥐의 시상하부에서 채취한 신선한 줄기세포를 주사했더니 이 특정 뇌 영역만 회춘한 것이 아니라 대조군으로 다른 유형의 세포를 주사한 생쥐보다 수명이 10퍼센트 늘어났다. 그리고 노화 실험에서 종종 보듯이 이 생쥐는 그냥 오래 살기만 한 것이 아니라 더 건강하게 살면서 쳇바퀴, 근지구력, 인지능력 검사에서도 더 좋은 점수를 받았다.

이건 놀라운 일이다. 한 곳에만 줄기세포를 추가했더니 광범위한 효과가 나타나 생쥐가 실제로 더 오래 산 것이다. 믿기 어렵지만 시상하부의 역할이 여러 가지 다양한 과정과 얽혀 있는 신호 중추임을 고려하면 그리 놀랄 일도 아니다. 줄기세포가 추가되면서 이 중요한 뇌 영역에 새로운 뉴런들이 생겨나 생리학의 모든 근본 과정을 다시 시상하부의 통제 아래로 되돌릴 수 있었다. 하지만 줄기세포 주사의 긍정적 효과는 불과 몇 달 만에 발현됐다. 과학자들이 평가하기에 몇 달이라는 시간은 이 줄기세포들이 새로운 뉴런을 만들기에 충분한 시간이 아니다. 그럼 그보다 더 빠른 과정이 개입했다는 의미다. 그래서 과학자들은 줄기세포에서 분비하는 신호 엑소좀이 세포 집단을 회춘시킨 것이 아닐까 생각했다. 배양접시에 있는 시상하부 줄기세포에서 엑소좀을 채취해 이것만 단독으로 주사해도 비슷한 항노화 효과를 여럿 관찰할 수 있었다.

이 연구 결과가 유효하다면 이것을 직접 치료법으로 개발할 수도 있다. 일부 세포를 유도만능줄기세포로 재프로그래밍하고, 이 줄기세포를 신경줄기세포로 분화시킨 다음 직접 뇌에 주사하거나, 실험실에서 길러 그 세포들이 생산하는 엑소좀을 채취해서 주입하는 것이다. 메시지를 담은 이 작은 캡슐들이 이곳에서만 노화에 중요한 역할을 하는 것은 아닐 테니까 치료에 사용될 수 있는 곳도 이곳만이 아닐 것이다. 한 연구에서는 돼지에게 신경줄기세포에서 채취한 엑소좀을 제공했더니 뇌졸중이 극적으로 개선되는 것으로 나왔다. 그리고 엑소좀을 약물이나 다른 유용한 분자를 몸에서 필요로 하는 곳에 배달하는 방법으로 사용하기 위한 연구가 진행 중이다. 엑소좀이 있으면 좋은 일은 작은 꾸러미로 배달된다는 말이 현실이 될 수 있을 것 같다.

젊은 피가 만병통치약이라는 개념은 단순하고 매력적이지만 이제 사형선고를 받은 것 같다. 하지만 노화라는 현상에서 신호의 정상궤도 이탈이 한몫하고 있다는 개념이 떠오르고 있다. 이시성 개체결합, 혈액 교환, 신호 변경 약물, 엑소좀을 가지고 한 이 모든 실험은 노화의 일부 면과 재생능력 상실은 세포의 내재적 문제 때문이기도 하지만, 세포 환경 속 신호에 대한 반응이기도 하다는 것을 의심의 여지없이 보여 준다. 노화에서 일어나는 일은 악순환 고리에 빠진다. 우리 몸의 내부 환경이 악화됨에 따라 이런 일탈 신호에 영향을 받는 세포와 조직들이 악화되어 자체적으로 신호를 방출하기 시작하고, 이것이 몸의 기능저하를 가속시킨다. 악화가 또 다른 악화로 이어지는 노화의 이 악순환 고리는 나쁜 소식이지만, 어쩌면 좋은 소식인지도 모른다. 긍정적인 변화를 통해 우리 몸의 회춘이라는 선순환 고리로 이어질 수도 있다는 의미이기 때문이다

우리가 혈액인자 디톡스를 위해 혈장사혈 클리닉을 문턱이 닳도록 드나들지, 세포 신호의 균형을 찾아 줄 약물을 복용할지, 엑소좀을 투여 받을지는 아직 결정되지 않았다. 하지만 불안정해진 신호를 고치는 것은 우리의 항노화 무기창고에서 중요한 부분을 차지할 가능성이 높다.

◦ 미토콘드리아 파워업

우리 세포 안에 들어 있는 반자율적 발전소인 미토콘드리아의 기능이 저하되면서 몸 곳곳에서 노화가 일어난다. 나이 든 세포는 미토콘드리아의 수도 줄고, 남아 있는 것도 에너지 생산 효율이 떨어진다. 뇌, 심장, 근육처럼 세포가 많은 양의 에너지를 사용하는 곳에서는 이런 문제가 극심하게 찾아온다. 미토콘드리아는 파킨슨병에서도 분명 중요한 역할을 하고, 다른 질병에서도 영향을 미친다는 증거 역시 많아지고 있다. 따라서 미토콘드리아를 도와줄 치료법을 개발하면 노년의 많은 문제를 완화할 수 있다.

4장에서 언급했듯이 미토콘드리아가 노화와 관련 있다는 최초의 이론은 유리기에 초점을 맞추었었다. 미토콘드리아가 에너지를 생산하는 데 사용하는 고에너지 반응의 부산물로 만들어지는 강한 반응성 화합물들이 있다. 그리고 미토콘드리아와 관련된 특히나 치명적인 화합물 집단이 있는데 이를 활성산소종reactive oxygen species이라 한다. 억제하지 않고 놔두면 이 활성산소oxygen radical는 세포 속에서 난동을 일으켜 무언가를 만날 때마다 족족 반응을 일으켜 단백질, 지방, 심지어 DNA도 손상시킨다. 다행히도 항산화물질antioxidant로 이것을 소탕할 수 있다. 항산화물질은 자신은 큰 손상을 입지 않으면서 활성산소를 안정시키는 분자다. 우리 몸은 과산화수소분해효소catalase와 과산화물제거효소superoxide dismutase 같은 단백질의 형태로 자체적인 항산화물질을 생산한다. 그리고 항산화물질은 비타민C와 E 같은 비타민 형태로 식품 속에도 들어 있다. 따라서 활성산소종이 문제라면 아주 간단한 해법이 존재할 것 같다. 우리 몸에서 더 많이 만들게 하든, 비타민 보충제를 복용하든 항산화물질의 수치를 끌어올리면 된다.

우리는 4장에서도 생쥐에서 항산화물질의 생산을 증가시키려는 시도에 대해 가볍게 살펴본 바 있다. 과산화물제거효소와 과산화수소분해효소를 만드는 항산화물질 유전자의 복사본을 추가해도 수명을 연장해 주는 것 같지는 않다. 더군다나 항산화물질 보충제가 생쥐나 사람에게서 수명을 연장해 주지 않는다는 증거도 엄청나게 쌓여 있다. 2012년에 발표된 코크란Cochrane(의학 연구 결과를 체계적으로 고찰하는 단체)의 한 체계적 리뷰에서는 총 30만 명의 참가자, 총 78개의 실험을 검토하여 항산화물질 보충제의 효과를 평가했다.[36] 거기서 나온 메시지는 분명했다. 이 보충제를 복용하는 것은 아무런 의미가 없고, 심지어 잠재적으로 해로울 수도 있다. 비타민A와 C는 셀레늄selenium과 함께 수명에 아무런 영향도 없는 것으로 밝혀졌다. 그리고 비타민E와 베타카로틴beta-carotene은 사망 위험을 각각 3퍼센트와 5퍼센트 높였다.

항산화물질이 효과가 없는 이유는 활성산소종이 몸 전체에서 다양한 기능에 사용되기 때문일 것이다. 활성산소종은 세포 내에서 또는 세포 사이에서 지시를 전달하는 신호로도 사용되고, 면역세포가 세균을 죽일 때도 사용된다. 그래서 비타민 알약으로 너무 많은 유리기를 제거해 버리면 이런 중요한 과정에 사용할 활성산소종을 충분히 확보하기 위해 우리 몸이 자체적인 항산화효소의 생산을 줄여 버릴 수 있다. 아니면 항산화물질을 너무 많이 복용하면 활성산소종의 수치가 중요한 기능을 수행하기에는 너무 낮아져서 해를 입힐 수도 있다. 따라서 난동을 부린다고 이 화학물질을 완전히 제거하는 것은 안 될 일이다.

하지만 수명연장 여부를 두고 여전히 논쟁이 벌어지고 있는 항산화물질 유형이 한 가지 있다. 특별히 미토콘드리아를 표적으로 하는 것들이다. 우리 몸의 활성산소종 중 상당량이 미토콘드리아에서 생산되기 때문에 활성산소종의 파괴적 영향도 미토콘드리아에 집중되기 마련이라, 거죽에 해당하는 미토콘드리아막mitochodrial membrane, 에너지 생산 장치, DNA에 손상을 입는다(미토콘드리아는 세포핵에 들어 있는 주요 DNA 말고도 자체적으로 짧은 길이의 DNA를 갖고 있음을 기억하자). 그래서 미토콘드리아는 유리기로부터 해를 입을 가능성이 훨씬 높다. 따라서 미토콘드리아를 이런 손상에서 보호하면 세포 전체에서 유리기를 무차별적으로 제거하는 것보다 훨씬 나은 결과를 기대할 수 있다.

2005년에 발표된 한 논문은 생쥐에서 나온 연구 결과를 보고했다. 이 생쥐는 항산화효소인 과산화수소분해효소의 복사본 유전자를 추가적으로 갖도록 유전자 조작을 하되, 그 효소가 미토콘드리아에 침투할 수 있게 만들었다. 그 결과 이 생쥐들은 일반 생쥐보다 20퍼센트 더 살아서 평균 수명이 27개월에서 32개월로 늘어났다.[37] 생쥐를 이용한 후속 연구에서는 미토콘드리아를 표적으로 하는 과산화수소분해효소가 늙은 생쥐에서 암의 위험을 낮추고,[38] 노화 관련 심장질환의 진척 속도를 늦추고,[39] 알츠하이머병 생쥐모형에서 아밀로이드베타의 생산을 감소시키고[40] 수명을 연장시키며, 늙은 생쥐에서 근육 기능을 개선하는 것으로 나왔다.[41]

현재 사용하려고 준비 중인 미토콘드리아 표적 항산화 약물도 몇 가지 있다. 아마 그중 제일 앞서 있는 것은 미토큐MitoQ일 것이다. 이 약은 인간을 대상으로 하는 임상실험까지 진행됐다. 한 실험에서는 이 약이 C형 간염 환자의 간에서 염증을 줄이는 데 도움이 될 수 있음을 보여 주었다.[42] 또 다른 실험에서는 60세 이상의 건강한 사람에게서 혈관벽 기능을 개선해 주었다.[43] 하지만 세 번째 실험에서는 파킨슨병의 진행을 늦추지 못하는 것으로 나왔다[44](하지만 이는 앞에서도 얘기했듯이 파킨슨병의 증상이 나타난 사람은 이미 도파민성 뉴런을 상당 부분 잃어버렸기 때문일 수도 있다). 흥미롭게도 이것은 말단소체의 기능 개선을 위해 개입하기 좋은 지점일 수 있다. 세포를 미토큐로 처리하면 말단소체가 짧아지는 속도가 느려지는 것으로 나왔다.[45] 이것은 미토콘드리아의 활성산소종이 말단소체 DNA에 손상을 가해 말단소체가 짧아지고, 세포분열횟수가 줄어든다는 것을 암시한다. 미토큐와 다른 비슷한 약물에 대한 추가 임상실험이 진행 중이다.

또 다른 선택지는 우리 몸에 이미 존재하는 미토콘드리아에 대한 품질 관리 능력을 강화해서 효율이 떨어지는 미토콘드리아는 제거하고 기능을 더 잘하는 대체 미토콘드리아가 증식해 그 자리를 대신할 수 있게 하는 것이다. 앞에서 나왔던 미토콘드리아 대상의 자가포식인 미토파지를 강화하는 약들이 확인되고 있다. 그런 화합물 중 하나가 유로리틴 A^urolithin A^이다. 장내세균이 우리가 먹은 음식 속에 들어 있는 영양분을 소화할 때 만드는 분자인 유로리틴 A는 선충에서 수명을 연장하고, 생쥐에서 근육의 힘과 지구력을 증진하고,[46] 알츠하이머병 생쥐모형에서 인지기능 저하 속도를 늦추고,[47] 60세 이상의 사람에서 미토콘드리아 기능을 개선해 주는 것으로 밝혀졌다.[48] 미토파지 강화에 도전하는 다른 약물로는 몇 장 앞에서 얘기했던 식이제한 효과 약물 중 하나인 스퍼미딘, NAD^+[49]라는 분자의 수치를 올려 주는 보충제 등이 있다. NAD^+는 세포의 에너지 생산에 대단히 중요한 성분으로 미토파지에서 중요하며, 나이가 들면서 줄어드는 것으로 알려져 있다.

하지만 항산화물질을 추가하거나 미토파지를 개선하는 것은 그저 고장 난 기계에 기름을 치는 수준에 불과할지 모른다. 기능저하 과정을 매끄럽게 해 줄지는 몰라도 궁극적으로는 근본 원인을 해결할 수 없다. 안타깝게도 나이가 들면서 미토콘드리아의 기능이 저하되는 근본 원인을 밝히기는 믿기 어려울 정도로 어렵다. 미토콘드리아에 대해 알아 갈수록 우리 세포 속에 공생하는 이 반자율성의 야수는 더 기이하고 놀랍고, 그들의 상호작용은 더욱 복잡해진다. 미토콘드리아 기능 저하의 이유를 딱 하나만 들라면 가장 유력한 것은 미토콘드리아 DNA의 돌연변이일 것이다. 미토콘드리아가 세포핵 외부에서 자체 DNA를 갖고 있는 유일한 세포소기관임을 기억하자. 미토콘드리아 DNA 안에서 돌연변이가 늘면 생쥐에서 노화 가속과 비슷한 일을 일으킬 수 있다. 우리가 정말로 관심 있는 의문은 그것을 되돌리는 것이다. 미토콘드리아에서 돌연변이라는 부담을 덜어주면 노화 과정을 늦추거나 역전시킬 수 있을까?

늘 그렇듯이 그 해답을 찾는 가장 좋은 방법은 그 문제를 고친 다음에 무슨 일이 일어나는지 지켜보는 것이다. 미토콘드리아 돌연변이를 막는 가장 급진적인 아이디어는 '이소성 발현allotopic expression'이다. 이것은 미토콘드리아 유전자의 백업 복사본을 우리의 나머지 DNA와 함께 세포핵에 담는 것이다. 공상과학소설에 등장하는 엉뚱한 유전공학처럼 들리겠지만 사실 이것은 진화가 시작만 해놓고 끝내지 못한 과업을 마무리하는 일이다. 미토콘드리아는 다소 특이한 기원을 갖고 있다. 이들은 약 10억 년 전에 처음 등장한 것으로 여겨진다. 그때 우리와는 까마득히 먼 단세포 선조가 완전히 별개의 또 다른 생명체를 집어삼킨 이후로 수억 년 지속될 공생관계가 시작됐다. 이 집어삼켜진 생명체는 훗날 미토콘드리아가 될 존재로, 원래는 자체 DNA를 완벽하게 갖추고 있었다. 하지만 오랜 세월 공생하는 과정에서 그 대부분의 유전자가 소실되거나 세포핵으로 이동했다. 미토콘드리아의 유전자를 세포핵에 보관하는 것은 괜찮은 아이디어다. 세포핵은 미토콘드리아가 생산하는 심술궂은 유리기로부터 떨어져 있고, 복제도 훨씬 덜 일어나고, 더 효율적인 DNA 복구 메커니즘으로 보호받기 때문에 DNA를 더 안전하게 보관할 수 있다.

치료 목적으로 미토콘드리아의 유전자를 세포핵으로 옮기는 것이 완전히 새로운 개념은 아니다. 사실 1980년대에 처음 이루어졌다. 당시 미토콘드리아 ATP8 유전자가 결여되어 있는 효모세포의 세포핵에 그 유전자의 복사본을 넣었더니 미토콘드리아로 성공적으로 이입되었다.[50] 그 후로 이것은 유전성 미토콘드리아 병mitochondria disease을 치료할 때 진지하게 고려할 치료법으로 자리 잡았다. 미토콘드리아 병의 경우 다양한 문제가 야기된다. 미토콘드리아의 돌연변이 때문에 운동하다가 탈진하는 경우에서 태어난 지 며칠 만에 돌연사하는 경우까지 다양하다. 가장 발전된 치료법은 이런 개념을 바탕으로 레베르 유전성 시신경병증Leber hereditary optic neuropathy, LHON이라는 미토콘드리아 눈병을 위해 개발된 치료법이다.[51] 이 치료법은 현재 임상실험 최종 단계에서 난관에 부딪쳤지만 세포, 생쥐, 토끼 수준에서 초기에 성공을 거둔 것으로 보면 이 특정 치료법이 사람에게는 효과가 없더라도 적어도 무언가 의미가 있음을 알 수 있다.

특정 질병을 유발하는 미토콘드리아 유전자 하나만 세포핵으로 옮기는 것이 아니라, 노화에서 생기는 돌연변이와 싸우기 위해 모든 미토콘드리아 유전자를 통째로 세포핵으로 옮긴다는 개념은 오브리

드 그레이Aubrey de Grey에게서 나왔다. 우리가 4장에서 공학적인 미미한 노쇠 전략SENS의 아버지로 만나 보았던 그 사람이다. 그래서 현재까지 이 아이디어를 가장 발전시킨 곳도 SENS 연구재단SENS Research Foundation이다. 이 재단에서는 두 개의 유전자가 결여된 미토콘드리아를 가진 배양접시 속 세포의 세포핵에 백업 유전자를 공급해서 그 세포의 기능을 회복하는 데 성공했고,[52] 좀 더 최근에는 미토콘드리아에 암호화되어 있는 13개의 유전자 모두 유전 암호를 최적화하여 세포핵 속에서 다양한 정도로 일하게 만드는 데 성공했다.[53]

이것이 제대로 작동하게 할 일이 더 남았다. 그리고 성공하고 나면 그것이 실제로 도움이 되는지도 증명해 보여야 한다. 아마도 가장 큰 의문은 다음과 같을 것이다. 이것이 정말 그렇게 좋은 아이디어라면 어째서 진화가 이미 그 일을 하지 않았을까?[54] 미토콘드리아를 만드는 데 필요한 약 1500개의 유전자 중 99퍼센트는 사람의 세포핵 속에 자리 잡고 있다. 진화는 어째서 거기서 멈춘 것일까? 한편 15라는 숫자에는 특별한 것이 없다. 안달루키아Andalucia라는 흙 속에 사는 단세포 생명체는 38개의 단백질 암호화 유전자를 미토콘드리아 속에 유지했는데, 이것들은 대부분 다른 생명체의 세포핵에 들어 있는 것이다. 말라리아를 일으키는 기생충인 말라리아원충Plasmodium은 단 3개만 갖고 있다. 그리고 해양조류ocean algae를 감염시키는 기생충이 2019년에 발견됐는데 이 균은 미토콘드리아 DNA가 아예 없었다(하지만 이 생명체가 자신의 미토콘드리아를 이용해 에너지를 생산하는 구체적인 방식에는 차이점이 존재한다). 진화가 마지막 유전자까지 빠짐없이 세포핵으로 옮기지 못하게 가로막는 중요한 장애물도 존재한다. 진화의 역사 중 어느 시점에서 미토콘드리아 게놈과 세포핵 게놈이 갈라져 나오면서 서로 살짝 다른 사투리를 쓰게 됐다. 그래서 현재는 일부 미토콘드리아 DNA가 우연히 세포핵에 들어간다 해도 거기서 필요한 단백질을 만들어 내려면 극단적인 수준의 변경이 필요한데, 이런 변경이 일어날 가능성은 희박하다.* 이것이 우리 미토콘드리아가 여전히 DNA를 갖고 있는 이유라면, 이 DNA를 옮기는 것을 가로막을 이론적 장벽은 존재하지 않는다. 다만 생물학적 확률이라는 큰 장벽이 버티고 서서 그런 일이 우연히 일어나는 것을 가로막고 있을 뿐이다.

하지만 미토콘드리아가 효율적으로 일하기 위해서는 이 소규모의 보완적 유전자를 유지할 필요가 있는지도 모른다. 미토콘드리아 DNA는 권한을 위임 받은 지방 정부에 해당할 수도 있다. 세포핵이라는 중앙집권체제와는 어느 정도 독립적으로 작동하면서 자신의 구역에 관해 알고 있는 지식을 이용해 세포대사를 최적화하는 것이다. 이것이 사실이라면 백업 유전자 복사본을 다른 곳에 저장할 경우 섬세하게 권한을 위임해 놓은 대사의 지휘계통이 불안정해질 수도 있다. 확인을 위해서는 일단 시도해 보는 수밖에 없다. 그럼 적어도 미토콘드리아의 생물학에 관해 조금이라도 더 알게 될 것이다. 그 과정에서 일부 미토콘드리아 병에 대한 완치법을 찾아낼 가능성도 적지 않다. 그리고 잘만 풀리면 퇴행성 노화의 원인으로 작용하

* 예를 들면 미토콘드리아에서는 3글자로 된 DNA 염기서열 TGA가 '트립토판이라는 아미노산을 추가하라'는 의미인 반면, 3장에서도 말했듯이 세포핵에서는 TGA가 '읽기를 중단하라'는 의미다. 이것은 아주 근본적인 장애물로 작용한다. 단백질이 중간에 만들어지다 말기 때문에 기능적으로 쓸모없는 단백질이 나온다.

는 미토콘드리아 돌연변이를 근절할 수 있을지도 모른다.

마지막 선택지는 기능이 정지된 미토콘드리아가 아니라, 그런 미토콘드리아가 장악해 버린 세포를 제거하는 것이다. 미토콘드리아의 DNA가 바뀐다 해도 대부분의 돌연변이는 심각한 문제를 일으키지 않는다. 하지만 DNA를 상당 부분 잃어버려 에너지 생산 능력도 함께 잃어버린 좀비 미토콘드리아 클론에 의해 소수의 세포들이 지배당할 수 있다.[55] 이런 세포가 중요한 노화 관련 문제를 야기할 만큼 수적으로 충분한지는 불분명하지만 노쇠세포의 경우에서 보듯이 썩은 사과 몇 개 때문에 노화가 가속될 가능성도 충분하다. 그럼 노쇠세포 처리 방식과 비슷하게 이런 세포들을 죽이면 된다. 다만 죽이되 이번에는 '세놀리틱' 약물이 아니라 현재로서는 가상의 약물인 '미토리틱mitolytic' 약물로 죽여야 한다. 이 아이디어에 따라오는 위험은 직무태만 세포의 제거가 그 자체로 문제를 야기할 수 있다는 점에서 세놀리틱의 위험과 대동소이하다. 예를 들어 결함 있는 미토콘드리아가 들어 있는 근육섬유를 표적으로 삼는 미토리틱 약물은 그 섬유 전체를 파괴하기 때문에 근육을 소모시키게 된다. 근육의 힘이 빠지는 것을 방지하려는 치료가 오히려 근육을 약화시키는 것이다. 하지만 시도해 볼 가치는 있다. 최악의 시나리오가 펼쳐진다 해도 이 세포의 내부에서 일어나는 좀비 대재앙이 노화에서 어떤 의미가 있는지 더욱 잘 이해하게 될 것이고, 최상의 시나리오가 펼쳐진다면 이런 세포들을 죽이는 것이 건강에 이롭게 작용할 것이다.

전체적으로 보면 미토콘드리아가 노화에 기여하는 것을 늦추거나 역전시키는 문제와 관련해 몇 가지 선택지가 놓여 있지만 어느 것이 제일 좋은 방법인지는 아직 불분명하다. 나이가 들면서 우리 미토콘드리아에 무슨 일이 생기는지 전체 그림을 아직 그리지 못한 것도 여기에 한몫한다. 단기적으로는 미토콘드리아 표적 항산화물질로 미토콘드리아가 생산하는 유리기를 소탕하는 방법이나, 유로리틴 A처럼 우리 몸의 자체적인 품질 관리 메커니즘을 강화하는 보충제를 치료법으로 쓸 수 있다. 장기적으로는 우리의 생물학을 리엔지니어링해서 돌연변이가 퇴행성 노화 과정에 기여하는 것을 근절하여 미토콘드리아 돌연변이가 더 이상 문제되지 않게 만드는 것도 가능하다. 이를 달성하려면 상당한 에너지가 소모되겠지만 충분히 시도할 가치가 있는 목표다.

클론의 공격 무찌르기

DNA 손상과 그로 인해 발생하는 돌연변이는 우리 몸에서 고쳐야 할 노화 관련 손상 중 가장 고치기 힘들 수 있다. 제일 먼저 취할 수 있는 접근 방식은 아마도 제일 빤한 방법일 것이다. 고장 난 것을 복구하는 것이다. 두 번째 방법은 돌연변이가 노화되는 몸에서 정확히 어떻게 문제를 일으키는지 이해해서, 최근의 DNA 염기서열분석 기술 발전이 돌연변이의 중요성에 대한 낡은 개념을 어떻게 뒤집을 수 있는지 배우는 것이다.

제일 먼저 생각나는 접근방법은 DNA 복구 장치를 개선하는 것이다. 우리 세포들은 DNA에 가해진 손상을 고치기 위해 필사의 노력을 한다. 4장에서 보았듯이 세포 하나는 하루에 평균 100,000회 정도까지 DNA에 타격을 받는다. 따라서 그중 일부만 문제를 일으켜도 크나큰 재앙으로 이어질 수 있다. 그래서 DNA 복구 메커니즘도 눈이 휘둥그레질 정도로 많다. 여기에는 수백 가지 다른 유전자가 작용하면서 문제점을 찾고, 도움을 요청하고, 손상 부위를 잘라낸다. 우리 몸 역시 여기에 각별히 신경 쓰고 있다는 의미다. 하지만 노화의 진화를 이해하며 알게 되었듯이, DNA 복구가 정말 중요하긴 해도, 딱 우리 유전자를 후대에 물려주는 데 필요한 만큼만 중요하다.

그렇다면 우리보다 돌연변이를 더 잘 견디는 것으로 보이는 동물이 많은 동물계에서 영감을 얻을 수 있다. 북극고래를 예로 들어보자. 2장에서 북극고래의 이례적인 수명에 대해 얘기한 바 있다. 이 우아한 거인은 2세기 넘게 살 뿐 아니라, 몸무게도 100톤에 이른다. 그 거대한 몸뚱이에도 불구하고 북극고래의 세포는 사람, 심지어는 생쥐의 세포와도 크기가 같다. 따라서 북극고래가 일반적인 사람보다 1000배 이상 체중이 나간다는 것을 고려하면 세포의 숫자도 우리보다 대략 1000배쯤 많을 것이다. 그럼 세포에 암을 일으키는 돌연변이가 생길 기회도 대략 1000배 정도 많다는 의미고, 수명이 사람보다 2, 3배 기니까 암도 그만큼 더 많이 생길 것이다(야생에서의 인간의 수명을 생각하면 더 길어진다). 이런 불리한 점에도 불구하고 이 거대한 해양생물이 수백 개의 암 덩어리로 몸이 벌집이 되는 경우를 보기는 힘들다. 1977년에 의학통계학자 리처드 페토Richard Peto는 세포수가 더 많고, 몸집도 더 크고, 인상적일 정도로 오래 사는 경우가 많은 대형 동물들이 암으로 쓰러지는 일은 오히려 별로 없다는 보편적 규칙을 공식화했다. 그리고 이것을 '페토의 역설Peto's paradox'이라고 한다.

페토가 관찰한 내용은 종들 사이에서만 역설일 뿐, 종 안에서는 역설이 아닌 것으로 보인다. 키가 큰 사람이 작은 사람보다 암에 걸릴 위험이 더 높고,[56] 대형 견종이 소형 견종보다 암에 더 잘 걸린다는 증거가 있다. 이런 경우들을 놓고 보면 종 특유의 암 방어 메커니즘은 같은데 세포는 더 많다면 전체 암 발생 위험도 더 크다는 의미가 된다. (하지만 키가 크다고 걱정할 필요는 없다.[57] 통계를 보면 키가 크면 작은 경우보다 심혈관질환이나 치매에 걸릴 위험이 낮아지기 때문에 전체적인 사망률의 차이는 크지 않다.) 그렇다면 몸집이 크고 오래 사는 동물로부터 무언가 배울 것이 있다는 생각이 더 굳어진다. 대형동물이 그저 몸집이 커서 암으로부터 보호해 주는 어떤 장점을 갖게 된 것은 아니라는 의미니까 말이다.

최근에 코끼리와 북극고래의 유전자 염기서열 분석을 통해 우리 자신의 돌연변이 저항성을 개선할 방법에 관해 감질나기는 하지만 약간의 힌트를 얻을 수 있었다. 코끼리의 게놈에는[58] *p53*라는 유전자의 복사본이 20개 들어 있는 반면, 사람에게는 하나밖에 없다. *p53*는 암에서 돌연변이가 제일 많이 일어나는 유전자이고, 암으로부터의 보호에서 결정적인 역할을 하므로 '게놈의 수호자'라는 별명이 붙었다. 이것은 기능이 많은 유전자이고, 그중 하나가 DNA가 심하게 손상된 세포에서 세포자멸사나 노쇠를 일으키는 것이다. 그렇다면 코끼리의 세포는 이 유전자의 복사본을 추가로 갖고 있는 덕분에 예방적 세포 자살이 쉬워져 암이 잘 생기지 않는 것일 수 있다. 북극고래는 *p53* 유전자를 추가로 갖고 있지 않지만[59] DNA 복구를 담당하는 유전자의 미세한 변이들을 추가로 갖고 있다. 이것 때문에 애초에 돌연변이 발생 가능성이 낮아진다. 암을 예방하는 방법은 한 가지만 있는 것이 아니다.

이런 발견 내용을 순진하게 그대로 적용하려는 것은 위험한 발상이다. 생쥐에서 *p53* 유전자 복사본을 제거하니 실제로 암이 정말 잘 생겼지만, 하나를 더 추가하니까 오히려 노화 가속 증상이 일어나고 수명이 짧아졌다. 한 가설에서는 걸핏하면 총질을 하려 드는 자살 단백질 때문에 너무 많은 줄기세포가 죽어 생쥐가 암에는 걸리지 않지만 너무 이른 나이에 줄기세포가 바닥나기 때문이라고 설명하고 있다. 이런 연구 결과를 보면 누가 *p53* 유전자 복사본을 추가로 하나 더 집어넣어 주는 유전자 치료를 해 준다 해도 나는 거기에 줄을 서고 싶지 않다. 그리고 진화가 퇴행과 암 예방 사이에서 복잡한 타협을 했을 가능성이 높기 때문에, 이것을 그저 유전자의 개수만 가지고 이해할 수는 없다. 생물학자 레슬리 오겔Leslie Orgel의 유명한 말처럼 진화는 당신보다 똑똑하다.

하지만 이런 접근방식에 희망이 없는 것은 아니다. 이 장 앞부분에서 말단소체중합효소와 더불어 DNA를 보호하는 세 가지 유전자를 추가로 보태 준 생쥐가 일반 생쥐보다 더 오래 살았다고 한 것을 기억할 것이다. 이 보호 유전자 중 하나가 *p53*였다. 2장에서 본 것처럼 진화는 수명이 아니라 번식 성공에 초점을 맞추어 우리를 최적화해 놓았다. 이 유전자 조작 생쥐의 경우 어쩌면 추가된 *p53* 유전자가 더 많은 세포를 죽게 만들었지만, 더 긴 말단소체를 가진 다른 세포들이 더 여러 번 분열할 수 있어서 손실된 세포들 몫까지 충당할 수 있는지도 모른다. 진화가 이런 접근방식을 택하지 않은 이유는 말단소체를 늘려 추가로 세포를 만들려면 많은 에너지가 필요하기도 하고, 정상적인 *p53*와 말단소체중합효소만으로도 암의 발생과 줄기세포 고갈이 이미 야생의 생쥐 대부분 수명보다 한참 뒤로 미루어졌기 때문인지도 모른다. 그렇다면 꼭 진화보다 더 똑똑해지지 않아도 수명 개선의 효과를 얻을 수 있다는 의미다. 달랑 단일 유전자 복사본만 추가로 넣는 것은 너무 간단한 접근방법일지 모르겠으나 몇 가지 유전자만 현명하게 추가하거나 바꿔 주면 우리 세포 속 여러 보호 시스템이 어떻게 상호작용하는지 완전히 이해하기 전이라도 긍정적 결과를 얻을 수 있을 것이다(수명 연장을 위한 유전자 편집에 대해서는 다음 장에서 자세히 다루겠다).

DNA 복구 개선은 손상된 DNA와 그로 인해 발생하는 돌연변이가 우리 몸에 실제로 어떻게 영향을 미치는지에 대해서는 불가지론적인 태도를 취하는 접근방식이다. DNA 복구를 개선하면 손상의 축적을 늦추기 때문에 그로 인해 생기는 결과도 마찬가지로 늦춰진다는 것이다. 하지만 다음에 소개하는 접근방식은 돌연변이가 노년에 조직에 영향을 미치는 방식에 대한 새로운 이해를 바탕으로 우리를 돌연변이로부터 구원해 줄 수 있다.

돌연변이가 노화 과정에 기여할 수 있다는 첫 주장은 1950년대 말에 나왔다. 1953년에 DNA의 이중나선구조가 발견되고 불과 몇 년 후였다. 이 주장의 골자는 유전 암호가 평생 무작위적인 오류를 축적하리라는 것이다. 이 암호는 단백질 구축에 필요한 지시사항이기 때문에 이런 오류가 이 단백질 구조의 변화로 이어질 것이다. 그리고 앞에서 보았듯이 단백질의 기능을 결정하는 것은 구조이기 때문에 이런 변화로 인해 우리 세포의 구성요소들의 효과가 나이가 들면서 차츰 떨어지고, 그 과정에서 다시 DNA 손상이 늘어나는 악순환 고리가 생겨 노화를 이끌게 된다는 주장이었다.

하지만 현대의 DNA 염기서열분석 기술 덕분에 이런 간단한 그림에 의문이 제기됐다. 이제 우리는 세포가 평생 얼마나 많은 돌연변이를 축적하는지 알고 있다. 이 데이터는 불과 10년 전까지만 해도 과학자들이 추측만 하던 것이다. 그리고 이 돌연변이 숫자는 별로 늘어나지 않는 것으로 나왔다. 이 데이터는 우리 몸의 대부분 세포가 우리가 살아 있는 동안 매년 10~50개의 돌연변이를 습득한다는 것을 보여 준다. 조직마다 이 수치가 균일하게 나타난다는 점이 놀랍다. 소화관 내벽을 구성하면서 끝없이 세포분열을 하고 음식에 들어 있는 독소로 폭격을 받는 세포든, 안전한 환경에서 평생 한 번도 분열하지 않는 세포든 상관없이 우리가 확인해 본 거의 모든 유형의 세포가 이 비교적 좁은 범위 안에 들어 있다.

몇 가지 예외가 있는데 그중 하나가 햇빛에 노출되는 피부다.[60*] 이런 부위에 있는 세포들은 1년에 열 배 정도 많은 돌연변이가 축적될 수 있다. 사실 피부 연구자들은 햇빛 노출은 곧 피부 노화를 의미한다고 여긴다. 한 주어진 영역의 피부가 평생 받은 자외선의 양은

---

* 햇빛에 노출되지 않는 피부와 비교할 때는 엉덩이의 피부를 이용하는 경우가 많다. 아마도 알몸 일광욕을 자주 하는 사람은 이런 연구에 참가시키기가 힘들 것이다.

그 피부가 생물학적으로 얼마나 늙었는지 말해 주는 중요한 예측변수다. 이례적으로 돌연변이가 많이 생기는 또 다른 부위는 흡연자의 폐 내벽이다.[61] 그 이유는 말하지 않아도 알 것이다.

이런 돌연변이 발생속도라면 65세의 사람은 몸속 어느 세포든 2000개 정도의 돌연변이가 축적되고, 햇빛에 노출된 피부나 흡연자의 폐 세포에는 10,000개 정도의 돌연변이가 축적되었을 거라는 의미가 된다. 엄청나게 많은 것 같지만 이 정도로는 단백질과 관련해서 폭넓은 문제를 일으킬 만한 수준은 아니다. 우리의 DNA 중 단백질을 암호화하는 것은 1퍼센트를 갓 넘기는 정도다.* 그리고 세포는 자신이 맡은 특별한 기능과 관련 있는 단백질만 사용한다. 따라서 돌연변이가 생겼어도 하필 해당 세포에서 중요한 역할을 하는 단백질 암호화 구간에 생길 가능성은 그리 높지 않다. 동의돌연변이 synonymous mutation라는 일부 돌연변이는 단백질에 아무런 차이를 만들지 않는다(이는 DNA 암호에는 각 아미노산을 지칭하는 철자가 몇 개씩 존재하기 때문이다. 그래서 글자가 하나 바뀌어도 거기서 만들어지는 단어가 동일한 아미노산을 지칭한다면 동일한 단백질이 만들어진다). 그리고 마지막으로 대부분의 유전자는 각 부모로부터 하나씩 물려받아 두 개가 들어 있다. 그래서 어느 한쪽에서 돌연변이가 일어나더라도 나머지가 백업 역할을 해서 그 빈자리를 채운다. 수학적으로 계산해 보면 문제를 일으킬 정도로 중요한 단백질이 양쪽 모두 고장 날 가능성은 아주

---

* 나머지 99퍼센트는 '쓰레기 DNA(junk DNA)'라고 불렸었지만 이제는 그것이 잘못 붙여진 이름이라는 것을 알고 있다. 이 DNA는 올바른 단백질이 올바른 시간에 생산되도록 만드는 등 다양한 과정에 관여한다. 하지만 대부분의 경우 이런 DNA의 염기서열은 단백질 암호화 DNA만큼 중요하지 않기 때문에 어쩌다 생기는 돌연변이가 그리 중요하지 않다.

희박하다는 것을 알 수 있다. 아마도 세포 몇 천 개당 하나 정도일 것이다. 이렇게 보면 돌연변이는 그리 큰 문제가 아닐 수 있다.

광범위하게 일어나는 무작위 돌연변이가 우리 세포가 나이 들면서 퇴화하는 이유가 아니라면 정말 다행이다. 이런 돌연변이를 고치기는 거의 불가능하기 때문이다. 만약 모든 세포가 기능적으로 중요한 돌연변이를 수십 개씩 가지고 있다면 그 안에 들어가 오류를 수정할 수 있는 기술이 필요한데, 대체 어떤 기술로 그것이 가능할지 가늠하기도 힘들다. 설사 돌연변이를 복구하는 인공 나노봇을 만든다 해도 이 나노봇은 우리의 참고용 게놈 사본을 통째로 들고 다녀야 한다. 그래야 양쪽을 대조해 보면서 오류를 찾을 수 있을 테니까 말이다. 이런 공상과학영화 같은 노화 치료법은 23세기쯤이나 돼야 가능하지 않을까 싶다.

하지만 노화된 게놈을 자세히 염기서열 분석해 본 후로는 이런 시나리오의 현실성이 떨어졌다. 하지만 그 과정에서 돌연변이가 어떻게 노화 과정에 미묘하게 영향을 미칠 수 있는지가 드러났다. 여기서 무슨 일이 일어나는지 이해하려면 DNA 돌연변이가 만드는 결과물 중 가장 유명한 것, 바로 암을 살펴보면 된다.

본질적으로 암은 돌연변이의 축적으로 생기는 병이다. 암세포가 종양으로 바뀌기 위해서는 유전체에서 특정 오류가 발생해야 한다.[62] 그중에서도 가장 중요한 것은 세포의 성장을 멈추는 유전자를 망가뜨리거나, 성장을 촉진하는 유전자를 활성화하거나, 양쪽을 다 하는 것이다. 이 장의 앞부분에서 보았듯이 여기서 핵심 부분은 말단소체중합효소나 다른 메커니즘을 활성화시키는 것이다.

암은 발달하면서 자신의 혈액 공급을 늘리고 면역계를 억제할 돌연변이가 필요해진다. 그리고 어느 단계에 가면 대부분의 암은 중요한 DNA 복구 메커니즘을 꺼서 유전적 카오스를 일으켜 더 많은 돌연변이를 만든다. 그럼 이 모든 일이 더 쉬워진다. 앞에서 수학적으로 계산해 보면 노년이 되도 세포를 불구로 만드는 돌연변이가 하나라도 생긴 세포가 거의 없다는 결과가 나왔는데, 동일한 수학을 적용해 보면 현재의 사람 수명 안에서는 같은 세포 안에 전암 돌연변이pre-cancerous mutation가 충분히 축적될 가능성이 지극히 낮음을 알 수 있다.

하지만 안타깝게도 암에게도 숨겨 놓은 비장의 무기가 있다. 바로 진화다. 암이 아닌 세포non-cancerous cell가 과학자들이 말하는 최초의 드라이버 돌연변이driver mutation를 습득하면 세포에게 진화적 이점evolutionary advantage이 생긴다. 세포에게 진화적 이점이 생긴다는 의미는 돌연변이가 일어나지 않은 DNA로도 이웃세포보다 더 많아질 수 있는 능력이 생긴다는 것이다. 정상세포가 특정 조건 아래서 세포의 성장을 멈추는 유전자를 작동불능으로 만드는 돌연변이를 습득했다고 상상해 보자. 그럼 인접한 다른 세포들은 모두 이제 더 이상 성장할 필요가 없다고 생각하는데 이 세포만 분열을 시작할 수 있다. 그래서 이 세포가 몇 천 개, 심지어 몇 백만 개의 딸세포를 만들어내다가 결국 아직 온전하게 작동하고 있는 성장 조절 과정이 개입한다. 생명체 자체의 진화도 대부분의 세포 기능을 조절할 수 있는 여분의 메커니즘으로 우리를 대비시켜 놓았기 때문이다. 그중에서도 암의 발생 가능성을 줄이는 것은 특히나 중요한 기능이다. 그리하여

이 급속한 성장기가 갑자기 중단된다. 이렇게 속도는 빠르지만 일시적으로 진행되는 성장 과정을 '클론확장clonal expansion'이라고 한다. 이런 이름을 붙인 이유는 서로가 서로의 클론이라 똑같은 드라이버 돌연변이를 공유하는 세포들이 수를 확장하기 때문이다.

드라이버 돌연변이 과정에 뒤이어 클론확장이 일어나면 암의 발생 가능성이 극적으로 커진다. 이제 이미 하나의 드라이버 돌연변이를 가진 세포가 수천 개, 수백만 개나 있기 때문에 그중 하나가 운좋게 두 번째 드라이버 돌연변이를 습득할 가능성이 훨씬 높아진다. 그럼 이 두 번째 돌연변이가 또 다른 클론확장을 일으킬 수 있다. 그러면 전암 돌연변이를 두 개 가진 세포 수백만 개가 세 번째 돌연변이를 기다리게 되고…… 이렇게 계속 이어진다. 이것은 자연선택에 의한 진화다. 다만 이것은 생명체가 아니라 생명체 내부의 세포에 작용한다. 성장에 이점을 가진 세포들이 규칙을 충실히 따르는 이웃 세포들과의 전쟁에서 이기고 수를 늘린다. 그리고 이런 과정을 반복하면서 암을 향해 한 걸음씩 다가간다.

드라이버 돌연변이는 현재 암 발생 원리를 이해하는 핵심이다. 한 단계를 거칠 때마다 가능성이 수백만 곱절로 늘기 때문에 인간의 수명 안에서도 암이 발생할 수 있는 것이다. 사실 우리 중 절반 정도가 현재의 기대수명 안에서 암으로 진단 받을 것으로 예상된다.[63] 그래서 암은 중요한 사망 요인이 됐다. 암은 부유한 국가에서는 전체 사망원인의 1/4, 전 세계적으로는 1/6을 차지한다.

따라서 노화에 따른 돌연변이 축적과 관련해서 제일 먼저 걱정해야 할 것이 암이다. 돌연변이 발생 빈도를 줄일 수만 있다면 애초에 암 발생을 막는 데 도움이 될 것이다. 하지만 클론확장 과정은 또 다른 면에서도 문제가 될 수 있다. 이것은 골칫거리 돌연변이가 비교적 소수의 세포에만 일어나더라도 노화된 몸에 아주 큰 영향을 미칠 수 있는 새로운 메커니즘을 제공한다.

우리는 이 클론확장이 얼마나 폭넓게 일어나고 있는지 이제 막 알기 시작했다. 최근의 연구는 노년의 일부 조직에서는 오히려 정상세포를 찾아보기가 힘들다는 것을 보여 주었다. 하지만 이 조직은 각각의 세포가 모두 달라서 수백만 개의 돌연변이로 이루어진 모자이크가 아니다. 보통은 직경 1밀리미터 이하의 작은 군집들이 누더기처럼 붙어 있고, 각 군집은 경쟁상의 이점을 부여해 주는 특정 돌연변이를 한두 가지 가진 세포들로 구성되어 있다. 이 사실은 만 50세 이상의 사람 4명의 피부를 관찰한 2015년 연구를 통해 처음 밝혀졌다.[64] 세포 중 20~30퍼센트는 드라이버 돌연변이를 가졌고, 1평방센티미터의 피부에 평균 140가지 드라이버 돌연변이가 들어 있었다. 이것은 정말 충격적인 결과다. 지금 이 순간에도 당신의 피부에서는 수천 가지 클론이 권력을 다투며 경쟁하고 있는 것이다. 이 부담스러울 정도로 많은 클론과 돌연변이를 생각하면, 우리가 얼마 버티지도 못하고 햇빛에 노출된 피부를 뒤덮는 암에 쓰러지지 않게 지켜 줄 것은 세포사, 노쇠, 면역계 같은 보호 메커니즘의 작용밖에 없다.

하지만 햇빛에 노출된 피부는 항상 자외선의 폭격을 받는다는 점 때문에 늘 예외적인 경우라 생각했다. 그런데 후속 연구에서 식도(입과 위를 연결하는 관으로 햇빛으로부터는 당연히 잘 차단되어 있다)를 살펴보았더니 놀라울 정도로 비슷한 결과가 나왔다.[65] 전체적으로 돌연변이의 숫자는 훨씬 적었지만 개별 클론들이 더 크게 확장할 수 있었다. (피부에서 클론의 확장 능력이 적은 것이 우리를 피부암으로부터 보호하는 메커니즘 중 하나일 가능성이 크다. 하지만 이런 메커니즘을 제공하는 것이 정확히 무엇인지는 모른다.) 당신이 노인이 될 때 즈음이면 식도는 대략 10,000개 정도의 서로 다른 클론들이 식도 내벽을 거의 모두 뒤덮을 것이다.

이것이 왜 문제인지 이해하려면 사례를 살펴보는 것이 제일 쉽다. 클론확장이 흔히 일어나는 또 다른 곳은 조혈줄기세포다. 조혈줄기세포에서 드라이버 돌연변이가 제일 흔한 곳은 *DNMT3A*라는 유전자다. 이 유전자가 암호화하는 단백질은 줄기세포가 비대칭적으로 분열할지(줄기세포 하나와 분화하는 딸세포 하나를 형성), 대칭으로 분열할지를(두 개의 줄기세포 형성) 조절한다.[66] *DNMT3A* 돌연변이가 있는 조혈줄기세포는 대칭적 분열을 선호한다. 이것이 엄청난 경쟁상의 이점을 제공한다. 분열할 때마다 줄기세포가 하나만 만들어지면 숫자가 일정하게 유지되지만, 2개로 불어나면, 그다음엔 4개, 8개 등 분열할 때마다 곱절로 늘기 때문이다. 이렇게 하면 20번만 분열해도 비대칭적으로 분열하는 줄기세포보다 100만 대 1의 비율로 많아진다. 이 세포가 온전한 *DNMT3A* 유전자를 갖고 있는 세포와의 경쟁에서 이기고 클론확장하는 것이 당연하다.

이 돌연변이들은 결국 다른 메커니즘이 끼어들어 그만하면 됐다고 말해 주기 때문에 광란의 증식을 멈추게 된다. 하지만 이 돌연변이를 갖고 있는 사람은 그럼에도 불구하고 자신의 조혈줄기세포 중 상당 부분이 돌연변이 세포로 이루어지게 된다. 그럼 적혈구와 백혈구 중에 이 돌연변이 클론에 의해 만들어지는 것이 많아진다는 의미다. 클론확장한 조혈줄기세포가 존재하면 백혈병 같은 암의 위험이 커진다. 연속적으로 일어나는 클론확장에 의해 암 발생이 가능해진다는 점을 생각하면 여기까지는 당연한 얘기다. 그런데 이 돌연변이는 당뇨병과도 연관이 있고, 심장마비나 뇌졸중 위험도 두 배로 높인다.[67]

이런 관찰을 뒷받침하는 정확한 메커니즘은 아직 제대로 이해하지 못하고 있지만, 혈구 세포 중 상당수가 핵심 유전자에 돌연변이를 갖고 있다면 혈액 속 상황이 안 좋아지리라고 예상할 수 있다. 이것을 연구하는 과학자들은 조혈줄기세포 풀에 클론을 갖고 있는 사람들은 적혈구의 크기가 덜 일정한 것을 관찰했다. 이는 적어도 무언가 일이 생겼다는 신호다. 심장질환을 일으키는 죽상동맥경화반과 일부 뇌졸중은 대부분 백혈구, 특히 대식세포로 이루어져 있다. 그렇다면 돌연변이로 기능이상이 생긴 대식세포의 예후가 더 나빠지리라 예상할 수 있다. 피부에서 소화관 내벽에 이르기까지 교체가 빠른 조직에서 생기는 비슷한 클론확장을 견제하지 않고 방치하면 특정 질병이나 노화를 가속하는 소소한 문제들을 자체적으로 일으킬 것이다.

따라서 이 새로운 연구들은 암을 위협적인 존재로 만드는 것과 동일한 진화 과정 및 클론확장을 통해 돌연변이가 노화의 위협 요소로 작용할 수 있다는 점에 새로이 주목하게 만들었다. 암과 노화 모두에서 핵심 원리는 개별 세포의 생존에 유리한 것이 꼭 전체 생명체의 생존에도 유리하지는 않다는 것이다. 다세포생물은 세포 사이의 협동에 의존하는데, 이렇게 이기적으로 폭주하는 복제세포들은 자기가 맡은 기능을 제대로 수행하지 않기 때문에 생쥐, 사람 또는 자신이 속한 생명체의 생존 적합도를 갉아먹는다.

이렇게 주제에서 벗어난 이야기를 길게 늘어놓은 이유는 돌연변이의 영향에 대한 이 새로운 이해로부터 치료법을 고안할 힌트를 얻어야 하기 때문이다. 제일 먼저 주목할 부분은 이 클론확장만으로도 질병이나 기능장애가 초래된다거나, 클론확장으로는 이어지지 않는 개별 세포들의 무작위 변화가 중요하지 않다고 기정사실로 못 박을 수 없다는 점이다. 먼저 더 많은 데이터를 수집해야 한다. 그리고 이런 노력은 이미 진행 중이다. DNA 염기서열분석 비용이 엄청나게 내려간 덕분에 과학자들은 어느 때보다 많은 사람에서, 더 자세하게, 더 많은 조직을 측정하는 데 매진하고 있다. 앞으로 10년 동안은 우리 지식에 큰 전환이 일어나 어떤 돌연변이가 어디서 일어나는지 훨씬 자세하게 밝혀질 것이고, 그로 인해 우리는 이 돌연변이가 어디서 어떻게 문제를 일으키는지 알아낼 수 있을 것이다. 하지만 이 클론확장이 문제는 문제인 것 같은데, 그렇다면 우리가 할 수 있는 일은 무엇일까?

돌연변이가 노화에 기여하는 방식을 말하고 있는 이 그림이 전하는 첫 번째 좋은 소식은 클론이 아주 광범위하게 퍼져 있기는 하지만 이런 탈취를 주도하는 세포들은 보통 몇몇 유전자에서만 결함을 갖고 있다는 점이다. 피부와 식도에서 생기는 클론은 대다수가 *NOTCH1*이라는 유전자를 불활성화하는 돌연변이 때문에 생긴다.

따라서 이런 돌연변이를 표적으로 하는 약을 사용하면 우리가 걱정해야 할 탈선 세포의 수를 현저히 줄일 수 있다. 제일 문제가 되는 5개에서 10개 정도의 돌연변이만 해결하면 문제를 극적으로 개선할 수 있다. 무작위 돌연변이가 기능장애를 유발한다는 이론을 따라 수천 가지 치료법을 개발하는 것보다는 이편이 훨씬 낫다. 이런 치료법이 도대체 어떤 것일지는 아직 추측할 수 있을 뿐이지만 선택지가 많다. 암 연구자들은 수십 년 동안 표적치료targeted therapy를 찾으려 노력해 왔다. 표적치료는 무고한 정상세포는 그대로 두고 특정 돌연변이가 있는 암세포만 공격한다. 그렇다면 그중에는 암은 아니지만 클론확장한 돌연변이를 추적하는 용도로 고쳐 쓸 수 있는 치료법도 많을 것이다.

이 치료법은 노화와 관련 있는 클론확장과 싸우는 데도 유용하지만 암 예방치료로도 훌륭할 것이다. 2500개가 넘는 종양에 존재하는 돌연변이를 조사한 연구에서 제일 먼저 일어나는 드라이버 돌연변이 중 절반이 불과 9개의 유전자에서 발생하며, 진단이 있기 몇 년, 길게는 수십 년 전에 나타난다는 것을 알아냈다.[68] 그렇다면 원칙적으로는 이 9가지 돌연변이 중 하나를 가진 세포를 찾아 죽일 방법만 찾는다면 상당히 많은 암을 예방할 수 있다는 의미다. 그것을 어떻게 해야 할지는 아직 모르지만 9가지 유전자를 표적으로 삼는 치료법을 찾는 것이 세포를 종양의 길로 내모는 수백 수천 가지 유전자를 찾는 것보다는 훨씬 현실적이다.

클론확장을 죽이지 않고 무찌를 수 있는 다른 방법도 있다. 정상세포에게 유리하게 환경을 바꿔 주는 것이다. 진화에서 '적자생존'의 구체적인 의미는 현재의 환경에 가장 적합한 종이 살아남는다는 것이다. 따라서 약물이나 다른 치료를 통해 돌연변이가 없는 정상세포가 경쟁에 유리한 환경으로 바꿔 준다면 정상세포들이 클론세포들로부터 통제권을 점진적으로 되찾게 될 것이다. 이 일을 어떻게 할 것인지는 역시나 추측할 수 있을 뿐이지만, 돌연변이를 상대로 형세를 역전시킬 수 있다는 예비 증거가 나와 있다. 최근의 개념 입증 실험에서는 생쥐에게 X선을 조사하면 *p53* 돌연변이(*p53* 돌연변이는 암이 좋아하는 돌연변이일 뿐만 아니라 식도의 클론확장에서 두 번째로 흔한 드라이버 돌연변이이기도 하다)가 있는 식도 세포의 성장이 활성화되지만, 항산화물질을 투여한 후에 X선을 조사하면 정상세포가 그들과의 경쟁에서 이길 확률이 높아진다는 것이 밝혀졌다.[69] 항산화물질+X선 치료가 치료법으로 인기를 끌 것 같지는 않지만, 클론확장의 우세 여부는 어떤 환경에 있느냐에 달려 있으며 환경을 수정하면 정상세포가 우위를 차지하게 도와줄 수 있음을 보여 준다. (이것은 또한 어쩌면 지나친 방사선 노출이 암을 일으키는 이유는 방사선이 직접 돌연변이를 일으키기 때문이 아니라, 돌연변이 클론이 더 크게 자라 그중 하나가 암으로 이어지는 그다음 단계를 밟을 가능성이 높아지기 때문일지 모른다는 흥미로운 가능성을 제시한다.)

어쩌면 DNA 손상과 돌연변이를 배제하는 가장 근본적인 방법은 몸의 줄기세포를 완전히 새로 채워 넣는 것일지도 모르겠다. 이것은 노화의 문제를 일으키는 것이 클론이든, 개별 세포의 무작위 돌연변이든 상관없이 효과 있는 접근방식이다. 염기서열 연구에서 날아든 또 다른 좋은 소식은 보통 DNA에 심각한 문제가 없는 세포가 적어도 몇 개는 남아 있다는 점이다. 우리가 돌연변이가 생기지 않은 이 세포를 일부 추출해서 유도만능줄기세포로 바꾸고, 그 DNA에 무작위 오류나 게임체인저가 될 드라이버 돌연변이가 없음을 재확인한 후에 피부, 식도, 소화관, 혈액 등 돌연변이로 문제가 생긴 조직의 줄기세포로 바꿀 수 있다면, 그것으로 돌연변이 세포를 대체할 수 있다. 지식이 더 쌓이면 우리 몸에서 DNA 재보충이 가장 필요한 곳이 어딘지 알 수 있을 것이다. 그럼 가장 급한 조직부터 고치고 돌연변이 발생 속도가 느린 곳이나, 클론확장으로 인한 문제가 덜한 곳은 나중에 고치면 된다.

DNA의 돌연변이는 노화의 전형적 특징 중에서 제일 극복하기 힘든 것 중 하나다. 우리가 논의한 개념들은 실험실에서 개념 증명이 이루어지고 있는 것에서 순전히 추측에 머물고 있는 것까지 다양하다. 하지만 결국 언젠가는 우리가 해결해야 할 문제다. 우리가 다른 문제를 다 해결한다고 해도, 돌연변이는 세포마다 1년에 10개에서 50개씩 몸속에 계속 축적되고 있고, 클론은 계속 확장하면서 이웃한 정상세포들을 천천히 질식시킬 것이다. 추가 연구를 통해 비암유발 돌연변이non-cancer-causing mutation가 수명이 연장돼도 건강에 큰 문제를 일으키지 않을 정도로 무해하다는 것이 밝혀진다면 그것이야말로 제일 좋은 시나리오지만, 최악의 시나리오도 대비해야 한다.

감사하게도 가까운 미래에 노화에서 생기는 돌연변이의 유형과 발생률prevalence에 대한 이해가 극적으로 넓어질 것이다. 게놈 염기서열분석이 어느 때보다 저렴해졌고, 노화 연구 학계뿐만 아니라 암 연구 학계에서도 돌연변이 축적에 대한 관심이 높아지고 있다. 노화의 치료에 관심 있는 사람이라면 이런 연구를 통해 돌연변이가 암에 기여하는 부분만이 아니라 퇴행에 기여하는 부분에 대해서도 탐구해야 할 것이며, 그저 탐구에서 그치지 않고 실제 치료법 개발을 위한 노력도 병행해야 할 것이다. 그렇게 한다면 광란의 클론을 다스리는 최초의 치료법이나 DNA의 방어능력을 강화하는 유전자 치료가 우리 살아생전에 등장할 수 있을 것이다.

8장 노화를 재프로그래밍하기

Reprogramming ageing

우리가 제거하고, 대체하고, 복구할 수 있는 것들을 다 하고 나면 생물학적 노화의 실질적 완치를 위한 최종 단계는 분명 우리 자신의 생물학을 재프로그래밍하는 일이 될 것이다. 문제 있는 과정이 애초에 일어나지 않도록 자연이 우리에게 부여한 것을 해킹하는 것이다. 우리의 생물학적 '프로그램'은 유전자 속에 쓰여 있기 때문에 이 일에는 유전자를 최적화하여 좋은 것은 최적화하고, 나쁜 것은 줄이고, 세포와 기관에 새로운 능력을 보태는 등의 과정이 따라올 것이다.

머나먼 미래에나 있을 일처럼 들리지만 의료 분야에서 예측 가능한 미래에 우리가 할 수 있는 일들도 많다. 머지않아 유전자 편집gene editing을 이용해서 진화가 우리에게 선사한 도구들을 최적화하고, 심지어 세포 재프로그래밍(유도만능줄기세포를 만드는 과정을 달리 표현한 이름이다)을 통해 배양접시 안에 들어 있는 세포만이 아니라 우리 몸 전체의 시계를 거꾸로 되돌릴 수도 있을 것이다.

이런 개념을 통해 생물노인학 그리고 모든 의학의 최종 단계를 어렴풋하게나마 그려 볼 수 있다. 우리가 지금까지 알아낸 사실들을 모두 결합해서 인간 생물학의 정교한 컴퓨터 모형으로 구축하는 것이다. 이렇게 되면 우리가 지금까지 논의해 온 것들이 모두 원시적으로 보이게 될 것이다. 일단 이 목표를 달성하고 나면 우리는 정말로 늙지 않게 될 것이다. 그리고 '노화'라는 말이 차츰 그 의미를 잃으면서 아마도 우리가 고안한 치료법들을 더 이상 '항노화 치료'라 부르지 않게 될 것이다.

유전자 업그레이드

DNA는 신체 부위의 굵직굵직한 배치부터 세포 내부와 세포 사이의 상호작용을 지배하는 제일 작은 구성요소에 이르기까지 몸을 만드는 방법을 모두 담아 놓은 설계도이다. 사람의 게놈에 대해 많은 것이 밝혀질수록 언론에서는 이런 일 저런 일을 담당한다는 유전자에 대한 이야기가 더 많이 쏟아져 나온다. 이런 기사를 접하다 보면 '유전자 결정론genetic determinism'에 빠지기 쉽다. 자신의 모든 생물학적 미래, 질병의 위험, 수명, 심지어는 성격까지도 모두 유전자에 담긴 내용물에 의해 정해진다고 믿는 것이다.

물론 생명은 그렇게 단순하지 않다. DNA가 수명에 실제로 영향을 미친다는 것은 당연하다. 사람은 100년 넘게 살 수 있지만, 선충은 몇 주밖에 못 산다. 그리고 그 차이는 바로 우리 DNA에 새겨져 있다. 그리고 실험실에서 한 유전자에만 돌연변이가 생겨도 선충과 쥐의 수명이 극적으로 변하는 것도 보았다. 이런 지식을 실용화해서 사람의 건강수명을 늘릴 수 있을까?

제일 먼저 던져 볼 질문은 정상적인 상태에서 유전자가 수명을 어디까지 결정하는가 하는 부분이다. 영리하게 일란성쌍둥이와 이란성쌍둥이를 대상으로 대규모 코호트 집단을 분석해 본 바에 따르면 수명의 '유전성'이 어느 정도인지 추정해 볼 수 있다.[1] 유전자의 영향력은 대략 25퍼센트 정도로, 놀랄 만큼 적은 것으로 밝혀졌다. 하지만 좀 더 최근의 연구는 이 낮은 추정치마저 더 낮추어 놓았다. 통계학자들의 입장에서는 안타까운 일이겠지만 사람들은 일반적으로 자신의 배우자를 무작위로 고르지 않는다. 사람들은 자신과 성격이 더 비슷한 사람과 짝을 맺는 경향이 순수한 확률에 의지하는 경우보다 더 강하게 나타난다. 이런 경향을 선택결혼assortative mating이라고 한다. 2018년의 연구에서는 가계도 웹사이트에서 취합한 수천 건의 출생 및 사망 기록을 사용해서 이런 경향을 수학적으로 보정해 보았다.[2] 그 결과 수명의 유전성이 10퍼센트 아래로 떨어졌다. 사실 연구자들은 부부 간의 수명이 성별이 반대인 자녀들 간의 수명보다 더 긴밀한 상관관계가 있음을 발견했다.

이것은 많은 사람에게 힘을 주는 소식이다. 당신의 수명은 DNA에 새겨져 있지 않다. 따라서 부모님의 수명을 자기가 바랄 수 있는 수명의 한계치라 생각할 필요가 없다. 올바른 식생활, 운동, 생활방식을 실천에 옮기고 약간의 운만 따라 준다면 유전자 결정론의 설명과 달리 우리의 운명은 우리가 하기 나름인 부분이 훨씬 크다.

하지만 인구집단을 샅샅이 뒤져서 수명의 유전적 근거를 찾기를 바라는 생물학자의 입장에서는 김이 빠지는 소식이다. 유전적 효과가 미묘하게 나타나기 때문에 선택결혼 같은 문제를 꼼꼼히 보정하지 않고 순진하게 일반적인 인구집단을 조사해서는 놀라운 장수 돌연변이를 발견하기 힘들다. 다행히 좀 더 특이한 집단을 조사해 본다면 이 일이 훨씬 쉬워질 수 있다. 제일 먼저 시도해 볼 만한 집단은 초고령층이다.

100살까지 산 사람들한테는 무언가 분명 이상한 점이 있다(좋은 쪽으로). 연구에 따르면 이런 사람들은 일반 인구집단과 비교했을 때 체중도 대략 비슷하고,[3] 흡연이나 음주를 훨씬 덜 하는 것도 아니고, 운동을 훨씬 열심히 하거나, 음식을 더 가려 먹지도 않는다. 그럼에도 이들은 더 오래 살 뿐만 아니라 노화와 관련된 질병도 더 늦게 찾아온다. 미국 백세장수인을 대상으로 한 연구에서는 이들이 병을 안고 사는 기간이 극적으로 짧다는 것을 발견했다.[4] 백세장수인은 9퍼센트, 일반 인구집단은 18퍼센트로 나왔다. 그리고 이들은 독립성도 더 오래 유지해서 이 연구에 참가한 평균적인 백세장수인들은 100세가 될 때까지도 일상생활을 혼자서 꾸릴 수 있었다.

일반 고령층에서 초고령층으로 넘어가면 수명의 유전성이 증가하는 것으로 보인다. 당신의 부모님이 70세나 80세까지 살았는지 여부는 당신 자신의 수명에 별 의미가 없지만, 부모 중 한 명이 100

세나 그 이상까지 살았다면 그건 관심을 기울일 만한 일이다. 당신도 이 점을 눈치채고 있었을지도 모르겠다. 친구네 집안이나, 운이 좋으면 자기네 집안의 가계도에서 장수한 여성들의 자취를 추적해 볼 수 있다. (통계적으로 보통 장수한 사람들은 여성이다. 여성 백세장수인이 남성 백세장수인보다 5:1 정도로 많다.[5]) 이것은 정밀한 통계 조사와 대립되는 일화적인 관찰 중 하나다. 만약 당신의 형제자매 중 한 사람이 100세까지 산다면 당신도 100세까지 살 가능성이 일반 인구집단에 속하는 사람보다 10배 높다.[6]

그 결과 유전학자들은 100세까지 살 사람들에서 더 많이 발견되는 유전자 버전을 찾아 나섰다. 이것은 정말로 힘든 조사였지만 꽤 일관성 있게 등장하는 두 가지 유전자가 있었다. *APOE*와 *FOXO3*다.

APOE 유전자는 Apo-E라는 단백질을 암호화한다. 이 단백질은 몸 구석구석으로 콜레스테롤을 운반하는 일을 담당하며 이 유전자를 어떤 버전으로 갖고 있는지가 심장 문제나 치매에 걸릴 확률에 큰 영향을 미친다. 이 유전자는 *APOE2* , *APOE3*, *APOE4*, 이렇게 세 가지 변이로 나타난다. 가장 흔한 변이는 *E3*다. 전 세계 인구의 2/3 정도는 평범한 *E3/E3* 유전형(*E3* 복사본 하나는 엄마로부터, 다른 하나는 아빠로부터)을 갖고 있다. 이 경우 사는 동안 치매에 걸릴 확률은 20퍼센트다. *E4* 변이는 그보다 드물지만, 이것을 갖고 있다면 안 좋은 소식이다.[7] 25퍼센트의 사람이 이 복사본을 하나 가지고 있는데, 그럼 알츠하이머에 걸릴 위험이 거의 50:50이 된다. *E4* 복사본을 2개 갖고 있는 사람은(다행히도 전체 인구의 2퍼센트만 여기에 해당한다) 십중팔구 알츠하이머병에 걸리고, *E3/E3* 유전자를 가진 사람보다 10

년 정도 빠른 평균 68세에 진단을 받는다. 반면 *E2*는 보호작용을 하는 듯 보인다. 한쪽 부모로부터 복사본을 하나 물려받은 사람은 평생 치매에 걸릴 위험이 대략 절반으로 줄어든다. 그리고 복사본을 2개 물려받으면 위험이 거기서 다시 1/4로 줄어든다. 이것은 심장질환과 비슷한 이야기다. 심장질환의 경우에도 *E4*를 가진 사람이 위험이 더 높게 나온다.

그렇다면 *APOE* 유전자가 100세까지 살 가능성에도 크게 영향을 미친다는 것이 놀랍지 않다. 백세장수인은 일반 인구집단과 비교할 때 *E4* 변이가 현저히 적다. *APOE4*를 갖고 있는 사람 중에는 100번째 생일을 맞이하기 전에 심장질환이나 치매로 사망하는 경우가 많기 때문이다. 하지만 이것이 사망의 보증수표는 아니다. 최악의 *E4/E4* 유전형을 갖고도 100세를 넘긴 사람들이 없지 않다. 하지만 장수 기록을 세우고자 하는 사람에게는 이것이 넘어야 할 또 하나의 장애물이 될 수밖에 없다. 연구에 따르면 두 개의 *E4* 유전자를 가진 사람은 *E3/E3*를 가진 사람보다 평균적으로 수명이 몇 년 짧은 반면, *E2* 유전자를 두 개 가진 사람은 수명이 조금 늘어날 수 있다.

그다음으로 유망한 장수 유전자는 *FOXO3*다. 이 유전자의 변이들은 백세장수인의 극단적인 수명과 관련 있을 뿐 아니라 모형생물에서도 중요하다는 증거가 있다. 진화적 보존 덕분에 우리는 파리나 선충처럼 친척관계가 먼 생명체와도 동일한 유전자를 많이 공유하고 있다. *FOXO3*는 선충의 유전자 *daf-16*과 아주 유사하다. 3장에서 보았던 *daf-2*, *age-1*과 비슷하게 *daf-16*은 인슐린 신호 경로를 통해 선충의 수명에 영향을 미친다. 선충처럼 사람도 우호적인

FOXO3 변이를 갖고 있는 사람은 식이제한이 유전적으로 약하게 시뮬레이션되어 자가포식이 증가하는 등의 효과를 누린다.[8] 그리고 이것이 노화 속도를 늦추기 때문에 *FOXO3*의 우호적인 효과가 극단적인 나이까지 살아남은 사람에게서 눈에 띌 정도로 더 흔하게 나타난다.

장수 유전자를 찾아볼 만한 또 다른 집단은 고립된 인구집단이다. 당신이 수명을 5년 정도 늘려 주는 잘나가는 장수 돌연변이를 갖고 있다고 상상해 보자. 이 돌연변이가 없었다면 당신이 86세까지 살았을 텐데 그 덕분에 91세까지 살았다 해도 과학계나 의학계의 주목을 받았을 가능성은 별로 없다. 91세까지 살았으면 물론 오래 살기는 했지만 그리 드문 이야기는 아니기 때문이다. 당신에게 자녀가 둘이 있는데 그중 한 명에게 그 돌연변이를 물려줄 수 있다. 그리고 그 자녀는 다시 자기의 자녀 중 한 명에게 그것을 전달하고, 또 그 자녀가 자녀 중 한 명에게…… 이렇게 이어진다. 이 돌연변이가 자손들에게 평균적으로 더 많은 후손을 보게 만들어 주지 않는 한 이 유전자는 인구집단으로 퍼지지 못하고 그냥 부동drift하면서 그 유전자 돌연변이의 출현빈도 증감은 순전히 우연에 의해 결정된다.

하지만 고립된 공동체 안에서는 돌연변이가 계속 버틸 수 있다. 이 돌연변이가 희석될 정도로 큰 인구집단이 아니라면 훨씬 작은 인구집단에서는 순수한 우연만으로도 상당한 비율로 이 돌연변이가 계속 존재할 수 있다. 이 돌연변이는 다른 가문으로 퍼질 수 있고, 몇 세대 후에는 원래 이 돌연변이를 갖고 있던 사람의 후손 두 사람이 만나 사랑에 빠져 자식을 낳을 수도 있다. 이 현상은 형제나 사촌과 아이를 낳는 것이 얼마나 위험한 일인지 잘 보여 준다. 만약 양쪽 부모 모두 병을 일으키는 희귀한 열성 유전자를 하나씩 갖고 있을 경우라면(이런 유전자를 하나만 갖고 있으면 문제가 안 생긴다) 그 자식이 유전자 복사본 2개를 물려받아 그 돌연변이로 인한 건강 문제가 생길 확률은 1/4이 된다.

미국 인디애나 주 베른의 아미시Amish 공동체 소속의 세 살배기 소녀가 1980년대 중반에 종합병원을 찾아온 것도 이런 연쇄적 사건 때문이었다.[9] 그리고 그 바람에 새로운 장수 유전자를 발견하게 됐다. 이 소녀는 머리를 부딪친 후에 두피 아래로 피가 크게 고였다. 그래서 수술로 피를 빼냈지만 상황이 더 악화되어 출혈로 거의 죽을 지경까지 갔었다. 그리고 몇 년 후에는 치성농양dental abscess을 치료하려고 수술을 했다가 거의 자기가 흘린 피에 빠져 죽을 뻔했다. 상처가 나면 피가 굳어서 상처를 막아 주어야 하는데 이런 작용이 일어나지 않는 출혈장애들이 여러 가지 있다. 의사들은 그 후보들을 하나씩 배제해 나갔다. 당시 이 소녀의 병은 의학계에 알려지지 않은 것이었지만 소녀에게 출혈을 일으키는 근본 원인을 밝혀낼 수 있었던 것은 에이미 샤피로Amy Shapiro라는 의사 겸 혈액응고 전문가의 끈기 덕분이었다.

샤피로는 단서를 찾으려고 문헌들을 꼼꼼히 조사하다가 혈액응고에 관여하는 PAI1이라는 단백질에 대한 글을 읽었다. 그녀는 한 동료를 설득해서 그 소녀의 DNA에서 그 단백질을 암호화하는 유전자인 *SERPINE1*의 염기서열을 검사해 보았다. 그 결과 두 글자의 오류가 발견됐다. DNA 복제 과정에서 더듬거렸는지 TA가 TATA로 바꿔어 있었던 것이다. 이 작은 변화 때문에 소녀의 몸에는 제대로 작동하는 PAI1이 아예 없어 혈액응고에 문제가 생긴 것이다. 하지만 소녀는 다른 면에서는 완전히 정상이었다. 추가로 검사해 보니 소녀의 부모들은 돌연변이 *SERPINE1*을 각각 하나씩 갖고 있었다. 그럼 정상인 경우보다 PAI1이 덜 생산된다. 하지만 부모들은 아무런 영향을 받지 않는 것 같았고 혈액 응고도 정상적으로 일어났다.

또 다른 연구에서는 다른 돌연변이로 인해 PAI1 수치가 높은 사람들이 심혈관계 질병의 위험이 높아지는 것으로 나왔다. 그럼 자연스럽게 이런 의문이 든다. PAI1은 많아야 좋은 거야, 적어야 좋은 거야? 베른의 아미시 공동체는 이를 확인해 볼 수 있는 이상적 사례였고, 샤피로는 연구를 진행하기 위해 NIH에 연구비 지원을 신청했다. 하지만 그녀의 신청서는 거부됐다. NIH에서는 100명의 실험참가자로는 통계적으로 확실한 영향력을 가리기가 부족하다고 생각했다. 틀려도 한참 틀린 생각이었다. 2015년에 거의 200명의 아미시 사람들이 실험에 자원해서 혈액과 심장 건강을 검사하는 일련의 검사를 받았다. 그 결과 돌연변이 *SERPINE1* 유전자 복사본을 하나만 갖고 있는 사람은 정상 유전자 두 개를 갖고 있는 사람보다 심혈관계 건강이 살짝 좋았고, 그와 함께 흥미롭게도 말단소체의 길이가 더 길었다. 이들은 또한 당뇨병에 걸릴 확률이 훨씬 낮았다. 돌연변이가 없는 사람은 127명 중 8명이 당뇨가 있었던 반면, 돌연변이가 있는 사람 43명 중에는 당뇨병 환자가 한 명도 없었다. 더 놀라웠던 점은 유전자 검사와 가계도를 이용해서 이미 죽은 친척들의 유전자형을 연역해 보았더니 돌연변이를 갖고 있는 사람들은 정상 유전자

2개를 갖고 있는 사람보다 평균 10년 정도 더 오래 살아서 평균 수명이 75년에서 85년으로 늘어났다.[10]

어떻게 이런 일이 가능할까? 그 발견 후로 지금까지 수십 년 동안 우리는 PAI1이 혈액응고에만 관여하는 단백질이 아님을 알게 됐다. 대부분의 유전자가 그렇듯이 이것 역시 몸의 이곳저곳에서 다른 여러 과정에 관여한다. 아마도 노화와 관련해 가장 중요한 점은 PAI1이 세포 노쇠와 관련이 있다는 점일 것이다. 이 단백질은 세포가 노쇠해지는 것을 고려할 때 내적 결정에도 관여하고, 노쇠세포들이 몸에 피해를 입히는 수단인 노쇠관련 분비표현형의 한 요소이기도 하다. 노쇠의 가능성을 낮추는 것과 노쇠관련 분비표현형의 효력을 누그러뜨리는 것 모두 수명 연장의 이유로 그럴듯해 보인다. 돌연변이 유전자 복사본을 하나만 갖고 있는 사람은 혈액응고와 관련해서 아무런 문제가 없는 듯 보이지만, 혈액응고계가 살짝 게으른 것이 뇌졸중 같은 문제의 발생 확률을 줄여 나이가 들면 오히려 이득이 될 수도 있다.

PAI1 감소에 대해서는 아직 주의해야 한다. 그 효과가 인상적이기는 하지만 소규모 집단에서 발견된 내용이라서 어쩌다 나온 결과이거나 아미시 사람들에만 선택적으로 해당되는 결과일 수 있다. 그럼에도 이렇게 놀라운 수명 연장 효과를 보면 단일 유전자가 인간의 수명에 미치는 영향이 얼마나 클 수 있는지 다시금 돌아보게 된다. 3장에서 보았듯이 단일 유전자의 돌연변이는 필연적으로 수명에 아주 작은 영향을 미칠 수 있을 뿐이라 여겼던 1970년대의 진화생물학자들의 생각은 틀린 것이었다. 그리고 PAI1은 이들이 선충에 대해서만 틀린 것이 아니라 사람에 대해서도 틀렸음을 입증했다.

아미시 공동체 말고도 연구해 볼 가치가 있는 다른 고립 인구집단이 많다. 성장호르몬 수용체 돌연변이가 라론증후군(키는 작지만 암과 당뇨병의 발병은 현저히 낮다)으로 이어졌던 에콰도르 사람들은 이미 앞에서 만나 보았다. 아슈케나지 유대인Ashkenazi Jews도 많은 연구의 대상이었고, 라론증후군의 돌연변이보다 덜 극단적인 성장호르몬 관련 돌연변이 역시 긴 수명과 연관되었음이 밝혀졌다. 40대에 알츠하이머병에 걸리는 성향이 있는 콜롬비아의 거대한 대가족 중 한 여성이 2019년에 뉴스 헤드라인을 장식했다.[11] 이 여성은 자기 친척들보다 수십 년 더 길게 알츠하이머병을 피할 수 있었기 때문이다. 아마도 이 여성의 양쪽 *APOE* 유전자에 생긴 대단히 희귀한 돌연변이 덕분으로 보인다. 제한된 유전자 풀을 갖고 있는 인구집단은 분명 생물노인학자, 그리고 인간 생물학의 다른 많은 면을 연구하는 과학자 모두에게 계속 흥미로운 연구 결과를 제공할 것이다.

실험실 연구를 바탕으로 유전자가 실제로 하는 일이 무엇인지 이해하면 장수 촉진 유전자를 찾는 데 도움이 될 수 있다. 기능을 정지시키거나, 복사본을 추가하거나 하면 선충, 파리, 생쥐 같은 모형 생물의 수명을 연장해 주는 유전자의 목록이 길어진다. *age-1*과 말단소체중합효소 등 이들 중 몇몇은 이미 앞에서 만나 보았다. 하지만 다른 선택지도 많다. 예를 들어 생쥐에게 *Atg5*라는 유전자 복사본을 추가로 넣어 주면 자가포식이 늘면서 수명이 17퍼센트 늘어난다.[12] 장수 기록을 세운 라론쥐에서 발견된 돌연변이같이 성장호르몬과 관련된 유전자도 많다. 그리고 식이제한을 흉내 내는 *FGF21*이

라는 유전자는 생쥐의 수명을 1/3 정도 연장한다.[13]

그렇다면 지금까지 어떻게 하면 더 오래 살 수 있을지 단서를 얻기 위해 모형생물의 게놈, 고립된 공동체, 초고령층에 대해 샅샅이 조사해 보았는데, 이런 지식을 어떻게 활용할 수 있을까? 전통적인 접근방식은 이로운 유전적 변화의 효과를 흉내 내는 약을 개발하는 것이다. 예를 들어 PAI1의 경우, 아미시 공동체의 이야기를 놓고 보면 정상인들에게 실제로 필요한 양보다 더 많은 양을 몸속에 갖고 있는 것으로 보인다. 그래서 과학자들은 PAI1을 억제하는 약을 찾고 있다. 이 약물 분자는 이 단백질에 끈적하게 달라붙어 기능 수행을 멈추게 할 것이다. 현재 개발 중인 한 약물은 과체중 생쥐에서 당뇨병, 혈중 콜레스테롤, 지방간을 개선해 주었고, 사람에서도 예비 안정성 검사를 통과했다.[14]

특정 단백질의 작용을 저해하는 약을 개발하는 것은 유전학에서 발견한 내용을 적용할 때 사용하는 고전적 방식이고, 지난 수십 년 동안 수많은 의학적 돌파구가 이런 식으로 마련됐다. 하지만 더 급진적인 접근방식도 있다. 유전자 치료다. 유전자 치료는 새로운 유전자를 직접 추가하거나, 원치 않는 유전자를 제거하거나, 결함이 있는 유전자를 더 나은 유전자로 대체하는 등 우리가 안으로 들어가서 DNA를 수정하는 개념이다. 유전자 치료는 약물 치료보다 더 영구적으로 작동한다. DNA를 우리의 게놈에 통합시키면 그 자리에 영원히 남기 때문에 매일 약을 먹을 필요가 없다. 이것은 부작용을 줄여 줄 잠재력도 갖고 있다. 약물은 표적에서 벗어난 곳에 효과를 나타내 의도하지 않았던 단백질이나 과정에도 개입하는 경우가 많다. 반면 단일 유전자를 위한 유전자 치료는 정의상 유전자 자체에만 영향을 미친다. 물론 단일 유전자의 변화가 더 폭넓은 도미노효과를 야기할 수는 있지만 여러 단백질과 경로에 동시에 영향을 미치는 약물보다는 덜할 것이다.

안타깝게도 성체에서는 유전자 치료가 어렵다. 첫 번째 문제는 수조 개나 되는 세포에 새로운 유전자를 주입하고 세포 장치들을 편집하기가 어렵다는 것이다. 현재는 사람 몸속의 모든 세포를 신뢰성 있게 편집할 수 있는 도구가 나와 있지 않다. 따라서 유전자 편집이 모든 세포에 보편적으로 이루어져야 효과가 있는 경우에는 문제가 생긴다. DNA를 삽입하는 데 사용하는 가장 흔한 매개체vector는 바이러스다. 바이러스는 자신의 유전 정보를 우리 세포에 삽입해서 자기의 복사본을 생산하게 하는 방식으로 작동한다. 바이러스 유전자를 걷어내고 거기에 우리가 삽입하고 싶은 유전자를 끼워 넣으면 바이러스는 어쩔 수 없이 그 유전자를 배달하게 된다. 하지만 우리 면역계는 바이러스의 침입을 항상 감시하고 있고, 때로는 과도한 반응을 보인다. 1999년에 제시 겔싱어Jesse Gelsinger가 사망한 것도 유전자 치료 자체가 아니라 바이러스 매개체에 대한 과도한 면역 반응 때문이었다. 18세였던 제시는 최초의 유전자 치료 실험을 받았지만 4일 후에 사망하고 말았다. 이 비극으로 인해 이 분야에 대한 인식이 아주 안 좋아졌다. 그리고 엉뚱한 DNA 조각이 바뀔 위험도 있고, 늘 그렇듯이 DNA 편집이 잘못 이루어지는 경우에는 암 발생 위험도 따른다.

하지만 유전자 편집 기술은 큰 발걸음을 내딛고 있는 중이다. 과학자들이 실험을 진행할 때 무척 유용하기도 하고, 치료 잠재력도 막대하기 때문이다. CRISPR(크리스퍼)라는 기술은 유전자 편집을 더욱 정확하고 저렴하게 수행할 수 있게 만들어 뉴스 헤드라인을 여러 차례 장식했고, 실제로 2020년 노벨화학상이 그 공동 발견자인 에마뉘엘 샤르팡티에Emanuelle Charpentier와 제니퍼 다우드나Jennifer Doudna에게 돌아가기도 했다. 그리고 CRISPR는 인간을 대상으로 질병을 치료하는 실험 단계까지 갔다. 현재는 체외에서 유전자를 편집하는 수준에 머물고 있다. 그렇게 하면 세포를 환자에게 다시 주입하기 전에 안정성 검사를 해 볼 수 있기 때문이다. 앞 장에서 성체 생쥐에게 말단소체중합효소를 전달할 때 사용되었던 아데노관련바이러스adeno-associated virus에 대한 기대감도 한껏 부풀어 오르고 있다. 면역계를 피해 갈 수 있고, DNA가 게놈에 통합되지 않기 때문에 암의 위험을 줄일 수 있기 때문이다. 승인 받은 아데노관련바이러스 치료법도 몇 가지 나와 있고, 인간 대상으로 실험이 진행 중인 것도 수백 가지나 있다.

2019년에 발표된 한 연구에서는 아데노관련바이러스 유전자 치료를 이용해서 성체 생쥐의 여러 노화 관련 질병을 치료하는 첫걸음을 내딛었다.[15] 노화 연구를 통해 확인된 세 가지 유전자를 단독 혹은 조합해서 시도해 본 이 실험에서 가장 성공적인 조합은 TGF-베타의 수치를 낮추는 유전자와 *FGF21*이었다. TFG-베타는 앞 장에서 얘기했던, 늙은 피에서 확인된 나쁜 요인 중 하나이고, *FGF21*은 앞에서 나왔던 식이제한을 흉내 내는 유전자다. 이 두 가지 유전자 치료를 받은 생쥐는 젊은데 고지방 식단을 섭취해 비만해진 생쥐이

든, 나이가 들어서 비만해진 생쥐이든 살이 빠졌고, 당뇨병도 줄고, 신부전이나 심부전을 유도했을 때도 회복이 더 잘됐다.

이 연구의 저자들은 항노화 유전자 치료 조합을 상업화하기 위해 미국에서 리쥬비네이트 바이오Rejuvenate Bio라는 회사를 창립했다.[16] 그다음 단계는 개를 대상으로 한 실험이다. 특히 노화 관련 심장 질환 발생률이 높은 카발리에 킹 찰스 스패니얼Cavalier King Charles spaniels 견종을 대상으로 한다. 실험이 성공하면 간단해진 승인 절차를 거쳐 애완동물 대상 유전자 치료를 가동할 계획이다. 이 견종은 수명이 짧기 때문에 실험 결과를 빨리 얻을 수 있다는 장점도 있다. 이 치료법의 동물 버전 시장은 수십억 달러 규모로 예상되기 때문에 여기서 발생한 수익을 인간 버전 개발에 사용할 수 있을 것이다.

이로운 유전자의 복사본을 추가하는 것과 더불어 해로운 유전자의 부담을 덜게 될 가능성도 있다. 한 예가 *PCSK9*이다. 이 유전자는 혈중 콜레스테롤의 양을 조절하는 역할을 한다. 2005년에 텍사스 댈러스에서 진행된 연구에서는 일부 아프리카계 미국인이 나쁜 콜레스테롤인 LDL 수치가 아주 낮은 것을 발견했다.[17] 이는 이 유전자를 망가뜨리는 돌연변이 때문에 생기는 현상이다. 이 돌연변이는 아프리카계 미국인에서는 3퍼센트 정도로 나타나지만 유럽계 미국인에서는 1000명 당 1명 미만으로 나타나는데, 추가 연구에서는 이 돌연변이가 심장질환의 위험을 무려 88퍼센트나 줄여 준다는 것을 밝혀냈다. 이 발견 이후로 이 유전자의 활성을 줄이는 약물을 개발하기 위한 경쟁이 시작되었고, 현재 '*PCSK9* 억제제'는 스타틴으로 고콜레스테롤이 조절되지 않는 사람(여기에는 활성을 낮추지 않고 오히려 높이는 *PCSK9* 돌연변이를 갖고 있는 사람도 포함된다)에게 사용하는 콜레스테롤 감소제의 표준으로 여겨지고 있다. *PCSK9* RNA 간섭 기술*PCSK9* RNA interference technology을 이용한 실험이 시작된 상태다. 이 기술은 DNA의 정보를 단백질로 전환해 주는 중개자 역할을 하는 RNA 분자에 간섭한다. 이렇게 하면 한 번의 투약만으로도 여러 달 동안 *PCSK9*의 활성을 낮출 수 있다. 이것으로 부작용 없이 콜레스테롤과 심장질환 위험을 낮출 수 있다면 그다음 단계는 이 유전자를 완전히 불능 상태로 만드는 것이다. CRISPR를 이용한 생쥐 실험에서 이것이 효과가 있음은 이미 밝혀졌고, 버브 테라퓨틱스Verve Therapeutics라는 회사에서는 인간 대상 실험에 사용할 버전을 개발 중이다.[18]

마지막으로 기존에 존재하는 유전자를 변경해서 장수에 최적화하는 방법도 있다. 한 가지 옵션은 CRISPR를 변경한 버전인 '염기 편집base editing'이다.[19] 이 기술을 이용하면 게놈의 특정 위치에서 DNA 한 글자를 바꿀 수 있다. 너무 멀지 않은 미래에 이 치료법을 적용할 수 있으리라 기대되는 표적은 *APOE*다. *E3* 변이는 *E2* 및 *E4*와 DNA 글자가 딱 하나 다르다. 한 사람 안에 서로 다른 변이들이 공존해도 큰 문제를 일으키지 않는다는 것을 우리는 이미 알고 있고, 더 다행스러운 점은 *E4*는 양에 비례하는 방식으로 나쁘게(*E2*는 좋게) 작용하기 때문에 복사본 2개가 1개보다 나쁘고(좋고), 1개는 0개보다 나쁘다는(좋다는) 것이다. 따라서 *APOE*의 모든 복사본을 일일이 편집하지 않더라도 긍정적인 효과를 볼 가능성이 상당히 높다.

유전자 치료의 힘을 노화에서 현실화하려면 더 많은 연구를 통해 이들 유전자의 개별 작용과 연합 작용을 이해해야 한다. 생쥐의 노화 관련 질병 치료에 관한 2019년의 연구에서는 세 번째 유전자인 클로토*Klotho*도 살펴보았다. 이 유전자의 추가 복사본이 있으면 생쥐의 수명을 25퍼센트 정도 늘릴 수 있다(이 유전자의 이름은 실을 잣고, 실의 길이를 재고, 실을 자르며 사람의 수명을 결정하는 그리스 신화의 세 운명의 여신 중 한 명인 클로토Clotho에서 따왔다). 하지만 세 유전자를 모두 함께 사용하면 오히려 치료 효과가 떨어졌다. 이 연구를 통해 클로토와 *FGF21*이 함께 조화롭게 작용하지 못한다는 것이 밝혀졌다. 생물학에서는 전체가 부분의 합과 같지 않을 때가 많다. 처음에는 알 수 없었던 이유 때문에 더 커지기도 하고, 이 경우처럼 더 작아지기도 한다.

장기적으로 보면 유전자 치료는 의학에서 큰 역할을 맡게 될 것이다. 천연 게놈에는 없는 건강에 이로운 특성을 추가해서 인간의 생물학 자체를 바꾸는 치료를 고려하기 전에, 사람들이 매일 잊지 않고 알약을 먹을 필요가 없는, 더 표적화된 치료법의 개발 가능성만으로도 유전자 치료의 중요성은 충분하다. 유전자 치료로 노화를 치료하기를 희망하는 사람들에게 좋은 소식은 이 분야가 전체적으로 급성장하면서 새로운 임상실험이 빠른 속도로 발표되고 있다는 점이다. 앞에서도 계속 했던 말이지만 이 치료법은 심각한 질병의 위험에 놓인 환자들에게서 먼저 이용될 것이다. 예를 들면 콜레스테롤 수치가 높아서 30대나 40대에 심장마비가 찾아올 위험이 높은 환자에게 CRISPR를 이용해 *PCSK9*을 변경하는 치료를 시도해 볼 수 있다. 이런 환자가 유전자 변경이 잘못되는 바람에 암의 위험이 높아지는 등의 부작용을 피할 수 있다면 노화 관련 혹은 식사 관련 고콜레스테롤 등 덜 심각한 건강 문제로 사용 범위를 점진적으로 확장할 수 있다. 그리고 결국에는 고콜레스테롤 예방 백신으로 모든 사람이 *PCSK-9* 변경 치료를 받을지도 모를 일이다.

미래에는 아예 인간의 생물학을 근본적으로 리엔지니어링하는 데 유전자 치료를 사용할 수 있을 것이다. 앞선 장들에서 어떤 사람의 DNA에도 존재하지 않는 유전자 복사본을 세포에 주입하는 것이 어떤 도움이 되는지 살펴보았다. 예를 들면 리소좀에 들어 있는 분해되지 않는 폐기물을 분해하는 새로운 효소나, 위험한 환경에 있는 미토콘드리아 유전자의 백업 복사본 같은 것이다. 이런 것들도 우리의 궁극적인 바람인, 유전자를 가지고 우리의 생물학을 진짜로 재프로그래밍하는 것에 비하면 원시적으로 보인다. 우리는 완전히 새로운 유전자 회로genetic circuit를 만들 수 있다. 이 유전자 회로는 그저 단백질만 뿜어내는 것이 아니라, 우리 몸의 변화에 반응하고, 또 노화의 불안정 효과에 대항해서 우리 생물학을 안정시킬 수 있을 것이다. 현재 우리의 수명은 우리가 타고난 유전자에 크게 휘둘리지 않지만, 세포의 능력을 재프로그래밍하는 유전자 조작은 궁극적으로 노화의 완치에서 중요한 요소로 작용할 것이다. 이 장의 마지막 부분에서 이에 대해 더 자세히 알아보겠다. 먼저 세포의 노화를 역전시킬 힘을 갖고 있는 단 4개의 유전자가 가진 근본적 영향력에 대해 알아보겠다. 어쩌면 이것이 나중에는 세포가 아니라 몸 전체로 확장될 수도 있다.

◦ 후성유전학 시계 되돌리기

이 책에서 우리는 노화의 과정이 놀랍도록 유연하다는 것을 배웠다. 식이제한이든, 유전자의 변화든, 생쥐를 더 젊은 쥐와 꿰매는 방법이든 여러 가지 방식으로 노화의 속도를 늦출 수 있다. 세놀리틱 약물, 말단소체중합효소, 현재 개발 중인 다른 치료법을 이용하면 노화 과정을 되돌릴 수 있을지도 모른다. 이것은 정말이지 짜릿한 뉴스다. 부디 이런 소식에 독자 여러분도 이제는 노화와 의학에 관한 관점이 바뀌었기를 바란다. 하지만 어쩌면 노화의 이런 가소성은 그리 놀랄 일이 아닌지도 모른다. 어떻게 보면 노화는 이미 해결된 문제다. 부모들은 늙었어도 그 자식은 어리게 태어나니까 말이다.

부모가 10대이든 40대이든 그 아기는 완전히 새로운 장기와 비단처럼 매끄러운 피부를 가지고 0살로 태어난다. 아기는 부모의 DNA를 물려받지만 부모의 나이는 물려받지 않는다. 이것이 2장에 나온 일회성 체세포 이론의 핵심이다. 우리의 몸뚱이는 소모용이어도, 종이 살아남으려면 번식에 관여하는 생식세포까지 그래서는 안 된다. 생식세포는 영생을 누린다. 당신이 지금 이 글을 읽고 있다는 사실은 곧 당신의 부모에서 시작해 그 부모의 부모, 그리고 부모의 부모의 부모…… 등등 초기 지구에 태어난 단세포 유기체에 이르기까지 모든 조상이 성공적으로 자손을 보았다는 증거다. 그리고 그들은 모두 자식을 낳을 수 있을 만큼 생물학적으로 충분히 젊었을 것이다. 엄밀히 따지자면 수십억 년에 걸쳐 생식세포 계열이 성공적으로 보존되었다고 해서 영생이라 할 수는 없지만, 그래도 나쁜 출발은 아니다.

어찌 보면 이것은 환장할 일이다. 우리 모두의 DNA 속에는 완전히 새로운 생명을 만들 수 있는 도구가 들어 있다. 그런데 생명을 새로 만드느니 이미 만들어 놓은 생명을 계속 굴러 가게 만드는 일이 훨씬 간단한데도 그 일을 할 도구가 없다. 대자연이 새로 태어난 아기에게는 이것을 할 수 있으니 참 다행이지만, 우리가 대자연의 도구를 밝혀내어 의학에 활용할 수는 없을까?

사실 이 흥미진진한 개념을 현실화할 과학적 방법 중 하나에 대해서는 이미 얘기했다. 6장에서 우리는 유도만능줄기세포를 이끌어내는 과정을 만나 본 바 있다. 이 세포는 놀라울 정도로 다재다능한 전구세포로 일반적인 분화체세포로부터 만들 수 있다. 이런 과정을 발견한 후로 우리는 만능성을 유도하면 자연이 아기에게 젊음을 부여할 때 사용하는 마법을 흉내 내서 세포를 회춘시킬 수 있음을 알게 됐다. 유도만능줄기세포를 만드는 과정을 세포의 재프로그래밍이라고 한다. 그래서 이 개념을 재프로그래밍에 의한 회춘rejuvenation by reprogramming이라고 한다.

이 회춘법이 가능성을 보여 주는 첫 번째 증거는 후성유전학 시계다. 이것은 후성유전학 표지를 바탕으로 생물학적 나이를 기이할 정도로 정확하게 예측하는 변수로, 4장에서 만나 본 바 있다. 스티브 호르바스는 사실 이 시계를 발표한 2013년 논문에서 이것을 알아냈다. 이 시계가 다른 많은 유형의 조직에서 유효하다는 것을 확인한 그는 그 예측 능력에 대해 마지막 검증을 해 보았다. 이것을 이용해 배아줄기세포(정자와 난자가 만나고 하루 이틀 안으로 인간의 배아에서 분리한 '천연'의 젊은 세포)와 성체에서 채취한 세포로 만든 유도만능줄기세포의 후성유전학적 나이를 각각 계산해 본 것이다. 배아줄기세포는 후성유전학적 나이가 0에 가깝게 나왔다. 이건 말이 된다. 그리고 유도만능줄기세포를 만드는 데 사용한 성체 세포도 세포 기증자의 연령에 해당하는 정상적인 후성유전학적 나이를 갖고 있었다. 이것 역시 말이 된다. 하지만 유도만능줄기세포 자체는 후성유전학적으로 0세에 해당했다. 이들의 생물학적 시계가 리셋되어 배아줄기세포와 나이를 구분할 수 없게 된 것이다.

그 후로 진행된 실험들도 이런 발견 내용에 초점을 맞췄다. 무려 114세인 사람에게서도 제대로 기능하는 유도만능줄기세포를 만들 수 있었고,[20] 기증자가 젊은 성인이든 백세장수인이든 상관없이 그 세포의 후성유전학적 나이는 0이었다.[21] 더 좋았던 점은 이 유도만능줄기세포를 특정 세포 유형으로 분화시킨 후에도 그 후성유전학적 젊음이 온전히 유지되었다는 점이다. 90세 된 피부세포를 가져다가 유도만능줄기세포를 만들어서 다시 피부세포로 분화시키면, 이 새로운 피부세포 자체는 젊을 것이라는 의미다. 정말 멋진 소식이 아닐 수 없다. 공여세포의 공급원으로 유도만능줄기세포를 사용할 수 있다면 우리가 계획해 놓은 모든 줄기세포 치료의 효과를 끌어 올릴 수 있다. 그로부터 만든 새로운 세포는 뇌세포든, 눈 세포든, 조혈줄기세포든 몇 십 년을 마음껏 쓸 수 있는 준비가 된 상태니까 말이다.

더 좋은 점은 후성유전학적 리셋이 단독으로 일어나지 않고 다른 회춘 효과와 함께 일어난다는 것이다.[22] 유도만능줄기세포는 더 건강한 미토콘드리아를 갖고 있고, 미토콘드리아 활성산소종의 활성도 더 낮다. 그리고 말단소체의 길이도 배아줄기세포 못지않게 길다. 이것은 정말 이럴 수 있을까 싶을 정도로 멋진 뉴스다. O, K, S, M으로 알려진 네 가지 야마나카 인자(이 발견으로 야마나카는 노벨상을 수상했다)의 유전자 복사본만 추가로 삽입해 줘도 생식세포 계열에서 시간의 폭정이 무효화되는 것과 비슷한 분자 대청소 과정이 다시 활성화되는 것으로 보인다.

몇 가지 유념할 점이 있다. 예를 들면, 젊은 기증자와 늙은 기증자로부터 만든 유도만능줄기세포를 구분할 수 있는 희미한 후성유전학적 그림자가 존재하기는 한다. 그렇지만 유도만능줄기세포를 몇 차례 분열시키면 이런 그림자는 사라지는 것으로 보인다. 여전히 세부사항들을 해결해 가고 있는 상황이라 할지라도 만능성을 유도하는 과정은 세포의 노화 과정을 확실하게 역전시키는 것으로 보인다. 이건 정말 흥미진진한 일이다. 하지만 동물 전체를 대상으로도 이렇게 할 수 있을까?

첫 번째 좋은 소식은 6장에서 논의했던 내용이다. 유도만능줄기세포를 생쥐 배아에 주입하면 완전한 기능을 갖춘 생쥐를 만들 수 있다. 이것은 유도만능줄기세포가 일반적인 배아세포와 아주 똑같은 행동을 한다는, 그리고 특히 새로 태어난 생쥐가 조기 노화 상태여서 제대로 기능을 못 하거나 일찍 죽는 일은 없다는 확실한 증거다. 복제 동물의 수명도 조사해 볼 수 있다. 돌리Dolly는 엄마 양의 성체세포 세포핵을 채취한 다음 세포핵을 파괴한 난자에 삽입해서 만든 복제 양이다. 돌리의 탄생은 복제 동물의 일반적 수명에 대한 추측을 낳았다. 젊은 난자에 이식하긴 했지만 늙은 DNA에서 탄생한 돌리가 정상적인 삶과 정상적인 수명을 누릴 수 있을까?

6년 반이 지나고 난 후에 분명해 보이는 답이 나왔다. 돌리가 기침을 하기 시작해 후속으로 엑스레이 검사를 해 보았더니 폐에서 다발성 종양이 드러나서 안락사 시켜야만 했다. 9년 넘게 사는 경우가 많은 핀-도르셋Finn-Dorset 종의 양치고는 대단히 짧은 생이었다. 돌리는 다섯 살에 관절염 진단도 받았다. 이것 역시 대단히 이른 나이에 생긴 것이다. 그리고 한 살일 때 말단소체를 측정해 보았더니 다른 어린 양에 비해 짧았다. 이 모든 것을 보며 과학자들은 여섯 살 반이었던 엄마 양의 성체세포 세포핵을 가지고 시작했기 때문에 돌리가 생물학적으로 불리한 조건을 안고 삶을 시작했고,[23] 결국에는 조기 노화로 짧은 생을 마감한 것이 아닌가 의심하게 됐다.

하지만 후속연구는 이런 추청을 뒤집었다. 13마리의 복제양(그 중 4마리는 돌리와 동일한 세포로 복제한 유전적으로 동일한 암컷)을 더 철저히 연구해 보았더니 모두 꽤 정상적으로 노화가 진행되고 있었다. 연구 당시 7세에서 9세 사이였던 이 양들을 검사했더니 심혈관 건강, 혈액검사 결과, 관절이 복제하지 않은 같은 나이의 양들과 비슷했다. 어쩌면 돌리는 그냥 운이 나빴는지도 모른다. 돌리가 네 살 때 살고 있던 로슬린 연구소Roslin Institute의 양 떼 사이에서 폐암을 일으킨다고 알려진 호흡기 바이러스가 휩쓸고 있었는데, 돌리도 이 바이러스에 감염되고 말았다. 이것이 돌리에게 폐암을 일으킨 원인이었을 가능성이 높다. 그럼 이것은 조기 노화의 신호가 전혀 아니었다는 소리다. 돌리의 사망 당시에도 이런 간단한 설명이 있었지만, 돌리의 죽음이 복제 동물은 일찍 죽는다는 증거라며 수없이 인용되었으니 참 이상한 일이다.

생쥐 실험은 거기서 한 발 더 나갔다. 우선 생쥐를 복제한 다음, 그 복제 생쥐의 세포에서 세포핵을 채취하고 난자에 삽입해서 다시 복제 생쥐의 복제를 만들고…… 이런 식으로 진행됐다. 초기 연구에서는 성공률이 세대를 거칠 때마다 떨어지는 것으로 보였다. 따라서 복제 생쥐를 복제하기가 그냥 정상 생쥐를 복제하는 것보다 어려웠고, 복제 생쥐의 복제 생쥐를 복제하기는 훨씬 더 어려웠다. 이를 이해하기 위해 진행된 한 꼼꼼한 실험에서는 6세대까지 성공했다.[24] 6세대를 만들 때는 무려 1000번이나 시도한 끝에 살아 있는 아기 생쥐 한 마리를 간신히 얻었다. 다만 그 대리모 생쥐가 그 아기 생쥐를 바로 잡아먹어 버리는 바람에 실험은 허무하게 끝나고 말았다. 1000개의 세포핵을 난자 세포에 정성껏 집어넣고 마침내 생쥐 자궁에 성공적으로 착상시켜 임신 기간 동안 기다렸는데…… 어떤 실험을 해 보기도 전에 엄마 생쥐가 과학의 역사나 다름없는 그 어린 핏덩이를 먹어 버렸다는 것을 알게 됐을 때 실험자의 기분이 대체 어땠을지 상상이 안 간다.

하지만 그 후로 복제기술이 크게 개선되면서 이렇게 세대를 이어 갈수록 효율이 떨어지는 현상은 사라졌다. 생쥐의 동족포식이라는 끔찍한 행동을 목격했던 그 과학자가 감독하는 연구진이 2013년에 별다른 어려움의 증가 없이 25세대 넘게 반복적으로 복제에 성공했다는 논문을 발표했다. 우리의 입장에서 제일 중요한 부분은 손손손……손손자 복제생쥐가 건강하고 정상적인 수명을 살았다는 것이다. 이번에도 역시 세포 재프로그래밍의 마법이 각 세대마다 노화 시계를 리셋했다. (이 실험은 계속 이어져 글을 쓰고 있는 지금 시점에서는 43 세대까지 진행됐다.)

재프로그래밍에 의한 회춘의 마지막 증거는 실험실이 아니라 바다에서 나왔다. 작은보호탑해파리*Turritopsis dohrnii* **25**는 0.5센티미터 길이에 90개의 촉수가 달린 해양생물로, 스포일러가 되겠지만 별명이 '영생불사 해파리immortal jellyfish'다. 해파리의 영생은 두 가지 방식의 생활사 때문에 가능하다. 성체 해파리(메두사medusa 단계)는 벤자민 버튼Benjamin Button처럼 나이를 거꾸로 먹어 어린 폴립polyp 단계로 돌아갈 수 있다. 이것은 세포 역분화라는 과정을 통해 일어나는 것으로 보인다. 이렇게 생긴 폴립은 다시 성장해 다시 한 번 촉수가 달린 메두사가 될 수 있다. 인생살이의 스트레스가 감당 못 할 정도로 커지면 언제라도 다시 거꾸로 늙는 과정을 되풀이할 준비를 갖추고 있는 것이다. 이 불사조 해파리는 생물학적 시계를 거꾸로 돌리는 방법이 출산만 있는 것이 아님을 보여 준다. 늙은 세포로 이루어진 완전한 성체의 몸도 가능하다.

우리 인간이 해파리의 전략을 따라 하려면 빤한 문제가 하나 따라온다. 살아 있는 사람에서 세포들을 통째로 재프로그래밍하면 폐, 심장, 간, 신장 등 모든 필수 장기의 세포들도 기능을 잃고 만능줄기세포로 바뀌는 결과를 낳는다. 줄기세포는 잠재력이라는 면에서는 막강할지 몰라도 피를 몸 전체로 순환하는 등의 실용적인 역할에서는 아무짝에도 쓸모가 없다. 역분화 세포를 닥치는 대로 만들었다가는 치명적인 장기부전을 일으켜 한순간에 죽을 수밖에 없다. 행여 장기부전으로 죽지 않는다 해도 다른 위험이 도사린다. 기형종으로 완전히 뒤덮일 위험이다. 기형종은 만능줄기세포가 만드는 머리카락, 눈, 치아 등이 역겨운 모습으로 뒤엉켜 있는 종양이다. 살아 있는 생명체에 유도만능줄기세포가 하나만 있어도 치명적일 수 있는데 일부러 그런 세포를 몸 전체에 만든다면 한마디로 재앙이 될 수 있다.

이것은 그냥 이론에 불과한 암울한 예측이 아니다. 이것을 생쥐에서 시도해 본 적이 있는데 정확히 그런 결과가 나왔다. 2013년과 2014년에 발표된 두 실험에서 체내 유도만능줄기세포 만들기를 시도했는데 다발성 암과 장기부전이 실험을 망쳐 놓았다. 하지만 2년 후에 더 섬세한 접근방법을 통해 더 큰 성공을 거둘 수 있었다.[26] 과학자들은 생쥐를 유전자 조작해서 조로증premature aging disorder을 만들고, 세포에 특정 약물을 투여했을 때만 활성화되는 야마나카 유전자의 추가 복사본을 갖게 만들었다. 이 생쥐들이 정상적으로 자라다가 조루의 조짐이 보이게 만든 다음 약물을 투여했다. 이 약을 계속 투여하면 가엾은 생쥐는 며칠 가지 못하고 기관부전에 압도당하고 만다. 이것은 유전자를 계속 활성화시켜 사실상 예전의 실험을 반복하는 꼴이다. 이래서는 결과가 빤한 잔인한 실험을 쓸데없이 반복하는 셈이지만 과학자들에게는 계획이 있었다. 이번에는 과학자들이 생쥐를 완전히 해파리처럼 만들지는 않으면서 노화 과정을 조금 뒤로 돌릴 수 있는 안전한 야마나카 인자 활성 지속시간을 찾고 있었다. 활성 지속시간을 2일은 켜고, 5일은 끄는 수준으로 줄이자 상황이 달라졌다. 야마나카 인자를 이렇게 주기적으로 활성화했더니 심장 기능이 개선되고, 근육과 췌장이 손상에서 회복하는 속도가 빨라지고, 더 젊어 보이고, 전체 수명도 30퍼센트 증가했다.

이것은 개념증명실험에 가까웠다. 앞에서 논의했듯이 조루를 겪는 생쥐는 이런 종류의 연구에서는 이상적인 모형이 아니다. 이 경우 망가뜨려 놓은 것을 고치기가 서서히 진행되는 정상적인 노화의 카오스에서보다 쉬울 수 있기 때문이다. 그럼에도 흥미로운 결과가 아닐 수 없다. 거의 10년 전에 완전히 다른 목적으로 발견된 일군의 유전자를 활성화시키는 이 터무니없어 보이는 처치법이 노화 과정에 무언가 중요한 일을 하는 것으로 보이기 때문이다.

이 예비결과에 사람들은 흥분했고 결국 빈틈들을 채워 줄 후속 연구가 시작됐다. 우리는 이것이 생쥐에만 국한된 메커니즘이 아니라는 것을 보았다. 배양접시에 들어 있는 사람의 세포에서 야마나카 인자와 몇 가지 다른 유전자를 일시적으로 활성화시켜 주면 생물학적 시계가 전반적으로 거꾸로 돌아가지만 세포의 정체성을 잃지는 않는다.[27] 이 과정은 이 세포들의 후성유전학 시계를 몇 년 정도 거꾸로 돌리고, 미토콘드리아에 활력을 불어넣고, 자가포식을 증가시켰다……. 다만 한 가지 변하지 않는 것은 말단소체의 길이였다. 사실 이것은 아마도 긍정적인 부분일 것이다. 세포가 말단소체중합효소가 활성화된 유도만능줄기세포로 재프로그래밍되지 않았다는 의미니까 말이다. 이 연구는 또한 몸에서 채취한 사람의 근육줄기세포를 일시적으로 재프로그래밍해서 생쥐에게 주사하면 늙은 근육의 재생을 도와줄 수 있음을 입증했다. 일시적 재프로그래밍은 중년의 생쥐에서 눈 부상의 치유도 개선해 주는 것으로 나타났다.[28] 그리고 우리는 재프로그래밍이 성체 생쥐에서도 중단기적으로 안전하게 적용하여 활성화할 수 있음을 알고 있다. 생후 5개월 생쥐에게 OKS(M이 빠짐) 유전자 치료를 했더니 눈에 띄는 악영향 없이 1년 넘게 살아남았다. 재프로그래밍과 관련해서는 상황이 빨리 변하고 있기 때문에 당신이 이 글을 읽을 즈음에는 다른 것들이 새로 발견되어 있을 것이다.

이런 실험 결과들을 보면 힘이 나지만 당장 의사를 찾아가 OKSM을 처방해 달라고 하기에는 아직 예비실험 결과에 불과하다(게다가 아직은 사람에게 이 유전자를 주입하는 방법이 나와 있지 않으니 그런 요구를 했다가는 이상한 눈길로 볼 것이다). 이것을 치료법으로 개발하는 데 있어서 핵심은 만능성을 유도할 때 실제로 무슨 일이 어떤 순서로 일어나는지 정확히 분석하는 것이다. 배양접시 속 세포를 대상으로 한 실험에서 이것이 다단계 과정임이 밝혀졌다.[29] 첫 단계는 노화의 후성유전학적 표식을 문질러 없애는 것으로 보인다. 그 일이 대체로 마무리된 후에야 세포는 성체세포에서 줄기세포까지 제대로 된 역분화의 여정을 시작한다. 꼭 그런 식으로 진행될 필요는 없다. 후성유전학 시계 역전 과정이 역분화 과정과 어려움 없이 동시에 일어날 수 있고, 아니면 세포가 유도만능줄기세포가 완전히 되어야만 대청소를 시작하는 경우도 있다. 우리 입장에서는 다행스럽게도, 만능성으로 이어지는 야마나카 인자의 경로는 우리가 방금 살펴보았던 생쥐의 개념입증실험과 맞아떨어지는 순서로 진행되는 것 같다. 즉 이 틀치의 처치로 노화 시계를 거꾸로 돌릴 수 있지만 그 후로 약을 끊으면 이 세포들이 여러 가지 흉측한 방식으로 생쥐를 죽일 수 있을 만큼 역분화할 시간이 부족해지는 것이다.

이런 일들이 한꺼번에 일어나지 않고 순차적으로 일어난다는 사실 또한 이것들이 적어도 어느 정도는 독립적인 사건임을 암시한다. 그렇다면 세포의 유형, 즉 정체성에는 영향을 미치지 않으면서 세포의 노화에만 영향을 미치는 유전자나 약물을 상상해 볼 수 있다. 이상적으로는 노화와 관련된 변화들은 모두 리셋하지만 그 세포의 원래 유형은 그대로 남겨 몸에 좋은 일만 하는 약을 개발하면 좋을 것이다.

사실 그 정반대의 일은 이미 할 수 있다. 세포의 생물학적 나이는 바꾸지 않으면서 세포의 정체성만 바꾸는 것이다. 이 과정을 '전환분화transdifferentiation' 혹은 직접 재프로그래밍direct reprogramming이라고 한다. 이것은 유도만능줄기세포를 만드는 것과 아주 비슷하지만 서로 다른 유전자 칵테일들이 한 유형의 체세포를 곧장 다른 유형의 체세포로 바꾸어 놓는다.[30] 예를 들면 중간에 유도만능줄기세포 단계를 거치지 않고 피부세포를 곧장 뉴런으로 바꾸는 식이다. 이것은 의학적으로 상당히 유용하게 사용될 수 있다. 의사들이 중간에 유도만능줄기세포를 거치면서 환자를 암의 위험에 노출시키지 않아도 이미 풍부하게 존재하는 한 유형의 세포를 다른 유형으로 바꿀 수 있기 때문이다. 현재 당뇨병 환자의 다른 췌장세포로부터 인슐린 분비 세포를 새로 만들기 위한 연구가 진행 중이다. 그리고 새로운 심장근육세포와 새로운 뉴런을 만들기 위한 연구도 진행 중이다. 이것은 유용한 치료법이 될 잠재력을 가졌지만 이 책의 맥락에서 볼 때 우리의 관심을 더 끄는 부분은 세포의 나이를 바꾸지 않으면서 정체성을 바꿀 수 있다는 것이 이 두 가지를 독립적으로 다룰 수 있다는 또 다른 증거라는 점이다.

이것을 사람에게 적용하기 위해 몇 가지 개념이 활발히 연구되고 있다. 전통적인 접근방법은 OKSM의 효과를 흉내 내거나, 몸속 분화 세포 안에 잠들어 있는 유전자를 깨우는 약물을 찾는 것이다. 이것은 실험실 발견이 가진 의학적 잠재력을 현실화하는 전통적 방식일 뿐만 아니라 세포에 강력한 유전자를 주입할 필요가 없다는 큰 장점도 가졌다. 약은 언제든 끊을 수 있지만 유전 암호를 바꿔 놓은 것을 다시 원래대로 만들기는 훨씬 힘들다. 특히나 우려스러운 것은 OKSM 중 M이다. *c-Myc*라고도 하는 이것은 암에서 비정상적으로 활성화되는 '종양유전자oncogene'이기 때문이다. 실험실에서 '화학적으로 유도하는 재프로그래밍'[31]에 대한 연구가 몇 가지 진행 중이다. 그리고 과학자들은 아무런 유전자를 삽입하지 않아도 성체세포로부터 유도만능줄기세포, 신경줄기세포, 뉴런을 만드는 데 성공했다. 여기에 대해 더 많은 것을 알아내면 이런 화합물을 항노화 약물로 바꾸는 것도 가능하다.

유전자 치료의 변이형에 대한 관심도 많다. *c-Myc*가 걱정이 되는 사람들에게 좋은 소식이 있다. 재프로그래밍하는 데 그것이 필요하지 않다는 것이다. 몇 문단 앞에서 얘기했듯이 OKS만으로도 효과가 있는 듯하고, 생쥐에서 1년 넘게 안전하게 사용된 바 있다. 연구자들은 O, K, S, M의 효과들을 따로 분리해서 재프로그래밍의 어느 단계에서 어느 인자가 활성화되는지, 그리고 각 인자가 하는 일은 무엇이고, 더 적은 인자로도 같은 효과를 낼 수 있는지 확인하려 하고 있다. 그와 정반대 접근방식으로 배양접시 속 세포의 재프로그래밍에서 효율을 높여 주는 것으로 판명된 추가 유전자를 이용하는 방법도 있다. 연구자들은 이 알파벳 수프에 OKSMLN(L은 *LINN28*을, N은 *NANOG*를 나타낸다) 같은 조합을 더해서 동물에서 어떤 영향을 미치는지 알아보고 있다.

OKSM을 아예 빼 버리는 경우도 있다. 유도만능성의 발견 이후로 유도만능줄기세포는 토템 신앙 같은 존재가 됐다. 어떤 유형의 세포도 만들 수 있는 이런 신 같은 세포를 창조하는 것이 수많은 줄기세포 연구의 변치 않는 목표로 자리 잡았다. 하지만 꼭 유도만능세포가 가장 유용한 목표라 할 수는 없다. 우리에게 궁극적으로 필요한 것은 제대로 기능하는 성체세포라는 점을 생각하면 사실 그렇게까지 다재다능한 세포는 필요 없다. 어쩌면 야마나카 인자에 의지할 것이 아니라 시계를 그보다 덜 원시적인 세포발달 단계까지만 되돌려 줄 새로운 유전자를 찾아야 하는지도 모른다. 그 덜 원시적인 세포발달 단계의 시점으로 제안된 것 중 하나가 소위 배아-태아 이행기embryonic-fetal transition다.[32] 사람에서는 이 시기가 임신 8주차 정도에 찾아온다. 그전까지는 발달하는 아기에 어떤 손상이 가해져도 아무런 결점 없이 치유된다. 하지만 그 후로는 상처가 불완전하게 치유되기 때문에 우리가 자상이나 찰과상을 입고 난 후에 흔히 보는 흉터 같은 것이 남는다. 이 개념을 지지하는 사람들은 시계를 이 단계까지만 되돌리면 세포에게 향상된 재생 능력을 부여하면서도 뜻하지 않게 만능성 단계로 선을 넘어가는 바람에 암이나 혼란을 일으키는 일은 없으리라 기대하고 있다.

마지막으로 재프로그래밍을 모방한다는 개념과는 거리를 두는 선택지도 있다. 재프로그래밍의 첫 번째 부분이 노화 관련 후성유전학적 변화를 되돌리는 것이라는 사실도 후성유전학이 그저 나이를 보여 주는 시계 전광판이 아니라 노화 과정의 원인 메커니즘이라는 개념에 무게를 싣고 있다. 만약 이것이 사실이라면 야마나카 인자라는 흑마술은 멀리하고 후성유전학을 직접 재프로그래밍하는 데 초점을 맞추는 것이 나을지 모른다. 현재는 우리 DNA 속 여러 위치에서 동시에 후성유전학 표지를 바꿀 수 있는 변형된 버전의 CRISPR가 나와 있다. 그리고 과학자들은 수백, 심지어 수천 개의 위치를 편집할 수 있는 기술을 연구 중이다. 그럼 OKSM이 완력으로 해내는 일을 정교한 접근방법으로 재현하는 것을 생각해 볼 수 있다. 하지만 이 흑마술 같은 OKSM 접근방법에도 매력은 남아 있다. 이 일을 우리가 직접 하려면 변화가 필요한 부분이 정확히 어디인지 귀찮게 다 알아내야 하지만, 자연의 자체적인 도구로 우리 세포의 후성유전학적 질서를 회복할 수 있다면 그 귀찮은 일을 피할 수 있다.

만능성 유도와 전환분화의 과정이 폭넓게 진행되는 동안 일어나는 서로 다른 종류의 후성유전학적 변화와 다른 변화들을 어떻게 풀어서 이해할 수 있을지는 아직 모른다. 세세한 부분까지 모두 풀어서 이해하려면 분명 여러 해에 걸친 고된 과학적 연구가 필요할 것이다. 하지만 몇 백 년이 아니라 몇 년이나 몇 십 년 안으로 치료법이 나올지도 모르겠다는 희망을 갖게 된 이유는 이런 현상을 우연히 마주치기가 쉽기 때문이다. 야마나카가 4가지 인자를 발견해서 세계 최초의 유도만능줄기세포를 만들어 냈을 때 그는 세포를 위한 청춘의 샘을 찾고 있던 것이 아니었다. 그는 유도만능줄기세포가 원하는 것은 무엇으로든 분화할 수 있는 능력을 되살려 줄 무언가를 찾고 있었다. 그런데 운이 좋게도 그의 OKSM 인자는 양쪽 일을 다 하는 것으로 보인다. 하지만 이런 행운의 성공을 거두려면 몇 가지 유전자만 활성화해도 세포의 시계를 되돌릴 수 있음을 과학자가 확신할 수 있어야 하는데, 회의적인 사람에게는 이것이 쉽지 않은 일이다. 이것이 작동한다는 사실은 후성유전학 시계를 되돌리고, 미토콘드리아에게 새로운 활력을 주고, 말단소체를 늘릴 수 있는 힘을 가진 유전자나 약물을 찾아 나설 수 있는 영감을 준다. 야마나카 인자는 어떻게 이 일을 할 수 있는지를 부작용으로 보여 주었다.

이런 재프로그래밍 인자 혹은 그 효과를 흉내 낼 수 있는 다른 약이나 치료법을 신중하게 사용하는 치료가 개발될 날이 그리 멀지 않았는지도 모른다. 어쩌면 앞에 나온 장들에서 다루었던 직관적인 치료법들보다 더 빨리 등장할지도 모른다. 여기에는 이런 유망한 초기 연구들 덕분에 치료용 재프로그래밍에 대한 관심이 갑자기 높아진 것도 한몫한다. 일시적 재프로그래밍을 이용해 노화의 시계를 되돌리는 것은 생물노인학에서 가장 흥미진진한 개념 중 하나다. 처음에는 완전히 미친 소리로 들릴 수도 있지만 지금까지 나온 증거들을 보면 정말 효과가 있으리라는 기대가 생긴다.

◦ 재프로그래밍 생물학과 노화의 완치

노화는 경이로울 정도로 복잡한 과정이다. 그럼에도 지난 몇몇 장에서 우리는 노화 치료법에 대한 훌륭한 개념들이 나와 있음을 보았다. 이 개념들은 모두 적어도 실험에서는 선례가 있었고, 대부분은 그저 배양접시 세포의 실험 결과만으로 나온 탁상공론식 치료법이 아니다.

만약 이 치료법들 중 몇 개, 대부분, 심지어 모두를 사람을 위한 예방적 치료로 사용할 수 있게 된다면 그것은 아주 커다란 성취다. 이것은 분명 노년의 건강을 현저하게 증진시키고, 노화의 가장 큰 기여요소가 무엇인지, 이런 서로 다른 현상들이 어떻게 상호작용하는지 이해하는 데 큰 도움이 될 것이다. 하지만 나는 이런 것이 인상적이긴 해도 그 자체로 노화를 완치해 주지는 않을 것이라 생각한다.

이 책을 읽으면서 노화와 관련된 변화들 중 다수가 서로 연결되어 있음을 눈치챘을 것이다. 노쇠세포는 염증을 유발하는 노쇠관련분비표현형 때문에 신호체계, 면역계, 암 위험 등에 폭넓게 영향을 미친다. 그리고 이것들은 모두 짧아진 말단소체, DNA 손상과 돌연변이 등 우리가 다른 곳에서 만나 보았던 것들 때문에 일어난다. 이런 것들을 역시 직접 치료하는 것을 상상해 볼 수 있다. 그리고 줄기세포도 치료법으로, 혹은 노년에 신호를 이용해서 고칠 수 있는 대상으로, 그리고 현재는 세포 재프로그래밍을 뒷받침하는 영감의 원천으로 자주 얼굴을 내민다. 그리고 만성 염증은 세포 노쇠, 면역 노화의 원인이자 결과다. 노화의 전형적 특징은 생물학적 네트워크 위의 핵심 나들목을 이르는 말로, 일목요연하게 나열된 목록보다는 런던 지하철 지도와 더 비슷하다. 모든 노선 별로 정확한 경로와 정거장을 확인하는 데는 좀 더 많은 연구가 필요하다.

진정으로 노화를 완치하기 위해서는 좀 더 전일론적holistic인 '시스템 생물학systems biology'의 접근방식이 필요하다. 우리의 세포와 몸은 서로 고립된 현상들의 집합이 아님을 이해해야 한다. 이런 현상들은 한 번에 하나씩 고칠 수 있는 것이 아니라, 그 하나하나가 뒤엉킨 네트워크 안에서 요소들이 서로, 심지어는 스스로와 상호작용하고 있는 복잡한 시스템이다.

우리가 논의했던 치료 개념들은 노화 과정의 전형적 특징을 개별적으로 다루어 한 종류의 세포를 제거하거나, 나이와 함께 변화하는 무언가를 더 젊은 수준으로 되돌리는 식이었다. 이런 치료는 전체적으로는 이롭게 작용할지라도 다른 생물학적 면에서 부작용을 낳을 가능성이 크다. 어쩌면 세놀리틱 약물은 우리를 더 오래 살게는 해 줄지 모르지만, 1세대 약물은 너무 열심히 세포를 제거하는 바람에 결국 줄기세포를 고갈시킬지도 모른다. 그럼 더 많은 줄기세포를 추가해 주거나, 말단소체중합효소, 변경된 신호, 후성유전학적 재프로그래밍을 이용해서 기존의 줄기세포가 몇 번 더 분열하게 촉진하는 방식으로 보상할 수도 있겠지만 이것이 미토콘드리아를 고장 나게 하거나, 신장이나 뇌에 이상한 일을 저지를지도 모른다. 의사들은 모두 알고 있는 부분이지만 모든 치료에는 의도치 않던 결과가 뒤따른다.

인간의 생물학을 재프로그래밍하는 법을 배워야 할 날이 올 것이다. 인간 생물학의 서로 다른 요소들이 어떻게 상호작용하는지 이해함에 따라 우리는 거기에 개입할 수 있는 더 똑똑한 방법들을 점진적으로 알아내게 될 것이다. 우리의 생물학은 개별 세포 속 분자 간 상호작용, 개별 세포와 전체 세포군 사이의 상호작용, 세포가 자리 잡고 있는 세포외기질과의 상호작용, 면역계, 뇌, 유전자, 환경 등과의 상호작용으로 이루어진다. 이 시스템의 어느 한 부분을 수정하면 그 여파가 다른 부분으로 퍼진다. 이런 여파가 전체 시스템을 안정시킬 수 있게 해야 한다. 그냥 우리가 직접 표적으로 삼았던 것에만 초점을 맞추어 성공을 평가할 수는 없다.

사람 생물학을 이렇게 전일적인 방식으로 접근해야 할 또 다른 이유는 사람들이 저마다 다르기 때문이다. 실험실에서 사용하는 생쥐는 유전적으로 동일하고 서로 동일한 환경에서 자라는 경우가 많다. 생쥐 두 마리는 사람 두 명보다 노화 관련 변화의 양상이 훨씬 비슷하다는 의미다. 따라서 유전자, 생활방식, 환경, 혹은 순전한 행운 때문에 폐에 미토콘드리아 돌연변이는 더 잘 생기지만 혈관의 당분 변형 콜라겐 수치는 평균보다 낮아지는 경향이 생기지 않았는지 측정해서, 노화 관련 변화의 개인적 스펙트럼, 그 치료에 대한 반응, 특정 부작용에 대한 감수성에 맞추어 고안한 치료를 제공할 수 있어야 한다.

세포 재프로그래밍을 보면 거의 우연히 마주친 간단한 것이긴 하지만 노화 치료에 대한 시스템적 접근방식이 어떤 모습일지 살짝 엿볼 수 있다. 4가지 야마나카 인자가 그런 이름을 갖게 된 이유는

'전사인자transcription factor'이기 때문이다. 전사인자는 다른 많은 유전자의 행동에 영향을 미치는 기능을 하는 유전자다. 이들은 작업현장에서 일하는 노동자가 아니라 한 번 움직일 때마다 여러 세포에 지대한 영향을 미치는 고위 관리자에 해당한다. 이 인자들을 호출하면 세포의 정체성 자체를 완전히 바꿀 수 있으니 당연히 그럴 것이다. 그 결과 불과 4개의 유전자가 세포 안에 있는 기존의 생물학적 회로를 이용해 우리가 구체적인 부분까지 제대로 이해하지 못하는 엄청나게 복잡한 일들을 수행한다.

야마나카 인자는 시행착오를 통해 발견됐지만 그 세포 회로를 이해한다면 그 배선을 훨씬 유용하게 새로 짤 수 있을 것이다. 세포 내부의 회로가 세포들 사이에서 어떻게 신호를 주고받는지 이해할 수 있다면 우리가 몸 구석구석에서 만드는 변화가 어떤 결과를 낳을지 이해할 수 있기 때문에 재프로그래밍을 더 똑똑하게 할 수 있다. 일단 이렇게 확장된 지식을 이런 시스템에 영향을 미치는 노화 관련 변화와 통합할 수 있게 되면 혜택은 최대로 끌어올리고 부작용은 최소화하는 현명한 치료법을 개발할 수 있는 위치에 서게 된다.

어쩌면 간, 심장, 소화관에서는 야마나카 인자 중 두 개를 활성화하고, 뇌의 어떤 종류의 세포에서는 완전히 다른 세 유전자의 활성을 낮추고, 면역계의 특정 임무를 위해서는 맞춤제작한 새로운 유전자를 추가하는 식으로 접근할지도 모른다. 어쩌면 나중에는 자체적인 프로그램 논리를 갖춘 인공 DNA 꾸러미를 삽입해서, y가 높은 세포에서는 x를 하고, 그렇지 않은 경우에는 다른 무언가의 수치에 따라 z와 a를 하는 식으로 작동하게 만들 수도 있다. 우리 세포들은 이미 이런 프로그램처럼 작동하고 있다. 전사인자들이 환경, 신호, 다른 전사인자에 따라 다른 유전자를 켜고 끌지 조절하는 식으로 작동하기 때문이다. 따라서 이런 과정을 이해하고 우리가 직접 그 일을 할 수 있는 기술을 갖추기는 만만치 않겠지만 불가능하지도 않다. 인간이 사용하는 서사언어narrative language는 서로 상호작용하는 무수한 주체들 사이에서 창발적으로 일어나는 복잡한 현상을 제대로 표현할 수 없지만 수학은 가능하다. 생물학이 점점 수학화되면서 말로는 포착할 수 없는 그런 복잡성을 기술하고 예측하는 우리의 능력도 확장될 것이다.

일단 이런 결과를 예측할 수 있게 해 줄 모형을 확보하면 생물학은 완전히 탈바꿈하게 된다. 초기 연구가 이제 더 이상 체외실험in vitro('유리 속에서'라는 말로 배양접시 속 세포나 시험관 속 분자를 대상으로 하는 실험)이나 생체실험in vivo(선충, 파리, 생쥐 같은 생명체를 대상으로 하는 실험)으로 진행되지 않고, 가상환경실험in silico, 즉 컴퓨터 안에서 진행될 것이다. 우리는 이미 가상환경 생의학in silico biomedicine을 향해 작은 첫걸음을 옮기고 있다. 결국에는 발전된 모형과 시뮬레이션 덕분에 온갖 이론들을 번거로운 실험실 생물학보다 더 신속하고 재현성 있게 검증해 볼 수 있을 것이다. 그 후에는 가장 유망한 치료법만 골라서 생쥐나 사람을 대상으로 느리고 비용이 많이 드는 생체실험을 통해 평가해 보게 될 것이다.

아주 머나먼 일로 들릴 것이다. 사실이다. 유전자의 네트워크가 세포 안에서 어떻게 상호작용하는지, 신호가 몸 구석구석으로 어떻게 전달되는지를 우리는 이제 막 이해하기 시작했다. 인간 생물학의 구체적이고 예측 가능한 모형을 구축하기까지는 아직 거리가 멀다. 그렇지만 멀리 보는 눈이 필요하다. 이런 모형을 이용해서 처음 적용 가능한 예측을 내놓으려면 50년 정도 후에나 가능할지 모르지만, 그 기초는 지금부터 쌓아야 한다. 50년이면 지금 살아 있는 수십 억 명의 사람이 혜택을 볼 수 있을 정도로 가까운 시간이다. 특히 현재 나와 있는 치료법으로 건강기대수명을 늘릴 수 있다면 더 많은 사람이 혜택을 볼 수 있을 것이다. 그리고 인간 생물학을 모두 본격적으로 재현하는 모형이 나오려면 그보다 긴 시간이 걸리겠지만, 비록 불완전하더라도 현재의 의학을 바탕으로 머지않아 첫 시도가 이루어지고 그로부터 개선이 이루어질 것이다.

2012년에 과학자들이 마이코플라스마 제니탈리움*Mycoplasma genitalium*이라는 세균을 시뮬레이션하는 컴퓨터 모형을 만들었다.[33] 이름이 암시하듯 이 세균은 성행위를 통해 전파되는 세균이고 지금까지 알려진 가장 작은 자기증식 세균이라는 타이틀도 차지하고 있다. 불과 525개의 유전자만 갖고 있는 단세포(사람은 대략 20,000개)인 이 세균은 모형을 구축할 수 있을 정도로 단순한 생명체다. 하지만 이 모형은 기존의 실험관찰 내용을 설명해 냈을 뿐만 아니라 기존에는 한 번도 관찰된 적이 없던 행동을 예측했고, 이어서 실험실에서 그 예측을 입증했다. 이것은 컴퓨터가 생물 시스템을 시뮬레이션할 수 있다는 원리를 입증하는 작지만 중요한 출발점이다. 3장에서 언급했던 예쁜꼬마선충 시뮬레이션이 어쩌면 그다음 단계인지도 모른다. 세포 하나로 이루어진 세균에서 959개의 세포로 이루어진 선충으로 나가기는 했지만, 수십조의 세포로 이루어진 사람까지 가기는 분명 만만치 않은 일이 될 것이다.

간단한 컴퓨터 의학computational medicine과 시스템 의학systems medicine 접근방식이 사람에서 이용되었던 사례가 있다. 그중 한 사례가 HIV 치료다. 이 경우 과학자들은 수학 모형을 통해 HIV 생활사의 서로 다른 단계들이 얼마나 빨리 진행되는지 확인할 수 있었고, 이 모형이 바이러스가 얼마나 빨리 복제하고 돌연변이를 일으키는지 밝혀내자 여러 가지 약을 동시에 사용해서 바이러스가 단일 치료에 신속히 저항성을 진화시키는 것을 막을 수 있음이 분명해졌다.[34] HIV의 완치까지는 여전히 갈 길이 멀지만 이 통찰에서 영감을 받아 몇 가지 치료법을 조합해 사용함으로써 바이러스 숫자를 충분히 낮게 유지해 환자들이 상대적으로 정상적인 삶을 살 수 있게 됐다. 그 덕에 콘돔을 쓰지 않고 성행위를 해도 파트너를 감염 위험에 노출시키지 않게 됐다. 연구자들이 머신러닝machine learning 모형을 이용해 기존의 약물이 어느 단백질에 영향을 미치고, 약물의 분자구조는 무엇인지 등을 조사해서, 단독이나 조합으로 사용할 수 있는 약물의 새로운 용도를 예측해 보려 한 사례들도 있다. 최근의 한 연구는 이런 접근방식을 적용해서 컴퓨터 모형에게 현재까지 알려진 식이제한 효과약물의 특성을 인식하도록 훈련시킨 다음, 이것을 이용해 그와 비슷한 수명 연장 효과를 가진 다른 약물을 찾아냈다.[35]

이런 모형을 뒷받침하는 기술이 기하급수적인 속도로 발전하고 있다. 우선 필요한 종류의 데이터를 수집하는 능력이 믿기 어려운 빠른 속도로 커지고 있다. 게놈 염기서열분석은 생물학적 데이터 수집의 대표적 사례이고, 비용이 급속도로 저렴해지고 있다. 인간 게놈 프로젝트Human Genome Project가 갓 마무리되었던 2001년에는 사람의 게놈을 염기서열분석하는 데 100,000,000달러 정도가 들었다. 그러다 2008년에는 1/100인 1,000,000달러로, 그리고 2019년에는 게놈 전체 염기서열분석이 1000달러 아래로 떨어졌다.[36] 게놈 염기서열분석과 관련 기술을 '오믹스omics(체體)' 기술이라고 한다. 이런 기술은 자기가 무엇을 찾으려 하는지 미리 선택할 필요가 없기 때문에 편견이 개입하지 않는다. 한 과정에 관여하는 것으로 여겨지는 단일 유전자의 염기서열을 분석하거나 과거처럼 특정 단백질의 수치를 측정하는 대신 유전체학genomics(게노믹스)을 가지고 게놈 전체를 살펴보거나, 단백질체학protemoics(프로테오믹스)을 가지고 주어진 세포 개체군 속의 모든 단백질을 살펴보는 식이다. 이렇게 하면 예상치 못했던 것을 찾을 기회가 많아지기 때문에 세포와 생명체가 상호연결된 생물학적 시스템으로서 어떻게 행동하는지 이해할 수 있다.

이런 종류의 데이터를 처리하는 능력도 기하급수적으로 커지고 있다. 고든 무어Gordon Moore가 제창한 무어의 법칙Moore's law을 따라 1960년대 이후로는 2년마다 컴퓨터 계산 능력이 2배로 높아졌다.[37] 그렇게 매끈하지는 않지만 그와 유사한 경향 때문에 컴퓨터 저장용량도 훨씬 빠른 속도로 커졌다. 이런 경향이 미래에도 무한히 이어질 거라 생각한다면 착각이다. 머지않아 물리적 한계에 부딪칠 가능성이 높기 때문이다. 지난 반세기 동안 처리 능력의 개선은 마이크로칩의 구성요소들을 더 작게 만드는 방식으로 이루어졌고, 그 결과 점점 물리법칙이 허용하는 최소 크기에 가까워지고 있다. 하지만 더 효율적인 알고리즘을 만들고, 머신러닝 같은 특정 과제에 최적화된

칩을 만들고, 양자컴퓨터 같은 새로운 기술을 사용함으로써 데이터 처리 속도를 계속 개선할 수 있을 것이다.

과거의 성과가 미래의 성공을 보장하지는 않지만 이런 경향 덕분에 인간 생물학의 세부적인 모형을 만드는 데 필요한 데이터 저장 용량과 처리속도를 모두 확보하는 것이 가능해 보인다. 지난 50년간 우리가 이룩한 것을 보면 다음 50년 동안 노화 완치에 필요한 시스템 생물학을 구축하는 것이 불가능하리라 점치는 것은 어리석다.

세포 재프로그래밍이라는 개념은 매혹적이다. 이 개념을 생각하면 나는 우리가 정말 운 좋게도 야마나카 덕분에 세포 생물학의 커닝 페이퍼를 손에 넣은 것이 아닌가 하는 생각이 들었다가, 한편으로는 실험실에서의 성공은 그것을 실제 치료법으로 바꾸는 과정에서 겪지 못할 실패를 예언하는 자연의 잔인한 농담이 아닐까 하는 생각도 든다. 하지만 이것은 진정한 시스템 생물학적 접근방식은 아닐지라도 그 길을 보여 주고 있다. 겉보기에는 노화에서 뚜렷한 역할이 없지만, 함께 조합하면 시간의 화살을 크게 되돌릴 수 있는 유전자 집단에 측면에서 개입하는 것이다.

이 최초의 재프로그래밍이 유용한 치료법을 낳는지에 상관없이 나는 궁극적으로 생의학에 대한 우리의 전체적인 접근방식을 가장 잘 기술하는 것은 재프로그래밍이라 믿는다. 우리는 생물학을 구성하는 수많은 요소들 사이의 상호작용을 수량화해서 이용하고, 우리 유전자가 이미 그 도구를 갖추고 있지 않은 곳에서는 새로운 특성을 추가해야 할 것이다. 그리고 이 모든 것을 계획적인 방식으로 해야 하고, 이 헤아릴 수 없이 복잡한 과제를 수행할 때는 거대한 컴퓨터 모형의 도움을 받아야 한다. (이런 점 때문에 일부 기술미래주의자techno-futurist들은 생물학보다 컴퓨터 계산 능력과 인공지능의 발전에 초점을 맞추어야 노화의 완치를 달성할 수 있다고 생각한다. 사실 우리는 분명 양쪽을 모두 해야 한다. 상상 못 할 계산 능력을 갖춘 아무리 발전된 머신러닝 장치라 해도 그 모형의 기반이 되어 줄 실제 세상의 데이터가 필요하기 때문이다.)

이 과정의 논리적 종착점은 '노화'를 치료한다는 개념이 차차 사라지고 인간의 모든 기능장애와 질병을 '항상성homeostasis의 상실'로 보는 것이다. 항상성이란 우리가 생명을 유지할 수 있도록 체온에서 혈당, 단백질 수치, 특정 종류 세포의 숫자에 이르기까지 생물학의 여러 면들을 놀라울 정도로 좁은 범위 안에서 유지하는 수많은 과정을 통칭하는 용어다. 20대와 30대의 사람은 거의 완벽한 항상성 상태에 있어서 시스템이 균형을 잃고 고장이 나서 사망할 위험이 연간 1/1000 미만이다. 우리가 자신의 생물학적 매개변수들을 젊은 성인 시절 수준으로 되돌릴 수만 있다면 몸이 기존에 갖고 있는 항상성 유지 시스템을 이용해 살아 있을 수 있다.

우리가 노화라 부르는 과정은 아주 점진적으로 일어나는 항상성 상실이다. 추운 날 바깥에 있으면 체온을 안전한 범위 안에 유지하기 위해 긴급히 몸을 떨기 시작하는데 노화는 이런 것보다 훨씬 느린 항상성 상실 과정이다. 하지만 이것은 진화가 60대나 70대에는 굳이 우리 몸의 균형을 유지할 필요가 없다는 사실을 반영한다. 우리가 노쇠해지고, 툭하면 까먹고, 질병에 잘 걸리게 되는 이유는 젊은 시절에 누리던 거의 평형에 가까운 상태가 알아차리지 못할 속도로 무너져 내리기 때문이다. 최고의 노화 치료는 점진적으로 항상성을 잃게 만드는 과정의 네트워크를 다시 안정적인 상태로 돌려 지금보다 수십 년 더 안전하고 건강한 삶을 살 수 있게 한다. 현명하게 개입해서 전체 시스템에 질서를 회복해 주는 것이야말로 의학의 궁극적인 미래다.

노화의 시스템 생물학을 이해하기 위해서는 막대한 양의 데이터, 막강한 컴퓨터 계산 능력, 그리고 실험실 생물학자들과 손잡고 연구하는 똑똑한 컴퓨터 생물학자들이 필요하다. 과거에는 말로 표현하던 것을 수치로 표현함으로써 과학의 전체 영역에 혁명이 일어났다. 그러나 생물학의 데이터와 컴퓨터 혁명은 이제 막 시작했다.

일단 우리의 생물학을 구체적인 모형으로 만들 수 있다면 그 생물학을 재프로그래밍해서 시간의 흐름에 따른 점진적인 건강 악화와 사망 위험 증가를 막을 수 있다. 그리고 인간은 마침내 미미한 노쇠를 달성해서 생물학적 영생을 누릴 것이다. 더 이상 늙지 않는 것이다. 그리하여 자연선택의 태만으로 발생했던 거대한 경제적 비용과 인간적 비용, 그리고 노년에 겪어야 했던 고통과 괴로움이 종말을 고하게 될 것이다. 이것은 대담한 사명이지만 달성 불가능한 것은 아니다. 인간의 생물학은 믿기 어려울 정도로 복잡하지만 그 복잡성은 유한하다. 언젠가 데이터와 막강한 컴퓨터 모형을 통해 우리는 우리를 만들어 낸 그 암호를 편집할 수 있게 될 것이다. 노화의 재프로그래밍은 우리 종이 이룬 가장 위대한 업적이 될 것이다. 그리고 이것이야말로 생물학자로서, 의사로서, 인간으로서 우리가 맡아야 할 집단적 사명이다.

더 오래 살기

Living longer

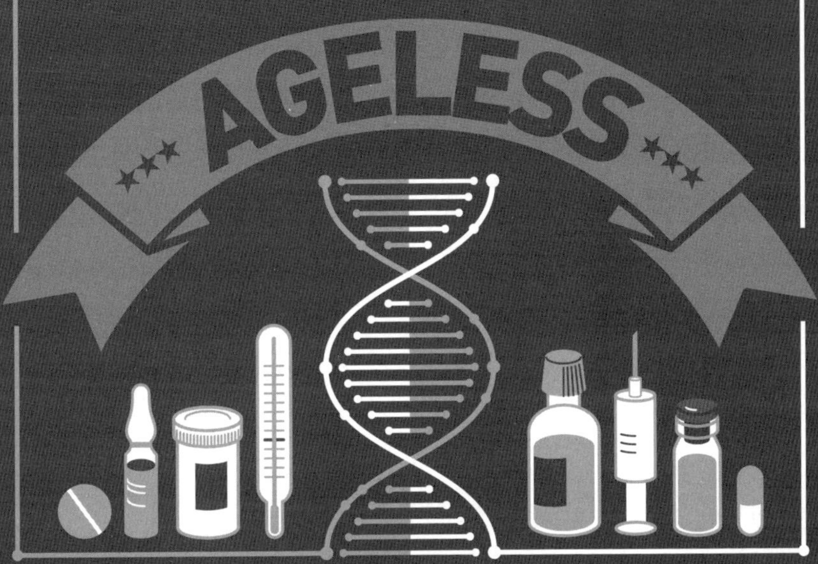

3부

9장 노화의 완치를 찾아서

The quest for a cure

노화의 완치는 가장 큰 규모로 인류의 고통을 줄이는 인도주의적 목표다. 이것은 모든 미래 세대의 인류에게 큰 혜택을 줄 것이다. 우리가 다가올 몇 백 년 동안 스스로 자폭을 하거나, 시뮬레이션 뇌에 우리를 업로드하는 경우가 아니라면, 노화의 완치는 수십 억, 더 나아가 수조 명의 인류에게 혜택을 줄 것이다. 이것이 추구할 가치가 있는 일임에는 의문의 여지가 없다. 특히 이제는 이것이 과학적으로 가능함을 알고 있기에 더욱 그렇다.

하지만 이 책을 읽고 있는 모든 독자가 아무리 이타주의적인 사람이라 해도 궁금증을 품을 한 가지 의문이 있다. 과연 우리 시대에 노화의 완치가 가능할까? 우리는 아니라면 우리의 아이들이라도?

그리고 노화의 시대에 종말을 고하기 위해 우리가 할 수 있는 일은 무엇일까? 마지막 3부에서는 이런 질문들을 탐구할 것이다. 앞으로 몇 장에 걸쳐 우리는 건강 장수의 가능성을 최대로 끌어올리기 위해 지금 할 수 있는 일이 무엇인지, 그리고 우리의 집단적 가능성을 극대화하기 위해 과학자, 의사, 정부, 사회가 나서야 할 일은 무엇인지 살펴보겠다.

완치로 가는 길이 꽃길은 아닐 것이다. 우리는 실험실연구에서 임상의학으로 넘어가는 과정이 결코 쉽지 않음을 쓰디쓴 경험을 통해 알고 있다. 기발하고 우아하고 강력한 개념들이 나왔어도 임상에 적용하는 과정에서 악몽으로 변하는 경우를 너무도 많이 보았다. 몇몇 장수 생쥐에서 발견한 내용을 신약이나 치료법으로 바꾸는 것은 수 년에서 수십 년의 시간이 걸릴 수 있고, 수백만, 수십억 달러의 연구비가 들어가는 일이다. 그리고 부작용, 생쥐와 사람 사이의 예상 못 했던 차이, 혹은 특별한 이유도 없이 작동하지 않는 경우 등으로 인해 연구가 탈선하는 경우도 많다. 수십 년에 걸쳐 수십억 달러의 연구비를 쏟고도 완치 방법을 찾아내지 못한 암 연구가 그 예다. 이 연구의 목표는 아주 간단해 보인다. '몸에서 병든 세포를 제거하기.' 하지만 이것을 실천에 옮기는 것을 가로막는 장벽은 실로 거대했다.

하지만 낙관적으로 생각해야 할 이유는 많다. 우리는 생쥐의 건강수명을 늘릴 수 있는, 근본적으로 다른 여러 방법들을 만나 보았다. 식이제한, 세놀리틱 약물, 말단소체중합효소, 심지어는 젊은 생쥐와 꿰매어 붙이기 등. 생물학이 모두 서로 연결되어 있음을 생각하면 분명 기계적으로 중첩되는 부분이 없지 않겠지만 다양한 접근방식으로 채워진 이 목록을 보면 노화가 필연적이라거나, 노화에 개입해서 늦추거나 역전시키는 치료법은 실험실 환경에서 어쩌다 일어난 우연일 뿐이라는 의심은 깨끗이 씻겨 나간다. 이렇게 기법의 목록이 길게 이어진다는 것은 노화가 사실은 유연한 현상이며 그것을 늦추는 방법도 여러 가지임을 암시한다. 그리고 이것은 우리에게 여러 번의 기회가 남아 있음을 의미한다. 우리가 정말 끔찍하게 운이 나쁘지 않고서야 이 다양한 치료법에서 변형되어 나온 다양한 치료법들 중에 사람에게 효과가 있는 것이 하나도 없지는 않을 것이다.

우리는 모든 치료에는 부작용이 있지만 치료에서 생기는 의도치 않았던 결과 중에 오히려 긍정적인 것도 있음을 알고 있다. 예를 들어 세놀리틱 약물이 생쥐에서 골다공증부터 간질환까지 여러 질병을 개선해 주는 이유는 노쇠세포의 제거가 수많은 생물학적 과정에 영향을 미치기 때문이다. 7장에서 만나 본 미토콘드리아를 표적으로 하는 항산화물질 미토큐는 말단소체의 기능을 개선하지만, 우리는 말단소체중합효소의 활성화가 미토콘드리아의 기능을 개선해 준다는 것도 알고 있다. 지난 장에서 우리는 클로토와 *FGF21*이라는 유전자가 뜻하지 않은 부정적인 상호작용을 한다는 것을 보았지만 일부 유전자는 서로 싸우기보다는 시너지 효과를 일으킨다. 특히나 극적인 한 가지 사례가 2013년에 예쁜꼬마선충에서 발견됐다.[1] 3장에서 보았듯이 *daf-2* 유전자의 돌연변이가 있는 선충은 일반 선충보다 대략 2배 수명이 길고, *rsks-1*라는 또 다른 유전자의 돌연변이는 수명이 20퍼센트 정도 길어지는데, 이 두 유전자가 둘 다 돌연변이인 선충을 만들면 정상보다 거의 5배나 오래 산다. 단순한 부분의 합보다 훨씬 큰 효과다. 노화의 측면들을 치료하면 다양한 방식으로 기능을 개선해 주기 때문에 선순환 고리가 생길 것이라는 희망이 생긴다. x라는 치료가 y라는 과정을 회춘시켜 주고, 이것이 애초에 x의 표적으로 의도하지 않았던 z라는 문제를 완화해 주는 식으로 말이다.

마지막으로 노화 자체를 치료하면 기대수명이 늘어나는 선순환 고리가 시작된다. 현재 우리는 1년마다 자신의 예상 사망 날짜가 몇 달씩 자꾸 뒤로 밀려나는 것을 볼 수 있다. 이것은 의학이 지속적으로 발달하고 있는 데 힘입은 바 크다. 몇 달씩 늘어나는 기대수명이 쌓이면서 시간을 벌면, 그동안에 의학의 발전이 더 일어나 몇 개월을 더 보태 주는 식으로 계속 이어지는 것이다. 기존의 세대에 이런 효과가 작동하는 것을 이미 보았었다. 의학, 공공보건, 위생의 발전 덕분에 1930년대에 수백만 아동이 감염성 질환으로 인한 사망을 피할 수 있었고, 그 덕에 60대까지 살아남아 1990년대와 2000년대에 새로운 심장질환 치료법의 혜택을 입었다. 이런 치료법들은 그들이 태어날 당시에는 생각조차 하지 못했던 것들이다. 의학적 발전이 그들이 태어난 해의 수준에서 멈추어 있었다면 이 코호트 집단은 이렇게 오래 살지 못했을 것이다.

우리가 노화 과정을 막는 치료법을 개발할 수 있다면, 그 치료법이 개발될 당시 살아 있는 사람들은 그다음 단계 항노화의학이 발달할 때까지 기다릴 시간을 벌 수 있을 것이고, 그 과정이 계속 반복된다. 그리고 보너스로 이런 노화 치료법은 한 특정 질병을 치료하는 경우보다 기대수명을 훨씬 늘릴 것이다. 앞에서 암의 완치법이 나와도 평균 기대수명이 불과 몇 년 늘어날 뿐임을 살펴본 바 있다. 따라서 특정 유형의 암에 대한 효과적인 새로운 치료법이 나온다 해도 늘어나는 평균 기대수명은 그보다 더 작을 것이다. 인구집단에 속한 모든 사람이 그 특정 유형의 암에 걸리는 것은 아니기 때문이다. 반면 노화 치료법은 심장질환, 뇌졸중, 치매뿐만 아니라 모든 암의 발생까지도 늦출 수 있기 때문에 부분적으로만 효과가 있어도 기대수명을 훨씬 늘려 줄 수 있다.

1년마다 기대수명을 1년씩 늘려 줄 수 있는 노화 치료법이 나오면 결정적인 돌파구가 마련된다. 사망 날짜가 우리가 다가가는 만큼 멀어진다는 의미이기 때문이다. 만약 이런 혁신 속도를 계속 유지할 수 있다면 이런 상황이 무한히 이어질 수 있고, 그럼 사실상 노화의 완치가 달성된다. 이런 개념을 '수명탈출속도longevity escape velocity'라고도 한다.

기대 수명이 1년에 1년씩 늘어나는 것이 현존하는 사람들의 시간대에서 실현 가능한지 예측할 수는 없지만, 그 실현가능성에 대해 회의적으로 생각한다고 그것을 타박할 과학자는 거의 없을 것이다. 하지만 기대수명을 크게 늘리고 더 나아가 언젠가는 노화를 완치한다는 측면에서 보면 더 나은 치료법을 개발할 시간을 벌어 줄 치료법을 개발한다는 개념은 우리가 도전하고 있는 문제를 본질적으로 바꾸어 놓는다.

보통 우리는 노화의 완치라고 하면 한 번의 치료로 우리 몸의 노화를 완전히 멈추는 것을 떠올린다. 현재의 지식 수준으로 보면 이런 것은 한마디로 불가능하다. 그렇게 하려면 앞 장에서 얘기했던 노화에 대한 완전한 시스템 생물학적인 이해를 가지고 사람의 생물학을 밑바탕부터 리엔지니어링해야 할 것이다. 하지만 그 대신 노화를 조금씩 조금씩 정복하면서 기대수명을 늘려 갈 수 있다면 인간 생물학을 완벽하게 이해하지 않아도 사실상의 노화 완치를 달성할 수 있다. 노화보다 한 걸음 더 앞서갈 수 있을 정도로만 이해하면 된다. 당신이 이런 방법에 대해 회의적이라 해도, 이런 접근방식이 문제의 복잡성을 크게 줄이고 이 의학적 혁명의 시간을 극적으로 앞당길 수 있으리라는 점은 부정할 수 없을 것이다.

노화의 완치는 언제 어떤 식으로 이루어지든 간에 시간에 따라 진화하는 조각퍼즐처럼 이루어질 것이다. 어느 고독한 천재의 번쩍이는 통찰로 기적 같은 마법의 치료법이 개발되는 것이 아니라, 기술의 연이은 발전으로 기대수명이 점차 늘어나다가 어느 시점에 가서는 사람들이 노화가 멈추었음을 깨닫는 식으로 말이다. 노화에서 탈출한 첫 번째 세대는 아마도 처음에는 자신의 행운을 깨닫지 못할 것이다. 이들은 100살이나 150살, 혹은 그 사회가 생각하는 '늙음'의 기준이 되는 연령까지 살다 죽겠지 예상하며 살다가 하나씩 생명을 구하는 의학적 돌파구가 마련되면서 장례식이 점점 더 뒤로 밀려날 것이다. 그 시기를 사는 동안에는 노화가 언제 완치된 것인지 꼭 집어 말하기가 힘들고, 다음 돌파구를 마지막으로 기대수명이 마침내 정점을 찍고 정체되는 것이 아닐까 궁금해할 것이다. 하지만 나중에 뒤돌아보면서 수백 년간의 기대수명 통계치를 검토해 보면 사람들이 늙어서 죽는 일이 언제 멈추었는지가 너무도 확연히 드러날 것이다.

따라서 장수를 원하는 사람은 1세대 항노화 치료법이 수십 년 정도 더 시간을 벌어 주고, 그 시간 동안 시스템 의학이 더 정교한 치료법을 발전시켜 또다시 수십 년의 시간을 더 벌어 주는 식으로 진행되기를 바랄 수밖에 없다. 이것은 결코 터무니없는 희망이 아니다. 처음에는 노화 과정 자체보다는 특정 질병을 대상으로 나올 가능성이 높지만 세놀리틱 약물도 몇 년만 기다리면 나올 것이다. 유전자 치료나 줄기세포 치료 같은 더 발전된 치료법도 수십 년 안으로 등장할 것이고, 이 정도면 우리 중 많은 사람이 혜택을 볼 수 있을 정도로 가까운 시간이다. 어떤 식으로든 우리는 결국 1년에 늘어나는 기대수명의 양이 1년을 넘어서기 시작할 것이고, 다만 문제는 그런 날이 찾아올 때까지 살아남을 가능성을 언제 어떻게 극대화할 수 있을 것이냐 하는 것이다.

다음의 두 장에서는 이 부분을 다룬다. 우선 노화의 과학을 어떻게 건강을 위한 조언으로 옮겨 담을 수 있는지 살펴보며 개인적으로 최대한 장수할 수 있는 가능성을 극대화하는 법을 알아본다. 그리고 이어서 이 의학 혁명을 최대한 앞당길 수 있도록 정부와 사회가 해야 할 일에 대해 알아본다. 이런 팁들은 모두 윈-윈이다. 최악의 시나리오가 펼쳐지더라도 당신은 아직 발명되지 않은 치료법으로부터 혜택을 입을 수 있을 만큼 더 건강하고 오래 장수하면서, 자식 세대나 손자 세대를 위해서는 노화 완치의 시기를 앞당기게 될 것이고, 최고의 시나리오가 펼쳐진다면 현존하는 사람 중에 일부는 건강한 모습으로 현재 기대하는 것보다 아주 오래 살 것이다. 어떻게 하면 이것이 가능할지 살펴보자.

10장 오래 살아서 더 오래 살기

How to live long enough to live even longer

기대수명 중 유전자로 설명할 수 있는 부분은 일부에 불과하기 때문에 수명의 대부분은 생활방식과 운에 달려 있다. 운은 말 그대로 운이기 때문에 우리가 어찌 해 볼 부분이 없다. 하지만 생활방식의 선택을 통해 기대수명을 극대화하는 법에 대해서는 과학적 제안이 많이 나와 있다.

생활방식을 최적화해서 얻는 이득은 대단히 크다. 미국의 보건의료종사자 10만 명을 조사한 연구에서는[1] 참가자들을 건강에 이로운 다섯 가지 행동(금연, 건강한 체중, 절주, 규칙적 운동, 균형 잡힌 식사)을 바탕으로 점수를 매겼는데 나이 50에 다섯 가지 체크박스 중 4, 5개에 그렇다고 체크한 사람은 어디도 체크하지 않은 사람에 비해 수명과 건강수명 모두 10년씩 늘어날 것으로 예상됐다. 암은 40퍼센트,[2] 심혈관질환은 무려 80퍼센트 정도[3]가 예방 가능한 것으로 여겨진다. 우리 모두가 최적의 생활방식을 따르며 산다면 암과 심장질환을 뒤로 크게 미룰 수 있다는 의미다. 새로 나온 항노화 약물을 복용할지 말지 결정하기는 어려울 수 있다. 복잡한 증거들을 검토하며 장단점을 따져 보아야 하기 때문이다. 하지만 좀 더 건강하게 살아보고자 노력하는 데는 그런 고민이 필요 없다.

노화라는 질병의 원인을 하나로 콕 집어 말하기 힘들다는 것을 기억해야 한다. 당신에게 특정 암을 일으키는 열 가지 돌연변이가 생겼는데 그중 3개는 음주로, 1개는 음식으로, 6개는 살아가다 보면 피할 수 없는 무작위 DNA 손상으로 생겼다고 상상해 보자. 그럼 이 암은 나쁜 생활방식을 탓해야 할까, 나쁜 운을 탓해야 할까? 이것은 어느 개인에게도 전적인 책임을 물을 수 없는 《오리엔트 특급 살인 *Murder on the Orient Express*》과 비슷한 상황이다. 잘 살면 암의 발생 확률을 낮출 수 있지만, 결코 0으로 낮출 수는 없다. 더 낙관적으로 보자면 이것은 암으로 진단 받거나 심장마비에 걸렸을 때 그 원인을 자신의 내면에서 찾으려 너무 집착할 필요가 없다는 위로를 주는 동시에, 그래도 생활방식 개선이 실제로 도움이 될 수 있기 때문에 그것이 한편으로는 상황을 통제할 수 있는 힘을 부여해 준다. 심지어는 완전히 자기 소관 밖의 일로 보이는 암 같은 것도 전적으로 우연의 문제는 아니라는 것이다.

이 건강 관련 팁들을 시작하기에 너무 늦은 시간이란 존재하지 않는다. 우리가 나이가 들면서 몸에 생기는 변화는 누적되기 때문이다. 만약 생활방식의 변화가 암이 잘 생기게 만드는 DNA 돌연변이의 축적을 늦춘다면 아무리 늦은 나이에 시작하더라도 도움이 된다. 만약 한 번의 돌연변이만 더 생기면 암으로 변할 위태위태한 세포가 있는데 생활방식의 변화로 그 돌연변이를 예방할 수 있다면 그것으로 당신의 목숨을 구하는 셈이다. 운동 프로그램에 대한 연구가 이 점을 입증하고 있다. 80대라 해도 운동을 하면 건강이 좋아진다. 그리고 운동을 했을 때 가장 큰 혜택을 입는 사람은 운동을 안 하던 사람이다.[4] 옛말에도 이르듯이 나무를 심기에 제일 좋은 때는 20년 전이었지만, 두 번째로 좋은 날은 바로 오늘이다.

당신의 장수를 도와 줄 조언들은 어떤 면에서 보면 깜짝 놀랄 정도로 기본적인 것들이지만, 적절한 기회와 함께 의지가 필요하기 때문에 이런 조언을 따르기가 항상 쉽지만은 않다. 하지만 이제 당신은 노화의 생물학에 대해 전보다 훨씬 많이 알고 있으니 매일 듣던 익숙한 조언을 들어도 그 과학적 의미를 이해하고 더 새겨듣게 되리라 기대해 본다.

◦ 1. 담배를 피우지 말자

흡연은 건강에 끔찍하게 안 좋다. 건강하게 오래 살고 싶은데 담배를 피우는 사람이라면 제일 먼저 할 일은 담배를 끊는 것이다.

평생 담배를 피운 사람은 기대수명이 10년 정도 깎인다. 심지어 흡연자들은 짧고 굵게 살겠다는 소리도 하기 힘들다.[5] 말년에 건강이 악화된 채로 보내는 햇수가 흡연자도 비흡연자와 동일하다. 따라서 전체적으로 수명이 짧아진 것을 고려하면 전체 수명 중 안 좋은 건강으로 보내는 시간의 비율이 더 커진다. 폐암의 90퍼센트 그리고 폐질환으로 인한 사망의 거의 절반 정도가 흡연 때문이다. 담배로 가장 큰 타격을 받는 것은 폐지만 흡연이 기본적으로 노화 과정 전체를 가속한다고 주장할 만한 이유가 있다. 그리고 흡연은 다른 많은 암의 위험도 높이고, 덧붙여 심장질환, 뇌졸중, 치매 같은 다른 노화 관련 질병의 위험도 높인다. 심지어 피부가 얇아지고, 주름지고, 머리카락은 희끗희끗 빠지기 때문에 외모도 더 늙어 보이게 된다.

담배 연기에는 DNA에 돌연변이를 일으키는 수백 가지 독성 화학물질이 들어 있다. 이 물질은 자신이 야기하는 암의 DNA 속에 특정한 '돌연변이 시그니처mutational signature'를 남긴다.[6] 예를 들면 흡연자의 폐 내벽에는 C가 A로 변한 돌연변이가 많이 들어 있다. 이것을 비롯해서 다른 돌연변이 시그니처들이 흡연자의 몸 곳곳의 조직에서 발견된다. 담배의 화학물질이 혈액으로 흡수되어 폐만이 아니라 훨씬 많은 조직에 영향을 미치기 때문이다. 이 추가적인 돌연변이는 암이 생길 기회를 늘리기 때문에 7장에서 얘기했던 클론확장의 연속적 사건들이 더 빠른 속도로 진행될 수 있게 하고, 병의 발생 위험을 높인다.

흡연은 만성염증을 일으킨다. 이 만성염증이 흡연과 관련해서 나타나는 심혈관계 질환의 원인으로 여겨지고 있다. 죽상동맥경화반이 주로 죽어 가는 면역세포로 이루어져 있음을 기억하자. 면역계를 뒤흔들면 죽상동맥경화반의 형성이 가속된다. 흡연은 또한 세포 노쇠를 야기하고, 말단소체의 길이를 짧아지게 하고, 심지어 조직에서 당분이 단백질과 반응할 때 형성되는 최종당화산물의 형성도 증가시킨다. 담배 연기 속에 들어 있는 고반응성 화학물질도 여기에 한몫한다.

그래도 좋은 소식은 담배를 끊으면 꽤 빠른 속도로 위험이 줄어든다는 것이다. 심지어 정상으로 돌아갈 수도 있다. 금연 이후에는 염증이 빠른 속도로 줄고[7] 금연 5년 후에는 심혈관계 질환의 발병위험 감소와 함께 정상 수준에 도달한다. 전체적으로 볼 때 금연은 수명을 몇 년 정도 늘려 준다. 심지어 60세에 담배를 끊어도 기대수명이 3년 정도 늘고, 30세 정도에 금연을 하면 기대수명이 거의 정상으로 회복된다.

2. 과식을 하지 말자

먹는 것이 수명에 큰 영향을 미치는 것은 별로 놀라운 일이 아니다. 과일, 채소, 통곡물, 견과류를 풍부하게 섭취하며 균형 잡힌 식생활을 하는 것이 건강수명과 일반수명을 크게 늘린다.[8] 음식을 어떤 조합으로 먹는 것이 최적의 식생활인지 밝히기는 정말 어려운 일이라서 논쟁이 뜨겁다. 이상적으로는 수천 명의 사람을 무작위 집단으로 나누어 다양한 음식을 서로 다른 비율로 수십 년 동안 먹게 해서 결과를 확인할 수 있다면 좋겠지만 그렇게 하려면 실험 비용도 엄청나고 비윤리적인 면이 있기 때문에 실현 가능성이 떨어진다. 따라서 과학자들은 관찰연구를 진행할 수밖에 없다. 그리고 사람들의 식생활 습관은 경제력, 사회적 지위, 건강에 대한 전반적 관심, 유전학 등과 긴밀히 얽혀 있고, 이런 것들도 모두 수명에 영향을 미치는 것이기 때문에 어느 것이 원인이고, 어느 것이 결과인지 가려내기가 정말 어렵다.

그래서 식생활에 대한 최고의 조언은 실용적인 조언이 아닐까 싶다. 여러 가지 음식을 골고루 먹되, 어느 것이든 너무 많이 먹지는 말고, 달고 기름기 많은 음식과 가공음식의 양을 주의하고 과음하지 않는 것이다. 최신의 슈퍼푸드를 폭식한다고 해도 건강이 달라지지는 않지만, 건강에 좋은 균형 잡힌 식단을 유지하면 분명 달라질 수 있다.

고기를 많이 먹는 사람이라면 고기 섭취량을 줄이는 것이 건강에 이로울 수 있다. 관찰을 통해 채식을 뒷받침하는 암시적 증거가 나와 있기는 하지만[9] 확실하지는 않다. 그러나 식물 기반의 식생활이 건강에 이로울 수 있는 몇 가지 생물학적 메커니즘이 존재한다. 과일과 채소를 많이 먹으면 마이크로바이옴의 다양성이 개선되는 것으로 밝혀졌다.[10] 동물성 공급원이 아니라 식물성 공급원으로부터 단백질을 얻으면 일종의 식이제한 효과를 볼 수 있다. 식물성 단백질은 단백질의 기본 구성요소인 아미노산의 조성 비율이 동물성 단백질과 다르다. 식물성 단백질은 이 아미노산 조성이 동물성 단백질에 비해 인간이 필요로 하는 것에 덜 최적화되어 있지만 역설적이게도 그것이 우리에게는 더 좋을 수 있다. 아미노산 제한이 일종의 식이제한 효과를 나타내기 때문이다. 마지막으로 식물은 자신을 보호하기 위해 아주 소량의 독성 화학물질을 생산하는데 실제로 이것이 우리에게 살짝 독성 작용을 나타낼 수 있다. 하지만 그 양이 미미하기 때문에 우리 몸이 거기에 과도하게 반응해서 독을 제거하고 그 독성에 의해 야기된 손상을 복구하는 과정에서 전체적으로 건강이 더 좋아지게 된다.[11] 약간의 스트레스가 스트레스 반응을 유도하고, 그것이 실제로는 우리를 더 건강하게 만들 수 있다는 개념을 '호르메시스hormesis'라고 한다. 이것을 다른 생활방식 관련 팁에도 적용할 수 있을지도 모른다.

하지만 식생활과 수명에 관해서는 한 가지 핵심적인 발견이 있다. 과도한 지방이 몸에 나쁘다는 증거가 많이 나와 있다.[12] 일부 연구에서는 살짝 과체중인 것은 장기적인 건강에 좋다는 것을 확인했지만 이런 연구들 역시 혼란스럽고 복잡한 요인들과 엉망진창으로 뒤엉켜 있다. 저체중인 사람, 특히 노년에 저체중인 사람은 병 때문에 체중을 잃은 경우가 많다. 체중은 사회경제적 지위와 복잡하게 연관되어 있고, 이 사회경제적 지위는 건강에 크나큰 영향을 미친다. 그리고 이런 연구에서 흔히 사용되는 체질량지수BMI는 너무 단순한 측정방식이다. 이렇듯 체중에 관해서는 복잡한 요인들이 작용하고 있다.

하지만 전체적으로 보면 체중을 몇 킬로그램 정도 줄이면 대부분의 사람에서 노화에 따른 여러 질병의 위험이 동시에 낮아진다. 한계는 있지만 BMI가 서로 다른 사람들의 기대수명을 들여다보면 여기에 어떤 기회가 숨어 있는지 어느 정도 감은 잡을 수 있다. BMI

는 킬로그램 체중을 미터 키를 제곱한 값으로 나누어 얻는다. 정상 범위는 보통 18.5~25kg/m^{2}으로 잡는다. BMI가 25kg/m^{2}를 넘으면 과체중이다. 이것으로 기대수명이 2년 정도 줄어든다. 30kg/m^{2}을 넘으면 비만에 해당하고 수명이 거기서 몇 년 더 줄어든다. 이것보다 더 높으면 수명이 수십 년 줄어들 수 있다.[13] 과체중은 건강수명도 더 많이 잡아먹는다. 심장질환과 당뇨병의 위험이 높아진다는 것은 과체중인 사람이 말년을 안 좋은 건강 상태로 보낼 가능성이 높아진다는 의미다. 사실 비만인 사람은 수명도 짧아지지만 의료비용은 더 들어간다.[14] 어디를 보아도 과체중은 피해야 한다는 것을 말하고 있다.

과체중으로 보내는 시간도 기본적으로 노화 가속에 기여한다. 우리의 생각과 달리 지방은 그저 에너지를 수동적으로 저장하기만 하는 조직이 아니기 때문이다. 지방은 지방조직에 축적되는데 이 조직은 지방 저장의 임무를 띤 지방세포adipocyte라는 세포로 구성되어 있다. 지방조직은 어느 곳에 자리 잡고 있느냐에 따라 미치는 영향에 큰 차이가 난다. 피하지방은 피부 바로 아래 자리잡고 있어서 손으로 잡을 수 있다. 하지만 내장지방은 우리 몸 깊은 곳 장기들 사이 공간에 축적되어 있기 때문에 손으로 잡을 수가 없다. 이 중 내장지방이 훨씬 건강에 좋지 않은 것으로 보인다.[15] 만성염증을 부채질하는 염증 유발 분자를 방출하기 때문이다. 염증 과부하를 일으키는 것이 지방세포들 사이에 자리 잡고 있는 면역세포가 아니라 사실은 지방세포 그 자체일지도 모르지만 몸의 노화에서 이런 구분은 중요하지 않다.

이 과정에서 내장지방이 중요하게 작용하기 때문에 배가 뚱뚱한 것보다는 엉덩이가 뚱뚱한 것이 더 낫다는 말이 나오는 것이다. 배가 둥글게 튀어나오는 것은 복부 장기들 사이에 자리 잡은 지방, 즉 염증성 내장지방이 배를 안에서 밖으로 밀어내기 때문이다. 반면 허벅지나 엉덩이에 쌓인 지방은 그보다 비교적 양호한 피하지방의 형태로 피부 아래 안전하게 저장되어 있다. 개인 차이는 있지만 폐경기 전의 여성은 지방이 엉덩이에 더 많이 축적되고, 남자는 배에 더 축적된다.

체격 측정으로 나온 간단한 통계치를 보면 내장지방이 좋지 않다는 정황증거가 나온다. 역학 문헌을 살펴보면 BMI는 측정치로서 단점이 많아서 노화 관련 건강 악화를 말해 줄 최고의 예측 변수 자리를 놓고 다른 측정치 및 비율들이 현재 경합을 벌이고 있다. 그중 제일 앞서는 후보는 허리둘레-키 비율waist-to-height ratio이다. 이것은 허리둘레를 키로 나눈 값으로, 허리둘레와 키를 같은 단위로 사용하기만 하면 어떤 단위를 사용하든 상관없다. 이 비율의 정상 범위는 0.4에서 0.5 정도다. 하지만 이보다 살짝 낮게 잡는 사람도 있다. 50세가 넘은 사람이면 정상범위에 살짝 여유를 주어 0.6 정도까지 올라가도 발병 위험이 그리 커지지 않는다.

BMI에 대한 반대 주장 중 가장 유명한 것은 근육이 지방보다 밀도가 높기 때문에 근육이 많은 사람은 실제로는 뚱뚱하지 않은데도 BMI만 보면 과체중으로 나올 수 있다는 점이다(안타깝게도 이런 변명이 통하려면 근육이 정말 우락부락한 사람이라야 한다). BMI의 또 다른 문제점은 피하지방과 내장지방을 구분하지 않는다는 점이다. BMI는 지방 때문에 생기는 과도한 체중이 피부 아래 들어 있는지, 배 속 장기 주변에 있는지 따지지 않기 때문에 건강 예측 변수로서의 정확성이 떨어진다. 허리둘레-키 비율은 이런 점을 개선해 준다.[16] 허리둘레는 배 속에 차 있는 지방의 양과 관련이 있다. 그래서 일부 연구에서는 이 비율이 BMI보다 심장마비나 당뇨 발생 가능성을 예측하는 데 더 뛰어나다는 점을 입증해 보이기도 했다.

과체중은 당뇨의 위험도 높인다. 당뇨는 노화와 관련된 여러 문제들을 악화시키는 범인이다. 당뇨가 있는 사람도 체중을 빼고 혈당 수치를 낮추면 이런 문제들을 통제해서 당뇨가 악화시키는 여러 질병의 위험을 극적으로 낮출 수 있다.[17]

설탕 섭취를 줄이면 체내 당화 단백질의 양을 줄여 주어 건강에 이롭게 작용한다는 증거도 나와 있다.[18] 이런 점에서는 다른 당분보다도 더 나쁜 당분이 있다. 예를 들면 과당fructose은 실험관 속에서 단백질과 더 활발하게 반응하고, 음식으로 섭취했을 때도 더욱 강력한 당화반응의 개시자가 될 수 있다는 주장이 있다. 아직은 추측에 머무는 주장이지만 식단에 들어 있는 최종당화산물을 줄이는 것이 좋다는 얘기도 있다. 단백질에서 최종당화산물이 형성되는 화학적 원리를 아직 정확히 밝혀내지는 못했지만, 이미 만들어져 있는 최종당화산물을 음식으로 섭취해도 이것이 콜라겐과 다른 단백질에 달라붙어 문제를 일으킬 가능성이 있다. 따라서 튀긴 음식이나 구운 음식 등 노화를 가속하는 고온 조리 식품을 피하고 생식, 끓인 음식, 삶은 음식을 먹는 것이 좋다. 하지만 음식에 들어 있는 최종당화산물은 맛도 좋고, 안 들어 있는 음식을 찾아보기도 힘들어서 피하기

가 쉽지 않다.[19]

이미 다이어트와 운동을 열심히 해서 건강한 체중으로 돌아왔다면 거기서 뭘 더 해야 할지 궁금해질 것이다. 나는 3장에서 사람에서의 식이제한이라는 주제로 다시 돌아오겠다고 약속했다. 그럼 제일 먼저 우리와 진화적으로 제일 가까운 친척인 붉은털원숭이rhesus macaques에게 식이제한 실험을 해 본 결과를 살펴보아야 할 것 같다. 1987년과 1989년에 미국 국립노화연구소National Institute on Aging, NIA와 위스콘신대학교 매디슨캠퍼스에서 200마리가 조금 안 되는 원숭이를 데리고 실험을 개시했다.[20]

우선 식이제한의 좋은 소식을 전하면, 일반적인 식단을 먹은 원숭이는 질병 없이 산 건강수명이 21년인 반면, 식이제한을 한 원숭이는 양쪽 연구에서 건강수명이 5년 더 늘어났다. 원숭이의 1년이 사람의 2, 3년에 해당한다고 단순히 가정하고 이 결과를 사람에 적용해 보면, 건강수명이 10년 정도 늘어났다는 말이 된다. 하지만 일반수명에 대한 결과는 다소 혼란스럽다. 위스콘신대학교의 붉은털원숭이들은 식이제한으로 분명한 혜택을 받았다. 대조군의 평균 수명은 25년을 갓 넘긴 반면, 칼로리 섭취를 제한한 원숭이들은 거의 29살까지 살았다. 이번에도 역시 그냥 단순히 사람의 나이로 바꿔 보면 10년에 가깝게 나온다. 반면 NIA의 원숭이들은 식이제한을 한 것이든, 대조군이든 통계적으로는 수명에 차이가 없었다.[21]

이 실망스러운 결과를 제일 간단하게 설명하는 방법은 원숭이나 사람같이 오래 사는 동물에서는 식이제한에 따른 보상이 줄어든다는 것일 듯하다. 이 이론에 따르면 일단 기본적으로 건강한 식생활을 한 경우에는 음식을 더 제한해서 얻을 수 있는 혜택이 별로 없다. 위스콘신대학교 원숭이들의 식단은 단백질, 설탕, 기름, 비타민 펠렛으로 만들어지고 지방과 설탕 성분이 상대적으로 높았고, 식이제한을 하지 않는 원숭이들은 원하는 만큼 맘대로 먹게 놔두었다. 지방과 설탕 성분으로 맛을 낸 이 펠렛이 건강 문제를 악화시키기 때문에 마음껏 먹은 원숭이와 식이제한을 한 원숭이 사이의 차이가 더 두드러졌을 수도 있다. 반면 NIA의 원숭이들은 식이섬유 성분이 풍부한 콩, 곡물, 생선 등을 먹이로 사용했기 때문에 대조군 동물도 건강에 더 좋은 식단을 먹을 수 있었다.

따라서 원숭이의 식단은 건강에 좋지 않은 위스콘신대학교의 대조군 집단에서 시작해서, 식생활 수준이 중간쯤에 해당하는 위스콘신 식이제한 집단과 NIA의 대조군 집단을 거쳐, 식단도 제일 건강하고, 식이제한도 가장 잘 이루어진 NIA 식이제한 집단에 이르기까지 질적인 면에서 차등화되어 있었다. 이런 논리를 따르면 과한 식단(사람이라면 햄버거나 달달한 청량음료 등을 마음껏 먹는 경우)에서 더 적당히 섭취하는 식단으로 바꾸는 데 따르는 이점은 존재하지만, NIA의 식이제한 집단이 그랬던 것처럼 훨씬 덜 먹는다 해도 이미 적당한 양의 영양 많은 음식을 먹고 있었다면 수명 연장에는 큰 도움이 되지 않을 것이다. 그래도 NIA의 원숭이들은 질병이 없는 건강수명이 5년 늘어났다. 이 정도의 효과만 볼 수 있다면 전체 수명이 늘어나지 않더라도 대부분의 사람이 당장에 달려들 것이다.

강경파 식이제한 지지자들은 이 연구들이 결함을 안고 있고, 식이제한의 잠재적 혜택을 과소평가하고 있으며, 두 실험 사이의 기술적 차이가 몇 년 동안 논쟁에 불을 붙일 거라고 주장한다.[22] 하지만 실험 결과를 해석하기 어렵다는 사실 자체가 우리 같은 동물에서는 큰 효과를 기대하기 어려울 거라는 증거다. 만약 식이제한이 선충이나 생쥐에서처럼 사람에서도 수명을 거의 2배로 늘려 줄 수 있다면 두 실험이 완벽히 동등하게 이루어지지 않더라도 그런 큰 효과가 가려지지는 않았을 것이다.

인간을 대상으로 하는 실험도 있었다.[23] 식이제한은 체중을 현저히 줄이고 혈압, 콜레스테롤, 염증 수치 등의 건강 지표도 개선해 주었다. 하지만 이것이 수명에 어떻게 영향을 미치는지는 알 수 없다. 현재까지 진행된 연구는 그 부분까지 확인해 보기에는 시간이 너무 짧았기 때문이다. 사람에서의 식이제한 효과를 보여 주는 관찰 증거도 있다. 역사적으로 개인, 사회, 종교에서는 선택과 필요에 따라 여러 가지 다양한 식생활을 실천에 옮겼다. 종종 언급되는 특출한 장수의 사례로 오키나와 사람들이 있다.[24] 오키나와는 일본 본토에서 남서쪽으로 떨어져 있는 열대섬이다. 이들이 장수하는 이유는 영양 밀도는 높지만 칼로리는 낮은 식문화 때문이라 여겨져 왔다. 하지만 확신하기는 어렵다. 이 섬 고유의 문화적 혹은 유전학적 영향이 작용하고 있을지도 모른다. 그리고 그 효과도 아주 극적인 것은 아니다. 오키나와 사람들이라고 해서 누구나 백세 장수를 누리는 것은 아니다. 나머지 일본인들보다 1년 정도를 더 살 뿐이다. 그 효과도 서서히 사라지고 있다. 이는 오키나와 사람들의 식단이 점점 서구화되어 나타나는 현상으로 여겨진다. 그리고 식이제한에는 부작용도 따른다.

식이제한 생쥐가 독감에 걸리면 정상적인 식생활을 한 또래 생쥐보다 더 많이 죽는다.[25] 최적의 영양을 섭취하더라도 덜 먹으면 면역계에 안 좋은 것으로 보인다. 사람의 경우는 한 실험에서 몇몇 참가자가 빈혈(적혈구나 산소를 운반하는 헤모글로빈이 부족해서 장기에 산소가 부족해지는 증상)이나 골밀도의 현저한 감소 때문에 실험을 중단해야 했다.[26] 식이제한 참가자들은 또한 추위를 더 쉽게 타고, 짜증이 늘고, 성욕이 감소했다. 식이제한 생쥐는 깨끗하고 조용한 실험실 환경에서 세심한 감염 예방 관리를 받으며 더 오래 살지도 모르겠지만 밖으로 돌아다니면서 온갖 일을 하고 싶어 하는 사람이라면 노화 관련 질병의 위험이 살짝 낮아진다 한들, 다리가 잘 부러지거나 독감으로 젊어서 죽게 된다면 다 소용 없는 일이다.

무엇을 먹느냐는 것뿐만 아니라 언제 먹느냐도 영향을 줄 수 있다.[27] 최근에 '5:2 다이어트'로 유명해진 '간헐적 단식'은 며칠에 하루씩 아주 조금 먹거나, 전혀 먹지 않는 방법이다. 예를 들어 5:2 다이어트에서는 일주일 사이에 간격을 두어 하루씩 이틀 동안은 칼로리 섭취를 600칼로리 미만으로 줄이고 나머지 5일 동안은 정상적으로 먹는다. '격일 단식'은 한 발 더 나가서 이틀에 하루씩 아주 조금 먹거나 아예 먹지 않는다. '주기적 단식'은 한 달에 한 번에서 1년에 한 번 정도 연속으로 5일 이상 단식을 하는 것이다. 마지막으로 '시한제한식이time-restricted feeding'는 하루 중 6시간에서 12시간 정도의 구간을 정해서 그때만 먹는 방법이다.

이런 서로 다른 식이제한 버전에 대한 증거는 전체적인 식이제한에 비해 실험 데이터가 부족해서 분석이 까다롭다. 이런 다양한 식이제한 방법이 등장하게 된 것은 참가자들이 단식을 하지 않는 동안에는 정상적으로 먹을 수 있고, 제한된 시간 동안에만 참으면 되니까 계속 배가 고픈 상태로 있는 것보다 식이제한을 실천에 옮기기 쉽다는 실용적 이유 때문이다. 더 이론적으로 들어가면 단식의 메커니즘과 전통적인 식이제한의 메커니즘이 동일한 것인지를 두고 논란이 일고 있다. 이 결과에 따라 이 둘에서 동일한 효과를 기대할 수 있을지 여부도 달라진다.

그렇다면 우리는 이 가혹한 다이어트 중 하나를 실천에 옮겨야 할까? 수십 년 동안 실험을 진행해 왔음에도 불구하고 솔직히 우리는 아직도 그 해답을 모른다. 감질날 정도로 해답에 가까워진 느낌이 드는 것은 사실이다. 식이제한에 대한 글을 읽다 보면 최적의 식생활이 발견될 날만 기다리고 있다는 느낌을 떨쳐 내기 힘들다. 새로운 다이어트 방식이나 슈퍼푸드 같은 것이 끊임없이 인기를 끄는 것을 보면 먹는 것에 대한 우리의 양가적 감정이 잘 드러나고, 우리가 먹는 것이 건강과 수명에 크게 영향을 미친다고 본능적으로 여기고 있다는 것도 잘 드러난다. 많은 사람들에게 있어서 음식은 감정을 자극하는 매력적인 주제다. 좀 더 실용적인 면에서 보면, 식이제한과 단식은 아주 간단하고 저렴한 방법이다. 말 그대로 지금 당장이라도 시작할 수 있고, 실천하는 데 비용도 들지 않는다. 오히려 먹는 돈을 아끼니 돈을 벌 것이다.

하지만 면역계에 문제를 일으키거나, 뼈를 약화시키거나, 추위를 잘 타고 짜증이 잘 나게 만들 수도 있는 식생활을 권장하기는 힘들다. 식이제한이나 그 변형된 방식을 시도해 보려는 사람이면 의사와 먼저 상의해 보고, 잠재적 부작용을 감시할 수 있는 환경을 마련하는 것이 좋다. 내 생각에는 식이제한이나 전반적 식생활 최적화의 문제에 대해 완전히 알 때까지 기다리다 보면 너무 늦을 것 같다. 무엇을 언제 먹을 것인가 하는 부분과 관련해서는 변수가 너무 많기 때문에 그것을 완전히 이해하기 전에 차라리 노화를 먼저 완치하게 되지 않을까 싶다.

식생활 최적화에 너무 집착해서 존재하지도 않는 완벽한 식단을 쫓느라 큰 그림을 놓치는 우를 범하지는 말자. 완전히 이해하기에는 증거가 너무 복잡한 것이 사실이지만 그렇다고 눈앞에 보이는 족족 케이크를 먹어 치워서는 곤란하다. 이미 대부분의 사람보다 마른 경우가 아닌 한 체중감량은 건강에 이롭게 작용한다. 무엇을 먹을지 선택하는 개인으로서나, 적용할 정책을 선택하는 사회로서나 우리는 비만 감소를 목표로 삼아야 한다. 과체중인 사람이 정상 범위의 BMI로 들어올 수 있게 돕는 일이 이미 건강한 사람이 식이제한을 실천하게 만드는 일보다 더 쉽고 분명 더 이롭다.

따라서 골고루 균형 잡힌 식단을 먹되 너무 많이 먹지 않도록 노력하자. 식생활과 다이어트에 대한 논쟁은 분명 끝없이 이어질 테지만, 그 핵심은 다양하게 먹는 것이 좋고, 과체중은 말 그대로 노화 과정을 가속하기 때문에 건강에 좋지 않다는 것이다.

운동은 건강에 좋다.[28] 무지막지하게 열심히 할 필요도 없다. 연구에 따르면 하루 운동량이 1분이라도 증가할 때마다, 혹은 활동 없이 보내는 시간이 1분이라도 줄어들 때마다 사망 위험은 줄어든다. 운동은 사람들이 귀에 못이 박히도록 들었던 노화 관련 주요 질병을 비롯해서 수십 가지 질병의 위험도 줄여준다. 심지어 인지기능 저하와 치매도 막아 준다. 그리고 운동은 처음 시작할 때가 제일 효과가 좋은 것으로 보인다. 그 후로는 시간과 강도를 늘려도 돌아오는 효과가 점점 줄어든다. 처음에는 매일 5분에서 10분 정도의 산책으로 작게 시작하면 건강에도 좋고, 운동량을 늘리기도 덜 부담스럽다.

하루 종일 앉아서 생활하는 사람이라면 30분 정도만 가볍게 몸을 움직여 줘도 사망 확률이 14퍼센트나 준다.[29] 중등도의 운동을 10분에서 15분 정도 해 주면 더 효과가 좋아서 원인에 상관없이 사망 위험을 대략 절반 정도로 낮춰 준다. 하루 30분 정도 운동하면 조금 더 도움이 된다. 이보다 운동량을 늘렸을 때 어떤 이로움이 있는지는 불분명하다.[30] 대부분의 연구에서는 효과가 정체기에 들어서거나 심지어 위험이 살짝 늘어난다고 보고하고 있지만 확신하기는 힘들다. 그 정도로 운동을 열심히 하는 사람이 드물기 때문에 통계적으로 확실한 결론을 내기가 힘들다. 어쨌든 운동을 얼마나 하든, 아예 하지 않는 것보다는 낫다. 이것이 운동을 하지 않을 핑계가 될 수 없다는 의미다. 하지만 이미 하루에 한 시간씩 달리기를 하고 있는 사람이라면 90분으로 시간을 늘린다고 효과가 더 좋아질 가능성은 크지 않다.

연구에 따르면 올림픽 참가 선수들은 일반 인구집단보다 사망률이 낮다.[31] 하지만 이것이 그들의 운동량과 관련 있는지는 확실치 않다. 첫째, 여기서는 인과관계가 거꾸로 성립했을 수 있다. 어쩌면 올림픽 참가 선수들이 가혹한 훈련을 견디고 높은 수준의 경쟁을 펼칠 수 있는 것은 처음부터 몸이 일반 사람보다 더 튼튼하기 때문일지도 모른다. 둘째, 완전히 다른 메커니즘이 작동하고 있을 수 있다. 체스 챔피언도 엘리트 운동선수들과 비슷한 정도로 더 오래 산다.[32] 그리고 노벨상 수상자도 비슷한 업적을 세워 노벨상 수상자 후보로 지명은 받았지만 수상은 하지 못한 과학자들보다 1, 2년 정도 더 오래 산다.[33] 이 흥미로운 연구들은 사람들에게 받는 인정 자체가 치유력이 있을지 모른다는 것을 암시한다. 올림픽 참가 선수들의 장수가 오직 극단적인 신체적 건강 때문이라는 단순한 주장의 근거가 약해지는 것이다.

우리 일반인들에게 도움이 되는 것이 유산소운동만은 아니다. 근력운동은 나이가 들면서 겪는 근육 크기 감소와 근력 약화를 막는 데 도움이 된다. 30세 이후로는 10년마다 근육량의 5퍼센트, 근력의 10퍼센트를 잃고,[34] 70세 이후로는 그 속도가 두 배 이상 빨라진다. 이런 근육 저하를 근감소증sarcopenia이라고 한다. 이것은 노화에 따른 근육량 상실을 가리키는 전문용어다. 연구에 따르면 근력운동을 통해 이런 근력 상실을 크게 역전시킬 수 있다. 일반적으로 시작하기 너무 늦은 때는 없다. 운동 프로그램은 90대 노인의 건강도 증진시켜 주는 것으로 밝혀졌다.[35] 2개월의 근력 운동으로 90대 노인의 근력이 거의 2배로 증가했고, 걷는 속도도 50퍼센트 빨라졌다.

운동을 하면 대사, 순환, 뼈, 심지어는 뇌와 근육을 연결하는 신경에 이르기까지 수십 가지 변화가 생긴다. 운동은 말단소체의 길이를 늘이고, 근육 속의 노쇠세포 숫자를 줄이고, 위성세포satellite cell(근육을 재생하는 줄기세포)의 숫자를 늘리고, 몸 구석구석 다른 줄기세포의 활성도 높인다. 운동을 하는 근육은 그러지 않은 근육보다 미토콘드리아의 질과 양이 모두 좋다. 운동은 노화된 콜라겐을 파괴하고 다시 구축하는 결과를 가져온다. 즉 당화되어 뻣뻣한 섬유가 신선하고 새로운 섬유로 대체되는 것이다. 운동은 염증도 줄인다. 종합적으로 보면 근육은 우리 몸에서 가장 큰 기관이다. 따라서 근육에서 분비하는 신호는 양적인 면에서 대단히 의미가 크다. 움직이지 않는 근육은 염증을 촉진하는 반면, 활발하게 움직이는 근육은 그 반대로 작용한다. 운동은 지방을 태움으로써 간접적으로 항염증 효과를 발휘한다. 앞에서 보았듯이 지방도 염증성 분자를 분비하기 때문이다.

운동은 전신에 걸쳐 굉장히 다양한 부분에서 이롭게 작용하기 때문에 의사들은 만약 운동이 약으로 나왔다면 모든 사람이 그 약을 사려고 줄을 섰을 것이라는 말을 한다. 안타깝게도 운동은 알약을 삼키는 것보다 힘들고, 모두들 정신없이 바쁘게 살고 있어서 운동할 시간을 내기가 쉽지 않다. 하지만 작게라도 첫 발걸음을 떼는 것이 중요하다.

4. 하루에 7~8시간 숙면을 취하자

하루에 7시간에서 8시간 질 좋은 숙면을 취하면 건강에는 최적이겠지만[36] 수면은 연구하기 까다로운 대상이라 완전히 확신하기는 힘들다. 대규모의 체계적 리뷰 논문에서는 수면 시간이 이보다 부족하면 사망 위험이 증가한다고 한다. 그리고 이보다는 덜 알려져 있지만 수면 시간이 8시간을 넘어가면 수면이 너무 부족한 경우보다 사망 위험이 더 크게 증가한다.

이것은 비교적 확실한 연구 결과이기는 하지만 과연 인과관계를 나타내고 있는지 밝혀내기가 쉽지 않다. 하루에 11시간을 자는 사람은 자신의 선택으로 그러는 것일까? 혹시 저면에 깔린 어떤 건강 문제 때문에 잠을 더 잘 필요가 있는 것은 아닐까? 하루에 4시간을 자는 사람이 수명이 짧은 것은 제대로 쉬지 못해서일까, 아니면 건강에 영향을 미치고 공교롭게 그와 함께 자야 할 수면 시간도 줄어드는, 스트레스가 많은 삶을 살기 때문일까?

과학이라는 이름 아래 수십 년 동안 사람들에게 이 정도는 자야 한다고 수면 시간을 강요해 왔지만, 이 질문에 대한 최고의 대답은 수면과 장수를 연결하는 생물학적 메커니즘을 확인하는 것이다. 5장에서 증거가 축적되고 있는 한 가지 주장을 만나 보았다. 자는 동안에 알츠하이머병과 관련 있는 독성 아밀로이드를 씻어 내는 등 뇌가 대청소할 기회를 얻는다는 주장이다.[37] 그렇다면 드라마 몰아보기를 일찍 멈추고 눈을 조금 더 길게 붙일 만한 동기 부여로는 충분하지 않을까 싶다.

수면은 피드백 과정을 통해 노화의 문제를 악화시킬 수 있는 영역이기도 하다. 아주 건강한 노인들은 안정적인 수면 리듬을 갖고 있지만 일반적으로 노인들은 잠을 잘 못자는 경향이 있다. 노화로 수면이 악화되면, 이것이 다시 건강을 악화시키고, 이것이 다시 수면을 악화하는 악순환 고리가 생길 수 있다. 그 한 가지 사례가 단백질 변성으로 인해 수정체가 흐려지고 변색되는 현상이다.[38] 이것이 백내장 형성의 원인이다. 이런 변화된 수정체는 파란빛을 흡수하는 경향이 있다. 그래서 주변 세상이 더 따뜻한 색조로 보이게 된다. 그런데 우리 눈은 빛의 밝기, 특히 파란 빛의 밝기를 이용해 일주기 리듬을 돌린다. 컴퓨터나 스마트폰에서 '야간 모드night mode'를 사용해서 스크린을 더 어둡고 주황 기운이 돌게 만드는 것도 이런 논리 때문이다. 낮 시간의 밝은 파란 빛은 뇌에게 지금은 깨어 있을 때라고 말해 주기 때문에 저녁에 파란 빛에 대한 노출을 줄이면 수면 패턴에 이롭게 작용할 수 있다. 노인들은 수정체가 단백질 변성으로 주황색 기운이 돌기 때문에 자연적으로 하루 중 시간에 상관없이 파란 빛에 덜 노출되어 이 섬세한 생리적 단서가 약해진다. 백내장 수술을 하고 나면 수면의 질이 개선되는 경우가 많다. 노란색으로 변한 탁한 수정체를 제거해 주면 시력만 회복되는 것이 아니라 일주기 리듬 시계가 사용하는 파란색 단서도 회복된다.

아직은 증거가 완벽하지 않지만 숙면이 건강수명을 늘려 주는 것은 당연해 보인다. 그리고 그에 따르는 기분 좋은 부작용으로 아침에 일어나기가 더 수월해질 것이다.

5. 백신을 맞고 손을 씻자

백신은 사람이 평생 사망률을 줄이는 가장 중요한 방법 중 하나다. 그리고 백신은 자신뿐만 아니라 자기 주변 사람들도 보호해 준다. 백신 덕에 해당 감염성 질환으로 죽지 않으니까 더 오래 살 수 있을 뿐만 아니라 염증이라는 평생의 짐도 줄여 준다. 이것도 노화를 늦추어 줄 수 있다.

어릴 때 맞아야 할 백신은 다 맞은 상태라면 성인에게 가장 필요한 백신은 계절 독감 백신이다. 해마다 찾아오는 독감 바이러스의 균주가 다르기 때문에 독감의 지속 기간과 강도는 매년 차이가 있지만 보통 겨울마다 두 달 정도 독감 시즌이 돌아오는 나라가 많다.

나이가 있는 성인이라면 독감 백신을 맞는 것은 충분히 가치 있는 일이다. 65세 이상의 사람들은 만 18~64세에 비해 독감에 걸려 입원할 가능성이 10배 높고 그로 인해 사망할 가능성도 20배 정도 된다. 독감으로 직접 사망한 사람들만 세어서는 그 진정한 영향력을 평가하기가 힘들다. 특히 노년층에서는 더욱 그렇다. 독감 시즌에는 심장마비, 뇌졸중, 당뇨로 인한 사망률이 정점을 찍는다.[39] 그리고 독감이 그 촉발 요인이라는 증거가 있다. 나이가 들수록 백신의 효과가 떨어지지만 독감의 위험이 대단히 엄중하기 때문에 맞을 만한 가치가 있다. 그 효과가 어느 정도인지 정확한 수치를 말하기는 어렵다. 독감 백신은 이미 충분히 효과적인 것으로 여겨지고 있기 때문에 연구를 위해 노년층 환자의 일부에게 의도적으로 백신 접종을 하지 않는 실험을 한다면 비윤리적이기 때문이다.

젊은 성인인 경우에도 손익을 따져 보면 이점이 분명히 드러난다. 독감 백신은 가격이 저렴하고 고열, 근육통, 탈진으로 침대에서 일주일을 누워 있을 가능성을 확 낮추어 주기 때문이다. 백신의 부작용도 무해한 편이어서 약하게 독감 비슷한 증상을 앓고, 주사 맞은 부위가 조금 쑤시는 정도다. 염증이 감소하고, 백신 접종이 불가능한 노년층 가족이나 사랑하는 사람도 보호할 수 있는 것은 덤이다. 그리고 아무리 나이가 많더라도 백신을 맞는 것이 좋다는 설득력 있는 주장도 나와 있다.

감염을 피하기 위한 표준 권고사항을 따르는 것 역시 가치 있는 일이다. 손을 꼼꼼하게 규칙적으로 씻고, 음식은 완전히 익혀서 먹고, 몸이 좋지 않을 때는 회사에 나가지 말고 일을 쉬자. 이것으로 그저 동료들의 건강수명을 개선하는 데서 그치지 않고, 질병이 사람에서 사람으로 퍼져 나가는 것까지도 막을 수 있다면 훨씬 큰 의미가 있다. 물론 기본적인 위생을 철저히 관리하고 질병 전파의 싹을 미연에 자르는 것이 얼마나 중요한지를 코로나바이러스의 전 세계 유행처럼 극명하게 잘 보여 주는 사례는 없을 것이다.

전체적으로 노화를 최적화하기 위해서라도 감염은 피하는 것이 좋을지도 모른다. 어린 시절에 걸리는 감염성 질환과 맞서 싸워 온 역사적 발전이 수명 연장에 간접적으로 영향을 미쳤다는 증거가 있다.[40] 자라는 동안 감염을 덜 겪었던 아동은 나이가 들어서 암과 심장질환 같은 질병의 위험이 낮다. 이것을 감염의 부담이 줄면서 누적되는 염증의 부담도 줄어들어 전체적으로 노화 과정이 늦춰진다는 가설로 설명할 수 있다.

감염은 언뜻 관련이 없어 보이는 질병을 직접 일으킬 수도 있다. 일부 경우는 그 연결고리가 분명하다. 예를 들면 인유두종 바이러스 human papillomavirus, HPV가 자궁경부암, 구강암, 인후암을 일으키는 경우다. 현재 HPV 백신 접종이 널리 이루어지고 있는 주된 이유는 감염 자체가 특별히 힘들어서라기보다는 암의 발생 위험을 낮추기 위함이다. 또 다른 사례로 헬리코박터 파일로리 *Helicobacter pylori*가 있다. 이 세균은 위궤양과 위암을 일으키는 세균이다. 노년에 동맥을 막는 반plaque과 치매 환자의 뇌에서 세균과 바이러스가 발견됐다는 보고도 있다. 이 세균과 바이러스가 이런 질병의 원인인지, 아니면 이런 질병을 악화시키는 것인지, 아니면 기회감염을 일으키는 것인지, 아니면 그냥 우연히 거기 있는 무해한 존재인지는 아직 밝혀야 할 숙제다.

전체적으로 보면 감염성 질환을 피하는 것은 당장 몸져눕는 것을 피하는 데서 그치지 않는 더 큰 이점을 가졌기 때문에 감염 예방을 위한 적절한 조치를 취하는 것은 가치 있는 일이다.

◦ 6. 치아를 잘 관리하자

불소 함유 치약으로 하루에 두 번 이를 닦고, 치실이나 치간칫솔로 치아 사이 틈을 청소하고, 달콤한 간식과 청량음료는 피하라는 말을 치과의사한테 아마 수백 번은 들었을 것이다. 하지만 치과의사의 이런 충고는 그저 예쁜 미소와 장래의 치과 진료비 청구서에만 영향을 미치는 것이 아니다. 당신의 수명에, 심지어는 치매 위험에도 영향을 미친다.

이 사실은 1980년대와 1990년대에 진행된 일련의 연구를 통해 빛을 보게 됐다. 이 연구는 차라리 관찰연구의 문제점을 보여 줄 때 사용할 사례로 적당해 보인다. 유행병연구자epidemiologist들은 충치와 잇몸질환이 있는 사람이 나이가 들어서 심장질환에 걸릴 위험이 더 높다는 것을 알게 됐다. 이것은 상관관계correlation가 곧 인과관계causation를 의미하는 것은 아님을 보여 주는 전형적인 사례처럼 보였다. 어쩌면 어떤 사람은 시간과 돈이 없어서 식생활을 관리하고, 충분히 운동을 하고, 치아를 돌볼 여력이 없는 것인지도 모른다. 아니면 건강에 무관심한 사람은 일반적으로 건강에 좋지 않은 음식을 먹고, 그 후에 칫솔질도 제대로 하지 않아서 그런 것인지도 모른다. 이런 설명은 나쁜 구강위생과 심장문제는 같이 나타나기는 하지만 어느 한쪽이 다른 한쪽을 야기한 것은 아니며, 가난과 같이 측정되지 않은 제3의 변수에 의해 함께 야기된 것임을 암시하고 있다.

하지만 통계학자들이 이런 교란요인들을 보정한 후에도 이런 관계가 여전히 성립하는 듯 보였다. 한 연구에서는 하루에 두 번 이를 닦는 사람은 한 번만 닦는 사람에 비해 심장마비의 위험이 낮고,[41] 한 번만 닦는 사람도 이를 규칙적으로 닦지 않는 사람보다 더 안전하다는 것이 밝혀졌다. 이들은 또한 C-반응성 단백C-reactive protein(염증의 수준을 알아보는 혈액검사로 노년층에서는 보통 살짝 높아져 있다)의 수치에서도 비슷한 상관관계를 보였다. 이를 더 자주 닦는 사람은 혈액 속에 C-반응성 단백의 수치가 낮았다. 이것은 무언가를 많이 할수록(임상실험에서는 보통 약을 많이 복용하는 것을 의미) 그 효과도 커지는 '용량-반응dose-response' 관계를 암시한다. 이것으로 구강위생 불량이 심장마비를 일으킨다는 주장이 입증되는 것은 아니지만, 그 설득력은 높아진다. 구강에 존재하는 세균이 잇몸질환을 악화시키지 않는 유형이라도 당뇨병의 위험과 기대수명에는 영향을 미칠 수 있음이 밝혀졌다.[42] 치과의사들이 경각심을 느껴야 할 부분이다.

여기서 제안된 생물학적 연결고리는 만성염증이다. 만성 잇몸질환과 충치를 일으키는 구강 내 세균과 낮은 수준이라도 지속적으로 싸움을 일으키다 보면 염증성 분자가 지속적으로 새어 나온다. 그리고 이것은 기본적으로 노화 과정을 가속한다. 5장에서 잇몸질환과 알츠하이머병 사이의 상관관계에 대해 얘기하면서 잇몸질환을 일으키는 세균이 아밀로이드반에서도 발견된다고 했다. 이런 이론들은 아직 입증되지 않았지만 치아를 깨끗이 유지해야 할 또 하나의 타당한 이유가 되어 줄 수 있다.

7. 햇빛을 차단하자

4장에서 피부 노화는 햇빛 노출과 긴밀하게 연관되어 있다고 했다. 햇빛에 노출된 피부는 주름이 더 빨리 생기고 나이가 들면서 생기는 반점이나 변색의 위험도 커진다. 이런 반점과 변색은 미용적으로도 좋지 않고 피부암으로 바뀔 위험도 훨씬 높다. 2년에 한 번씩만 햇볕에 화상을 입어도 암의 위험이 높아진다.[43]

이 모든 현상은 햇빛에 들어 있는 자외선 때문이다. 자외선은 단백질과 DNA 같은 분자를 연결하는 화학결합을 깨뜨릴 정도로 강력한 에너지를 가졌다. DNA의 손상을 정확하게 복구하지 않으면 돌연변이를 일으켜 세포를 암으로 만들 위험이 있다. 피부의 탄력을 유지해 주는 콜라겐과 엘라스틴 같은 단백질에 손상을 입으면 나이가 들면서 피부가 뻣뻣해진다.

따라서 자외선이 피부에 도달하는 것을 차단하면 햇빛의 노화 효과를 막을 수 있다. 햇살이 특히나 강한 날은 외출을 삼가거나, 노출 부위를 옷으로 가리거나, 자외선 차단제를 바르면 자외선을 막을 수 있다. 피부의 노화를 막아 준다고 주장하는 피부크림은 수없이 많지만, 그중에서 그 주장을 뒷받침할 과학적 증거가 가장 확실한 것은 자외선 차단제다.

◦ 8. 심박수와 혈압을 체크하자

우리 삶의 모든 면을 수량화할 수 있는 어플리케이션과 장치들이 점점 늘고 있지만 아마도 그중 가장 가치 있는 것은 소박한 자동혈압계가 아닐까 싶다. 심박수와 혈압을 측정함으로써 자신의 심혈관 건강 상태에 대해 소중한 통찰을 얻을 수 있다. 심장질환, 뇌졸중, 혈관성 치매 등이 사망과 장애의 흔한 원인임을 생각하면 이것은 전체적인 건강을 들여다볼 수 있는 중요한 통찰이다.

심장이 뛸 때마다 가장 중요한 동맥인 대동맥aorta으로 피가 뿜어져 나간다. 순환계는 나무 같은 구조를 가지고 있다. 대동맥은 나무의 몸통이고 그 뒤로 점점 작은 혈관들이 가지와 잔가지처럼 뻗어 나가며 혈액을 온몸 구석구석으로 날라 준다. 혈압계는 120/80처럼 두 가지 수치를 알려준다(이 수치의 단위는 이제 퇴물이 된 압력 단위인 수은주밀리미터다). 앞에 나오는 더 큰 수치는 수축기혈압systolic pressure이라고 하며 심장이 박동하는 순간에 전신으로 퍼져 나가는 압력파를 측정한 값이다. 두 번째 나오는 작은 수치는 이완기혈압diastolic pressure이라고 하며 심장 박동과 박동 사이에 혈관의 압력이 제일 낮아졌을 때의 값이다. 동맥의 혈관벽이 부드럽고 탄력이 있으면 심장의 압력파를 흡수할 수 있다. 그래서 심장에서 더 멀리 떨어진 좁은 혈관에 전달되는 압력이 줄어든다. 하지만 콜라겐과 엘라스틴이 당화, 소실되고, 죽상동맥경화반이 끼고, TTR 아밀로이드나 다른 과정들이 개입하면 혈관이 좁고 딱딱해진다. 이렇게 탄력을 잃은 동맥은 압력파를 제대로 흡수할 수 없어서 그 압력을 뒤쪽으로 고스란히 전달한다. 그리고 마찬가지 과정을 통해 혈관은 찢어지기 쉬운 상태가 되는데 마지막에 자리 잡은 작은 혈관들은 대단히 섬세한 것들이다. 1년 365일 하루도 빠짐없이 1분에 60번에서 100번씩 높은 혈압으로 이 혈관들을 두드리다 보면 결국에는 혈관이 터진다.

혈관 파열의 부작용이 가장 심각하고 갑작스럽게 나타나는 경우는 뇌의 중간 크기 혈관이 터져 출혈이 생기는 경우다. 이것이 뇌졸중이다. 그럼 그 부분에서는 혈액이 흐르지 못하고 고이게 되고, 몇 분 지나지 않아 근처의 뇌세포들은 산소 부족으로 죽는다. 더 작은 혈관이 터지는 경우도 있다. 이 경우에는 그 영향을 당장 느끼지 못하지만 시간이 지나면서 작은 사건들이 계속 쌓이다 보면 혈관성 치매에 기여할 수 있다. 고혈압은 피를 걸러 내는 신장의 섬세한 구조에도 손상을 입힐 수 있고, 눈 뒤쪽에 있는 혈관이 확장되거나 터지게 만들 수도 있다. 그리고 뼈 강도의 감소 같은 예기치 않았던 영향을 미칠 수도 있다.

고혈압은 침묵의 살인자다. 전 세계적으로 만 24세 이상의 성인 중 40퍼센트 정도가 고혈압이다.[44] 하지만 고혈압은 느낄 수도, 즉각적인 증상도 없다. 그래서 혈압계가 필요하다. 자리에 앉아 긴장을 풀고 몇 번 크게 숨을 쉬자. 그리고 혈압을 측정한 다음 그 값을 체계적으로 기록해서 시간에 따른 경향을 살펴보자. 혈압이 120/80 이하면 정상이다. 약 115/75에서 시작해서 20/10이 높아질 때마다 심장질환이나 뇌졸중으로 사망할 위험이 대략 2배로 커진다.[45] 따라서 135/85면 위험이 2배, 155/95면 4배 위험해진다. 혈압을 잴 때마다 120/80 이상으로 나온다면 식생활을 개선하거나 운동을 조금 더 열심히 할 필요가 있다. 이런 간단한 노력만으로도 혈압을 낮출 수 있다. 만약 혈압이 일관되게 140/90을 넘고 있는데[46] 담당 의사는 모르고 있는 상태라면 내원 약속을 잡아서 의사와 상담하고 혈압약 복용을 고려해 보는 것이 좋다. 집에서 측정한 혈압만으로 알 수는 없다. 병원에 가서 측정하면 수치가 크게 높아지는 사람이 많기 때문이다. 이런 현상을 백의 고혈압white-coat hypertension이라고 한다.

심박수에도 관심을 기울여야 한다. 대부분의 자동혈압계는 혈압을 측정하면서 심박수도 함께 측정해 보여 준다. 안정시 심박수resting heart rate는 분당 60~100회 사이여야 한다. 하지만 체력이 좋은 사람은 조금 더 낮게 나올 수 있다. 4장에서 말했듯이 안정시 심박수가 60이 아니라 100인 사람은 사망 위험이 대략 2배 높아진다. 흥미롭게도 2배로 높아지는 사망 위험은 심장질환으로 인한 사망 위험만이 아니라 모든 원인에 의한 사망 위험이다.[47] 안정시 심박수가 높은 것은 암 위험 증가와도 관련 있다. 처방은 고혈압과 비슷해서, 체중을 줄이고 운동을 더 열심히 하면 빠른 심박수를 더 건강한 속도로 낮출 수 있다.

9. 굳이 보충제를 먹을 필요는 없다

보충제로 치료해야 할 특정 비타민 결핍이 있는 경우가 아니면 시장에 나와 있는 다양한 비타민 보충제의 사용을 지지하는 증거는 나와 있지 않다. 7장에서 살펴보았듯이 거의 30만 명의 참가자를 아우르는 여러 실험들을 검토한 바에 따르면 비타민 보충제는 사망 위험에 아무 효과가 없거나, 베타카로틴이나 비타민E의 경우 오히려 사망 위험을 살짝 높였다.

이런 비판적인 결과가 나오고 수십 년의 실험에서 그 효과를 입증하는 데 실패했음에도 불구하고 항산화제의 미신은 계속 이어지고 있다. 대중 사이에서 여전히 보충제는 인기를 끌고 있고 미국 성인 중 절반 정도가 규칙적으로 보충제를 복용하고 있다고 한다.[48] 비타민이라고 하면 왠지 건강에 좋을 것 같고 알약을 입에 털어 넣는 것은 식생활을 개선하거나 규칙적으로 운동하는 것보다 훨씬 쉽다. 하지만 비타민 보충제에 돈을 쓰느니 그 돈으로 채소를 더 사서 먹거나 운동화를 한 켤레 마련하는 것이 훨씬 낫다.

◦ 10. 장수 약품도 먹을 필요 없다. 아직은!

건강에 문제가 있는 사람이라면 약이 말 그대로 목숨을 유지해 줄 수도 있다(어떤 치료를 할 때는 그에 따르는 비용과 편익을 의사와 따져 보아야 한다). 하지만 나이에 비해 전반적으로 건강이 좋은 사람이라면 아직은 건강수명을 늘려 줄 약이 나와 있지 않다.

모든 사람이 매일 소아용 아스피린을 복용해야 한다는 주장도 있다. 이론적으로는 아스피린이 염증을 줄이고 그와 함께 심장마비와 뇌졸중의 가능성을 낮추어 항노화 효과를 낼 수 있다. 하지만 안타깝게도 아스피린 복용에는 위출혈의 위험이 따른다.[49] 따라서 심장마비의 위험이 높은 사람이 아니면 매일 아스피린을 복용하는 것이 이득이 되지 않는다. 그리고 그런 사람이라 해도 과연 편익이 비용보다 큰가 하는 부분에 대해서는 의료전문가들 사이에서 의견이 엇갈리고 있다.

당뇨병 치료제 메트포르민은 노화 과정을 늦추는 약으로 1순위 후보다. 이것은 5장에서 얘기했던 식이제한 효과약물이다. 지금까지 나온 증거를 보면 유망한 약이고, 미국에서 진행되는 대규모 실험으로 앞으로 5년 정도 안에 어느 쪽이든 명확한 결론이 날 테지만, 아직까지는 지켜보는 것이 최선이 아닐까 싶다. (다음 장에서 이 실험에 대해 더 자세히 알아보겠다.)

지켜보아야 할 또 다른 개념은 앞 장에서 얘기했듯이 *PCSK9* 억제제 같은 것을 이용해 콜레스테롤 수치를 근본적으로 낮추는 것이다. 현재까지 나와 있는 증거를 보면 사람은 콜레스테롤 혈중 수치가 현재 정상치로 인정하는 값보다 훨씬 낮아도 잘 지낼 수 있다.[50] 만약 *PCSK9* 억제제가 장기 복용해도 안전한 것으로 판명이 난다면 이런 약물(혹은 '콜레스테롤 백신' 유전자 치료)을 복용하는 것이 좋을 수 있다. 하지만 콜레스테롤 수치가 높지 않은 사람에서도 이것이 정말로 안전한지 확인하려면 더 많은 연구가 필요하다.

앞선 장에서 논의했던 개념 중 일부가 현실화됨에 따라 현재 나와 있는 증거에 비추어 볼 때 과연 그런 치료법이 시도할 가치가 있는지 알고 싶어 다양한 연령대의 사람들이 눈에 불을 켜고 지켜볼 것이다. 이에 대해 사람들이 충분한 정보를 바탕으로 결정을 내릴 수 있게 도와줄 메커니즘을 개발하는 것이 중요하다. 이 부분에 대해서도 다음 장에서 함께 살펴보겠다.

11. 여자가 돼라

아무 도움이 안 될 조언으로 마무리할까 한다. 여자로 태어나면 기대수명이 5년 정도 늘어난다.[51] 여기에 기여할 수 있는 다양한 사회적 요인이 존재한다. 예를 들면 남성에서 더 많이 보이는 흡연, 음주, 위험 감수 행동, 남성과 여성의 직업 차이 등이다. 하지만 수명

의 성차에 대한 생물학적 설명도 존재한다.[52]

학교에서 사람에게는 두 개의 성염색체sex chromosome가 있고, 여성은 XX를, 남성은 XY를 갖고 있다는 것을 배웠을 것이다. 이 이름만 봐서는 Y가 X의 크기의 1/3 정도에 불과한 짤막한 염색체라서 그 안에 들어 있는 유전자 수가 대단히 적다는 사실이 잘 안 드러난다. 그렇다면 남성은 하나밖에 없는 X 염색체의 유전자에 문제가 생겼을 경우 그 문제를 해결해 줄 백업 복사본이 없다는 의미다. 남성에서 색맹이 더 흔한 이유가 이 때문이다. X 염색체에는 색각color vision에 필수적인 두 개의 유전자가 저장되어 있다. *OPN1LW* 혹은 *OPN1MW*는 빨간색과 초록색을 감지하는 단백질을 만드는 유전자다. 당신이 남자인데 이 유전자 중 하나에 문제가 생기면 Y 염색체가 그 차이를 메꿔 주지 못하기 때문에 빨간색을 초록색과 구분할 수 없게 된다. 노화 속도와 관련해서는 유전자 백업이 없는 것이 미치는 영향이 훨씬 미묘하지만 동물계 전반을 보면 서로 다른 염색체끼리 짝을 이루는 성은 어느 쪽이든 기대수명이 짧아지는 경향이 있다.[53] 예를 들어 새에서는 수컷은 ZZ 염색체를, 암컷은 ZW 염색체를 갖고 있는데 보통 수컷이 더 오래 산다.

수명의 차이에서 미토콘드리아가 역할을 할지 모른다는 추측도 있다.[54] 미토콘드리아는 엄마로부터만 물려받기 때문이다. 당신 몸속에 있는 모든 미토콘드리아는 당신으로 자라난 난자에 들어 있던 미토콘드리아 수십 만 개의 후손이다. 즉 적은 양이지만 당신의 DNA 중 일부(미토콘드리아에 들어 있는 DNA)는 양쪽 부모로부터 물려받지 않고 엄마 쪽에서만 물려받는다는 의미다. 진화적 관점에서 보면 이것은 정말 이상한 일이다. 남자는 자기 미토콘드리아에 큰 번식의 이점을 주는 돌연변이를 갖고 있어도 그 미토콘드리아 DNA를 후손에게 전달하지 못하는 반면, 여성은 그런 돌연변이를 여러 딸, 그리고 그 딸들의 딸에게 계속 전해 줄 수 있다는 의미이기 때문이다. 이런 미토콘드리아 유전의 비대칭성 때문에 미토콘드리아의 진화가 남성에게 미치는 영향은 그다지 신경 쓰지 않고 여성의 특성을 개선하는 데 초점을 맞추어 진행되어 남성보다 여성의 건강에 살짝 더 유리한 특성이 만들어졌을 수 있다.

마지막으로 성호르몬도 역할을 할 가능성이 크다. 6장에서 내시와 거세된 남자 피수용자가 같은 동시대 남성보다 장수했다는 사실을 보았다. 내시의 경우 아주 현저하게 오래 살았다. 내시의 기록을 그대로 믿을 수 있다면 이들의 놀라운 수명에 대해 남성은 여성보다 더 오래 살 수 있는 생물학적 활력을 갖고 있지만 테스토스테론이 공모해서 우리를 죽이고 있다고 생각할 수 있다. (아마도 테스토스테론은 젊은 나이에 번식 성공 가능성을 올려 줄 것이다. 즉 남성의 수명이 짧은 이유는 남성에게 작동하는 적대적 다면발현 때문이라는 것이다.)

남성이 겪는 이 부당함을 조금은 위로해 줄 소식이 하나 있다. 여성이 더 오래 살기는 하지만 이상하게도 평균적으로 보면 건강이 더 안 좋아진 상태에서 오래 산다는 점이다.[55] 이런 현상의 규모에 관해, 심지어 이런 현상이 실제로 일어나는지에 관해 여전히 논쟁이 있지만,[56] 대단히 흥미로운 데이터가 백세장수인으로부터 나왔다. 한 연구에서는 100세가 넘은 여성이 남성보다 4:1 비율로 많았지만, 이 연구에서 노화 관련 질병으로 지목한 14가지 질병을 하나도 앓지

않는 사람의 비율이 남성은 37퍼센트인 반면, 여성은 21퍼센트에 그쳤다.[57]

전체 인구 중 절반에게는 여자가 돼라는 충고가 아무짝에도 쓸모없지만, 사실 여기 목록에 등장하는 여러 항목들도 많은 사람에게 실천이 대단히 어렵거나 불가능한 것이다. 예를 들어 노화 때문에 생긴 문제를 비롯해서 이런저런 건강 문제로 원하는 만큼 운동을 열심히 할 수 없는 이들도 있다. 그리고 돈과 시간의 제약 때문에 균형 잡힌 식단을 추구하기 어려운 사람도 있다. 그리고 도시 설계 때문에 도보나 자전거로 출퇴근하는 등 건강에 도움이 되는 활동을 하기가 어려워지는 경우도 있다. 그리고 치료보다는 예방이 낫고, 시작하기에 너무 늦은 시간은 없지만, 이미 늙고 건강이 나빠진 사람도 있다. 마지막으로 이런 조언을 충실히 따른다고 해서 모두가 건강하게 오래 살 수 있는 것은 아니다. 음식도 가려 먹고 마라톤도 하면서 열심히 운동했는데 50대에 죽는 사람에게는 그래도 통계적으로는 건강하지 못하게 산 사람보다 오래 살 가능성이 더 높지 않았느냐는 말이 위안이 되지 못한다.

이런 건강 관련 조언이 중요하지만 이런 이유들 때문에 노화 생물학이 우리를 더 건강하게 장수하도록 도울 수 있는 부분이 많다. 다음 장에서는 개인적으로 잘 사는 것을 넘어 모든 사람이 건강하게 더 오래 살 수 있도록 도울 수 있는 일을 알아보겠다. 여기에는 정부가 해야 할 일도 있고, 연구자들이 바꾸어야 할 부분도 있고, 생물노인학의 힘을 빌려 모두가 장수할 수 있도록 시민이자 유권자인 우리 모두가 해야 할 일도 있다.

11장 과학에서 의학으로

From science to medicine

노화의 치료는 그저 과학계의 문제로 그치지 않는다. 연구 내용이 광범위하게 활용될 수 있도록 정치, 정책, 규제의 변화를 통해 생물노인학의 돌파구를 열어야 한다. 여기에 달린 이해관계를 생각하면 최대한 많은 사람이 이 치료의 혜택을 받을 수 있도록 가급적 빨리 행동에 나서야 할 커다란 윤리적 동기가 존재한다. 물론 지금 살아 있는 우리에게도 개인적으로 큰 동기로 작용한다. 당신이 현재 중년이나 그보다 어린 나이이고 운이 좋아 건강도 충분히 좋으며, 가능한 모든 부분에서 자신의 건강을 잘 돌보고 있다면 노화를 다루는 의학이 어디까지 발전하느냐가 앞으로 당신에게 남은 수명을 결정하는 가장 큰 요인이 될 것이다.

이것은 노화 연구에 과학적 발견뿐만 아니라 지지와 뒷받침이 필요함을 의미한다. 이번 장에서는 사람들에게 의학 혁명의 잠재력에 대해 알리는 일에서 관련 정책과 연구 방법의 변화에 이르기까지 어떤 부분에서 변화가 필요한지 살펴보겠다.

이 모든 것을 위한 전제조건은 과학자에서 의사, 정치인과 대중에 이르기까지 각계각층의 사람들이 생물노인학에서 나온 최신 연구 결과의 중요성을 잘 이해하고 있어야 한다는 점이다. 그것이 바로 내가 이 책을 쓴 이유다. 노화 생물학과 관련된 최신의 발전에 대해 듣기 전에는 노화를 치료한다고 하면 공상과학영화에서 나올 얘기로 들린다. 그래서 이런 얘기들이 사람들에게 의례히 묵살당해 버리고, 언론에서는 노화 치료가 다가온 현실이 아니라 마치 새로운 연구 분야인 듯 취급을 당하고, 정책 입안자들에게는 대체로 무시를 당한다. 이 분야에 대한 관심이 늘고는 있지만 과학자가 실제로 실험실에서 노화를 늦추고 역전시킬 수 있다는 개념이 대중의 인식에 아직 널리 스며들지 못했다. 2013년의 설문조사에 따르면 미국인의 90퍼센트가 노화 치료에 대해서 거의 혹은 전혀 들어본 적이 없었다.[1] 그리고 그동안 상황이 조금도 개선되지 않았다는 것이 믿기지 않지만 이 설문조사는 우리가 최근에야 밑바닥부터 시작한 상황이나 마찬가지란 것을 보여 준다.

과학자들도 책임이 없지 않다. 생물노인학은 역사적으로 규모가 작은 학문 분야였기 때문에 생물학자들 사이에서도 이 분야에 대한 인식이 놀라울 정도로 낮다. 노화는 생물학에서 가장 보편적이고 중요한 과정임에도 학부 강의나 교과서에서는 노화에 대해 그저 스치

듯 언급하고 지나간다. 대학원 과정을 밟는 과학자들도 노화의 중요성을 인식하지 못하고 암 연구나 바이러스학 같은 다른 분야에서 박사 학위를 딴다. 이들이 자신의 실험실을 차릴 시기가 됐을 때를 봐도 그 사이에 노화에 대해 배울 기회가 있었다고 해도 길이 잘 닦여 있는 기존의 전공 분야에서 벗어나도록 유인할 동기가 부족하다.[2] 그래서 노화에 관해 학부에서 강의하거나 노화를 전공하고 싶어 하는 박사 학위 학생을 받아 줄 사람이 절대적으로 부족해지고, 이것이 악순환 고리를 이룬다. 학문 분야의 규모가 작아서 작을 수밖에 없는 자기충족적 예언에 붙들리는 것이다.

따라서 제일 먼저 밟아야 할 단계는 우리가 지금까지 논의했던 놀라운 발견에 대한 인식을 끌어 올리는 것이다. 노화는 우리가 치료할 수 있고, 치료해야 할 대상이라는 것이 널리 인식되지 않으면 우리에게 필요한 다른 정책 변화들도 불가능하다. 그리고 이런 인식 개선은 정치인, 과학자, 친구, 가족과의 대화를 통해 우리 모두가 참여할 수 있는 부분이다.

그다음 단계는 생물노인학에 간절히 필요한 연구자금을 확보하는 것이다. 노화 연구가 우리의 건강에 미칠 수 있는 영향을 생각해 보면 현재 노화 연구에 대한 투자는 너무도 미비하다. 많은 과학 분야들이 잠재적 영향력에 비해 자금 지원이 부족한 것이 사실이지만, 노화 연구는 이런 연구 분야들과 비교해도 특히나 부족하다.

미국은 노화 연구를 전문적으로 하는 정부의 연구비 지원 기관이 있다는 점에서 특이하다(이것이 특이한 일이라는 것 자체가 문제다). 미국 국립노화연구소의 2020년 예산은 26억 달러였다.[3] 이것은 미국 국립암연구소National Cancer Institute에 배정된 64억 달러의 절반에 못 미치는 수준이고, 그 모기관인 미국 국립보건원NIH 예산의 10퍼센트도 안 된다. 미국의 전체 사망 원인 중 85퍼센트가 노화인데 노화 연구에 지원되는 연구 자금은 6퍼센트에 불과하다. 노화가 야기하는 질병 연구에 들어가는 자금보다 현저히 적다.

이와는 대조적으로 미국은 매년 보건의료에 4조 달러를 지출하고 있다. 그리고 그중 상당 부분은 말년에 찾아오는 만성질환에 지출되고 있다. 미국 국립노화연구소의 예산은 미국의 보건의료비 지출의 0.1퍼센트에도 미치지 못한다. 이 연구 분야가 예방치료로 보건의료체계의 비용을 크게 낮출 수 있음을 생각하면, 노년의 질병과 장애로 인한 막대한 비용은 차치하고 경제적 관점에서 봐도 이것은 말이 안 되는 상황이다.

또 다른 문제점은 '노화'라는 딱지를 붙여서 나오는 연구 자금이 노화 자체가 아니라 노화로 인해 생기는 질병 연구에 사용될 때가 많다는 것이다. 미국 국립노화연구소의 약자인 'NIA'가 사실은 미국 국립알츠하이머연구소National Institute for Alzheimer's의 약자라는 생물노인학 분야의 우스갯소리가 있다.[4] 그 분과인 신경과학 분과Division of Neuroscience에서 26억 달러의 예산 중 절반 이상을 받아 가는 반면, 노화생물학 분과Division of Aging Biology는 딱 10퍼센트만 받기 때문이다. 기초 연구는 너무도 중요하다. 기초 연구에서 이루어진 발견을 토대로 더 실용적인 연구도 이루어지기 때문이다. 하지만 노화에 대한 이해를 노화에 대한 실제 치료법으로 바꾸려는 연구에 지원되는 정부 자금은 아마도 미국의 전체 보건의료 지출 중 만 분의 일 정도에 불과할 것이다.

미국만 그런 것이 아니다. 전 세계적으로 질병, 장애, 사망의 가장 큰 원인이 노화인데도 국가들은 노화 연구에 정말 우울할 정도로 투자를 하지 않는다. 노화 치료의 새로운 방법을 찾고 우리가 이미 알고 있는 개념을 치료법으로 전환하기 위해서는 생물노인학에 대한 연구비 지원이 간절하다.

정치가들은 노화 연구에 대한 자금 지원을 비용이 아니라 투자로 생각해야 한다. 항노화 치료의 이득을 계산해 본 연구가 있는데, 노화가 적당히 늦춰져서 수명과 건강수명이 2.2년만 늘어난다면, 미국의 인구집단에 돌아가는 건강상의 혜택만 고려해도 50년 동안 7조 달러의 가치가 발생한다고 한다.[5] 과학과 경제에 돌아가는 혜택 역시 적지 않다. 노화 의학에 진지하게 투자하려는 정부는 말 그대로 살아 있는 모든 사람을 표적 시장으로 삼는 세계 최대의 산업으로 성장할 분야에서 앞서 나가게 될 것이다.

과학은 저렴하다. 우리가 얻는 것이 몇 년의 건강수명밖에 없다고 치더라도 생물노인학의 이런 돌파구를 마련하는 데 들어가는 비용은 상대적으로 저렴한 축에 속한다. 노화의 전형적 특징 10개에 각 100억 달러씩을 투자한다고 하면 들어가는 돈이 1000억 달러밖에 안 되지만 확실한 발전을 이룰 수 있을 것이다. 이 정도 돈이면 미국에서 매년 보건의료에 지출하는 총비용의 2.5퍼센트에 불과하다. 여러 국가에서 몇 년에 걸쳐 나누어 부담한다면 충분히 감당할 수 있는 수준의 비용이다. 그리고 이것으로 노화 연구에서 중요한 발전이 이루어진다면 인류 최고의 업적으로 추앙받는 감염성 질병의 퇴치가 그 자리를 노화 연구에 물려줄 것이다. 우리는 이 중요한 연구 분야에 투자를 늘리라고 정부를 다그쳐야 한다. 정치인들이 좀 더 합리적이기만 하면 어려운 일은 아닐 것이다. 정치인과 유권자들에게 여러 사람이 다양한 방법으로 이런 주장을 펼친다면 성공 가능성도 그만큼 높아질 것이다.

생물노인학의 발목을 잡는 가장 큰 장애물은 분명 자금 부족이지만 성공 가능성을 극대화해 줄 더 구체적인 아이디어들도 있다. 과학적인 연구 결과를 더 신속하게 환자에게 적용할 수 있게 할 정책적 변화들이다.

첫 번째 문제는 서문에서도 얘기했던 것으로, 현재 특정 질병이 아닌 '노화' 자체를 치료하는 약물을 승인해 주지 않는다는 것이다. 단기적으로는 이것이 발전을 가로막지 않을 것이다. 노화의 전형적 특징을 늦추거나 역전시키는 치료가 그것이 일으키는 질병에도 영향을 미치기 때문에 처음에는 이런 질병에 대한 사용승인을 받으면 된다. 예를 들어 인간 대상 실험에서 세놀리틱은 관절염과 폐질환에 사용되고, 줄기세포 치료는 파킨슨병에 사용되었지, 전반적인 노화를 대상으로 사용되지 않았다. 하지만 일단 이런 치료법이 특정 질병에서 가치가 입증되고 나면 궁극적으로는 사람들이 아파지기 전에 예방적으로 이런 치료법을 사용하는 것이 목표가 될 것이다. 그리고 과학자들은 이미 이것을 가능하게 만들기 위한 토대를 구축하고 있다.

생물노인학자 겸 의사 니르 바르질라이Nir Barzilai가 이끄는 과학자 연구진이 이런 규제상의 난관을 깨뜨리고 있다. 그는 혁명적일 것이 하나도 없는 약을 가지고 혁명적인 실험을 수행하고 있다. 바로 메트포르민이다. 메트포르민은 당뇨병 치료제로 사용되고 있고 지구에서 가장 널리 사용되는 약물 중 하나다. 미국에서만 메트포르민 처방전이 1년에 8000만 장 정도 발행되고 있다. 그리고 이 약은 1958년에 영국에서 최초로 승인 받았을 만큼 오랜 역사도 갖고 있다. 이 평범하기 그지없는 분자는 지극히 안전하고 효과적인 당뇨병 치료제일 뿐만 아니라 이 약을 복용하는 사람에게 축적되는 것으로 보이는 뜻하지 않았던 긍정적인 부작용도 갖고 있다.

가장 눈에 띄는 것은 메트포르민으로 치료를 받은 당뇨병 환자와 인기 있는 또 다른 당뇨병 치료제인 설포닐우레아sulphonylurea로 치료 받은 당뇨병 환자, 그리고 나이와 성별은 같지만 당뇨병이 없어서 양쪽 약물 모두 복용하지 않는 대조군 사이의 비교였다.[6] 메트포르민을 복용하는 당뇨병 환자들은 설포닐우레아를 복용하는 환자보다 오래 살았을 뿐 아니라 당뇨병이 없는 사람보다도 근소하게 더 오래 살았다. 당뇨병이 없는 환자들이 더 건강하고 비만도 적었는데도 말이다. 메트포르민은 당뇨 치료에만 사용되고 있지만 심장 질환, 치매의 위험도 줄인다는 암시가 있다. 노화 관련 질병과 죽음이 이렇듯 전반적으로 감소하는 것을 보면 이 당뇨병 치료제가 노화 과정 자체에 훨씬 근본적인 영향을 미치는 것이 아닌가 하는 생각이 든다.

안타깝게도 앞선 장에서 다루었던 식생활 연구 및 운동 연구와 마찬가지로 이런 연구들은 모두 아직 관찰 단계에 머물고 있다. 예를 들어 잘 조절되는 당뇨병은 메트포르민 처방이 아닌 다른 어떤 이유로 다른 노화 관련 질병에 더 저항성이 있는지도 모르고, 어쩌면 이런 당뇨병 환자가 의료체계를 더 자주 접하기 때문에 발생 초기의 질병을 일찍 진단해서 치료할 수 있기 때문인지도 모른다. 그래서 메트포르민 투여 여부를 당뇨병에 의한 기준으로 결정하지 않고 무작위로 결정하는 표준 실험이 필요한 상황이다.

이것이 TAME(Targeting Aging with MEtformin) 실험의 목표다.[7] 이 실험은 만 65세에서 80세까지의 실험참가자 3000명을 모집해서 이 약이 진정한 항노화치료인지 여부를 검사한다. 1500명은 진짜 메트포르민을 복용하고, 나머지 1500명은 위약을 복용하게 된다. 그리고 5년 후에 암, 심장질환, 치매 같은 노화 관련 질병이 메트포르민을 복용한 참가자 집단에서 대조군보다 더 늦게 생기는지 여부를 따져 성공을 판단할 것이다.

TAME을 진행하는 연구진에게 세상이 깜짝 놀랄 연구 결과를 기대하지는 않는다. 만약 메트포르민이 사람의 수명을 수십 년씩 늘려 준다면 워낙 광범위하게 사용되는 약이라 그 효과가 이미 분명히 드러났었을 것이다. 하지만 메트포르민이 인정을 받게 된 것은 부작용이 없기 때문이다. 반세기 동안 처방한 결과 우리는 메트포르민이 심각한 문제를 거의 일으키지 않는다는 것을 알게 됐다. 건강한 사람을 대상으로 하는 약물 투여를 약물 규제 담당자에게 허락 받으려면 그 약이 사람에게 해를 주지 않아야 한다는 최우선 명제가 있어야 한다. 메트포르민이 노화 치료 효과를 검증하는 최초의 약물로 선택받은 이유는 바로 실용적이고 온건하기 때문이다. 차로 치면 경주로를 멋대로 휘젓고 다니는 슈퍼카가 아니라 안전도 평가 1등급을 받은 가족용 승합차량에 비교할 수 있다. 메트포르민의 또 다른 장점으로는 오래된 약이라서 더 이상 특허가 적용되지 않는다는 점이다. 그래서 아주 저렴한 가격에 생산할 수 있어서 실험 비용도 줄고, 효과가 입증되어 출시하는 경우에도 부담이 없다.

설사 실험이 실패해서 메트포르민이 위약보다 효과가 나을 것이 없는 것으로 나온다 해도, FDA와의 긴밀한 협력을 통해 개발된 TAME의 방법론은 앞으로 나올 치료법을 검증할 표준화된 접근방식을 제공할 것이다. 인간을 대상으로 하는 최초의 대규모 항노화 치료법 실험이 결과가 모호하게 나와서 생물노인학이 최초의 실제 실험에서 성공을 거둘 기회를 날리면 민망한 일이 되겠지만 이 모형은 과학자와 제약회사들이 다음 세대의 항노화 치료법을 승인받으려 할 때 참고할 선례가 될 것이다.

항노화 치료의 또 다른 문제점은 실험에 시간이 아주 오래 걸리고, 그래서 실험 비용도 늘어난다는 것이다. TAME의 실험 비용은 7000만 달러다. 메트포르민이 아주 저렴한 약물이고, 이 약의 복용량과 안정성에 대해 이미 알려진 것이 많아서 실험 초기 단계는 건너뛰고 후기 단계로 곧장 넘어갈 수 있음에도 불구하고 만만치 않은 비용이다. 한편으로 보면 이런 실험 비용을 두고 뭐라 하는 것이 조금은 인색해 보인다. 만약 이 실험을 통해 메트포르민이 노화를 조금이라도 늦추어 주는 것으로 밝혀진다면 당장에 드는 비용을 수천배로 되갚아 줄 수 있기 때문이다. 하지만 또 한편으로 보면 이 정도의 실험 비용은 학계에 몸담은 과학자들에게는 언감생심이고, 제약회사 입장에서도 대단히 큰돈이다. 비용의 제약이 항노화 치료법 개발을 얼마나 어렵게 만드는지 보여 준다.

후기 단계 실험에 드는 비용은 모든 의학치료법 개발에서 문제지만 항노화 약물을 건강한 사람에게 투여하고 싶을 때는 특히나 예민한 문제다. 새로운 항암치료제 같은 경우는 몇 주 만에 암을 줄여 줄 수도 있고, 더 장기적으로 실험이 진행되더라도 재발 없이 5년 후에 살아남은 환자가 몇 명이나 되는지 확인해 그 효과를 검증해 볼 수 있다. 슬픈 일이지만 5년이면 실험에 참가한 암 환자 중에서 사망자가 다수 나올 시간이다. 하지만 항노화 치료를 받는 비교적 건강한 60대 실험 참가자들의 경우에는 그 약이 효과가 있든 없든 5년 후에도 대부분 살아 있을 것이다. 이것은 분명 당사자들에게는 좋은 일이지만 새로운 약물의 효과를 정량화하려는 통계학자의 입장에서는 나쁜 소식이다. 이 약을 건강한 3, 40대 참가자들에게 투여하려고 하면 문제는 훨씬 더 커진다. 분명 다른 접근방식이 필요하다.

다행히도 과학적 해결책이 존재한다. 노화의 생체지표biomarker를 사용하는 것이다. 이것은 특정 순간에 사람의 생물학적 나이를 말해 줄 수 있는 간단한 검사다. 4장에서 이미 그중 한 가지를 만나 보았다. '후성유전학 시계'다. DNA에 달려 있는 화학적 흔적을 이용해서 생물학적 나이와 사망 확률을 섬뜩할 정도로 정확하게 측정할 수 있다.

오리지널 후성유전학 시계는 이제 여러 연구를 통해 반복적으로 검증이 됐다. 사실 검증이 워낙 확실하게 이루어진 탓에 이와 전혀 상관이 없는 DNA 메틸화 연구를 하는 실험실에서도 환자의 후성유전학적 나이를 재빨리 합산하고 그 값이 기록된 나이와 일치하는지 확인해서 데이터 입력 오류를 확인할 정도다.[8] 덜 정확한 연령 예측 변수인 여러 가지 새로운 후성유전학 시계도 나와 있다. 사실 생각해 보면 연령은 굳이 정확하게 예측할 필요가 없다. 출생신고서라는 훨씬 단순한 기술을 이용해서 추론할 수 있기 때문이다. 그리고 이 후성유전학 시계들은 얼마나 오래 살지, 언제 암이나 심장질환에 걸릴지 등을 판단할 때 훨씬 뛰어나다.

2018년에는 새로운 버전의 후성유전학 시계가 개발됐다.[9] 이것은 오리지널 버전보다 사망을 훨씬 정확하게 예측한다. 또한 암과 알츠하이머병도 예측하며, 더 추상적으로 들어가면 누군가가 미래에 얼마나 많은 병을 동시에 앓을지도 예측해 준다. 오리지널 후성유전학 시계와 달리 이것은 환자가 담배를 피웠었는지 혹은 지금도 피우고 있는지도 감지한다. 이것은 담배가 폐에만 나쁜 것이 아니라 전반적으로 노화를 가속한다는 또 다른 결정적 증거다.

손의 악력이나 한 다리로 서는 능력, 폐활량 같은 신체검사에서 인지능력 검사나 시각이나 청력 측정, 그리고 혈액검사, 뇌 영상 촬영, 마이크로바이옴 분석같이 더 과학적으로 들리는 검사에 이르기까지 노화의 생체지표 후보는 다른 것도 많다. 이런 검사 중 일부 혹은 전부를 결합해서 사람의 진정한 생물학적 나이를 최대한 가깝게 측정하는 복합 측정법도 있다.

가장 놀라우면서 동시에 놀랍지 않은 노화의 생체지표는 겉모습일 것이다. 나이가 먹어서도 생생한 얼굴을 유지하는 사람을 부러워해야 할 이유는 허영심 말고도 또 있다. 젊어 보인다는 것은 생물학적으로도 젊다는 것을 의미하는 것으로 보기 때문이다. 2009년 연구에서는 얼굴 사진을 바탕으로 그 사람의 나이를 추측해 보도록 평가자들에게 요청했다.[10] 그리고 이 예측 나이를 총계 내서 평균 '인지 연령perceived age'을 계산해 보았는데 이 값이 실제 연령으로 보정한 후에도 사망률을 정확히 예측하는 것으로 나왔다. 그다음 단계는 이 색다르고 노동집약적인 과정을 인공지능으로 자동화하는 것이다.[11] 이 일은 일반적인 얼굴 사진과 사람의 얼굴 형상을 담은 3차원 맵을 모두 이용해서 어느 정도 성공을 거두었다. 한 연구진은 생쥐를 대상으로 영상 인식 알고리즘을 이용해서 사진을 보고 생쥐의 생물학적 나이를 추정하는 작업을 진행 중이다.[12] 이것이 가능해지면 연구자들은 전후 사진만 가지고도 생쥐에서 항노화 치료의 효과를 평가할 수 있을 것이다. 생쥐로 실험하는 것은 사람으로 하는 것보다 훨씬 쉽고 저렴하지만 그래도 생쥐를 이용하는 것은 생의학 연구에서 가장 비싼 형태의 연구에 해당한다. 여기서도 역시 이것이 비용을 절감하고 항노화 치료 실험의 속도를 끌어 올리는 데 도움이 될 것이다.

따라서 생물학적 나이 측정치 혹은 노화의 생체지표는 대단히 유용하다. 환자에게 알약을 쥐어 주고 이걸 먹으면서 수십 년을 기다려 보라고 하는 대신 이 약을 복용하고 몇 달 후에 다시 오라고 해서 생물학적 나이에 변화가 있는지 확인하면 되기 때문이다. 생물학적 시계의 똑딱 소리가 늦어지거나 오히려 뒤로 가고 있으면 우리는 수십 년을 기다리면서 누가 아직까지 살아 있는지 확인하지 않고도 그 효과를 추측할 수 있다. 생체지표의 또 다른 중요한 이점은 죽은 생쥐나 사람만이 아니라 실험에 참가하는 사람이나 생쥐 모두 데이터를 제공한다는 점이다. 이것은 통계적으로도 훨씬 효율적이다. 적은 참가자로도 훨씬 품질 좋은 연구 결과를 얻을 수 있다는 의미다.

가장 중요한 질문은 이런 생체지표들이 사망이나 질병의 위험을 예측하는 데는 좋은데, 과연 성공적인 항노화 치료로 노화를 늦추거나 되돌리는 것도 가능한가 하는 부분이다. 그렇다는 증거가 축적되고 있다. 6장에서 호르몬 치료를 통해 흉선을 회춘한다고 말했던 실험에서는 후성유전학적 나이가 줄어드는 효과도 함께 나타났다. 생쥐의 경우 설치류 후성유전학 시계의 흐름이 식이제한, 라파마이신 치료, 그리고 수명을 늘리는 유전자를 가진 생쥐에서 느려졌다.[13] 예를 들어 식이제한을 하는 생후 22개월 생쥐의 생물학적 나이는 불과 13개월에 불과했다. 이는 식이제한에서 예상할 수 있는 노화 속도 저하의 후성유전학적 발현이다. 붉은털원숭이에서도 비슷한 결과가 나와서 식이제한을 한 원숭이는 마음껏 먹은 원숭이에 비해 후성유전학적 나이가 7살 어렸다.[14] 상황에 따라 어떤 생체지표가 제일 나은지 밝혀내기 위해서는 더 많은 연구가 필요하지만 이런 연구 결과는 유망한 출발을 보여 준다.

항노화 치료를 통해 현재의 후성유전학 시계처럼 정확한 생체지표를 유의미하게 뒤로 돌릴 수 있다면, 이론적으로는 3000명의 참가자, 5년의 기간, 수천만 달러의 연구비가 들어가는 TAME 실험과 정확도 면에서 대등한 연구 결과를 불과 수백 명의 환자, 2년의 기간, 수백만 달러의 연구비로 완료할 수 있게 될 것이다.[15] 보기에 따라서 이것은 똑같은 연구 결과를 훨씬 저렴한 비용으로 얻을 수 있는 방법이 될 수 있고, 같은 초기 연구비용으로 수십 가지 치료법을 검증해 볼 기회가 될 수도 있다. 운용 가능한 생체지표를 찾는 것이 생물노인학에서 특히나 중요한 분야인 이유가 이 때문이다. 노화는 여러 가지 근본 원인을 갖고 있고, 그 각 원인에 적용할 수 있는 치료도 많기 때문에 더 신속하고 저렴하게 이런 치료를 검증해 볼 방법이 있다면 크게 환영받을 것이다. 노화의 생체지표는 이 분야를 더 폭넓고 신속하게 발전시키고, 하루라도 빨리 많은 목숨을 구할 수 있게 도와줄 중요한 기술이다.

실험을 할 때는 항노화 치료에서 가장 중요한 환자, 즉 노인들을 더 이상 배제하지 않는 것도 중요한 부분이다. 온갖 새로운 치료법들이 나오지만 그것을 노년층을 상대로 실험하는 일은 드물다.[16] 심지어는 노인들이 주로 사용하게 될 치료인 경우에도 그렇다. 그 이유는 노인들이 여러 면에서 너무 복잡한 존재이기 때문이다. 과학적 관점에서는 신약을 자신이 관심을 두고 있는 특정 질병만 가진 환자에게서 검증하고 싶어진다. 다른 건강 문제가 겹쳐진 경우에는 실험 결과에 혼선이 생길 수 있기 때문이다. 노인들은 그런 질병의 치료를 위해 다양한 약을 복용하는 경우가 많다. 이런 것이 당신이 검사하는 치료와 간섭을 일으킬 수 있다. 하지만 젊은 사람들을 대상으로 실험하면 문제가 간단해지고 결과를 해석하기도 쉽다. 상업적으로도 유리하다. 젊고 건강한 사람에서 실험을 하면 분명한 실험 결과가 나와서 치료법을 승인 받을 가능성이 높아진다. 마지막으로 노년층의 참여를 가능하게 해 줄 간단하지만 중요한 단계가 있다. 예를 들면 택시를 제공하거나 가정 방문 형식을 통해 거동이 불편한 사람을 도와주는 방법이다. 하지만 이런 방법은 비용이 많이 들고 실험을 진행하는 사람 측에서도 불편이 커서 무시되는 경우가 많다.

그 결과 우리는 약이 노년층에도 효과가 있는지 확인해 줄 좋은 증거를 확보하지 못하는 경우가 많다. 흔히 사용되는 일부 약물의 경우 그 사용 지침을 노년층에서는 한 번도 검증해 보지 않았다. 이런 경우라면 최악의 결과가 나올 수도 있다. 일부러 그러는 것은 아니겠지만 이렇듯 임상실험에서 노년층을 체계적으로 배재하는 관행에 급하게 경종을 울릴 필요가 있다. 의사들이 이런 부분을 지적한 지도 수십 년이 지났지만 현실에서는 개선 속도가 아주 느리다. 소아과에서는 아이는 크기만 작은 성인이 아니라는 말이 있다. 노인학도 마찬가지다. 노인은 그냥 늙은 젊은이가 아니다.

생쥐 연구에서도 똑같은 문제가 발생한다.[17] 내가 앞에서 불완전한 비유일 때가 많다고 했던 질병의 '생쥐모형'은 특히나 이런 부분에서 문제가 많다. 예를 들어 알츠하이머병의 생쥐모형은 아밀로이드전구체단백질 유전자의 추가 복사본이 들어 있어서 대부분의 인간 환자와 달리 중년, 심지어는 젊을 때도 아밀로이드가 축적되고 인지기능 장애가 발생할 수 있다. 그렇다면 이 생쥐는 아밀로이드가 추가된 것을 제외하면 나머지 부분에서는 상대적으로 건강하다는 의미다. 아밀로이드의 영향만 따로 떼서 연구하고 싶다면 좋은 일이지만, 사람 치매에 적용할 현실적 모형을 원하는 경우라면 그리 좋은 일이 아니다.

실험에서 나이 든 생쥐를 이용하려면 사람 환자에서와 마찬가지로 상황이 복잡해지고, 생쥐가 늙을 때까지 일이 년 정도 생쥐를 돌봐야 하기 때문에 비용과 시간이 더 든다. 하지만 생쥐모형에서는 아무 문제없이 효과를 나타내던 약들이 사람에서는 실패할 때가 많다는 것은 주지의 사실이다. 그 약이 주로 노년에서 발생하는 질병을 위한 것이라면 이것이 그 이유일 수 있다. 비용이 훨씬 많이 드는 사람 실험에 대한 예비 실험으로 생쥐 연구를 진행하는 경우가 많다는 점을 고려하면, 오히려 늙은 생쥐의 연구에 돈을 아끼지 않는 편이 효과 없는 약을 미리 걸러 낼 수 있어 결국에 가서는 신약 개발 비용을 줄일 수도 있다.

여기서 취할 수 있는 긍정적 조치들이 있다. 예를 들면 일부 백신 연구는 그것을 제일 필요로 하는 노년층에 특별히 초점을 맞추기 시작했다. 면역계를 자극해서 백신에 더 맹렬히 반응하도록 만드는 물질인 면역증강제adjuvant가 더 강한 것으로 들어 있거나, 피곤한 면역세포들을 행동에 나서도록 재촉하는 활성성분이 더 많이 들어 있는 백신은 양쪽 모두 노년층에서 더 효과가 좋은 것으로 밝혀졌다. 일부 연구에서는 하루 중 백신을 맞는 시간대에 따라서도 효과의 차이가 있을 수 있음을 보여 주었다. 노년층이 독감 백신을 아침에 맞으면 면역반응이 강화되는 효과가 있다.[18] 노화에 따라 면역계가 어떻게 변하는지에 대한 이해를 바탕으로 나온 더 발전된 개념들을 탐구해 볼 가치가 있고, 생쥐 실험이든 인간 실험이든 반드시 나이 든 생쥐나 사람을 대상으로 이런 것들을 검증해 보아야 한다.

나이 든 생쥐와 사람에서 더 많은 검증이 필요할 뿐만 아니라, 젊음과 노년의 차이에 대해서 더 구체적으로 이해할 수 있도록 더 많은 연구가 필요하다. 예를 들면 노화가 진행되면서 노쇠세포의 수가 증가한다는 것은 알려져 있지만 정확히 얼마나 증가하는지, 그리고 개인별로, 혹은 신체 부위별로 어떻게 차이가 나는지는 알지 못한다. 사람이나 장기에 따라 이런 세포에 더 큰 영향을 받기도 하고, 이 세포가 대상에 따라 더 큰 영향을 미치기도 하는 것일까? 세놀리틱 약물을 개발할 때 이런 부분을 고려해서 가장 영향이 큰 부위를 먼저 표적으로 삼아야 할까?

세놀리틱 치료에 대한 관심이 돌풍처럼 일면서 마침내 이런 중요한 질문들에 대한 해답이 나오기 시작했지만 여기까지 오는 데 참 오랜 시간이 걸렸다. 노쇠세포가 처음 발견된 것은 1960년대였지만, 2000년대 말이 되어서야 누군가가 나서서 생쥐에서 노쇠세포를 깨끗이 청소해 그것이 노화하는 생명체에게 얼마나 큰 영향을 미치는지 알아보려 했다. (심지어 이런 선구적인 연구조차 돈에 쪼들리는 NIH로부터 연구비 지원을 받으려다 실패하고서 다른 연구비 지원금에서 남은 돈으로 진행됐다. 그나마 2011년에 이 연구 결과가 발표된 이후로는 과학자들의 연구비 지원에 숨통이 트였다.) 그나마 이런 종류의 연구는 연구비를 지원받기가 상대적으로 쉽다. 치료와 관련이 있기 때문이다. 그냥 이런 세포의 숫자를 세어 보겠다고 연구비를 신청해서는 지원 받기가 더 힘들 것이다.[19]

나이가 들면서 변하는 것은 무엇이고, 얼마나 변하는지 이해하려면 이런 종류의 연구가 더 많이 필요하다. 또 다른 사례는 돌연변이다. 돌연변이는 정상적으로 노화하는 조직보다는 암에서 훨씬 광범위하게 연구가 진행되었다. 암도 그 정상 조직으로부터 생기는 것인데 말이다. 암은 아니고 그저 노화하기만 한 조직의 DNA 염기서열을 분석해 보지 않고는 암과 광범위한 노화 과정에 영향을 미치는 중요한 내용을 모르고 지나칠 위험이 있다. 후성유전학의 변화, 단백질 변경 수준, 세포의 숫자, 미토콘드리아, 신호의 수준까지 노화의 전형적 특징 모두에 대해서도 그와 유사한 정량적 연구가 필요하다. 단기적으로는 이런 연구가 최초의 항노화 치료에 필요한 정보를 제공할 것이다. 이런 과정들을 정량화하면 신약이 직접적인 목표를 달성하였는지 말해 줄 생체지표를 확보할 수 있다. 예를 들면 돌연변이 미토콘드리아를 충분히 제거했는지 여부, 노화 관련 신호의 균형을 의미 있는 방식으로 변경했는지 여부 같은 것이 있다. 장기적으로 보면 노화하는 몸에 대한 시스템 생물학적 모형을 구축하기 위해서는 이런 종류의 데이터가 필수적이다.

마지막으로 우리는 노화 치료의 효과에 대한 증거가 쌓이면서 일어날 일들에 대비해야 한다. 우리는 흥미진진한 시대를 살고 있다. 노화에 개입하는 치료에 대해 하루가 멀다 하고 새로운 것들이 밝혀짐에 따라 자연스레 궁금해지는 부분이 생긴다. 새로운 치료법에 따르는 위험과 이득을 충분히 파악해서 그 치료를 받는 것을 고려할 시점은 언제 찾아올까? 현재의 의학 연구 패러다임은 예방의 원리를 바탕으로 한다. 제약회사와 규제기관에서 새로운 치료법이 완전히 안전함을 밝히기 위해 막대한 노력을 기울인 후에야 널리 사용된다는 의미다. 이런 정도의 주의는 당연히 기울여야 하는 것 아닌가 싶겠지만 한 가지 간과되는 사실이 있다. 때로는 아무것도 하지 않는 것이 무언가를 하는 것보다 더 위험하다는 것이다. 그 무언가가 100퍼센트 안전한 것이 아니라도 말이다. 노화 치료에 있어서는 위험과 이득의 경중을 따지는 문제가 특히나 예민한 부분이다. 우리는 사람들이 노화로 건강이 나빠지기 전에 노화 치료를 예방적으로 적용할 수 있기를 바라기 때문이다.

이 새로운 의학 패러다임을 헤쳐 나가려면 도움이 필요할 것이다. 위험과 이득을 따지는 계산 방식이 현재의 약물과는 꽤 다르기 때문이다. 노화 속도를 늦추기 위해 40대부터 약을 복용하기 시작하면 과연 좋은 결과를 보게 될까? 얼마나 많은 증거가 있어야 이것이 옳은 판단이라 느껴질까? 그 약이 평생 어떤 영향을 미칠지 확실히 알지 못하는 상태에서 아무런 병도 없는데 장기적인 치료를 받는다는 것은 개인이나 규제기관 모두 판단을 내리기가 쉽지 않은 문제다. 하지만 분명한 해답이 나올 때까지 50년짜리 실험을 무작정 기다릴 수도 없다. 하루라도 빨리 행동에 나서야 수백만 수십억 명의 목숨을 구하거나 삶의 질을 개선할 수 있다.

그와 동시에 사기꾼들을 막아야 한다. 항노화 의학은 이미 돌팔이들이 생명의 영약부터 동물의 고환을 수술로 이식하는 방법에 이르기까지 증거도 없는 온갖 치료법으로 불로장생을 약속하며 설치고 다녔던 어두운 역사를 갖고 있다. 비전문가의 입장에서는 치료에 대한 증거를 판단하기가 어렵다. 심지어 그 치료가 주장하는 내용과 화학적으로나 생물학적으로 부합하는지도 알기 힘들다. 사람들이 돈을 헛되이 쓰거나 몸을 상하지 않게 하려면 현명한 규제와 확실한 공공정보가 필요하다.

마지막으로 어떻게 하면 프로토콜을 표준화해서 이미 이런 치료로 자가실험을 진행하고 있는 사람들로부터 데이터를 수집할 것인지에 대해서도 진지하게 생각해 보아야 한다. 간단하게 웹만 조사해봐도 항노화 효과를 노리고 실험적으로 메트포르민을 복용하는 사람들을 찾을 수 있다. 아마도 당뇨가 없으면서도 이 약을 처방해 달라고 의사에게 부탁해서 복용하고 있을 것이다. 그리고 한 바이오테크놀로지 회사 최고경영책임자가 콜롬비아의 병원까지 찾아가 검증도 되지 않고, 규제도 되지 않는 말단소체중합효소 유전자 치료를 받은 경우도 있다.[20] 분명 사람들 사이에서는 이런 종류의 실험에 대한 갈망이 존재한다. 전문적으로 이런 부분들을 관리해 준다면 1인 임상실험을 참가자는 더 안전하게 받을 수 있고, 우리 모두는 그로부터 더 유용한 정보를 얻을 것이다.

어떻게 해서든 이런 실험을 하고 싶은 사람들이 있는데, 그런 실험들이 개별적으로 아무런 통제도 없이 진행된다면 끔찍한 낭비가 되고 말 것이다. 우리는 그 실험 결과를 알지 못하고, 알아낸다 한들 실험 프로토콜이 다 제각각이기 때문에 사람들의 이런 노력이 장수하는 데 실제로 도움이 되었는지 여부도 결코 알 수 없다. 종래의 임상실험에 적용하는 엄격한 과정을 일부라도 도입해서 참가자들이 동일한 약을 동일한 양으로 복용하게 한다면 이런 자가실험이 더 안전해질 뿐만 아니라 어떤 치료법이 효과가 있고, 효과가 없는지에 관해 더 일반화된 지식을 얻을 수 있을 것이다.

이것을 실천에 옮기기는 쉽지 않을 것이다. 그에 따르는 위험과 불확실성을 꼼꼼하게 평가해서 알려야 하기 때문이다. 하지만 내가 65세가 되어 이미 어느 정도 불확실한 치료를 고려하고 있는 상황이라면 건강하게 조금 더 오래 살 수 있는 기회를 얻을 수 있고 더 나아가 약간의 도박으로 미래 세대가 노화에 대해 더 잘 이해하는 데 도움이 될 수만 있다면 기꺼이 그런 실험에 참여하고 싶을 것 같다.

분명 생물노인학의 성공은 그저 과학에만 달려 있지 않다. 노화 연구에 대한 관심과 더 여유 있는 자금 지원이 필요하다. 정책과 규제에 도사리고 있는 장애물을 걷어내야 할 것이고, 특히나 중요한 것은 생물노인학의 잠재력에 대한 과학자, 정책 입안자, 일반 대중 사이에서의 폭넓은 논의와 이해를 바탕으로 생물노인학이 주류로 편입되어야 한다는 것이다.

부디 이 책을 통해 당신도 이제 사명감을 바탕으로 의학 연구를 야심차게 진행할 때가 되었음을 확신하게 되었으면 좋겠다. 충분한 자금 지원을 통해 노화를 치료하기 위한 국제 연구 프로그램을 진행하는 것이다. 그럼 정말 억세게 운이 나쁘지 않고서는 인간의 건강을 개선할 새롭고 혁신적인 방법을 찾을 수 있을 것이고, 그보다 훨씬 더 큰 보상을 얻을 가능성도 있다.

노화로부터 해방되는 1세대 인류가 되는 행운을 누릴 수는 없더라도 더 오래, 더 건강하게 살 수 있다면 우리와 미래세대 모두에게 큰 혜택이 될 것이다.

노화 완치를 하루 앞당길 때마다 10만 명의 목숨을 구할 수 있다. 그것이 과학적으로 가능하다는 것을 우리는 알고 있다. 이제 우리 시대의 인도주의적 도전에 부응하는 과제가 우리 모두의 어깨에 달려 있다.

감사의 말

Acknowledgements

이 책에 담긴 아이디어들은 내가 박사 과정을 마무리하다가 노화생물학을 발견한 후로 거의 10년 동안 내 마음을 채워 주었던 열정이 되었다. 이 책을 가능하게 해 준 모든 분들께 감사드리고 싶다. 부디 내가 우리 시대의 가장 중요한 과학적 개념이라 믿는 것들이 이 책에 제대로 담겼기를 바란다.

제일 먼저 이 책의 밑바탕이 된 연구를 했던 연구자들에게 감사드리고 싶다. 그리고 생물노인학에 대한 이 짧은 책 속에서 미처 언급하지 못했던 과거와 현재의 수많은 과학자와 그들의 연구에 감사드린다. 이 책의 참고문헌에서 그 이름들을 일부 찾아볼 수 있지만, 거기에도 올리지 못한 이름과 연구가 많다. 과거에서 현재에 이르기까지 과학계의 계속적인 노력이 없었다면 여기서 다룰 흥미진진한 연구도 없었을 것이고, 우리가 의학의 역사에서 이 결정적인 시대를 맞이하지도 못했을 것이다.

너그럽게 시간을 내어 내 순진한 질문에 참을성 있게 대답해 주고, 이 책의 초고를 읽어 주신 과학자들에게 겸손한 마음을 느낀다. 뒤에 나열하는 이름들은 무작위 순서임을 밝힌다.

먼저 영광스럽게도 정말 훌륭한 연구자들과 대화를 나눌 기회가 있었다. 이들 모두 내 지식의 지평선을 넓히고, 내가 문헌에서 읽었던 개념들에 생명을 불어넣고, 어떤 경우에는 내가 알고 있던 내용을 자기가 얻은 최신의 연구 결과로 정정해 주기도 했다. 닉 레인Nick Lane, 데스먼드 토빈Desmond Tobin, 존 하우슬리Jon Houseley, 주앙 페드루 드 마갈량이스João Pedro de Magalhães, 아담 롤트Adam Rolt, 멀린다 두어Melinda Duer, 그레이엄 루비Graham Ruby, 마이크 필포트Mike Philpott, 오브리 드 그레이Aubrey de Grey, 린다 패트리지Linda Partridge, 데이비드 젬스David Gems, 세바스찬 아귀아Sebastian Aguiar, 짐 멜론Jim Mellon, 주디스 캠피시Judith Campisi, 볼프 레익Wolf Reik, 안데르스 샌드버그Anders Sandberg에게 감사드린다.

이어서 이 책을 구간별 초고를 읽고 논평해 준 분들에게 감사드린다. 그들의 꼼꼼한 검토 덕분에 책의 질이 훨씬 좋아졌다. 조나단 슬랙Jonathan Slack, 한나 리치Hannah Ritchie, 로버트 J. 슈뮬러 리스Robert J. Shmookler Reis, 마리아 블라스코María Blasco에게 감사드린다.

그리고 나에게 말을 걸고, 초고를 읽고 논평해 준 사람들에게도 감사드린다! 한나 월터스Hannah Walters, 안나 포체Anna Poetsch, 알

레한드로 오캄포Alejandro Ocampo, 조나단 클락Jonathan Clark, 이니고 마르틴코레나Iñigo Martincorena, 아드리안 리스톤Adrian Liston, 리처드 파라거Richard Faragher, 니르 바르질라이Nir Barzilai, 이리나 콘보이Irina Conboy와 마이크 콘보이Mike Conboy 부부, 디닥 카르모나-구티에레즈Didac Carmona-Gutierrez, 조아오 파수스João Passos, 미셸 린터만Michelle Linterman에게 감사드린다.

그리고 여기 목록에 올리지는 않았지만 생물학자에 역사학자, 의사, 보험계리인에 이르기까지 정말 다양한 부분에서 도움을 준 많은 사람들에게 감사의 마음을 전하고 싶다. 덕분에 내가 읽어 본 연구 뒤에 숨어 있는 더 구체적인 내용들까지 알 수 있었다. 예를 들면 일부 사람들의 주장대로 라파마이신과 관련된 세균이 정말 이스터 섬의 그 유명한 석상 밑에서 발견되었는지 여부도 조사하게 됐고(분명한 결론은 나오지 않았다), 10년이 넘은 데이터를 다시 꺼내 한 실험에서 마지막 선충이 죽은 날이 언제인지 정확하게 확인할 수도 있었다(3장 참고).

그리고 책 전체의 초고를 일일이 읽고 검토해 준 친절한 세 사람에게도 감사를 전하고 싶다. 내 친구 톰 풀러Tom Fuller, 마야 에반스Maya Evans, 그리고 특히 생물노인학자 린 콕스Lynne Cox에게 고마움을 전한다. 이들의 신선한 시선과 생물학적 통찰이 마지막 단계에서 원고의 질을 한껏 높여 주었다.

사실에 기반한 책을 쓰는 일은 절대 혼자서는 불가능하다. 이 모든 사람들 덕분에 내 글이 더 정확하고 흥미롭고 완벽해졌다. 오류나 빠뜨린 부분이 있다면 그것은 전적으로 나의 책임이다.

계속해서 객원 연구자로 일할 수 있게 하고, 이 책의 밑바탕이 된 과학 문헌에 대한 접근권한을 허락해 준 프랜시스 크릭 연구소에도 감사드린다. 특히 물리학자에게 생물학에서 연구할 기회를 준 닉 루좀베Nick Luscombe, 그리고 내게 기초교육을 제공한 바이오인포매틱스 앤드 컴퓨테이셔널 바이올로지 랩Bioinformatics and Computational Biology Lab의 모든 분께 감사드린다.

내 편집자인 알렉시스 키르슈바움Alexis Kirschbaum, 크리스틴 푸오폴로Kristine Puopolo, 재스민 호시Jasmine Horsey에게도 감사드린다. 이들은 내 글을 믿어 주고, 내 첫 원고 속에 숨어 있던 이 책을 발견하고, 편집 과정을 너무도 즐겁게 만들어 주었다. 내 에이전트 크리스 웰비러브Chris Wellbelove와 에이트켄 알레산더Aitken Alexander와 팀원들의 노력이 없었다면 이 책은 가능하지 않았을 것이다. 이들은 개념의 시작부터 출판까지 나를 정말 훌륭하게 인도했다. 교정, 조판, 표지 디자인, 마케팅 등 온갖 궂은일을 도맡아 준 영국과 미국의 출판사 블룸스버리Bloomsbury와 더블데이Doubleday의 모든 이들에게 큰 감사를 전한다.

그리고 마지막으로 내 아내 트란 응옌Tran Nguyen에게 감사드린다. 그녀는 여러 번 원고를 확인하고 여러 시간에 걸쳐 토론과 논평을 하면서 이 책을 구석구석 다듬는 데 큰 도움을 주었고, 그녀의 의학적 전문지식도 큰 도움이 됐다. 나빠진 건강과 싸우는 그녀의 환자들 이야기를 들으면서 나는 이 책을 쓰는 것이 왜 중요한지 스스로에게 다시금 일깨울 수 있었다.

주와 참고문헌

Notes and bibliography

주는 내가 글을 쓰는 동안에 활용했던 자료들을 나열하고 있다. 본문에서 다룬 중요한 사실과 수치는 모두 인용을 제공하려 노력했으며, 가능한 곳에서는 무료로 볼 수 있는 자료를 이용했고, 가급적이면 접근이 더 편리한 문서화된 연구들을 이용했다. 물론 과학 논문이 때때로 접근하기 버거운 것은 사실이다. 가끔은 내가 이 책에서 지면의 제약으로 다루지 못한 특정 주제에 대해 더 자세히 다룬 훌륭한 대중과학 자료, 서적, 동영상을 참고 자료로 소개했다. 그리고 더 읽기 편한 개요를 제공하는 자료가 있으면 굳이 1차 자료를 소개하지 않기도 했다.

모든 인용에는 짧은 인터넷 링크가 함께 있다. 이 링크는 'ageless.link/'로 시작하고 그 뒤로 여섯 개의 글자와 숫자로 이루어진 고유의 코드가 따라온다(예, ageless.link/m3gh76). 이것을 웹브라우저에 타이핑하면 그 참고문헌으로 연결되고 추가 정보도 함께 나올 때가 많다. 더 많은 정보는 ageless.link/references를 보기 바란다.

서문

1 Owen R. Jones and James W. Vaupel, 'Senescence is not inevitable', *Biogerontology* 18, 965–71 (2017).
DOI: 10.1007/s10522-017-9727-3 ageless.link/i3hrtb

2 Human Mortality Database의 데이터를 바탕으로 계산. 이 계산이 어떻게 나왔는지는 ageless.link/e7ywum에서 확인할 수 있다.

3 World Health Organization Global Burden of Disease (WHO GBD)의 통계를 바탕으로 계산. 이 계산이 어떻게 나왔는지는 ageless.link/cxspho에서 확인할 수 있다

4 J. Benjamin et al., 'Heart disease and stroke statistics – 2017
update: A report from the American Heart Association', *Circulation* 135, e146–e603 (2017). DOI: 10.1161/CIR.0000000000000485 ageless.link/wxyygy

5 여기서 소개하는 첫 두 개의 논문에 따르면 80세 노인은 평균 3개의 '병적 상태(morbitidy)'와 5~10개의 '진단(diagnosis)'을 갖고 있다. 이것의 차이는 방법론적인 차이이다. 누군가가 얼마나 많은 '질병(disease)'을 앓고 있는지는 역치에 달려 있다. 그래서 본문에서 '5가지 정도'라는 표현을 사용한 것이다. 세 번째 논문에서는 약물의 숫자 혹은 '다중약물요법(polypharmacy)'을 추정하고 있다. 이런 미묘한 차이를 이해하게 도와준 Bruce Guthrie에게 감사드린다.
Karen Barnett et al., 'Epidemiology of multimorbidity and implications for health care, research, and medical education: A cross-sectional study', *Lancet* 380, 37–43 (2012). DOI: 10.1016/S0140-6736(12)60240-2 ageless.link/itozkk
Quintí Foguet-Boreu et al., 'Multimorbidity patterns in elderly primary health care patients in a south Mediterranean European region: A cluster analysis', *PLoS One* 10, e0141155 (2015). DOI: 10.1371/journal.pone.0141155 ageless.link/e4q6vg

Bruce Guthrie et al., 'The rising tide of polypharmacy and drug-drug interactions: Population database analysis 1995–2010', *BMC Med.* 13, 74 (2015). DOI: 10.1186/s12916-015-0322-7 ageless.link/7enffk

6 이것은 WHO GBD 통계를 이용해서 계산했다. 이 계산에 대해서는 ageless.link/hbzze7에서 확인할 수 있다.

7 이 연구에서는 250명의 학생들에게 내 집 마련하기, 80세 넘어서 살기, 폐암에 걸리기, 심장마비에 걸리기 등 긍정적이거나 부정적인 인생의 사건을 경험할 가능성에 대해 점수를 매겨 보라고 했다. 그 결과 이 학생들은 긍정적인 경험을 할 가능성에는 높은 점수를 매기는 반면, 나쁜 일은 다른 사람에게 일어날 가능성이 더 높다고 생각했다.

Neil D. Weinstein, 'Unrealistic optimism about future life events', *J. Pers. Soc. Psychol.* 39, 806–20 (1980).

8 'Who are family caregivers?' (American Psychological Association, 2011) ageless.link/ufntz3

9 이것은 WHO GBD 통계를 이용해서 계산했다. 계산에 관해서는 ageless.link/hbzze7를 참고하기 바란다.

10 우리가 기대수명, 교육, 백신 공급 등 세상에 대해 전반적으로 비관적인 상태에 있다는 것은 한스 로슬링의 무지 조사(Hans Rosling's Ignorance Survey)에 잘 담겨 있다.

Hans Rosling, 'Highlights from ignorance survey in the UK' (Gapminder Foundation, 2013) ageless.link/4qppjz

11 Clive M. McCay, Mary F. Crowell and L. A. Maynard, 'The effect of retarded growth upon the length of life span and upon the ultimate body size', *J. Nutr.* 10, 63–79 (1935). DOI: 10.1093/jn/10.1.63 ageless.link/ovmys4

12 접근하기 쉽고 재미있는 이 자료는 노화에서 재생의학에 이르기까지 동물에서 생의학 정보의 힌트를 얻을 수 있는 몇 가지 방식에 대해 탐험하고 있다.

João Pedro de Magalhães, 'The big, the bad and the ugly: Extreme animals as inspiration for biomedical research', *EMBO Rep.* 16, 771–6 (2015). DOI:

10.15252/embr.201540606 ageless.link/qjy7oo

13 Darren J. Baker et al., 'Clearance of p16Ink4a-positive senescent cells delays ageing-associated disorders', *Nature* 479, 232–6 (2011). DOI: 10.1038/nature10600 ageless.link/qqyqtf

14 Jamie N. Justice et al., 'Senolytics in idiopathic pulmonary fibrosis: Results from a first-in-human, openlabel, pilot study', *EBioMedicine* 40, 554–63 (2019).

DOI: 10.1016/j.ebiom.2018.12.052 ageless.link/phgw6r

15 1위 사망 원인이 정확히 무엇인지는 어떤 분류체계를 사용하느냐, 그리고 어느 지역에 살고 있느냐에 따라 달라진다. 여기서 언급한 내용은 월드뱅크 고소득 국가에 대한 것이고, 내가 세계보건기구 데이터를 바탕으로 모든 유형의 암을 한 집단으로 묶은 내용을 바탕으로 한다. 만약 암을 유형별로 나누고 뇌졸중, 심장마비를 '심혈관질환'이라는 부류로 묶은 후에 특정 국가를 대상으로 살펴보면 다른 결과가 나올 수 있다. 내가 이 책 전반에서 사망 원인의 순위를 따질 때 사용한 수치들은 ageless.link/a6rv67에서 확인할 수 있다.

16 G. D. Wang et al., 'Potential gains in life expectancy from reducing heart disease, cancer, Alzheimer's disease, kidney disease or HIV/AIDS as major causes of death in the USA', *Public Health* 127, 348–56 (2013). DOI: 10.1016/j.puhe.2013.01.005 ageless.link/c7bwrm

17 노화 완치에 관한 윤리적 문제는 한두 문단으로 커버하기에는 너무 큰 주제다. 추가적으로 읽어 볼 만한 자료는 ageless.link/ethics에서 확인할 수 있다.

18 Leslie B. Gordon, W. Ted Brown and Francis S. Collins, 'Hutchinson–Gilford progeria syndrome', in *GeneReviews* (ed. Margaret P. Adam et al.) (Seattle, WA: University of Washington, Seattle, 2003) ageless.link/ixa4uj

19 Junko Oshima, George M. Martin and Fuki M. Hisama, 'Werner syndrome', in *GeneReviews* (ed. Margaret P. Adam et al.) (Seattle, WA: University of Washington, Seattle, 2002) ageless.link/edpehq

1장 노화의 시대

1 이 논문의 저자들은 만 15세까지 살아남은 인간 약탈자 집단의 사망 시 기대 연령을 54세로 추정했다.

Hillard Kaplan et al., 'A theory of human life history evolution: Diet, intelligence, and longevity', *Evolutionary Anthropology: Issues, News, and Reviews* 9, 156–85 (2000). DOI: 10.1002/1520-6505(2000)9:4〈156::AIDEVAN5〉3.0.CO;2-7 ageless.link/n4irx9

과거의 아동 사망률에 대해 잘 요약한 내용을 다음의 자료에서 찾아볼 수 있다.

Max Roser, 'Mortality in the past – around half died as children', *Our World in Data* (2019) ageless.link/hrw43b

이 글에 나오는 아동 사망률 추정치는 다음의 자료에서 나왔다. Anthony A. Volk and Jeremy A. Atkinson, 'Infant and child death in the human environment of evolutionary adaptation', *Evol. Hum. Behav.* 34, 182–92 (2013). DOI: 10.1016/j.evolhumbehav.2012.11.007 ageless.link/eawqcs

이 자료들을 모두 결합해 보면 출생 시 기대수명이 30~ 35세가 나온다.

2 Gareth B. Matthews, 'Death in Socrates, Plato, and Aristotle', in *The Oxford Handbook of Philosophy of Death* (ed. Ben Bradley, Fred Feldman and Jens Johansson) (Oxford University Press, 2012). DOI: 10.1093/oxfordhb/9780195388923.013.0008 ageless.link/nem7rz

3 Adam Woodcox, 'Aristotle's theory of aging', *Cahiers Des Études Anciennes* LV | 2018, 65–78 (2018) ageless.link/vdhzmr

4 Max Roser, Esteban Ortiz-Ospina and Hannah Ritchie, 'Life expectancy', *Our World in Data* (2013) ageless.link/mcviaq

5 기대수명의 역사적 증가에 대해 다루는 이 논문은 도발적이고 재미도 있다.

Jim Oeppen and James W. Vaupel, 'Broken limits to life expectancy', *Science* 296, 1029–31 (2002). DOI: 10.1126/science.1069675 ageless.link/gnjkds

6 이 통계치는 듣기만큼 인상적이지는 않다. 어머니는 한 명뿐이지만 할머니는 두 명이어서 그중 한 명이 여전히 살아 있을 가능성이 두 배로 높아지기 때문이다. 하지만 이것을 뒷받침하고 있는 수치는 사실 꽤 인상적이다. 두 명의 할머니 각각이 20세일 때 살아 있을 가능성이 1800년대에 어머니가 살아 있었을 가능성과 비슷하기 때문이다.

P. Uhlenberg, 'Mortality decline in the twentieth century and supply of kin over the life course', *Gerontologist* 36, 681–5 (1996). DOI: 10.1093/geront/36.5.681 ageless.link/jyfyrp

7 Max Roser, 'The Spanish flu (1918–20): The global impact of the largest influenza pandemic in history', *Our World in Data* (2020) ageless.link/odbnbx

8 Oeppen and Vaupel, 2002 ageless.link/gnjkds

9 이 논문은 담배의 해악을 보여 주는 역학적 증거를 아주 읽기 좋게 요약해서 보여 준다. 이 논문에는 비슷하게 충격적인 통계가 가득해서 읽다 보면 식은땀이 난다.

Richard Peto et al., 'Smoking, smoking cessation, and lung cancer in the UK since 1950: Combination of national statistics with two case-control studies', *BMJ* 321, 323–9 (2000). DOI: 10.1136/bmj.321.7257.323 ageless.link/bukftz

10 deathsfromsmoking.net에 나온 데이터를 바탕으로 계산. ageless.link/di96gq

11 Prabhat Jha, 'Avoidable global cancer deaths and total deaths from smoking', *Nat. Rev. Cancer* 9, 655–64 (2009). DOI: 10.1038/nrc2703 ageless.link/fjnhnq

12 Carol Jagger et al., 'A comparison of health expectancies over two decades in England: Results of the cognitive function and ageing study I and II', *Lancet* 387, 779–86 (2016). DOI: 10.1016/S0140-6736(15)00947-2 ageless.link/fvztx9

13 Kenneth G. Manton, Xiliang Gu and Vicki L. Lamb, 'Change in chronic disability from 1982 to 2004/2005 as measured by long-term changes

in function and health in the U.S. Elderly population', *Proc. Natl. Acad. Sci. U. S. A.* 103, 18374–9 (2006). DOI: 10.1073/pnas.0608483103 ageless.link/7m9pwk

14 James W. Vaupel, 'Biodemography of human ageing', *Nature* 464, 536–42 (2010). DOI: 10.1038/nature08984 ageless.link/4wzcxd

15 'World population ageing 2019 highlights' (United Nations, Department of Economic and Social Aff airs, Population Division, 2019) ageless.link/uemmm6

16 'World population prospects 2019, online edition. Rev. 1' (United Nations, Department of Economic and Social Affairs, Population Division, 2019) ageless.link/smxq93

17 'World population ageing 2015' (United Nations, Department of Economic and Social Affairs, Population Division, 2015) ageless.link/n47kou

18 'History of pensions: A brief guide', BBC News (2005) ageless.link/nygivk

Jonathan Cribb and Carl Emmerson, 'Retiring at 65 no more? The increase in the state pension age to 66 for men and women' (Institute for Fiscal Studies, 2019) ageless.link/cm3yqi

19 '100-Year Life'는 수명이 연장됨에 따라 우리의 인생이 어떻게 변화해야 하는지에 관한 훌륭한 탐구다.

Lynda Gratton and Andrew Scott, *The 100-Year Life: Living and Working in an Age of Longevity* (Bloomsbury Publishing, 2020) ageless.link/9aeoey

20 Paul Johnson et al., *Securing the Future: Funding Health and Social Care to the 2030s* (The IFS, 2018) ageless.link/up4igu

Bradley Sawyer and Gary Claxton, 'How do health expenditures vary across the population?', *Peterson–Kaiser Health System Tracker* (2019) ageless.link/4b3ek3

21 'Current health expenditure (% of GDP)', *World Health Organization Global Health Expenditure Database* ageless.link/jhkq7u

22 Ramon Luengo-Fernandez et al., 'Economic burden of cancer across the European Union: A population-based cost analysis', *Lancet Oncol.* 14, 1165–74 (2013). DOI: 10.1016/S1470-2045(13)70442-X ageless.link/4qenyb
Raphael Wittenberg et al., 'Projections of care for older people with dementia in England: 2015 to 2040', *Age and Ageing* 49, 264–9 (2020). DOI: 10.1093/ageing/afz154 ageless.link/cfzxs4
23 Sue Yeandle and Lisa Buckner, 'Valuing Carers 2015' (Carers UK, 2015) ageless.link/bmn3s3
24 The Lancet Diabetes Endocrinology, 'Opening the door to treating ageing as a disease', *Lancet Diabetes Endocrinol* 6, 587 (2018). DOI: 10.1016/S2213-8587(18)30214-6 ageless.link/yxq7dd
Khaltourina Daria et al., 'Aging fi ts the disease criteria of the international classifi cation of diseases', *Mech. Ageing Dev.* 111230 (2020). DOI: 10.1016/j.mad.2020.111230 ageless.link/qvr6q9
25 Vaupel, 2010 ageless.link/4wzcxd
26 Oeppen and Vaupel, 2002 ageless.link/gnjkds

2장 노화의 기원

현대에 들어 노화에 대해 진화적으로 이해하게 된 내용을 읽기 좋게 요약한 다음을 참고하라.

Thomas Flatt and Linda Partridge, 'Horizons in the evolution of aging', *BMC Biol.* 16, 93 (2018). DOI: 10.1186/s12915-018-0562-z ageless.link/ktangr

1 Julius Nielsen et al., 'Eye lens radiocarbon reveals centuries of longevity in the Greenland shark (*Somniosus microcephalus*)', Science 353, 702–4 (2016). DOI: 10.1126/science.aaf1703 ageless.link/x9mkhj

2 Michael R. Rose et al., 'Evolution of ageing since Darwin', J. Genet. 87, 363–71 (2008). DOI: 10.1007/s12041-008-0059-6 ageless.link/zasohq

3 Catarina D. Campbell and Evan E. Eichler, 'Properties and rates of germline mutations in humans', *Trends Genet.* 29, 575–84 (2013). DOI: 10.1016/j.tig.2013.04.005 ageless.link/ag4z34

4 이 개념을 제안한 윌리엄의 오리지널 논문은 다음과 같다.

George C. Williams, 'Pleiotropy, natural selection, and the evolution of senescence', *Evolution* 11, 398–411 (1957). DOI: 10.1111/j.1558-5646.1957.tb02911.x ageless.link/pjritd

다음에 나오는 논문은 더 현대에 들어서 발표된 것으로 실험실과 야생에서 나타나는 적대적 다면발현의 구체적 사례에 대한 증거들을 흥미롭게 검토하고 있다.

Steven N. Austad and Jessica M. Hoff man, 'Is antagonistic pleiotropy ubiquitous in aging biology?', *Evol. Med. Public Health* 2018, 287–94 (2018). DOI: 10.1093/emph/eoy033 ageless.link/9pftdn

5 T. B. Kirkwood, 'Evolution of ageing', *Nature* 270, 301–4 (1977). DOI: 10.1038/270301a0 ageless.link/kzwpbf

6 생쥐의 번식과 수명에 관한 통계는 훌륭한 AnAge 데이터베이스에서 가져온 것이다. 이 데이터베이스는 수천 종에 대한 수명과 관련 데이터를 보관하고 있다.

'House mouse (*Mus musculus*)', *AnAge: The animal ageing and longevity database* (2017) ageless.link/z334yj

7 'Bowhead whale (*Balaena mysticetus*)', *AnAge: The animal ageing and longevity database* (2017) ageless.link/7qej3n

8 Amanda Leigh Haag, 'Patented harpoon pins down whale age', *Nature News* (2007). DOI: 10.1038/news070618-6 ageless.link/teouks

9 'Mouse-eared bat (*Myotis myotis*)', *AnAge: The animal ageing and longevity database* (2017) ageless.link/uxa3ng

10 Flatt and Partridge, 2018 ageless.link/ktangr

11 'Chimpanzee (*Pan troglodytes*)', *AnAge: The animal ageing and longevity

database (2017) ageless.link/sbc7fh

12 Flatt and Partridge, 2018 ageless.link/ktangr

13 Mark A. Hixon, Darren W. Johnson and Susan M. Sogard, 'BOFFFFs: On the importance of conserving old-growth age structure in fishery populations', *ICES J. Mar. Sci.* 71, 2171–85 (2014). DOI: 10.1093/icesjms/fst200 ageless.link/9k6r3u

14 'Rougheye rockfish (*Sebastes aleutianus*)', *AnAge: The animal ageing and longevity database* (2017) ageless.link/pynfqt

15 아래 논문은 2003년에 발표된 것으로 이 두 종의 거북이 늙지 않는다는 것을 보여 주는 오리지널 관찰을 보고하고 있다.

Justin D. Congdon et al., 'Testing hypotheses of aging in longlived painted turtles (*Chrysemys picta*)', *Exp. Gerontol.* 38, 765–72 (2003). DOI: 10.1016/s0531-5565(03)00106-2 ageless.link/9a7ewp

하지만 13년 후에는 다른 페인티드 개체군을 관찰한 또 다른 연구에서 이 거북이가 느리기는 하지만 노쇠한다는 것을 알아냈다. 늘 그렇듯이 악마는 디테일에 있다. 이것을 설명하기 위해 방법론적인 차이나 이 연구에서 조사한 개체군의 외인성 사망률 증가(이것은 물속에서는 배, 육지에서는 자동차 등 사람에 의한 것으로 생각되고 있다) 등이 제안되고 있다. 거북의 개체수통계학은 틈새 연구 분야이고 프로젝트를 진행하는 데 수십 년이 걸리기 때문에 거북의 사망률이 나이에 따라 어떻게 변화하는지에 관한 논란이 가까운 시일 안에 해결되지는 않을 것이다. 하지만 결과가 어떻게 나오든 핵심 포인트는 그대로 살아 있다. 생명의 궤적은 믿기 어려울 정도로 다양하기 때문에 미미한 노쇠를 배제할 수 있는 자연의 법칙은 없다는 것이다. (그리고 외인성 사망률의 차이가 여기서 결정적인 차이를 만드는 것으로 입증되면, 이것은 노화의 진화에 관한 우리의 이론을 더욱 뒷받침해 줄 것이다.)

Daniel A. Warner et al., 'Decades of fi eld data reveal that turtles senesce in the wild', *Proc. Natl. Acad. Sci. U. S. A.* 113, 6502–7 (2016). DOI: 10.1073/pnas.1600035113 ageless.link/tzrfyn

16 이 논문은 엄청나게 다양한 종에서 얻은 수명 관련 데이터를 한데 모아 생명체들 전반에서 빠른 노쇠, 미미한 노쇠, 거꾸로 노쇠 등 믿기 어려울 정도로 다양한 노쇠 현상이 나타남을 보여 준다. 일부는 살짝 더 이상한 형태로 나타나기도 한다. 정말 진화는 번식의 성공을 극대화할 수만 있다면 노화와 관련된 사망률을 최적화하기 위해 무슨 짓이라도 할 것이다.

Owen R. Jones et al., 'Diversity of ageing across the tree of life', *Nature* 505, 169–73 (2014). DOI: 10.1038/nature12789 ageless.link/de3y4w

17 이 자료는 히드라의 미미한 노쇠를 설명하기 위해 제안된 메커니즘을 다룰 뿐만 아니라 노화의 진화론에 대해서도 읽기 좋게 리뷰하고 있다.

T. B. Kirkwood and S. N. Austad, 'Why do we age?', *Nature* 408, 233–8 (2000). DOI: 10.1038/35041682 ageless.link/ebdxpa

18 'OLDLIST, a database of old trees' (Rocky Mountain Tree-Ring Research) ageless.link/xdrnrq

브리슬콘 소나무 연구에 관한 흥미진진한 면들은 다음의 자료에서 찾아볼 수 있다.

Alex Ross, 'The past and the future of the earth's oldest trees', *New Yorker* (2020) ageless.link/x9r73z

19 Robert M. Seymour and C. Patrick Doncaster, 'Density dependence triggers runaway selection of reduced senescence', *PLoS Comput.* Biol. 3, e256 (2007). DOI: 10.1371/journal.pcbi.0030256 ageless.link/ikq4ry

20 James W. Vaupel et al., 'The case for negative senescence', *Theor. Popul. Biol.* 65, 339–51 (2004). DOI: 10.1016/j.tpb.2003.12.003 ageless.link/fnujcb

21 Jones, Scheuerlein and Salguero-Gómez et al., 2014 ageless.link/de3y4w

3장 생물노인학의 탄생

식이제한, 초기 선충 연구, 생물노인학에 관한 흥미진진한 이야기는 다음의 자료에서 찾을 수 있다.

David Stipp, *The Youth Pill: Scientists at the Brink of an Anti-Aging Revolution* (Current Publishing, 2010) ageless.link/7oqrph

단식으로 오래 살기

1 클리브 맥케이(Clive McCay)의 관심을 불러일으켰다. 코넬대학교의 축산학과 조교수였던 그는 세심하게 계획된 최초의 실험을 진행하기 시작했다.

Clive M. McCay and Mary F. Crowell, 'Prolonging the life span', *Sci. Mon.* 39, 405–14 (1934) ageless.link/is3i7p

맥케이의 경력과 식이제한 연구 전반의 개발에 관한 추가적인 배경은 다음의 두 자료에서 찾을 수 있다.

Hyung Wook Park, 'Longevity, aging, and caloric restriction: Clive Maine McCay and the construction of a multidisciplinary research program', *Hist. Stud. Nat. Sci.* 40, 79–124 (2010). DOI: 10.1525/hsns.2010.40.1.79 ageless.link/dggrds

Roger B. McDonald and Jon J. Ramsey, 'Honoring Clive McCay and 75 years of calorie restriction research', *J. Nutr.* 140, 1205–10 (2010). DOI: 10.3945/jn.110.122804 ageless.link/hqegja

2 McCay, Crowell, and Maynard, 1935 ageless.link/sdakif

3 대단히 흥미로운 한 실험에서 초파리의 DNA에서 아미노산을 결정하는 세 글자(코돈)가 얼마나 자주 나타나는지에 맞추어 아미노산을 먹이면 초파리의 건강과 수명을 최적화할 수 있음을 보여 주었다.

Matthew D. W. Piper et al., 'Matching dietary amino acid balance to the in silico-translated exome optimizes growth and reproduction without cost to lifespan', *Cell Metab.* 25, 610–21 (2017). DOI: 10.1016/j.cmet.2017.02.005 ageless.link/9gscb6

4 식이제한을 통한 수명연장은 다음의 리뷰논문의 표1에서 대부분 찾아볼 수 있다.

William Mair and Andrew Dillin, 'Aging and survival: The genetics of life span extension by dietary restriction', *Annu. Rev. Biochem.* 77, 727–54 (2008). DOI: 10.1146/annurev.biochem.77.061206.171059 ageless.link/mm4wvt

쥐여우원숭이의 실험 결과는 다음의 논문에 보고되어 있다.

Fabien Pifferi et al., 'Caloric restriction increases lifespan but affects brain integrity in grey mouse lemur primates', *Communications Biology* 1, 30 (2018). DOI: 10.1038/s42003-018-0024-8 ageless.link/g6rytx

5 다음의 두 글은 2012년에 두 연구의 실험 결과가 나왔을 때 드러난 차이를 조화시키려 노력하고 있다.

Steven N. Austad, 'Ageing: Mixed results for dieting monkeys', *Nature* 489, 210–11 (2012). DOI: 10.1038/nature11484 ageless.link/jxcnjr

Bill Giff ord, 'Long-awaited monkey study casts doubt on longevity diet', *Slate* magazine, 2012 ageless.link/6mrygw

다음에 나오는 더 최근의 논문에서는 좀 더 낙관적인 결론을 내기 위해 NIA와 위스콘신 연구로부터 나온 연구 결과를 한데 종합하려 노력하고 있다.

Julie A. Mattison et al., 'Caloric restriction improves health and survival of rhesus monkeys', *Nat. Commun.* 8, 14063 (2017). DOI: 10.1038/ncomms14063 ageless.link/d3ntbn

6 William E. Kraus et al., '2 years of calorie restriction and cardiometabolic risk (CALERIE): Exploratory outcomes of a multicentre, phase 2, randomised controlled trial', *Lancet Diabetes Endocrino*l 7, 673–83 (2019). DOI: 10.1016/S2213-8587(19)30151-2 ageless.link/deo9cn

7 Flatt and Partridge, 2018 ageless.link/7itruu

150일이 된 선충

8 Mark G. Sterken et al., 'The laboratory domestication of *Caenorhabditis elegans*', *Trends Genet.* 31, 224–31 (2015). DOI: 10.1016/j.tig.2015.02.009 ageless.link/hkjgme

9 Gopal P. Sarma et al., 'OpenWorm: Overview and recent advances in integrative biological simulation of *Caenorhabditis elegans*', *Philos. Trans. R. Soc. Lond. B Biol. Sci.* 373 (2018). DOI: 10.1098/rstb.2017.0382 ageless.link/96ocjy

10 다음에 소개하는 글에서 이 장 뒷부분에 등장하는 또 한 명의 주인공 신시아 케니언은 클라스로부터 시작된, 예쁜꼬마선충에서의 장수 돌연변이 발견 이야기를 자서전적으로 풀어내고 있다.

Cynthia Kenyon, 'The first long-lived mutants: Discovery of the insulin/IGF-1 pathway for ageing', *Philos. Trans. R. Soc. Lond. B Biol. Sci.* 366, 9–16 (2011). DOI: 10.1098/rstb.2010.0276 ageless.link/oaqt67

11 D. B. Friedman and T. E. Johnson, 'Three mutants that extend both mean and maximum life span of the nematode, *Caenorhabditis elegans, define the age-1 gene', J. Gerontol.* 43, B102–9 (1988) ageless.link/ngrarj

12 Kenyon, 2011 ageless.link/oaqt67

13 C. Kenyon et al., 'A *C. elegans* mutant that lives twice as long as wild type', *Nature* 366, 461–4 (1993). DOI: 10.1038/366461a0 ageless.link/yxdvef

14 Srinivas Ayyadevara et al., 'Remarkable longevity and stress resistance of nematode PI3Knull mutants', *Aging Cell* 7, 13–22 (2008). DOI: 10.1111/j.1474-9726.2007.00348.x ageless.link/3faznm

15 케니언은 TED 강연에서 *daf-2*를 저승사자라고 불렀다. 이 강연은 그녀의 연구를 훌륭하게 요약해 설명하고 있다.

Cynthia Kenyon, 'Experiments that hint of longer lives' (TEDGlobal, 2011) ageless.link/nzovin

16 Holly M. Brown-Borg and Andrzej Bartke, 'GH and IGF1: Roles in energy metabolism of longliving GH mutant mice', *J. Gerontol. A Biol. Sci. Med.* Sci. 67, 652–60 (2012). DOI: 10.1093/gerona/gls086 ageless.link/ac37ax

17 Jaime Guevara-Aguirre et al., 'Growth hormone receptor deficiency is associated with a major reduction in pro-aging signaling, cancer, and

diabetes in humans', *Sci. Transl. Med.* 3, 70ra13 (2011). DOI: 10.1126/scitranslmed.3001845 ageless.link/vptky6

Nicholas Wade, 'Ecuadorean villagers may hold secret to longevity', *New York Times* (11 February 2011) ageless.link/vb7nvm

18 Austad and Hoff man, 2018 ageless.link/r4nh7k

19 Wayne A. Van Voorhies, Jacqueline Fuchs and Stephen Thomas, 'The longevity of *Caenorhabditis elegans* in soil', *Biol. Lett.* 1, 247–9 (2005). DOI: 10.1098/rsbl.2004.0278 ageless.link/zdafyk

20 수명 관련 유전자의 수는 노화 관련 유전자를 다루는 GenAge 데이터베이스에서 가져왔다. ageless.link/ndu3qk

4장 우리가 늙는 이유

이 장의 내용은 주로 〈The hallmarks of aging〉이라는 논문을 중심으로 구성되어 있다. 이 논문에는 엄청난 양의 정보가 들어 있지만, 대단히 밀도 높은 내용이라 읽기가 만만치 않다!

Carlos López-Otín et al., 'The hallmarks of aging', *Cell* 153, 1194–1217 (2013). DOI: 10.1016/j.cell.2013.05.039 ageless.link/m3gh76

노화에 대한 영국 정부의 조사에서 발표되었던 다음의 자료는 노화의 전형적 특징에 대해 좀 더 쉽게 접근하고 있다. 이 조사에 대한 다른 청문회나 문서들 역시 흥미롭다.

Jordana Bell et al., 'Oral evidence to UK House of Lords "Ageing: Science, Technology and Healthy Living" Inquiry' (INQ0029) (Science and Technology Committee (House of Lords), 2019) ageless.link/9bajn3

다음의 자료는 궁극적으로 암을 노화 관련 질병으로 만드는 여러 과정의 상대적 기여도를 조사함으로써 노화 관련 변화들이 단일 질병과 깔끔하게 맞아떨어지지 않는 이유를 잘 보여 주고 있는 리뷰 논문이다.

Ezio Laconi, Fabio Marongiu and James DeGregori, 'Cancer as a disease of old age: Changing mutational and microenvironmental landscapes', Br. *J. Cancer* 122, 943–52 (2020). DOI: 10.1038/s41416-019-0721-1 ageless.link/c4smzx

1 모든 동물은 평생 심장의 박동 횟수가 정해져 있다는 이론이었다.

H. J. Levine, 'Rest heart rate and life expectancy', *J. Am. Coll. Cardiol.* 30, 1104–6 (1997). DOI: 10.1016/s0735-1097(97)00246-5 ageless.link/q34kh7

노스캐롤라이나 주립대학교의 Public Science Lab에서는 심박수와 수명에 관한 데이터베이스를 수집하고 있고, 현재 300종이 넘는 동물의 데이터가 들어 있다.

The Heart Project, The Public Science Lab, NC State University ageless.link/degeqy

다음의 훌륭한 동영상도 참고하기 바란다.

Rohin Francis, 'Why do so many living things get the same number of heartbeats?' (MedLife Crisis, YouTube, 2018) ageless. link/prbvyx

2 D. Aune et al., 'Resting heart rate and the risk of cardiovascular disease, total cancer, and all-cause mortality — a systematic review and dose-response meta-analysis of prospective studies', *Nutr. Metab. Cardiovasc.* Dis. 27, 504–17 (2017). DOI: 10.1016/j.numecd.2017.04.004 ageless.link/eb3fr9

3 결국에 가서는 현재로서 심박수를 낮추는 최고의 접근법은 식생활 조절과 운동이라 결론 내리고 있지만, 다음의 논문은 심박수를 의학적으로 줄이는 법에 대해 생각해 보아야 한다는 흥미로운 주장을 펼치고 있다.

Gus Q. Zhang and Weiguo Zhang, 'Heart rate, lifespan, and mortality risk', *Ageing Res. Rev.* 8, 52–60 (2009). DOI: 10.1016/j.arr.2008.10.001 ageless.link/hqti9f

4 노화에 관한 별개의 지식들을 한데 통합하려는 최초의 시도 중에 1950년대 알렉스 컴포트(Alex Comfort)가 쓴 책이 있다. (컴포트는 일종의 박식가였다. 아마 그가 1972년에 쓴 책 《섹스의 즐거움(*The Joy of Sex*)》을 아는 사람이 더 많

을 것이다.)

Alex Comfort, *Ageing, the Biology of Senescence* (Routledge & Kegan Paul, 1956) ageless.link/jopnzx

1990년대에 이루어진 또 한 편의 잘 알려진 시도에서는 이 학문을 통합하려는 희망을 가지고 노화에 관한 진화적 이론과 기계적 이론 들을 검토했다.

Z. A. Medvedev, 'An attempt at a rational classification of theories of ageing', *Biol. Rev. Camb. Philos.* Soc. 65, 375–98 (1990). DOI: 10.1111/j.1469-185x.1990.tb01428.x ageless.link/mbs7ot

5 SENS의 오리지널 공식화는 2002년에 발표되었다.

Aubrey D. N. J. de Grey et al., 'Time to talk SENS: Critiquing the immutability of human aging', *Ann. N. Y. Acad. Sci.* 959, 452–62 (2002) ageless.link/boetg3

하지만 분류체계는 그 후로 개발되었고 더 최근 버전은 다음의 자료에서 찾아볼 수 있다.

Ben Zealley and Aubrey D. N. J. de Grey, 'Strategies for engineered negligible senescence', *Gerontology* 59, 183–9 (2013). DOI: 10.1159/000342197 ageless.link/ugcyxw

혹은 드 그레이의 SENS 연구 재단 웹사이트 Intro to SENS research (SENS Research Foundation) ageless.link/owtoc3에서도 찾아볼 수 있다.

아니면 그가 2008년에 펴낸 다음의 책에서도 찾아볼 수 있다.

Aubrey de Grey and Michael Rae, *Ending Aging: The Rejuvenation Breakthroughs That Could Reverse Human Aging in Our Lifetime* (St Martin's Griffin, 2008) ageless.link/yvitd6

6 López-Otín et al., 2013 ageless.link/m3gh76

1. 이중나선의 문제: DNA 손상과 돌연변이

DNA 손상과 돌연변이가 노화에서 중요하다는 증거에 대한 훌륭한 리뷰를 다음의 자료에서 볼 수 있다.

Alex A. Freitas and João Pedro de Magalhães, 'A review and appraisal of the DNA damage theory of ageing', *Mutat. Res.* 728, 12–22 (2011). DOI: 10.1016/j.mrrev.2011.05.001 ageless.link/epodzw

7 George A. Garinis et al., 'DNA damage and ageing: New-age ideas for an age-old problem', *Nat. Cell Biol.* 10, 1241–7 (2008). DOI: 10.1038/ncb1108-1241 ageless.link/xp9rgi

8 세포 전환율에 관한 데이터는 찾기 힘들고 일관성이 없을 때도 많다. 실험적으로 관찰하기가 정말 어려운 현상이기 때문이다. 다행히도 DNA 복제의 대다수는 우리 몸에서 혈구세포를 대량으로 만들면서 생기는 것이기 때문에 계산이 쉬워졌다. 전체 계산 과정은 ageless.link/969hvc에서 볼 수 있다.

9 Rhys Anderson, Gavin D. Richardson and João F. Passos, 'Mechanisms driving the ageing heart', *Exp. Gerontol.* 109, 5–15 (2018). DOI: 10.1016/j.exger.2017.10.015 ageless.link/buov7p

10 Jennifer M. Yeh et al., 'Life expectancy of adult survivors of childhood cancer over 3 decades', *JAMA Oncol* 6, 350–7 (2020). DOI: 10.1001/jamaoncol.2019.5582 ageless.link/pouzkf

2. 짧아진 말단소체

11 Mariela Jaskelioff et al., 'Telomerase reactivation reverses tissue degeneration in aged telomerase-deficient mice', *Nature* 469, 102–6 (2011). DOI: 10.1038/nature09603 ageless.link/gt7m46

12 Masayuki Kimura et al., 'Telomere length and mortality: A study of leukocytes in elderly Danish twins', *Am. J. Epidemiol.* 167, 799–806 (2008). DOI: 10.1093/aje/kwm380 ageless.link/ypcht6

13 Line Rode, Børge G. Nordestgaard and Stig E. Bojesen, 'Peripheral blood leukocyte telomere length and mortality among 64,637 individuals from the general population', *J. Natl. Cancer Inst.* 107, djv074 (2015). DOI: 10.1093/jnci/djv074 ageless.link/qkyhcb

14 Stella Victorelli and João F. Passos, 'Telomeres and cell senescence — size matters not', *EBioMedicine* 21, 14–20 (2017). DOI: 10.1016/j.ebiom.2017.03.027 ageless.link/hyrddd

3. 단백질 문제: 자가포식, 아밀로이드, 부가체

15 Brandon H. Toyama et al., 'Identifi cation of long-lived proteins reveals exceptional stability of essential cellular structures', *Cell* 154, 971–82 (2013). DOI: 10.1016/j.cell.2013.07.037 ageless.link/e96gxu

16 The Nobel Prize in Physiology or Medicine 2016: Yoshinori Ohsumi (The Nobel Prize, 2016) ageless.link/x3hxuq

17 다음에 소개하는 두 자료 모두 자가포식, 노화, 식이제한 사이의 관계에 대해 잘 얘기하고 있다.

Andrew M. Leidal, Beth Levine and Jayanta Debnath, 'Autophagy and the cell biology of age-related disease', *Nat. Cell Biol.* 20, 1338–48 (2018). DOI: 10.1038/s41556-018-0235-8 ageless.link/iqycep

David C. Rubinsztein, Guillermo Mariño and Guido Kroemer, 'Autophagy and aging', *Cell* 146, 682–95 (2011). DOI: 10.1016/j.cell.2011.07.030 ageless.link/h3e9va

18 Didac Carmona-Gutierrez et al., 'The crucial impact of lysosomes in aging and longevity', *Ageing Res. Rev.* 32, 2–12 (2016). DOI: 10.1016/j.arr.2016.04.009 ageless.link/nfc3fm

19 Leidal, Levine, and Debnath, 2018 ageless.link/iqycep

20 Tuomas P. J. Knowles, Michele Vendruscolo and Christopher M. Dobson, 'The amyloid state and its association with protein misfolding diseases', *Nat. Rev. Mol. Cell Biol.* 15, 384–96 (2014). DOI: 10.1038/nrm3810 ageless.link/qbo7fa

21 Andy Extance, 'The marvellous Maillard reaction', *Chemistry World* (2018) ageless.link/pygx4v

4. 후성유전적 변경

22 '세포 유형'은 생물학에서 뜨거운 논쟁이 벌어지고 있는 부분이라 유형별로 정확한 수치를 할당하는 것은 아무런 의미가 없다. 세포는 유형별로 깔끔하게 분류되기보다는 하나의 스펙트럼 위에 존재한다. 하지만 무언가에 대해 논의할 때 정신을 온전히 유지하기 위해서라도 세포들을 세포 유형이라 부를 만한 집합으로 분류하는 것이 좋다. 이 자료는 이 논란에 대한 몇 가지 시각을 종합하고 있다.

Hans Clevers et al., 'What is your conceptual definition of "cell type" in the context of a mature organism?', *Cell Syst.* 4, 255–9 (2017). DOI: 10.1016/j.cels.2017.03.006 ageless.link/cvj3ba

23 Steve Horvath, 'DNA methylation age of human tissues and cell types', *Genome Biology* 14, R115 (2013). DOI: 10.1186/gb-2013-14-10-r115 ageless.link/gkjacc

24 다음의 자료는 호르바스의 연구를 쉽게 풀어 설명하고 있다.

W. Wayt Gibbs, 'Biomarkers and ageing: The clock-watcher', *Nature* 508, 168–70 (2014). DOI: 10.1038/508168a ageless.link/eginsd

25 그 사례는 다음의 자료를 참고하라.

Brian H. Chen et al., 'DNA methylation-based measures of biological age: Meta-analysis predicting time to death', *Aging* 8, 1844–65 (2016). DOI: 10.18632/aging.101020 ageless.link/gpji9v

5. 노쇠세포의 축적

26 J. W. Shay and W. E. Wright, 'Hayflick, his limit, and cellular ageing', *Nat. Rev. Mol. Cell Biol.* 1, 72–6 (2000). DOI: 10.1038/35036093 ageless.link/dswmot

27 이 도그마가 노벨상 수상자 알렉시스 카렐(Alexis Carrel)에 의해 어떻게 뒤집어졌는지에 관한 이야기, 그리고 불멸의 닭 세포에 대한 그의 주장에 대한 이야기가 다음의 자료에 실려 있다.

John Rasko and Carl Power, 'What pushes scientists to lie? The disturbing but familiar story of Haruko Obokata', *Guardian* (18 February 2015) ageless.link/mbaxre

28 Ming Xu et al., 'Senolytics improve physical function and increase lifespan in old age', *Nat. Med.* 24, 1246–56 (2018). DOI: 10.1038/s41591-018-0092-9 ageless.link/kxawt4

6. 권력 투쟁: 미토콘드리아의 고장

닉 레인(Nick Lane)이 쓴 미토콘드리아에 대한 책은 이 기이한 세포소기관에 대한 입문서로 훌륭하다.

Nick Lane, *Power, Sex, Suicide: Mitochondria and the Meaning of Life* (Oxford University Press, 2006) ageless.link/6ox4kh

29 Iain Scott and Richard J. Youle, 'Mitochondrial fission and fusion', *Essays Biochem.* 47, 85–98 (2010). DOI: 10.1042/bse0470085 ageless.link/k69ons

30 Milena Pinto and Carlos T. Moraes, 'Mechanisms linking mtDNA damage and aging', *Free Radic. Biol. Med.* 85, 250–58 (2015). DOI: 10.1016/j.freeradbiomed.2015.05.005 ageless.link/wiraa7

31 Stephen Frenk and Jonathan Houseley, 'Gene expression hallmarks of cellular ageing', *Biogerontology* 19, 547–66 (2018). DOI: 10.1007/s10522-018-9750-z ageless.link/6iuhtc

32 Anne Hahn and Steven Zuryn, 'The cellular mitochondrial genome landscape in disease', *Trends Cell Biol.* 29, 227–40 (2019). DOI: 10.1016/j.tcb.2018.11.004 ageless.link/noxwpf

33 Alexandra Moreno-García et al., 'An overview of the role of lipofuscin in age-related neurodegeneration', *Front. Neurosci.* 12, 464 (2018). DOI: 10.3389/fnins.2018.00464 ageless.link/he6zcr

34 Axel Kowald and Thomas B. L. Kirkwood, 'Resolving the enigma of the clonal expansion of mtDNA deletions', *Genes* 9, 126 (2018). DOI: 10.3390/

genes9030126 ageless.link/pbsrfj6zcr

35 Leidal, Levine and Debnath, 2018 ageless.link/iqycep

36 Bhupendra Singh et al., 'Reversing wrinkled skin and hair loss in mice by restoring mitochondrial function', *Cell Death Dis.* 9, 735 (2018). DOI: 10.1038/s41419-018-0765-9 ageless.link/39uc9a

37 다음의 자료는 노화의 유리기 이론이 뒤집힌 것에 대해 살짝 어렵기는 하지만 읽을 만한 리뷰 자료다.

David Gems and Linda Partridge, 'Genetics of longevity in model organisms: debates and paradigm shifts', *Annu. Rev. Physiol.* 75, 621–44 (2013). DOI: 10.1146/annurev-physiol-030212-183712 ageless.link/r9g6fx

7. 신호 실패

38 염증노화에 관한 리뷰는 다음의 자료를 참고하기 바란다.

Claudio Franceschi and Judith Campisi, 'Chronic inflammation (inflammaging) and its potential contribution to age-associated diseases', *J. Gerontol. A Biol. Sci. Med. Sci.* 69 Suppl 1, S4–9 (2014). DOI: 10.1093/gerona/glu057 ageless.link/rzitpw

8. 위장관 반응: 마이크로바이옴의 변화

나이에 따라 마이크로바이옴이 어떻게 변하는지에 관한 훌륭한 리뷰는 다음의 자료에서 찾아볼 수 있다.

Thomas W. Buford, '(Dis)Trust your gut: The gut microbiome in age-related inflammation, health, and disease', *Microbiome* 5, 80 (2017). DOI: 10.1186/s40168-017-0296-0 ageless.link/y49t3u

Claire Maynard and David Weinkove, 'The gut microbiota and ageing', in *Biochemistry and Cell Biology of Ageing* : Part I *Biomedical Science* (ed. J. Robin Harris and Viktor I. Korolchuk) (Springer Singapore, 2018). DOI: 10.1007/978-981-13-2835-0_12 ageless.link/fgxork

Jens Seidel and Dario Riccardo Valenzano, 'The role of the gut microbiome during host ageing', *F1000Res.* 7, 1086 (2018). DOI: 10.12688/f1000research.15121.1 ageless.link/gojnhw

39 흔히 인용되는 통계에서는 마이크로바이옴의 세포 수가 우리 자신의 세포보다 10:1 비율로 많다고 한다. 이 연구는 그 추정치를 크게 수정해 놓았다. 하지만 수조 마리의 미생물을 세는 것이 절대 쉬운 일은 아니기 때문에 이 논란은 계속 이어질 것이다!

Ron Sender, Shai Fuchs and Ron Milo, 'Are we really vastly outnumbered? Revisiting the ratio of bacterial to host cells in humans', *Cell* 164, 337–40 (2016). DOI: 10.1016/j.cell.2016.01.013 ageless.link/9oeph4

40 Buford, 2017 ageless.link/y49t3u

41 Fedor Galkin et al., 'Human microbiome aging clocks based on deep learning and tandem of permutation feature importance and accumulated local effects', *bioRxiv* (2018). DOI: 10.1101/507780

42 Marisa Stebegg et al., 'Heterochronic faecal transplantation boosts gut germinal centres in aged mice', *Nat. Commun.* 10, 2443 (2019). DOI: 10.1038/s41467-019-10430-7 ageless.link/srchrr

9. 세포 소진

43 Arantza Infante and Clara I. Rodríguez, 'Osteogenesis and aging: lessons from mesenchymal stem cells', *Stem Cell Res. Ther.* 9, 244 (2018). DOI: 10.1186/s13287-018-0995-x ageless.link/kkbvik

44 Jerry L. Old and Michelle Calvert, 'Vertebral compression fractures in the elderly', *Am. Fam. Physician* 69, 111–16 (2004) ageless.link/u7cuzu

45 Lisa Bast et al., 'Increasing neural stem cell division asymmetry and quiescence are predicted to contribute to the age-related decline in neurogenesis', *Cell Rep.* 25, 3231–40.e8 (2018). DOI: 10.1016/j.celrep.2018.11.088 ageless.link/9dx7rbnk/u7cuzu

10. 방어 시스템의 결함 - 면역계의 고장

면역계의 노화에 관한 전반적 리뷰는 다음의 자료를 참고하라.

A. Katharina Simon, Georg A. Hollander and Andrew McMichael, 'Evolution of the immune system in humans from infancy to old age', *P. Roy. Soc. B: Biol. Sci.* 282, 20143085 (2015). DOI: 10.1098/rspb.2014.3085 ageless.link/b7zdq3

46 이 계산은 WHO GBD 통계를 이용했다. 계산에 관한 글은 ageless.link/x9nrcm에서 읽어 볼 수 있다.

47 Sam Palmer et al., 'Thymic involution and rising disease incidence with age', *Proc. Natl. Acad. Sci.* U. S. A. 115, 1883–8 (2018). DOI: 10.1073/pnas.1714478115 ageless.link/sdu6ug

48 Cornelia M. Weyand and Jörg J. Goronzy, 'Aging of the immune system. Mechanisms and therapeutic targets', *Ann. Am. Thorac. Soc.* 13 Suppl 5, S422–S428 (2016). DOI: 10.1513/AnnalsATS.201602-095AW ageless.link/hbxg6g

49 Paul Klenerman and Annette Oxenius, 'T cell responses to cytomegalovirus', *Nat. Rev. Immunol.* 16, 367–77 (2016). DOI: 10.1038/nri.2016.38 ageless.link/f69taa

5장 낡은 것 내치기

노쇠세포 죽이기

1 Baker et al., 2011 ageless.link/xxobvx

2 Yi Zhu et al., 'The Achilles' heel of senescent cells: From transcriptome to senolytic drugs', *Aging Cell* 14, 644–58 (2015). DOI: 10.1111/acel.12344 ageless.link/sj9rs3

3 Xu et al., 2018 ageless.link/ijqc4g

4 Darren J. Baker et al., 'Naturally occurring p16Ink4a-positive cells shorten

healthy lifespan', *Nature* 530, 184–89 (2016). DOI: 10.1038/nature16932 ageless.link/rkihvv

5 Justice et al., 2019 ageless.link/cx7wkq

6 무릎 골관절염이 있는 환자에게 UBX0101을 1회 투여했을 때의 안정성과 효능을 평가하기 위한 연구(ClinicalTrials.gov identifier: NCT 04129944, 2019). ageless.link/d4tcc6

7 다음에 나오는 짧은 리뷰는 세포 노쇠를 치료하는 현재의 다양한 치료법을 기술하고 있다.

Laura J. Niedernhofer and Paul D. Robbins, 'Senotherapeutics for healthy ageing', *Nat. Rev. Drug Discov.* 377 (2018). DOI: 10.1038/nrd.2018.44 ageless.link/dkby7o

세놀리틱과 다른 항노화 약물에 대해 살펴보는 또 다른 짧은 리뷰.

Asher Mullard, 'Anti-ageing pipeline starts to mature', Nat. Rev. Drug Discov. 17, 609–12 (2018). DOI: 10.1038/nrd.2018.134 ageless.link/voajt6

8 과학자들은 적어도 생쥐에서는 상처 치유에서 노쇠 관련 분비표현형(SASP)의 결정적 요소로 보이는 PDGG-AA라는 단백질을 찾아냈다. 세놀리틱 치료 중 혹은 치료 직후에 이것이나 그와 비슷한 신호를 이용해서 상처 치유를 돕는 로션의 개발을 상상해 볼 수 있다.

Marco Demaria et al., 'An essential role for senescent cells in optimal wound healing through secretion of PDGF-AA', *Dev. Cell* 31, 722–33 (2014). DOI: 10.1016/j.devcel.2014.11.012 ageless.link/cwkwyy

재활용을 재발명하기 - 자가포식 업그레이드

9 라파누이로 찾아갔던 놀라운 탐험 이야기는 다음의 자료에서 찾아볼 수 있다.

Amy Tector, 'The delightful revolution: Canada's medical expedition to Easter Island, 1964–65', *British Journal of Canadian Studies* 27, 181–94 (2014). DOI: 10.3828/bjcs.2014.12 ageless.link/htyujj

10 세갈의 이야기를 비롯해 라파마이신의 이야기는 다음의 자료에 나와 있다.

Bethany Halford, 'Rapamycin's secrets unearthed', *Chemical & Engineering News* 94 (2016) ageless.link/7m3abm

11 Hannah E. Walters and Lynne S. Cox, 'mTORC inhibitors as broad-spectrum therapeutics for age-related diseases', *Int. J. Mol. Sci.* 19 (2018). DOI: 10.3390/ijms19082325 ageless.link/a7dbnk

12 파라마이신이 늙은 생쥐의 건강수명을 연장한다고 보고한 연구는 다음과 같다.

David E. Harrison et al., 'Rapamycin fed late in life extends lifespan in genetically heterogeneous mice', *Nature* 460, 392–5 (2009). DOI: 10.1038/nature08221 ageless.link/af4dtw

그리고 이 연구와 이 연구의 잠재적 함축에 관한 분석은 다음의 자료에서 찾을 수 있다.

Lynne S. Cox, 'Live fast, die young: New lessons in mammalian longevity', *Rejuvenation Res.* 12, 283–8 (2009). DOI: 10.1089/rej.2009.0894 ageless.link/r3d3b9

13 Jamie Metzl and Nir Barzilai, 'Drugs that could slow aging may hold promise for protecting the elderly from COVID-19', *Leapsmag* (2020) ageless.link/jvziwf

14 다음에 소개하는 짧고 읽기 편한 글은 스퍼미딘이 식이제한 효과약물이라는 증거를 모아서 보여 준다.

Frank Madeo et al., 'Spermidine delays aging in humans', *Aging* 10, 2209–11 (2018). DOI: 10.18632/aging.101517 ageless.link/qduqki

15 다음에 소개하는 자료는 현재 나와 있는 식이제한 효과약물에 대한 자세한 검토를 담고 있다.

Frank Madeo et al., 'Caloric restriction mimetics against ageassociated disease: Targets, mechanisms, and therapeutic potential', *Cell Metab.* 29, 592–610 (2019). DOI: 10.1016/j.cmet.2019.01.018 ageless.link/ovbzfi

16 다음에 소개하는 레스토바이오의 '2단계' 연구는 이 결과를 성공적으로 보여 준다.

Joan B. Mannick et al., 'TORC1 inhibition enhances immune function and reduces infections in the elderly', *Sci. Transl. Med.* 10 (2018). DOI: 10.1126/scitranslmed.aaq1564 ageless.link/ywvxna

하지만 살짝 달라진 후속 '3단계' 연구는 성공적이지 못했고, 그에 대한 분석이 진행 중이다. 레스토바이오에서는 임상 증상이 있는 호흡기질환을 대상으로 진행된 RTB101의 3단계 PROTECTOR 임상실험이 1차 목표를 충족하지 못했다고 발표했다. (resTORbio, Inc., 2019) ageless.link/geknp4

17 레스토바이오에서는 요양원 거주자들을 대상으로 RTB101을 이용해서 예방적으로 항바이러스 치료를 하면 코로나바이러스 감염의 중증화를 막을 수 있는지 평가하는 연구를 개시했다고 발표했다. (resTORbio, Inc., 2020) ageless.link/vpzrkn

18 다음 논문은 노화에서의 리소좀과 리포푸신에 대해 자세히 리뷰하고 있다. 특히 리소좀은 그저 수동적인 재활용 처리 공장이 아니라 세포 안에서 자가포식과 다른 과정을 통제하는 신호를 보낸다. 지면 관계로 본문에서는 이 부분을 다루지 않았다.

Carmona-Gutierrez et al., 2016 ageless.link/4ksqvf

19 Marcelo M. Nociari, Szilard Kiss and Enrique Rodriguez-Boulan, 'Lipofuscin accumulation into and clearance from retinal pigment epithelium lysosomes: Physiopathology and emerging therapeutics', in *Lysosomes: Associated Diseases and Methods to Study Their Function* (ed. Pooja Dhiman Sharma) (InTech, 2017). DOI: 10.5772/intechopen.69304 ageless.link/rrit3y

20 W. Gray Jerome, 'Lysosomes, cholesterol and atherosclerosis', *Clin. Lipidol.* 5, 853–65 (2010). DOI: 10.2217/clp.10.70 ageless.link/usc7mq

21 리소좀 저장질환에 대한 더 많은 정보는 다음 자료를 참고하라.

Lysosomal storage disorders (National Organization for Rare Disorders) ageless.link/j4onqe

22 Irum Perveen et al., 'Studies on degradation of 7-ketocholesterol by environmental bacterial isolates', *Appl. Biochem. Microbiol.* 54, 262–8 (2018).

DOI: 10.1134/S0003683818030110 ageless.link/wctqvb

23 Brandon M. D'Arcy et al., 'Development of a synthetic 3-ketosteroid δ 1-dehydrogenase for the generation of a novel catabolic pathway enabling cholesterol degradation in human cells', *Sci. Rep.* 9, 5969 (2019). DOI: 10.1038/s41598-019-42046-8 ageless.link/f73gvh

24 Kelsey J. Moody et al., 'Recombinant manganese peroxidase reduces A2E burden in agerelated and Stargardt's macular degeneration models', *Rejuvenation Res.* 21, 560–71 (2018). DOI: 10.1089/rej.2018.2146 ageless.link/z7dgq9

이 연구는 생명연장 옹호재단(Life Extension Advocacy Foundation) 2019년 학회에서 촬영한 영상에서 이해하기 쉽게 설명되어 있다.

Kelsey Moody, 'Macular degeneration talk at Ending Age-Related Diseases 2019' (Life Extension Advocacy Foundation, YouTube, 2019) ageless.link/fjekaq

25 F. Yuan et al., 'Preclinical results of a new pharmacological therapy approach for Stargardt disease and dry age-related macular degeneration', *ARVO 2017 E-Abstract* (2017) ageless.link/ojsizw

26 언더독 파마세티컬스(Underdog Pharmaceuticals)라는 회사에서 또 다른 사례를 개발 중이다. 이 회사에서는 사이클로덱스트린(cyclodextrin)이라는 당을 이용해 죽상동맥경화반에서 산화된 콜레스테롤을 제거하려 하고 있다.

Reason, 'An interview with Matthew O'Connor, as Underdog Pharmaceuticals secures seed funding', *Fight Aging!* (2019) ageless.link/c7td7e

아밀로이드

27 아밀로이드 가설이 어떻게 알츠하이머병 연구를 지배하게 되었는지에 대한 비판적 리뷰는 다음의 자료를 참고하라.

Sharon Begley, 'How an Alzheimer's "cabal" thwarted progress toward a cure', *STAT* (2019) ageless.link/tzoitz

이 주제에 대한 다양한 학문적 리뷰도 나와 있다.

Francesco Panza et al., 'A critical appraisal of amyloid-β-targeting therapies for Alzheimer disease', *Nat. Rev. Neurol.* 15, 73–88 (2019). DOI: 10.1038/s41582-018-0116-6 ageless.link/bnu3oy

28 Knowles, Vendruscolo and Dobson, 2014 ageless.link/y4j4rc

29 Yushi Wang et al., 'Is vascular amyloidosis intertwined with arterial aging, hypertension and atherosclerosis?', *Front. Genet.* 8, 126 (2017). DOI: 10.3389/fgene.2017.00126 ageless.link/9nbz4t

30 Maarit Tanskanen et al., 'Senile systemic amyloidosis affects 25% of the very aged and associates with genetic variation in *alpha2-macroglobulin and tau:* A population-based autopsy study', *Ann. Med.* 40, 232–9 (2008). DOI: 10.1080/07853890701842988 ageless.link/zopekh

31 Esther González-López et al., 'Wild-type transthyretin amyloidosis as a cause of heart failure with preserved ejection fraction', *Eur. Heart J.* 36, 2585–94 (2015). DOI: 10.1093/eurheartj/ehv338 ageless.link/mhcfer

32 L. Stephen Coles and Robert D. Young, 'Supercentenarians and transthyretin amyloidosis: The next frontier of human life extension', *Prev. Med.* 54, S9–S11 (2012). DOI: 10.1016/j.ypmed.2012.03.003 ageless.link/zcbdci

33 Jeffrey N. Higaki et al., 'Novel conformation-specifi c monoclonal antibodies against amyloidogenic forms of transthyretin', *Amyloid* 23, 86–97 (2016). DOI: 10.3109/13506129.2016.1148025 ageless.link/vknf7e

34 Stephanie A. Planque, Richard J. Massey and Sudhir Paul, 'Catalytic antibody (catabody) platform for age-associated amyloid disease: From Heisenberg's uncertainty principle to the verge of medical interventions', *Mech. Ageing Dev.* 185, 111188 (2020). DOI: 10.1016/j.mad.2019.111188 ageless.link/p3my6b

35 GAIM과 그 이상한 기원에 대한 이야기는 다음의 자료에 나와 있다.

Jon Palfreman, *Brain Storms: The Race to Unlock the Mysteries of Parkinson's Disease* (Scientifi c American, 2016) ageless.link/mvohpp

다음의 자료도 참고하라.

Rajaraman Krishnan et al., 'A bacteriophage capsid protein provides a general amyloid interaction motif (GAIM) that binds and remodels misfolded protein assemblies', *J. Mol. Biol.* 426, 2500–519 (2014). DOI: 10.1016/j.jmb.2014.04.015 ageless.link/47ffsy

36 Jonathan M. Levenson et al., 'NPT088 reduces both amyloid-β and tau pathologies in transgenic mice', *Alzheimers. Dement.* 2, 141–55 (2016). DOI: 10.1016/j.trci.2016.06.004 ageless.link/kkt6m9

6장 새것 들이기

줄기세포 치료

줄기세포 생물학과 줄기세포 치료에 대한 좋은 입문서로는 다음의 자료를 참고하라.

Jonathan Slack, *Stem Cells: A Very Short Introduction* (Oxford University Press, 2012) ageless.link/rc4udv

1 줄기세포에 대한 일반 정보를 비롯해 줄기세포 치료에 대한 주장을 평가해 볼 좋은 자료로 다음을 참고하라.

A closer look at stem cells (International Society for Stem Cell Research) ageless.link/miqgch

2 Alois Gratwohl et al., 'One million haemopoietic stem-cell transplants: A retrospective observational study', *Lancet Haematol.* 2, e91–100 (2015). DOI: 10.1016/S2352-3026(15)00028-9 ageless.link/qhhjsw

3 자선단체 Anthony Nolan은 골수기증 그리고 혈액암과 다른 전반적인 혈액질환에 관한 훌륭한 자료를 보유하고 있다.

Is donating bone marrow painful? (Anthony Nolan, 2015) ageless.link/qz6una

4 단기적으로 보면 모든 환자에서 개인화된 세포를 유도하는 것은 너무 느리고 비용이 많이 들어 의학치료로는 실용적이지 않다. 하지만 완전히 개인화된 세포가 실용화되기 전에 유도만능줄기세포 은행에 여러 사람의 유도만능세포를 보관해서 환자들과 면역적합성을 최대화하는 방법이 먼저 임상에 도입될 가능성이 크다. 이에 관한 구체적인 내용은 지면 문제로 본문에서 다루지 않았지만 다음의 자료를 통해 그 개괄을 볼 수 있다.

Kerry Grens, 'Banking on iPSCs', *The Scientist* (2014) ageless.link/vuova4

5 2012년 노벨생리의학상: 존 거든(John B. Gurdon)과 야마나카 신야 ageless.link/9wkqz9

6 Aarathi Prasad, 'Teratomas: The tumours that can transform into "evil twins"', *Guardian* (27 April 2015) ageless.link/s3dnjp

7 Lyndon da Cruz et al., 'Phase 1 clinical study of an embryonic stem cell-derived retinal pigment epithelium patch in age-related macular degeneration', *Nat. Biotechnol.* 36, 328–37 (2018). DOI: 10.1038/nbt.4114 ageless.link/3srrjw

Amir H. Kashani et al., 'A bioengineered retinal pigment epithelial monolayer for advanced, dry age-related macular degeneration', *Sci. Transl. Med.* 10, eaao4097 (2018).

8 Ken Garber, 'RIKEN suspends fi rst clinical trial involving induced pluripotent stem cells', *Nat. Biotechnol.* 33, 890–91 (2015). DOI: 10.1038/nbt0915-890 ageless.link/iaocp6

9 Sharon Begley, 'Trial will be fi rst in US of Nobel-winning stem cell technique', *STAT* (2019) ageless.link/pzxvg7

10 줄기세포를 파킨슨병에 사용하는 이야기는 다음의 자료에 잘 나와 있다. 이 자료는 1980년대에 이 연구를 시작한 두 명의 스웨덴 과학자가 썼다.

Anders Björklund and Olle Lindvall, 'Replacing dopamine neurons in

Parkinson's disease: How did it happen?', J. Parkinsons. Dis. 7, S21–S31 (2017). DOI: 10.3233/JPD-179002 ageless.link/hcz3an

파킨슨병 치료법으로서의 줄기세포에 관한 이야기를 더 읽고 싶다면 Palfreman, 2016 ageless.link/h3afof를 참고하라.

면역력 증진

이 섹션의 주제에 관한 전반적 리뷰는 다음의 자료를 참고하라.

Richard Aspinall and Wayne A. Mitchell, 'The future of aging-pathways to human life extension' (ed. L. Stephen Coles, Gregory M. Fahy and Michael D. West) (Springer, 2010) ageless.link/4tf6gj

더 전문적이고 최근의 리뷰는 다음을 참고하라.

Janko Nikolich-Žugich, 'The twilight of immunity: Emerging concepts in aging of the immune system', *Nat. Immunol.* 19, 10–19 (2018). DOI: 10.1038/s41590-017-0006-x ageless.link/doaepd

11 수명(특히 남성의 수명)에 성호르몬이 관여한다는 증거에 관한 리뷰는 다음의 자료에 나와 있다.

David Gems, 'Evolution of sexually dimorphic longevity in humans', Aging 6, 84–91 (2014). DOI: 10.18632/aging.100640 ageless.link/b9mxgx

거세 연구에 대한 구체적인 내용은 다음의 자료를 참고하라

J. S. Jenkins, 'The voice of the castrato', *Lancet* 351, 1877–80 (1998). DOI: 10.1016/s0140-6736(97)10198-2 ageless.link/7pxy9m

12 이 연구는 학습장애가 있는 사람들이 얼마나 소름끼치는 대우를 받고 있는지 보기 위해서라도 읽어 볼 가치가 있다. 심지어 그리 오래지 않은 1969년의 학술문헌에서도 문제가 많았다. 한 표에서는 '정신지체'를 '정상(normal)', '경계(borderline)', '정신박약(moronic)', '저능아(imbecilic)', '백치(idiotic)'로 분류하기도 했다.

J. B. Hamilton and G. E. Mestler, 'Mortality and survival: Comparison of eunuchs with intact men and women in a mentally retarded population',

J. Gerontol. 24, 395–411 (1969). DOI: 10.1093/geronj/24.4.395 ageless.link/i7q6qk

13 Kyung-Jin Min, Cheol-Koo Lee and Han-Nam Park, 'The lifespan of Korean eunuchs', *Curr. Biol.* 22, R792–3 (2012). DOI: 10.1016/j.cub.2012.06.036 ageless.link/7csyw7

14 백세장수인 내시 3명의 출생일과 사망일은 다음과 같다. 기경헌(1670-1771), 홍인보(1735-1835), 이기원(1784-1893). (출처: 2020년에 있었던 민경인과의 개인적 대화)

15 Tracy S. P. Heng et al., 'Impact of sex steroid ablation on viral, tumour and vaccine responses in aged mice', *PLoS One* 7, e42677 (2012). DOI: 10.1371/journal.pone.0042677 ageless.link/rdzawt

16 Gregory M. Fahy et al., 'Reversal of epigenetic aging and immunosenescent trends in humans', *Aging Cell* 18, e13028 (2019). DOI: 10.1111/acel.13028 ageless.link/ebi7qv

17 'Engage reverse gear', The Economist (8 April 2014) ageless.link/n946he Nicholas Bredenkamp, Craig S. Nowell and C. Clare Blackburn, 'Regeneration of the aged thymus by a single transcription factor', *Development* 141, 1627–37 (2014). DOI: 10.1242/dev.103614 ageless.link/gmzmrm

18 Asako Tajima et al., 'Restoration of thymus function with bioengineered thymus organoids', *Curr. Stem Cell Rep.* 2, 128–39 (2016). DOI: 10.1007/s40778-016-0040-x ageless.link/kqdsmo

19 Heather L. Thompson et al., 'Lymph nodes as barriers to T-cell rejuvenation in aging mice and nonhuman primates', *Aging Cell* 18, e12865 (2019). DOI: 10.1111/acel.12865 ageless.link/bckcdq

20 Eric T. Roberts et al., 'Cytomegalovirus antibody levels, infl ammation, and mortality among elderly Latinos over 9 years of follow-up', *Am. J. Epidemiol.* 172, 363–71 (2010). DOI: 10.1093/aje/kwq177 ageless.link/7qdqtt

21 Ann M. Arvin et al., 'Vaccine development to prevent cytomegalovirus disease: Report from the national vaccine advisory committee', *Clin. Infect. Dis.* 39, 233–9 (2004). DOI: 10.1086/421999 ageless.link/7eaydz

22 Alastair Compston and Alasdair Coles, 'Multiple sclerosis', *Lancet* 372, 1502–17 (2008). DOI: 10.1016/S0140-6736(08)61620-7 ageless.link/hku6nx

23 Paolo A. Muraro et al., 'Autologous haematopoietic stem cell transplantation for treatment of multiple sclerosis', *Nat. Rev. Neurol.* 13, 391–405 (2017). DOI: 10.1038/nrneurol.2017.81 ageless.link/w3pd3x

24 John A. Snowden, 'Rebooting autoimmunity with autologous HSCT', *Blood* 127, 8–10 (2016). DOI: 10.1182/blood-2015-11-678607 ageless.link/viww9d

25 Ravindra Kumar Gupta et al., 'Evidence for HIV-1 cure after CCR5Δ32/Δ32 allogeneic haemopoietic stem-cell transplantation 30 months post analytical treatment interruption: A case report', *Lancet HIV* 7, e340–e347 (2020). DOI: 10.1016/S2352-3018(20)30069-2 ageless.link/6kaq6f

26 Michael J. Guderyon et al., 'Mobilization-based transplantation of young-donor hematopoietic stem cells extends lifespan in mice', *Aging Cell* 19, e131102020. DOI: 10.1111/acel.13110 ageless.link/nvjnw7

27 Melanie M. Das et al., 'Young bone marrow transplantation preserves learning and memory in old mice', *Commun. Biol.* 2, 73 (2019). DOI: 10.1038/s42003-019-0298-5 ageless.link/7zqmf4

28 Muraro et al., 2017 ageless.link/w3pd3x

29 Akanksha Chhabra et al., 'Hematopoietic stem cell transplantation in immunocompetent hosts without radiation or chemotherapy', *Sci. Transl. Med.* 8, 351ra105 (2016). DOI: 10.1126/scitranslmed.aae0501 ageless.link/k6g7qu

마이크로바이옴 바꿔 주기

노화에 따른 마이크로바이옴의 변화에 대한 리뷰와 치료에 대한 전망은 다음의 자료에서 찾아볼 수 있다.

Written evidence to UK House of Lords 'Ageing: Science, Technology and Healthy Living' Inquiry (INQ0029) (Society for Applied Microbiology, 2019) ageless.link/6r9jp7 Maynard and Weinkove 2018 ageless.link/eitcnv Buford, 2017 ageless.link/o44mop

30 Laura Bonfi li et al., 'Gut microbiota manipulation through probiotics oral administration restores glucose homeostasis in a mouse model of Alzheimer's disease', *Neurobiol. Aging* 87, 35–43 (2019). DOI: 10.1016/j.neurobiolaging.2019.11.004 ageless.link/jjwfum

31 Elmira Akbari et al., 'Effect of probiotic supplementation on cognitive function and metabolic status in Alzheimer's disease: A randomized, doubleblind and controlled trial', *Front. Aging Neurosci.* 8, 256 (2016). DOI: 10.3389/fnagi.2016.00256 ageless.link/vmbxu3

32 Jason Daley, 'Meet the fi sh that grows up in just 14 days', *Smithsonian Magazine* (8 August 2018) ageless.link/knpsfy

Itamar Harel et al., 'A platform for rapid exploration of aging and diseases in a naturally short-lived vertebrate', *Cell* 160, 1013–26 (2015). DOI: 10.1016/j.cell.2015.01.038 ageless.link/3brwe3

33 Patrick Smith et al., 'Regulation of life span by the gut microbiota in the short-lived African turquoise killifish', *Elife* 6 (2017). DOI: 10.7554/eLife.27014 ageless.link/iekcdn

34 Clea Bárcena et al., 'Healthspan and lifespan extension by fecal microbiota transplantation into progeroid mice', *Nat. Med.* 2019. DOI: 10.1038/s41591-019-0504-5 ageless.link/fx9gzp

35 Bing Han et al., 'Microbial genetic composition tunes host longevity', *Cell* 169, 1249–1262.e13 (2017). DOI: 10.1016/j.cell.2017.05.036 ageless.link/zxtwy4

이 연구를 다룬 훌륭한 특집 기사도 있다.

Ed Yong, 'A tiny tweak to gut bacteria can extend an animal's life (… at least in worms. Would it work in humans?)', *The Atlantic* (15 June 2017) ageless.link/zb3wgi

단백질을 새것처럼 유지하기

세포 외부에 있는 단백질이 노화와 함께 어떻게 잘못되는지에 관한 구체적인 리뷰는 다음의 자료에서 볼 수 있다.

Helen L. Birch, 'Extracellular matrix and ageing', in *Biochemistry and Cell Biology of Ageing* : Part I, *Biomedical Science* (ed. J. Robin Harris and Viktor I. Korolchuk) (Springer Singapore, 2018). DOI: 10.1007/978-981-13-2835-0_7 ageless.link/sxmcr9

36 콜라겐과 콜라겐 사이의 교차결합은 사실 그보다 훨씬 놀랍다. 그중 일부는 콜라겐이 늘어날 때 깨져서 다시 형성되기 때문이다. 즉 엄청난 양으로 일어나는 작고 가역적인 화학반응이 콜라겐이 딱 적당한 탄력을 갖는 데 큰 역할을 한다는 의미다.

Melanie Stammers et al., 'Mechanical stretching changes crosslinking and glycation levels in the collagen of mouse tail tendon', *J. Biol. Chem.* (in press, 020). DOI: 10.1074/jbc.RA119.012067 ageless.link/cz9gtr

37 David M. Hudson et al., 'Glycation of type I collagen selectively targets the same helical domain lysine sites as lysyl oxidase-mediated crosslinking', *J. Biol. Chem.* 293, 15620–27 (2018). DOI: 10.1074/jbc.RA118.004829 ageless.link/saeoez

38 David R. Sell and Vincent M. Monnier, 'Molecular basis of arterial stiffening: Role of glycation — a minireview', *Gerontology* 58, 227–37 (2012). DOI: 10.1159/000334668 ageless.link/7qczho

39 Megan A. Cole et al., 'Extracellular matrix regulation of fibroblast function: Redefining our perspective on skin aging', *J. Cell Commun. Signal.* 12, 35–43 (2018). DOI: 10.1007/s12079-018-0459-1 ageless.link/fwyar4

40 Melanie Stammers et al., 'Age-related changes in the physical properties, cross-linking, and glycation of collagen from mouse tail tendon', *J. Biol. Chem.* (in press, 2020). DOI: 10.1074/jbc.RA119.011031 ageless.link/vmvrow

Sneha Bansode et al., 'Glycation changes molecular organization and charge distribution in type I collagen fibrils', *Sci. Rep.* 10, 3397 (2020). DOI: 10.1038/s41598-020-60250-9 ageless.link/udr6zg

41 Nam Y. Kim et al., 'Biocatalytic reversal of advanced glycation end product modification', *Chembiochem* 20, 2402–10 (2019). DOI: 10.1002/cbic.201900158 ageless.link/36buaw

하지만 최종당화산물 파괴제의 개발은 이보다 훨씬 앞선다. 알라게브리움(alagebrium)이라는 약은 쥐, 개, 심지어 원숭이에서도 유망해 보였지만 사람에서는 효과를 나타내지 못했다. 그 이유는 아직 불분명하다. (혼란스럽게도 이것을 설명하는 가장 앞선 이론은 이 약이 애초에 최종당화산물 파괴제가 아니며, 그것이 성공적이었던 이유는 다른 효과 때문이라는 것이다). 다음의 자료를 참고하라.

Sell and Monnier, 2012 ageless.link/7qczho

42 Elizabeth Sapey et al., 'Phosphoinositide 3-kinase inhibition restores neutrophil accuracy in the elderly: Toward targeted treatments for immunosenescence', *Blood* 123, 239–48 (2014). DOI: 10.1182/blood- 2013-08-519520 ageless.link/h7h4zx

이 연구에 대한 설명은 다음 책의 9장에 있다.

Sue Armstrong, *Borrowed Time: The Science of How and Why We Age* (Bloomsbury Sigma, 2019) ageless.link/zz7mje

7장 실시간 복구

말단소체 연장

이 섹션에서는 마리아 블라스코와 그 연구진의 연구에 대해 이야기한다. 그녀는 다음의 강연에서 이 내용을 훌륭하게 요약해서 설명하고 있다.

Maria A. Blasco, 'Telomeres talk at Ending Age-Related Diseases 2019' (Life Extension Advocacy Foundation, YouTube, 2019) ageless.link/74nqov

말단소체와 말단소체중합효소 치료에 대한 더 상급의 리뷰는 다음의 자료를 참고하라.

Paula Martínez and Maria A. Blasco, 'Telomere-driven diseases and telomere-targeting therapies', *J. Cell Biol.* 216, 875–87 (2017). DOI: 10.1083/jcb.201610111 ageless.link/bimqri

1 2009년 노벨생리의학상: 엘리자베스 블랙번, 캐럴 그라이더, 잭 조스택 ageless.link/hawwqj

2 헤이플릭이 자신의 피부를 게론에 기부한 사연에 관한 인터뷰는 유튜브에 올라와 있다. 관련된 내용은 동영상의 37분 구간부터 시작한다.

'Back to immortality: Episode 3, Alexis Carrel, Hayflick, telomeres, and cellular aging' (Michael D. West, YouTube, 2017) ageless.link/kpmgcn

3 Steven E. Artandi et al., 'Constitutive telomerase expression promotes mammary carcinomas in aging mice', *Proc. Natl. Acad. Sci. U.S.A.* 99, 8191–6 (2002). DOI: 10.1073/pnas.112515399 ageless.link/jju6vq

4 E. González-Suárez et al., 'Telomerase-defi cient mice with short telomeres are resistant to skin tumorigenesis', Nat. Genet. 26, 114–17 (2000). DOI: 10.1038/79089 ageless.link/cky6h7

5 종간에 나타나는 말단소체 역학의 차이는 대단히 흥미롭지만 그에 대해 자세히 다루기에는 지면이 부족했다. 한 가지 흥미로운 이론은 말단소체의 절대적인 길이가 중요한 것이 아니라 길이와 그것이 짧아지는 속도 사이의 상호작용

이 중요하다고 주장한다. 다음의 논문은 그러한 결론을 뒷받침하는 종간 분석을 수행하고 있다.

Kurt Whittemore et al., 'Telomere shortening rate predicts species life span', *Proc. Natl. Acad. Sci. U. S. A.* 2019024522019. DOI: 10.1073/pnas.1902452116 ageless.link/gm3fxu

6 M. Soledad Fernández García and Julie Teruya-Feldstein, 'The diagnosis and treatment of dyskeratosis congenita: A review', *J. Blood Med.* 5, 157–67 (2014). DOI: 10.2147/JBM.S47437 ageless.link/66ttiu

7 Susanne Horn et al., 'TERT promoter mutations in familial and sporadic melanoma', *Science* 339, 959–61 (2013). DOI: 10.1126/science.1230062 ageless.link/icwi7k

8 Telomeres Mendelian Randomization Collaboration et al., 'Association between telomere length and risk of cancer and non-neoplastic diseases: A Mendelian randomization study', *JAMA Oncol.* 3, 636–51 (2017). DOI: 10.1001/jamaoncol.2016.5945 ageless.link/jvvudx

9 Antonia Tomás-Loba et al., 'Telomerase reverse transcriptase delays aging in cancer-resistant mice', *Cell* 135, 609–22 (2008). DOI: 10.1016/j.cell.2008.09.034 ageless.link/36fh7o

10 Bruno Bernardes de Jesus et al., 'Telomerase gene therapy in adult and old mice delays aging and increases longevity without increasing cancer', *EMBO Mol. Med.* 4, 691–704 (2012). DOI: 10.1002/emmm.201200245 ageless.link/cq3dcf.

11 Miguel A. Muñoz-Lorente et al., 'AAV9-mediated telomerase activation does not accelerate tumorigenesis in the context of oncogenic K-Ras-induced lung cancer', *PLoS Genet.* 14, e1007562 (2018). DOI: 10.1371/journal.pgen.1007562 ageless.link/ft9h9w

12 Miguel A. Muñoz-Lorente, Alba C. Cano-Martin and Maria A. Blasco, 'Mice with hyper-long telomeres show less metabolic aging and longer lifespans',

Nat. Commun. 10, 4723 (2019). DOI: 10.1038/s41467-019-12664-x ageless.link/n7rx99

13 Juan Manuel Povedano et al., 'Therapeutic eff ects of telomerase in mice with pulmonary fibrosis induced by damage to the lungs and short telomeres', *Elife* 7, e31299 (2018). DOI: 10.7554/eLife.31299 ageless.link/syg3of

14 Martínez and Blasco, 2017 ageless.link/bimqri

젊은 피가 늙은 세포에게 새로운 재주를 가르칠 수 있을까?

다음에 소개하는 자료는 현대의 이시성 개체결합 치료에 관한 심오한 내용을 다루고 있다.

Megan Scudellari, 'Ageing research: Blood to blood', *Nature* 517, 426–9 (2015). DOI: 10.1038/517426a ageless.link/nyionc

개체결합의 역사에 관한 개괄은 다음의 자료에서 찾아볼 수 있다.

Michael J. Conboy, Irina M. Conboy and Thomas A. Rando, 'Heterochronic parabiosis: Historical perspective and methodological considerations for studies of aging and longevity', *Aging Cell* 12, 525–30 (2013). DOI: 10.1111/acel.12065 ageless.link/cjhjti

15 Clive M. McCay et al., 'Parabiosis between old and young rats', *Gerontologia* 1, 7–17 (1957) ageless.link/gmtdab

16 B. B. Kamrin, 'Local and systemic cariogenic effects of refined dextrose solution fed to one animal in parabiosis', *J. Dent. Res.* 33, 824–9 (1954). DOI: 10.1177/00220345540330061001 ageless.link/f6gxif

17 McCay et al., 1957 ageless.link/gmtdab

18 Frederic C. Ludwig and Robert M. Elashoff, 'Mortality in syngeneic rat parabionts of different chronological age', *Trans. N. Y. Acad. Sci.* 34, 582–7 (1972). DOI: 10.1111/j.2164-0947.1972.tb02712.x ageless.link/igskpz

19 Irina M. Conboy et al., 'Rejuvenation of aged progenitor cells by exposure

to a young systemic environment', *Nature* 433, 760–64 (2005). DOI: 10.1038/nature03260 ageless.link/67itru

20 Lida Katsimpardi et al., 'Vascular and neurogenic rejuvenation of the aging mouse brain by young systemic factors', *Science* 344, 630–34 (2014). DOI: 10.1126/science.1251141 ageless.link/eb6qyi

21 Julia M. Ruckh et al., 'Rejuvenation of regeneration in the aging central nervous system', *Cell Stem Cell* 10, 96–103 (2012). DOI: 10.1016/j.stem.2011.11.019 ageless.link/7x7w6k

22 Francesco S. Loff redo et al., 'Growth differentiation factor 11 is a circulating factor that reverses age-related cardiac hypertrophy', *Cell* 153, 828–39 (2013). DOI: 10.1016/j.cell.2013.04.015 ageless.link/9qbpim

23 Myung Ryool Park, 'Clinical trial to evaluate the potential effi cacy and safety of human umbilical cord blood and plasma' (ClinicalTrials.gov identifier NCT02418013, 2015) ageless.link/rp7apo

24 Sharon J. Sha et al., 'Safety, tolerability, and feasibility of young plasma infusion in the plasma for Alzheimer symptom amelioration study: A randomized clinical trial', *JAMA Neurol.* 76, 35–40 (2019). DOI: 10.1001/jamaneurol.2018.3288 ageless.link/d33ozp

25 Zoë Corbyn, 'Could "young" blood stop us getting old?', *Guardian* (2 February 2020) ageless.link/mv4fhr

26 Jeff Bercovici, 'Peter Thiel is very, very interested in young people's blood', *Inc.* (2016) ageless.link/wmadgf

27 Dmytro Shytikov et al., 'Aged mice repeatedly injected with plasma from young mice: A survival study', *Biores. Open Access* 3, 226–32 (2014). DOI: 10.1089/biores.2014.0043 ageless.link/4vrkko

28 Anding Liu et al., 'Young plasma reverses age-dependent alterations in hepatic function through the restoration of autophagy', *Aging Cell* 17 (2018). DOI: 10.1111/acel.12708 ageless.link/sbjw6a

29 Justin Rebo et al., 'A single heterochronic blood exchange reveals rapid inhibition of multiple tissues by old blood', *Nat. Commun.* 7, 13363 (2016). DOI: 10.1038/ncomms13363 ageless.link/kcavhd

30 Hanadie Yousef et al., 'Systemic attenuation of the TGF-β pathway by a single drug simultaneously rejuvenates hippocampal neurogenesis and myogenesis in the same old mammal', *Oncotarget* 6, 11959–78 (2015). DOI: 10.18632/oncotarget.3851 ageless.link/aonk34

31 Christian Elabd et al., 'Oxytocin is an age-specifi c circulating hormone that is necessary for muscle maintenance and regeneration', *Nat. Commun.* 5, 4082 (2014). DOI: 10.1038/ncomms5082 ageless.link/cdmifq

32 Manisha Sinha et al., 'Restoring systemic GDF11 levels reverses age-related dysfunction in mouse skeletal muscle', *Science* 344, 649–52 (2014). DOI: 10.1126/science.1251152 ageless.link/fr9etf

33 Yousef et al., 2015 ageless.link/aonk34

34 Melod Mehdipour et al., 'Rejuvenation of brain, liver and muscle by simultaneous pharmacological modulation of two signaling determinants, that change in opposite directions with age', *Aging* 11, 5628–45 (2019). DOI: 10.18632/aging.102148 ageless.link/n9nfvg

35 Yalin Zhang et al., 'Hypothalamic stem cells control ageing speed partly through exosomal miRNAs', Nature 548, 52–57 (2017). DOI: 10.1038/nature23282 ageless.link/bu3kdh

미토콘드리아 파워업

다음에 소개하는 리뷰는 노화의 근본 원인으로 미토콘드리아 돌연변이에 초점을 맞추어 노화에서 미토콘드리아가 맡는 역할에 대해 개괄적으로 살펴보고 있다.

James B. Stewart and Patrick F. Chinnery, 'The dynamics of mitochondrial DNA heteroplasmy: implications for human health and disease', Nat. Rev. Genet. 16, 530–42 (2015). DOI: 10.1038/nrg3966 ageless.link/epiywo

36 Goran Bjelakovic et al., 'Antioxidant supplements for prevention of mortality in healthy participants and patients with various diseases', *Cochrane Database Syst. Rev.* CD007176 (2012). DOI: 10.1002/14651858.CD007176.pub2 ageless.link/guchwk

37 Samuel E. Schriner et al., 'Extension of murine life span by overexpression of catalase targeted to mitochondria', *Science* 308, 1909–11 (2005). DOI: 10.1126/science.1106653 ageless.link/nwcpsg

38 Xuang Ge et al., 'Mitochondrial catalase suppresses naturally occurring lung cancer in old mice', *Pathobiol. Aging Age Relat. Dis.* 5, 28776 (2015). DOI: 10.3402/pba.v5.28776 ageless.link/fqtqeq

39 Dao-Fu Dai et al., 'Overexpression of catalase targeted to mitochondria attenuates murine cardiac aging', *Circulation* 119, 2789–97 (2009). DOI: 10.1161/CIRCULATIONAHA.108.822403 ageless.link/voxv4s

40 Peizhong Mao et al., 'Mitochondria-targeted catalase reduces abnormal APP processing, amyloid β production and BACE1 in a mouse model of Alzheimer's disease: Implications for neuroprotection and lifespan extension', *Hum. Mol. Genet.* 21, 2973–90 (2012). DOI: 10.1093/hmg/dds128 ageless.link/divufs

41 Alisa Umanskaya et al., 'Genetically enhancing mitochondrial antioxidant activity improves muscle function in aging', *Proc. Natl. Acad. Sci. U. S. A.* 111, 15250–55 (2014). DOI: 10.1073/pnas.1412754111 ageless.link/eh3aty

42 Edward J. Gane et al., 'The mitochondria-targeted antioxidant mitoquinone decreases liver damage in a phase II study of hepatitis C patients: mitoquinone and liver damage', *Liver Int.* 30, 1019–26 (2010). DOI: 10.1111/j.1478-3231.2010.02250.x ageless. link/cshjfw

43 Matthew J. Rossman et al., 'Chronic supplementation with a mitochondrial antioxidant (MitoQ) improves vascular function in healthy older adults', *Hypertension* 71, 1056–63 (2018). DOI: 10.1161/

HYPERTENSIONAHA.117.10787 ageless.link/cmtudh

44 Huajun Jin et al., 'Mitochondria-targeted antioxidants for treatment of Parkinson's disease: preclinical and clinical outcomes', *Biochim. Biophys. Acta* 1842, 1282–94 (2014). DOI: 10.1016/j.bbadis.2013.09.007 ageless.link/qstzg4

45 Victorelli and Passos, 2017 ageless.link/rb3hdo

46 Dongryeol Ryu et al., 'Urolithin A induces mitophagy and prolongs lifespan in *C. elegans* and increases muscle function in rodents', *Nat. Med.* 22, 879–88 (2016). DOI: 10.1038/nm.4132 ageless.link/6aknqr

47 Zhuo Gong et al., 'Urolithin A attenuates memory impairment and neuroinflammation in APP/PS1 mice', *J. Neuroinfl ammation* 16, 62 (2019). DOI: 10.1186/s12974-019-1450-3 ageless.link/a7whwj

48 Pénélope A. Andreux et al., 'The mitophagy activator urolithin A is safe and induces a molecular signature of improved mitochondrial and cellular health in humans', *Nature Metabolism* 1, 595–603 (2019). DOI: 10.1038/s42255-019-0073-4 ageless.link/qvjn9c

49 Evandro F. Fang et al., 'NAD^+ in aging: molecular mechanisms and translational implications', *Trends Mol. Med.* 23, 899–916 (2017). DOI: 10.1016/j.molmed.2017.08.001 ageless.link/g9fw7e

50 D. P. Gearing and P. Nagley, 'Yeast mitochondrial ATPase subunit 8, normally a mitochondrial gene product, expressed in vitro and imported back into the organelle', *EMBO* J. 5, 3651–5 (1986) ageless.link/w6en34

51 Yong Zhang et al., 'The progress of gene therapy for Leber's optic hereditary neuropathy', *Curr. Gene Ther.* 17, 320–26 (2017). DOI: 10.2174/1566523218666171129204926 ageless.link/inirfc

52 Amutha Boominathan et al., 'Stable nuclear expression of ATP8 and ATP6 genes rescues a mtDNA complex V null mutant', *Nucleic Acids Res.* 44, 9342–57 (2016). DOI: 10.1093/nar/gkw756 ageless.link/nqcgrj

53 Caitlin J. Lewis et al., 'Codon optimization is an essential parameter for the efficient allotopic expression of mtDNA genes', *Redox Biol.* 30, 101429 (2020). DOI: 10.1016/j.redox.2020.101429 ageless.link/kpmpte

54 다음의 논문에서는 진화가 이미 미토콘드리아의 유전자를 세포핵으로 옮겨 놓지 않은 다양한 이유를 탐구하고 있다. 내가 여기서 언급하지 않은 한 가지 개념은 미토콘드리아에 그대로 남아 있는 단백질들이 너무 소수성(hydrophobic)이 강할지도 모른다는 것이다. 그럼 물과 접촉했을 때 휘어지면서 변형되는 성질이 생긴다. 따라서 이 단백질은 자신의 구조를 파괴하지 않고는 물로 가득 찬 세포 내부에서 만들어지거나, 그 세포 내부를 이동하는 것이 불가능해진다. '지방 정부' 비유는 '산화환원조절을 위한 공동국소화(colocalization for redox regulation, CoRR)' 가설이라 부르는 것이 더 적절하고, 이에 대해서도 논의가 이루어지고 있다.

Iain G. Johnston and Ben P. Williams, 'Evolutionary inference across eukaryotes identifies specific pressures favoring mitochondrial gene retention', *Cell Syst.* 2, 101–11 (2016). DOI: 10.1016/j.cels.2016.01.013 ageless.link/4i66ik

55 Kowald and Kirkwood, 2018 ageless.link/s9qfqu

클론의 공격 무찌르기

다음에 소개하는 자료는 노화에서 클론확장의 중요성을 주장하는 짧고 읽어 볼 만한 리뷰다.

Inigo Martincorena, 'Somatic mutation and clonal expansions in human tissues', Genome Med. 11, 35 (2019). DOI: 10.1186/s13073-019-0648-4 ageless.link/gg3ix4

56 Leonard Nunney, 'Size matters: Height, cell number and a person's risk of cancer', *Proc. Biol. Sci.* 285 (2018). DOI: 10.1098/rspb.2018.1743 ageless.link/iasikc

57 Emelie Benyi et al., 'Adult height is associated with risk of cancer and

mortality in 5.5 million Swedish women and men', *J. Epidemiol. Community Health* 73, 730–36 (2019). DOI: 10.1136/jech-2018-211040 ageless.link/aobtr4

58 Michael Sulak et al., 'TP53 copy number expansion is associated with the evolution of increased body size and an enhanced DNA damage response in elephants', *Elife* 5, e11994 (2016). DOI: 10.7554/eLife.11994 ageless.link/u4uzsy

59 Michael Keane et al., 'Insights into the evolution of longevity from the bowhead whale genome', *Cell Rep.* 10, 112–22 (2015). DOI: 10.1016/j.celrep.2014.12.008 ageless.link/yc3ucj

60 Iñigo Martincorena et al., 'High burden and pervasive positive selection of somatic mutations in normal human skin', *Science* 348, 880–86 (2015). DOI: 10.1126/science.aaa6806 ageless.link/r33c9h

61 Kenichi Yoshida et al., 'Tobacco smoking and somatic mutations in human bronchial epithelium', Nature 578, 266–72 (2020). DOI: 10.1038/s41586-020-1961-1 ageless.link/dyefiz

62 내가 나열하는 특징들은 〈암의 전형적 특징〉이라는 논문을 요약한 것이다. 그 접근방식이 노화의 전형적 특징에 영감을 불어넣은 유명한 논문이다. 오리지널 논문은 2000년에 발표되었고, 여기 나온 것은 업데이트된 논문이다.

Douglas Hanahan and Robert A. Weinberg, 'Hallmarks of cancer: the next generation', *Cell* 144, 646–74 (2011). DOI: 10.1016/j.cell.2011.02.013 ageless.link/ut79vk

63 영국 암 연구소(Cancer Research UK)에서는 암의 위험, 사망자 수 등 환상적인 통계자료를 보유하고 있다. 이 통계는 주로 영국에서 나온 것이지만 선진국에서는 수치가 대체로 비슷하다.

Lifetime risk of cancer (Cancer Research UK, 2015) ageless.link/yqazjf

64 Martincorena et al., 2015 ageless.link/r33c9h

65 Iñigo Martincorena et al., 'Somatic mutant clones colonize the human esophagus with age', *Science* 362, 911–17 (2018). DOI: 10.1126/science.aau3879 ageless.link/9okjc3

66 엄밀히 말하면 DNA 메틸화의 변화는 DNMT3A의 책임이다(그래서 DNA methyltransferase 3 alpha의 약자에 해당하는 이름을 얻었다). DNA 메틸화의 변화는 유전자를 켜고 끄는 역할을 한다고 한 것을 기억할 것이다. 그럼 그 부재로 인해 생기는 메틸화의 변화는 더 많은 줄기세포가 만들어지는 결과를 만든다. 그 기능은 다음의 자료에 구체적으로 설명되어 있다.

Grant A. Challen et al., 'Dnmt3a is essential for hematopoietic stem cell differentiation', *Nat. Genet.* 44, 23–31 (2011).

67 Siddhartha Jaiswal et al., 'Age-related clonal hematopoiesis associated with adverse outcomes', *N. Engl. J. Med.* 371, 2488–98 (2014). DOI: 10.1056/NEJMoa1408617 ageless.link/ouoyxi

68 Moritz Gerstung et al., 'The evolutionary history of 2,658 cancers', *Nature* 578, 122–8 (2020). DOI: 10.1038/s41586-019-1907-7 ageless.link/9rgj7s

69 David Fernandez-Antoran et al., 'Outcompeting *p53*-mutant cells in the normal esophagus by redox manipulation', *Cell Stem Cell* 25, 329–41 (2019). DOI: 10.1016/j.stem.2019.06.011 ageless.link/xarw3i

8장 노화를 재프로그래밍하기

유전자 업그레이드

다음에 소개하는 자료는 노화의 유전학에 대한 훌륭한 리뷰 논문이다.

David Melzer, Luke C. Pilling and Luigi Ferrucci, 'The genetics of human ageing', *Nat. Rev. Genet.* 21, 88–101 (2019). DOI: 10.1038/s41576-019-0183-6 ageless.link/t9dut3

1 A. M. Herskind et al., 'The heritability of human longevity: A

populationbased study of 2872 Danish twin pairs born 1870–1900', *Hum. Genet.* 97, 319–23 (1996). DOI: 10.1007/BF02185763 ageless.link/ijjnnc

2 J. Graham Ruby et al., 'Estimates of the heritability of human longevity are substantially inflated due to assortative mating', *Genetics* 210, 1109–24 (2018). DOI: 10.1534/genetics.118.301613 ageless.link/p6mjpn

3 Swapnil N. Rajpathak et al., 'Lifestyle factors of people with exceptional longevity', *J. Am. Geriatr. Soc.* 59, 1509–12 (2011). DOI: 10.1111/j.1532-5415.2011.03498.x ageless.link/hw9are

백세장수인의 유전학과 생활방식 연구에 대한 간단한 개요는 다음 강연의 전반부에서 찾아볼 수 있다.

Nir Barzilai, 'Can we grow older without growing sicker?' (TEDMED, YouTube, 2017) ageless.link/hza3fp

4 Stacy L. Andersen et al., 'Health span approximates life span among many supercentenarians: Compression of morbidity at the approximate limit of life span', *J. Gerontol. A Biol. Sci.* Med. Sci. 67, 395–405 (2012). DOI: 10.1093/gerona/glr223 ageless.link/cmzaqo

5 Thomas T. Perls, 'Male centenarians: How and why are they different from their female counterparts?', *J. Am. Geriatr. Soc.* 65, 1904–6 (2017). DOI: 10.1111/jgs.14978 ageless.link/a46hmo

6 Rajpathak et al., 2011 ageless.link/hw9are

7 다음의 자료는 *ApoE*, 특히 희귀한 버전인 *E2*로 인한 위험에 대한 추정치를 업데이트한 최근의 연구를 훌륭하게 요약해 놓았다.

'Rare luck: Two copies of ApoE2 shield against Alzheimer's', *Alzforum* (2019) ageless.link/yfr6ac

8 Cynthia J. Kenyon, 'The genetics of ageing', *Nature* 464, 504–12 (2010). DOI: 10.1038/nature08980 ageless.link/grpyr3

9 Karen Weintraub, 'Gene variant in Amish a clue to better aging', *Genetic Engineering and Biotechnology News* (2018) ageless.link/q3qprd

10 Sadiya S. Khan et al., 'A null mutation in SERPINE1 protects against biological aging in humans', *Science Advances* 3, eaao1617 (2017). DOI: 10.1126/sciadv.aao1617 ageless.link/qsekck

11 Sharon Begley, 'She was destined to get early Alzheimer's, but didn't', *STAT* (2019) ageless.link/hjynuk

12 Jong-Ok Pyo et al., 'Overexpression of Atg5 in mice activates autophagy and extends lifespan', *Nat. Commun.* 4, 2300 (2013). DOI: 10.1038/ncomms3300 ageless.link/cyd9r9

13 Yuan Zhang et al., 'The starvation hormone, fibroblast growth factor-21, extends lifespan in mice', *Elife* 1, e00065 (2012). DOI: 10.7554/eLife.00065 ageless.link/oqp3yy

14 Joshua Levine et al., 'OR22-6 reversal of diet induced metabolic syndrome in mice with an orally active small molecule inhibitor of PAI-1', *J. Endocr. Soc.* 3 (2019). DOI: 10.1210/js.2019-OR22-6 ageless.link/cvbbnm

15 Noah Davidsohn et al., 'A single combination gene therapy treats multiple age-related diseases', *Proc. Natl. Acad. Sci. U.S.A.* 47, 23505–11 (2019). DOI: 10.1073/pnas.1910073116 ageless.link/7n97sc

16 Ryan Cross, 'An "anti-aging" gene therapy trial in dogs begins, and rejuvenate bio hopes humans will be next', *Chemical & Engineering News* (2019) ageless.link/bcbupu

17 Marianne Abifadel et al., 'Living the PCSK9 adventure: From the identification of a new gene in familial hypercholesterolemia towards a potential new class of anticholesterol drugs', *Curr. Atheroscler. Rep.* 16, 439 (2014).
DOI: 10.1007/s11883-014-0439-8 ageless.link/gtc9jy

18 Ian Sample, 'One-off injection may drastically reduce heart attack risk', *Guardian* (10 May 2019) ageless.link/byd76y

19 Alexis C. Komor et al., 'Programmable editing of a target base in genomic

DNA without double-stranded DNA cleavage', *Nature* 533, 420–24 (2016). DOI: 10.1038/nature17946 ageless.link/xmk79n

후성유전학 시계 되돌리기

다음의 글은 후성유전학적 재프로그래밍 기술의 첨단에 서 있는 과학자 중 한 명에 관한 이야기로 후성유전학적 재프로그래밍이란 주제를 탐구하고 있다.

Usha Lee McFarling, 'The creator of the pig-human chimera keeps proving other scientists wrong', *STAT* (2017) ageless.link/uw74fk

20 Jieun Lee et al., 'Induced pluripotency and spontaneous reversal of cellular aging in supercentenarian donor cells', *Biochem. Biophys. Res. Commun.* (in press, 2020). DOI: 10.1016/j.bbrc.2020.02.092 ageless.link/rpwt3z

21 Francesco Ravaioli et al., 'Age-related epigenetic derangement upon reprogramming and differentiation of cells from the elderly', *Genes* 9, 39 (2018). DOI: 10.3390/genes9010039 ageless.link/3i4jtt

22 Burcu Yener Ilce, Umut Cagin and Acelya Yilmazer, 'Cellular reprogramming: a new way to understand aging mechanisms', *Wiley Interdiscip. Rev. Dev. Biol.* 7, e308 (2018). DOI: 10.1002/wdev.308 ageless.link/6ewuqx

23 Kevin Sinclair, 'Dolly's "sisters" show cloned animals don't grow old before their time', The Conversation (2016) ageless.link/xdyba3

José Cibelli, 'More lessons from Dolly the sheep: is a clone really born at age zero?', *The Conversation* (2017) ageless.link/hgwufq

24 Sayaka Wakayama et al., 'Successful serial recloning in the mouse over multiple generations', *Cell Stem Cell* 12, 293–7 (2013). DOI: 10.1016/j.stem.2013.01.005 ageless.link/kxyfii

25 Nathaniel Rich, 'Can a jellyfish unlock the secret of immortality?', *New York Times* (28 November 2012) ageless.link/7zcdy4

26 Alejandro Ocampo et al., 'In vivo amelioration of age-associated hallmarks

by partial reprogramming', *Cell* 167, 1719–733.e12 (2016). DOI: 10.1016/j.cell.2016.11.052 ageless.link/cssud4

27 Tapash Jay Sarkar et al., 'Transient non-integrative expression of nuclear reprogramming factors promotes multifaceted amelioration of aging in human cells', *Nat. Commun.* 11, 1545 (2020). DOI: 10.1038/s41467-020-15174-3 ageless.link/96ac3p

28 Yuancheng Lu et al., 'Reversal of ageing-and injury-induced vision loss by Tet-dependent epigenetic reprogramming', *bioRxiv* (2019). DOI: 10.1101/710210 ageless.link/7zv3rh

29 Nelly Olova et al., 'Partial reprogramming induces a steady decline in epigenetic age before loss of somatic identity', *Aging Cell* 18, e12877 (2019). DOI: 10.1111/acel.12877 ageless.link/yo3wwk

30 Deepak Srivastava and Natalie DeWitt, 'In vivo cellular reprogramming: the next generation', *Cell* 166, 1386–96 (2016). DOI: 10.1016/j.cell.2016.08.055 ageless.link/xor74i

31 Dhruba Biswas and Peng Jiang, 'Chemically induced reprogramming of somatic cells to pluripotent stem cells and neural cells', *Int. J. Mol. Sci.* 17, 226 (2016). DOI: 10.3390/ijms17020226 ageless.link/7nhpma

32 Michael D. West et al., 'Use of deep neural network ensembles to identify embryonic — fetal transition markers: repression of COX7A1 in embryonic and cancer cells', *Oncotarget* 9, 7796–811 (2018). DOI: 10.18632/oncotarget.23748 ageless.link/zc6zye

재프로그래밍 생물학과 노화의 완치

시스템 생물학을 의학에 활용하는 개념에 대한 입문 자료를 다음에서 볼 수 있다.

Rolf Apweiler et al., 'Whither systems medicine?', *Exp. Mol. Med.* 50, e453 (2018). DOI: 10.1038/emm.2017.290 ageless.link/vfusyd

33 Jonathan R. Karr et al., 'A whole-cell computational model predicts

phenotype from genotype', *Cell* 150, 389–401 (2012). DOI: 10.1016/j.cell.2012.05.044 ageless.link/cecsmo

34 A. S. Perelson et al., 'HIV-1 dynamics in vivo: Virion clearance rate, infected cell life-span, and viral generation time', *Science* 271, 1582–6 (1996). DOI: 10.1126/science.271.5255.1582 ageless.link/ub43sm

35 A. S. Perelson Diogo G. Barardo et al., 'Machine learning for predicting lifespan-extending chemical compounds', *Aging* 9, 1721–37 (2017). DOI: 10.18632/aging.101264 ageless.link/z67qqd

36 인간 게놈 염기서열분석 비용 (National Human Genome Research Institute, 2019) ageless.link/79qfqn

37 Max Roser and Hannah Ritchie, 'Technological progress', *Our World in Data* (2013) ageless.link/capdvn

9장 노화의 완치를 찾아서

1 Di Chen et al., 'Germline signaling mediates the synergistically prolonged longevity produced by double mutations in *daf-2* and *rsks-1* in *C. elegans*', *Cell Rep.* 5, 1600–1610 (2013). DOI: 10.1016/j.celrep.2013.11.018 ageless.link/qhwo37

10장 오래 살아서 더 오래 살기

1 Yanping Li et al., 'Healthy lifestyle and life expectancy free of cancer, cardiovascular disease, and type 2 diabetes: Prospective cohort study', *BMJ* 368, l6669 (2020). DOI: 10.1136/bmj.l6669 ageless.link/3i3g3w

2 예방 가능한 암에 대한 통계 (Cancer Research UK, 2015) ageless.link/jtbsb9

3 심혈관질환 데이터 및 통계 (World Health Organization, 2020) ageless.link/p3tz36

4 Gaëlle Deley et al., 'Physical and psychological eff ectiveness of cardiac rehabilitation: age is not a limiting factor!', *Can. J. Cardiol.* 35, 1353–8 (2019). DOI: 10.1016/j.cjca.2019.05.038 ageless.link/r6dzqn

1. 담배를 피우지 말자

5 Jha, 2009 ageless.link/fjnhnq

6 Yoshida et al., 2020 ageless.link/7yisot

7 Virginia Reichert et al., 'A pilot study to examine the effects of smoking cessation on serum markers of inflammation in women at risk for cardiovascular disease', *Chest* 136, 212–19 (2009). DOI: 10.1378/chest.08-2288 ageless.link/hdjg9s

2. 과식을 하지 말자

8 Lukas Schwingshackl et al., 'Food groups and risk of all-cause mortality: A systematic review and meta-analysis of prospective studies', *Am. J. Clin. Nutr.* 105, 1462–73 (2017). DOI: 10.3945/ajcn.117.153148 ageless.link/4bfurj

9 Monica Dinu et al., 'Vegetarian, vegan diets and multiple health outcomes: A systematic review with meta-analysis of observational studies', *Crit. Rev. Food Sci. Nutr.* 57, 3640–49 (2017). DOI: 10.1080/10408398.2016.1138447 ageless.link/6htpi3

10 Society for Applied Microbiology, 2019 ageless.link/enkq6q

11 Tae Gen Son, Simonetta Camandola and Mark P. Mattson, 'Hormetic dietary phytochemicals', *Neuromolecular Med.* 10, 236–46 (2008). DOI: 10.1007/s12017-008-8037-y ageless.link/6u6wox

12 Dagfinn Aune et al., 'BMI and all cause mortality: Systematic review and non-linear dose-response meta-analysis of 230 cohort studies with 3.74

million deaths among 30.3 million participants', *BMJ* 353, i2156 (2016). DOI: 10.1136/bmj.i2156 ageless.link/b4nzgu

13 다음에 소개하는 논문의 고찰(discussion) 섹션은 체중이 수명에 미치는 연구에 대한 여러 편의 연구를 요약하고 있다.

Steven A. Grover et al., 'Years of life lost and healthy life-years lost from diabetes and cardiovascular disease in overweight and obese people: a modelling study', *Lancet Diabetes Endocrinol* 3, 114–22 (2015). DOI: 10.1016/S2213-8587(14)70229-3 ageless.link/dsg3py

14 Eric A. Finkelstein et al., 'The lifetime medical cost burden of overweight and obesity: implications for obesity prevention', *Obesity* 16, 1843–8 (2008). DOI: 10.1038/oby.2008.290 ageless.link/9aqtvu

15 염증과 지방의 과학에 관해 읽을 만한 요약을 찾는다면 'Taking aim at belly fat' (Harvard Health, 2010) ageless.link/e6do9f를 참고하라.

더 기술적인 개요는 다음의 자료에서 찾을 수 있다.

Volatiana Rakotoarivelo et al., 'Inflammatory cytokine profiles in visceral and subcutaneous adipose tissues of obese patients undergoing bariatric surgery reveal lack of correlation with obesity or diabetes', *EBioMedicine* 30, 237–47 (2018). DOI: 10.1016/j.ebiom.2018.03.004 ageless.link/67vyza

16 Márcia Mara Corrêa et al., 'Performance of the waist-to-height ratio in identifying obesity and predicting non-communicable diseases in the elderly population: A systematic literature review', *Arch. Gerontol. Geriatr.* 65, 174–82 (2016). DOI: 10.1016/j.archger.2016.03.021 ageless.link/kn7b97

17 'Does weight loss cure type 2 diabetes?' (British Heart Foundation, 2017) ageless.link/94ty9p

18 Manuela Aragno and Raffaella Mastrocola, 'Dietary sugars and endogenous formation of advanced glycation endproducts: Emerging mechanisms of disease', *Nutrients* 9 (2017). DOI: 10.3390/nu9040385 ageless.link/xbx6zn

19 Jaime Uribarri et al., 'Advanced glycation end products in foods and a

practical guide to their reduction in the diet', *J. Am. Diet. Assoc.* 110, 911–16.e12 (2010). DOI: 10.1016/j.jada.2010.03.018 ageless.link/qxtoer Extance, 2018 ageless.link/ep3o7t

20 이들 사이의 차이에 관해 자세히 다룬 연구들에 대한 논평은 다음의 자료에서 찾을 수 있다.
Gifford, 2012 ageless.link/kcc4qs

21 Mattison et al., 2017 ageless.link/jnaqjv

22 다음에 소개하는 자료는 한 가지 사례로 원숭이와 다른 영장류로부터 확보한 증거를 이용해서 식이제한이 효과가 있다는 주장을 자세하게 펼치고 있는 글이다.
Michael Rae, 'CR in nonhuman primates: A muddle for monkeys, men, and mimetics' (SENS Research Foundation, 2013) ageless.link/794i74

23 Kraus et al., 2019 ageless.link/t6tm4m

24 Natalia S. Gavrilova and Leonid A. Gavrilov, 'Comments on dietary restriction, Okinawa diet and longevity', *Gerontology* 58, 221–3 (2012). DOI: 10.1159/000329894 ageless.link/jkkwhw

25 Elizabeth M. Gardner, 'Caloric restriction decreases survival of aged mice in response to primary influenza infection', *J. Gerontol. A Biol. Sci. Med. Sci.* 60, 688–94 (2005). DOI: 10.1093/gerona/60.6.688 ageless.link/vw6q4r

26 Eric Ravussin et al., 'A 2-year randomized controlled trial of human caloric restriction: Feasibility and eff ects on predictors of health span and longevity', *J. Gerontol. A Biol. Sci. Med. Sci.* 70, 1097–104 (2015). DOI: 10.1093/gerona/glv057 ageless.link/ci3m6v

27 이 자료는 간헐적 단식의 이로움을 옹호하고 어떻게 시도해야 좋은지 제시하는 도발적인 리뷰 논문이다.
Rafael de Cabo and Mark P. Mattson, 'Effects of intermittent fasting on health, aging, and disease', *N. Engl. J. Med.* 381, 2541–51 (2019). DOI: 10.1056/NEJMra1905136 ageless.link/3pgwep

3. 운동을 하자

28 운동이 건강에 좋다는 것을 우리가 얼마나 확신하고 있는지 보여 주기 위해 다음에 소개하는 논문은 해당 주제에 대해 나온 모든 연구를 종합해서 평가하는 체계적인 문헌고찰에서 그치지 않고, 그런 체계적 문헌고찰에 대해서도 체계적으로 문헌고찰을 하고 있다.

Darren E. R. Warburton and Shannon S. D. Bredin, 'Health benefits of physical activity: A systematic review of current systematic reviews', *Curr. Opin. Cardiol.* 32, 541–56 (2017). DOI: 10.1097/HCO.0000000000000437 ageless.link/9mef3o

29 Erika Rees-Punia et al., 'Mortality risk reductions for replacing sedentary time with physical activities', *Am. J. Prev. Med.* 56, 736–41 (2019). DOI: 10.1016/j.amepre.2018.12.006 ageless.link/xrfogk

30 Ulf Ekelund et al., 'Doseresponse associations between accelerometry measured physical activity and sedentary time and all cause mortality: Systematic review and harmonised meta-analysis', *BMJ* 366, l4570 (2019). DOI: 10.1136/bmj.l4570 ageless.link/7khsm6

31 Taro Takeuchi et al., 'Mortality of Japanese Olympic athletes: 1952–2017 cohort study', *BMJ Open Sport Exerc. Med.* 5, e000653 (2019). DOI: 10.1136/bmjsem-2019-000653 ageless.link/qkghkf

32 An Tran-Duy, David C. Smerdon and Philip M. Clarke, 'Longevity of outstanding sporting achievers: mind versus muscle', *PLoS One* 13, e0196938 (2018). DOI: 10.1371/journal.pone.0196938 ageless.link/xsw9i7

33 Matthew D. Rablen and Andrew J. Oswald, 'Mortality and immortality: the Nobel Prize as an experiment into the eff ect of status upon longevity', *J. Health Econ.* 27, 1462–71 (2008). DOI: 10.1016/j.jhealeco.2008.06.001 ageless.link/fbjyns

34 W. Kyle Mitchell et al., 'Sarcopenia, dynapenia, and the impact of advancing age on human skeletal muscle size and strength; a quantitative review',

Front. Physiol. 3, 260 (2012). DOI: 10.3389/fphys.2012.00260 ageless.link/agabb4

35 Eduardo L. Cadore et al., 'Multicomponent exercises including muscle power training enhance muscle mass, power output, and functional outcomes in institutionalized frail nonagenarians', *Age* 36, 773–85 (2014). DOI: 10.1007/s11357-013-9586-z ageless.link/3bcah6

4. 하루에 7~8시간 숙면을 취하자

36 Xiaoli Shen, Yili Wu and Dongfeng Zhang, 'Nighttime sleep duration, 24-hour sleep duration and risk of all-cause mortality among adults: A metaanalysis of prospective cohort studies', *Sci. Rep.* 6, 21480 (2016). DOI: 10.1038/srep21480 ageless.link/mnz6j3

37 Ehsan Shokri-Kojori et al., 'β-amyloid accumulation in the human brain after one night of sleep deprivation', *Proc. Natl. Acad. Sci. U. S. A.* 115, 4483–8 (2018). DOI: 10.1073/pnas.1721694115 ageless.link/ixiidn

38 Line Kessel et al., 'Sleep disturbances are related to decreased transmission of blue light to the retina caused by lens yellowing', *Sleep* 34, 1215–19 (2011). DOI: 10.5665/SLEEP.1242 ageless.link/eaykuc

5. 백신을 맞고 손을 씻자

39 Alejandra Pera et al., 'Immunosenescence: Implications for response to infection and vaccination in older people', Maturitas 82, 50–55 (2015). DOI: 10.1016/j.maturitas.2015.05.004 ageless.link/jg7nsn

40 Caleb E. Finch and Eileen M. Crimmins, 'Inflammatory exposure and historical changes in human life-spans', *Science* 305, 1736–9 (2004). DOI: 10.1126/science.1092556 ageless.link/uiaa3d

6. 치아를 잘 관리하자

41 Cesar de Oliveira, Richard Watt and Mark Hamer, 'Toothbrushing, inflammation, and risk of cardiovascular disease: results from Scottish Health Survey', *BMJ* 340, c2451 (2010). DOI: 10.1136/bmj.c2451 ageless.link/4igja4

42 Chung-Jung Chiu, Min-Lee Chang and Allen Taylor, 'Associations between periodontal microbiota and death rates', *Sci. Rep.* 6, 35428 (2016). DOI: 10.1038/srep35428 ageless.link/st9goi

7. 햇빛을 차단하자

43 Leslie K. Dennis et al., 'Sunburns and risk of cutaneous melanoma: does age matter? A comprehensive meta-analysis', *Ann. Epidemiol.* 18, 614–27 (2008). DOI: 10.1016/j.annepidem.2008.04.006 ageless.link/yd4jxa

8. 심박수와 혈압을 체크하자

44 'Raised blood pressure' (World Health Organization Global Health Observatory, 2015) ageless.link/bzteab

45 Sarah Lewington et al., 'Age-specific relevance of usual blood pressure to vascular mortality: a meta-analysis of individual data for one million adults in 61 prospective studies', *Lancet* 360, 1903–13 (2002). DOI: 10.1016/s0140-6736(02)11911-8 ageless.link/tknbz6

46 'High blood pressure (hypertension)' (NHS, 2019) ageless.link/jy364p 'New ACC/AHA high blood pressure guidelines lower definition of hypertension' (American College of Cardiology, 2017) ageless.link/mtpxoi

47 Aune et al., 2017 ageless.link/9hukvg

9. 굳이 보충제를 먹을 필요는 없다

48 Elizabeth D. Kantor et al., 'Trends in dietary supplement use among

US adults from 1999–2012', *JAMA* 316, 1464–74 (2016). DOI: 10.1001/jama.2016.14403 ageless.link/sbmuq9

10. 장수 약품도 먹을 필요 없다. 아직은!

49 Donna K. Arnett et al., '2019 ACC/AHA guideline on the primary prevention of cardiovascular disease: A report of the American College of Cardiology/American Heart Association tas k force on clinical practice guidelines', *J. Am. Coll. Cardiol.* 74, e177–e232 (2019). DOI: 10.1016/j.jacc.2019.03.010 ageless.link/ttziau

50 Charles Faselis et al., 'Is very low LDL-C harmful?', *Curr. Pharm. Des.* 24, 3658–64 (2018). DOI: 10.2174/1381612824666181008110643 ageless.link/7uqaqe

11. 여자가 돼라

51 이것은 WHO GBD 통계를 이용해서 계산했다. 이 계산에 대해서는 ageless.link/tv7grc에서 읽어볼 수 있다.

52 Steven N. Austad and Kathleen E. Fischer, 'Sex differences in lifespan', *Cell Metab.* 23, 1022–33 (2016). DOI: 10.1016/j.cmet.2016.05.019 ageless.link/xonwam

53 Zoe A. Xirocostas, Susan E. Everingham and Angela T. Moles, 'The sex with the reduced sex chromosome dies earlier: A comparison across the tree of life', *Biol. Lett.* 16, 20190867 (2020). DOI: 10.1098/rsbl.2019.0867 ageless.link/vvqsmi

54 J. Clancy and Damian K. Dowling, 'Mitochondria, maternal inheritance, and male aging', *Curr. Biol.* 22, 1717–21 (2012). DOI: 10.1016/j.cub.2012.07.018 ageless.link/jedc3a

55 Susan C. Alberts et al., *The Male-Female Health-Survival Paradox: A Comparative Perspective on Sex Differences in Aging and Mortality* (National

Academies Press (US), 2014) ageless.link/gkjfgw

56 다음에 소개하는 자료는 이 가설을 거스르는 데이터의 한 사례다. 1장에서 얘기했듯이 건강기대수명을 추정하기가 전체 기대수명을 추정하는 것보다 훨씬 복잡하다.

Healthy life expectancy (HALE): Data by country (World Health Organization Global Health Observatory, 2018) ageless.link/mbznxr

57 Nisha C. Hazra et al., 'Differences in health at age 100 according to sex: population-based cohort study of centenarians using electronic health records', *J. Am. Geriatr. Soc.* 63, 1331–7 (2015). DOI: 10.1111/jgs.13484 ageless.link/bkzvue

11장 과학에서 의학으로

다음에 소개하는 리뷰는 생물노인학의 잠재력을 현실화하는 데 필요한 과학적, 정책적 변화에 대해 이야기한다. 이 리뷰는 또한 노화와 관련된 변화의 또 다른 분류인 '노화의 기둥(pillars of ageing)'도 소개하고 있다!

Brian K. Kennedy et al., 'Geroscience: Linking aging to chronic disease', *Cell* 159, 709–13 (2014). DOI: 10.1016/j.cell.2014.10.039 ageless.link/hnoqys

1 'Living to 120 and beyond: Americans' views on aging, medical advances and radical life extension' (Pew Research Center, 2013) ageless.link/jrmgc3

2 다음에 소개하는 논문은 과학자들의 출판물을 감시하여 시간의 흐름에 따른 과학자들의 연구 관심 분야의 변화를 추적했다. 그리고 연구 분야에서 큰 변화는 드물다는 사실을 발견했다.

Tao Jia, Dashun Wang and Boleslaw K. Szymanski, 'Quantifying patterns of research-interest evolution', *Nature Human Behaviour* 1, 0078 (2017). DOI: 10.1038/s41562-017-0078 ageless.link/yo7zw3

3 이 문단과 이어지는 문단에 나오는 수치는 NIA, NIH, NCI, CMS에서 가져와 엮은 것이고 ageless.link/7679wa에서 찾아볼 수 있다.

4 레너드 헤이플릭(생물노인학의 선구자이자 NIA 의원회의 창립의원이며, 헤이플릭 한계를 만들어 낸 그 레너드 헤이플릭이 맞다)이 한 이 재미있게 심술궂은 멘트는 이 때문에 생기는 분노를 잘 보여 주는 사례다.

Leonard Hayfl ick, 'Comment on "We have a budget for FY 2019!" ' (2018) ageless.link/9p6cw3

5 Dana P. Goldman et al., 'Substantial health and economic returns from delayed aging may warrant a new focus for medical research', *Health Aff.* 32, 1698–1705 (2013). DOI: 10.1377/hlthaff .2013.0052 ageless.link/ctacos

6 다음의 자료는 메트포르민 실험군을 설포닐우레아 실험군 및 둘 다 복용하지 않은 건강한 사람의 대조군과 비교해 본 오리지널 연구다.

C. A. Bannister et al., 'Can people with type 2 diabetes live longer than those without? A comparison of mortality in people initiated with metformin or sulphonylurea monotherapy and matched, non-diabetic controls', *Diabetes Obes. Metab.* 16, 1165–73 (2014). DOI: 10.1111/dom.12354 ageless.link/oxih3v

바르질라이가 쓴 이 논문은 메트포르민의 효과를 말해 주는 증거를 종합하여 이 약이 가진 항노화 속성을 주장하고 있다.

Nir Barzilai et al., 'Metformin as a tool to target aging', *Cell Metab.* 23, 1060–65 (2016). DOI: 10.1016/j.cmet.2016.05.011 ageless.link/yv7ssx

7 바르질라이가 다음의 강연 마지막 부분에서 TAME에 대해 이야기한다.

Barzilai, 2017 ageless.link/awkcqw

8 Steve Horvath and Kenneth Raj, 'DNA methylation-based biomarkers and the epigenetic clock theory of ageing', *Nat. Rev. Genet.* 19. 371–84 (2018). DOI: 10.1038/s41576-018-0004-3 ageless.link/jyhwdv

9 GrimAge strongly predicts lifespan and healthspan', *Aging* 11, 303–27 (2019). DOI: 10.18632/aging.101684 ageless.link/ijx34n

10 Kaare Christensen et al., 'Perceived age as clinically useful biomarker of ageing: cohort study', *BMJ* 339, b5262 (2009). DOI: 10.1136/bmj.b5262 ageless.link/c7bbfy

11 Weiyang Chen et al., 'Threedimensional human facial morphologies as robust aging markers', *Cell Res.* 25, 574–87 (2015). DOI: 10.1038/cr.2015.36 ageless.link/4h3ivk

12 Alex Zhavoronkov and Polina Mamoshina, 'Deep aging clocks: the emergence of AI-based biomarkers of aging and longevity', *Trends Pharmacol. Sci.* 40, 546–9 (2019). DOI: 10.1016/j.tips.2019.05.004 ageless.link/uvip6c

13 Tina Wang et al., 'Epigenetic aging signatures in mice livers are slowed by dwarfism, calorie restriction and rapamycin treatment', *Genome Biol.* 18, 57 (2017). DOI: 10.1186/s13059-017-1186-2 ageless.link/9sgahr

14 Shinji Maegawa et al., 'Caloric restriction delays age-related methylation drift', *Nat. Commun.* 8, 539 (2017). DOI: 10.1038/s41467-017-00607-3 ageless.link/migjww

15 Josh Mitteldorf, 'The mother of all clinical trials', part I (2018) ageless.link/s9p3fs

16 Antonio Cherubini et al., 'Fighting against age discrimination in clinical trials', *J. Am. Geriatr. Soc.* 58, 1791–6 (2010). DOI: 10.1111/j.1532-5415.2010.03032.x ageless.link/io4zwa

17 Kennedy et al., 2014 ageless.link/hnoqys

18 Joanna E. Long et al., 'Morning vaccination enhances antibody response over afternoon vaccination: a cluster-randomised trial', *Vaccine* 34, 2679–85 (2016). DOI: 10.1016/j.vaccine.2016.04.032 ageless.link/77mqxq

19 노화에서 노쇠세포의 역할에 대한 리뷰에서 가져온 한 사례에 따르면 연구가 부족한 이유는 그 분야의 사람들이 그런 연구의 유용성을 인정하지 않기 때문이 아니라 이런 유형의 연구 때문이다. 한마디로 지루한 연구라서 그렇다.

Richard G. A. Faragher et al., 'Senescence in the aging process', *F1000Res.* 6, 1219 (2017). DOI: 10.12688/f1000research.10903.1 ageless.link/q6yvhy

20 Nicola Davis and Dara Mohammadi, 'Can this woman cure ageing with gene therapy?', *Guardian* (24 July 2016) ageless.link/m4u9yb